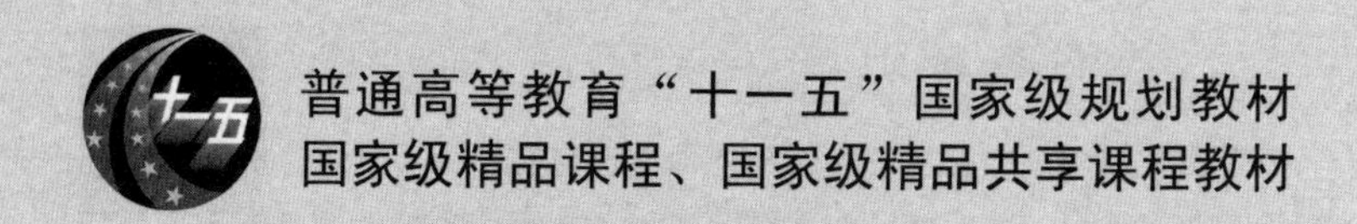

数字信号处理原理与实现

（第3版）

刘　泉　郭志强　主编

電子工業出版社
Publishing House of Electronics Industry
北京 • BEIJING

内 容 简 介

本书是在普通高等教育“十一五”国家级规划教材《数字信号处理原理与实现》第2版的基础上修订而成的。根据普通高校本科生教学大纲要求选材，本次修订在系统地讨论了数字信号处理的基本原理、基本概念与基本分析方法的基础上，跟踪学科发展的前沿，增加了数字信号处理的工程应用，具体包括五个实际工程应用案例。全书共10章，包括绪论、时域离散时间信号与系统、离散信号与系统的频域分析、离散傅里叶变换（DFT）、快速傅里叶变换（FFT）、数字滤波器的基本网络结构、无限长冲激响应滤波器的设计方法、有限长冲激响应滤波器的设计方法、多采样率数字信号处理、数字信号处理的工程应用。

为便于教师的教学及学生对概念的深入理解，这次修订充分利用了数字化、立体化教材的编撰方法，在以文字介绍为主的基础上，为重点和难点部分配备了视频讲解和动画演示。

本书可作为普通高等学校电子信息类专业和相近专业本科生、工程硕士研究生的教材，也可作为非电子信息类专业硕士研究生的教材，还可作为科技人员的参考书。

图书在版编目（CIP）数据

数字信号处理原理与实现/刘泉，郭志强主编．—3版．—北京：电子工业出版社，2020.7
ISBN 978-7-121-38633-6
Ⅰ．①数… Ⅱ．①刘… ②郭… Ⅲ．①数字信号处理－高等学校－教材 Ⅳ．①TN911.72
中国版本图书馆CIP数据核字（2020）第036266号

责任编辑：谭海平
特约编辑：王　崧
印　　刷：三河市鑫金马印装有限公司
装　　订：三河市鑫金马印装有限公司
出版发行：电子工业出版社
　　　　　北京市海淀区万寿路173信箱　　邮编：100036
开　　本：787×1092　1/16　印张：18　字数：483千字
版　　次：2005年8月第1版
　　　　　2020年7月第3版
印　　次：2024年7月第6次印刷
定　　价：55.00元

凡所购买电子工业出版社图书有缺损问题，请向购买书店调换。若书店售缺，请与本社发行部联系，联系及邮购电话：（010）88254888，88258888。

质量投诉请发邮件至 zlts@phei.com.cn，盗版侵权举报请发邮件至 dbqq@phei.com.cn。

本书咨询联系方式：（010）88254552，tan02@phei.com.cn。

前　言

本书第2版出版至今已有十年。在这十年里，随着大数据、云计算、人工智能等新技术的出现，信息学科得到空前发展。对信号的处理和分析，已经成为多学科和多领域专家、学者及技术人员共同关心的理论与技术问题。

2005 年，我们在研究国内外同类教材并结合多年教学经验的基础上，编写、出版了《数字信号处理原理与实现》，被很多高校和科研院所作为教材或参考书，并于2008年获批国家“十一五”规划教材，也为本课程获批国家级精品课程、国家级精品资源共享课程奠定了基础。之后，根据读者的反馈，我们对教材进行修订，增加了使用MATLAB解决数字信号处理问题的实例，并于2009年出版了《数字信号处理原理与实现（第2版）》。又经过十年的教学实践，以及众多热心读者的反馈，特别是为进一步体现现代教学的需求，适应数字信号处理理论与应用的最新发展，我们重新组建了教材改编小组，从内容到形式对原有教材进行了更进一步的修订。

全书共10章。第1章介绍数字信号处理学科发展概况、系统框架及应用领域；第2～3章叙述离散时间信号与系统的时域分析方法和频域分析方法，这两章是学习和应用数字信号处理的重要基础；第4～5章叙述离散傅里叶变换（DFT）和快速傅里叶变换（FFT）的理论基础与应用；第6～8章重点讨论数字滤波的基本概念、结构和设计方法，其中第6章介绍无限长冲激响（IIR）滤波器、有限长冲激响应（FIR）滤波器和几种特殊数字滤波器的网络结构；第7章叙述模拟滤波器和IIR数字滤波器的设计方法；第8章介绍FIR数字滤波器的具体设计方法；第9章介绍多采样率数字信号处理；第10章简要介绍数字信号处理的工程应用，包括地震波去噪、信道均衡、数字变声器、脑电信号和肌电信号处理等。

重新修订的教材整体结构循序渐进，内容深入浅出，以信号分析为基础，以处理技术为手段，跟踪信号处理领域的最新发展，体现了原理、方法和技术应用的有机结合。例如，第5章增加了基4-FFT算法、分裂基FFT算法和线性调频*Z*变换算法，第6章增加了全零点和全极点格型网络结构，第10章以工程案例的形式说明了数字信号处理的应用。此外，对部分例题也进行了补充和改编，使其更加契合理论学习。

本书在形式上充分利用了现代教材建设手段，引进了数字化、立体化编撰方法，针对教材的知识难点与重点在不同章节中精心制作了48个教学视频与15个动画，并且以精炼的内容讲解了某些知识点，进一步增强了教材的可读性和可用性。

本书主要由刘泉老师和郭志强老师负责修订，郑林老师、许建霞老师、桂林老师和曹辉老师参与了修订，马靓云、刘希康、邹翔宇、刘昕等参加了部分程序的调试和插图编绘工作，阙大顺老师审阅了全书。本书的出版得到了电子工业出版社谭海平老师的大力支持，在此深表感谢！同时我们要特别感谢参加本书第1版和第2版编写与出版工作的所有老师！

受编者水平所限，教材中难免有错误或不足之处，敬请广大同行和读者批评指正。

编　者

2019年10月30日

目　　录

第1章　绪　　论

随着信息科学和计算机技术的日新月异，数字信号处理（Digital Signal Processing，DSP）的理论和应用得到了飞跃式发展。信息科学和技术研究的核心内容主要是信息的获取、传输、处理、识别和综合利用等。作为研究数字信号与系统基本理论和方法的数字信号处理，已经形成一门独立的学科体系。数字信号处理是一门应用性很强的学科，随着超大规模集成电路的发展及计算机技术的进步，数字信号处理理论与技术日趋成熟，并且仍在不断发展中。数字信号处理技术在越来越广泛的科技领域中得到应用，其重要性也在不断提高。

1.1　数字信号处理的定义和特点

1.1.1　数字信号处理的定义

数字信号是用数字序列表示的信号；数字信号处理是指通过计算机或专用处理设备，用数值计算等方式对数字序列进行各种处理，将信号变换成符合需要的某种形式的过程。数字信号处理主要包括数字滤波和数字频谱分析两大部分。例如，对数字信号进行滤波，限制其频带或滤除噪声和干扰，以提取和增强信号的有用分量；对信号进行频谱分析或功率谱分析，了解信号的频谱组成，以对信号进行识别。当然，用数字方式对信号进行滤波、变换、增强、压缩、估计和识别等处理，都是数字信号处理的研究范畴。

数字信号处理在理论上所涉及的范围非常广泛。数学领域中的微积分、概率统计、随机过程、高等代数、数值分析、复变函数和各种变换（如傅里叶变换、Z变换、离散傅里叶变换、小波变换等）都是它的基本工具，网络理论、信号与系统等则是它的理论基础。在学科发展上，数字信号处理又和最优控制、通信理论等紧密相关，目前已成为人工智能、模式识别、神经网络等新兴学科的重要理论基础，其实现技术又和计算机科学和微电子技术密不可分。特别是与深度学习等机器学习理论结合后，提升了信号处理的能力和手段，扩展了信号处理的应用范围。因此，数字信号处理既把经典的理论体系作为自身的理论基础，又使自己成为一系列新兴学科的理论基础。

1.1.2　数字信号处理的特点

与模拟信号处理相比，数字信号处理具有以下优点。

（1）**高精度**。17 位字长的数字信号处理系统，其精度可达10^{-6}。在计算机和微处理器普遍采用 16 位、32 位存储器的情形下，配合适当的编程或采用浮点算法，可以达到相当高的精度。

（2）**高稳定性**。数字信号处理系统的特性不易随使用条件的变化而变化，在使用了超大规模集成的数字信号处理芯片（DSP 芯片）的情况下，提高了系统的稳定性；数字信号本身只有两种状态，其抗干扰能力优于模拟信号，具有很高的可靠性。

（3）**灵活性好**。数字信号处理系统的性能取决于系统参数，而这些参数存放在存储器中，改变存放的参数，就可改变系统的性能，得到不同的系统；数字信号处理系统的灵活性还表现在可以利用一套计算设备同时处理多路相互独立的信号，即所谓的“时分复用”。

（4）**易于大规模集成**。数字部件由逻辑元件和记忆元件构成，具有高度的规范性，易于大规模集成化和大规模生产，这也是DSP芯片迅速发展的原因之一。

此外，采用数字信号处理系统还可以方便地完成信息安全中的数字加密，并且能够实现模拟系统无法完成的许多复杂的处理功能，如信号的任意存取、严格的线性相位特性、解卷积和多维滤波等。

数字信号处理系统对数字信号进行存储和运算，可以获得许多高的性能指标，对于低频信号尤其优越。目前数字信号处理系统的速度还不能达到处理高频信号（如射频信号）的要求。然而，随着大规模集成电路、高速数字计算机的发展，尤其是微处理器的发展，数字信号处理系统的速度将会越来越高，数字信号处理也会越来越显示出其优越性。

1.2 数字信号处理系统的基本组成与实现方法

1.2.1 数字信号处理系统的基本组成

数字信号处理系统是应用数字信号处理方法来处理模拟信号的系统，其基本组成如图1.1所示。

图1.1 数字信号处理系统的基本组成

为了用数字的方法处理模拟信号，首先必须数字化模拟信号 $x_a(t)$，即模拟信号首先通过一个连续时间的前置预滤波器，使输入模拟信号的最高频率限制在一定范围内，然后在A/D变换器中进行采样、量化和编码处理，将模拟信号变成时间上和幅值上都量化离散的信号，即数字信号 $x(n)$。

数字信号处理器承担数字信号的各种处理工作，它既可以是一台通用计算机，又可以是由各种硬件或软/硬件构成的专用处理器，还可以是某个处理软件或软件包。数字信号按一定要求在数字信号处理器中进行加工，获得符合要求的数字信号 $y(n)$。

最后，$y(n)$ 通过D/A变换器将数字信号变成模拟信号，并由一个模拟滤波器滤除不需要的高频分量，输出所需的模拟信号 $y_a(t)$。

实际的数字信号处理系统不一定要包括图1.1中的所有部分。例如，对于纯数字系统，就只需要数字信号处理器这一核心部分。

1.2.2 数字信号处理的实现方法

数字信号处理的主要研究对象是数字信号，并采用数值运算的方法达到处理的目的。数字信号处理的实现方法基本上可以分为软件实现方法、硬件实现方法和软/硬件相结合的实现方法。数字信号处理的理论、算法和实现方法三者是密不可分的。

数字信号处理的软件实现方法是按照原理和算法，自行编写程序或采用现有程序在通用计算机上实现的一种方法；硬件实现方法是按照具体的要求和算法，设计硬件结构图，用乘法器、加法器、延时器、存储器、控制器及输入/输出接口部件实现的一种方法。显然，软件实现方法灵活，通过修改程序中的有关参数即可改变处理功能，但其运算速度较慢；而硬件实现方法运算速度快，可以达到实时处理的要求，但不够灵活。

采用专用单片机来实现数字信号处理的方法称为软/硬件相结合的实现方法，单片机配以数字信号处理软件，既灵活，速度又比软件方法快，特别适用于数字控制系统。目前发展最快、应用最广的方法是采用 DSP 芯片，DSP 芯片配有乘法器和累加器，结构上采用并行结构、多总线和流水线工作方式，且配有适合数字信号处理的高效指令，是一类可实现高速运算的微处理器，DSP 技术及其应用已成为信息处理学科研究的核心内容之一。

1.3 数字信号处理的应用领域

随着数字信号处理性能的迅速提高和产品成本的大幅下降，数字信号处理的应用范围不断扩大，几乎遍及整个电子领域并涉及所有的工程技术领域，其中常见的典型应用如下。

（1）**语音处理**。语音处理是最早应用数字信号处理技术的领域之一，也是最早推动数字信号处理理论发展的领域之一。语言处理主要包括语音信号分析、语音增强、语音合成、语音编码、语音识别和语音信箱等。

（2）**图形/图像处理**。数字信号处理技术已成功应用于静止图像、活动图像的恢复与增强、去噪、数据压缩和图像识别等，还应用于三维图像变换、动画、电子出版和电子地图等。

（3）**现代通信**。在现代通信技术领域，几乎所有分支都受到数字信号处理的影响。高速调制解调、编/译码、自适应均衡、多路复用等都广泛采用了数字信号处理技术。数字信号处理在传真、数字交换、移动电话、数字基站、电视会议、保密通信和卫星通信等领域也得到了广泛应用，并且随着互联网的迅猛发展，数字信号处理又在网络管理/服务和 IP 电话等新领域广泛应用，而软件无线电的提出和发展进一步增强了数字信号处理在无线通信领域的应用。

（4）**数字电视**。数字电视取代模拟电视、高清晰度电视的普及依赖于视频压缩和音频压缩技术取得的成就，而数字信号处理及其相关技术是视频压缩和音频压缩技术的重要基础。

（5）**军事与尖端科技**。雷达和声呐信号处理、雷达成像、自适应波束合成、阵列天线信号处理、导弹制导、GPS、航空航天和侦察卫星等无一不用到数字信号处理技术。

（6）**生物医学工程**。数字信号处理技术在生物医学中应用广泛，如心脑电图、超声波、CT 扫描、核磁共振和胎儿心音的自适应检测等。

（7）**电力系统**。通过对各种电力参数的采集和分析，可以判断输电线路中是否出现故障，进而确定故障发生的位置。

（8）**气体检测**。通过对有害、易燃、易爆气体的检测，可以预防气体泄漏，防止重大伤害的发生。常用方法包含可调谐二极管吸收光谱技术，具有稳定性强、准确性高的特点。

（9）**移动机器人控制**。机器人通过红外、激光、触觉、摄像头等传感器，把周围环境及自身姿态传送给处理器，控制系统对这些大量的实时信号进行处理，发出相应的操作指令，控制机器人避开障碍物，并按照规划的路径运动。

（10）**物联网**。通过信号处理及滤波可以消除物联网采集、传送信号中混杂的噪声，保证物联网的稳定运行。例如，远程医疗监测的心电图信号由于电源干扰，含有较大的电路噪声，此时可以采用数字信号处理技术滤除这些噪声，准确获取病人的身体机能指标。

（11）**其他领域**。除上述领域外，数字信号处理技术还在地球物理学、音乐制作、消费电子、仪器仪表和自动控制与监测等许多领域得到广泛应用。

1.4 数字信号处理的发展趋势

传统的数字信号处理方法都是在已知信号的时频或统计特性时，根据用途设计一种固定的滤波器，如低通滤波器、高通滤波器、带通滤波器、带阻滤波器，仅通过调整少量的滤波器参数来适应不同数据类型的独自特点，是一种基于规则的信号处理技术。

近年来机器学习，特别是深度学习在计算机视觉、语音信号处理及识别方面展示出强大的能力，因此其同样也被逐渐引入数字信号处理领域。

与传统信号处理方法相比，机器学习特别是深度学习尽可能地减少了对数据的先验假设，是一种数据驱动的信号处理方法，能够准确地实现线性变化、卷积等信号处理，使得滤波过程变得更加灵活，更具有适应性。

绪论教学视频

第 2 章　时域离散时间信号与系统

时域离散时间信号是指时间上离散的信号，即只在某些不连续的规定时刻给出信号的函数值，而在其他时间信号没有定义。时域离散时间信号可以对时域连续信号采样得到，即在采样瞬间保留原来连续信号的幅度值，这种信号称为采样信号或抽样信号，其特点是在时间上是离散的，而在幅度上是具有无限精度的连续值。为了对信号进行数字化处理，必须按要求对其幅度的精度进行有限位量化，以便被数字系统所接受，这种时间上离散、幅度上被量化的信号称为数字信号。只有数字信号才能用数字系统进行各种处理，以达到分析、识别或使用的目的。

本章将对时域离散信号和系统的基本概念、基本分析方法进行讨论，这是学习后面各章内容的基础。

2.1　连续时间信号的采样

绪论中概述了数字信号处理技术相对于模拟信号处理技术的优点，因此人们通常希望首先对模拟信号进行采样和量化编码，形成数字信号，然后采用数字信号处理技术进行处理，这种处理方法称为模拟信号的数字处理方法。本节主要讨论信号的采样、采样定理和信号重建等问题。

2.1.1　信号的采样

离散时间信号通常是由连续时间信号经周期采样得到的。完成采样功能的器件称为采样器，图 2.1 所示为采样器示意图及波形图。图中 $x_a(t)$ 表示模拟信号，$\hat{x}_a(t)$ 或 $x_a(nT)$ 表示采样信号，T 为采样周期，$n=0,1,2,\cdots$ 。一般可以把采样器视为一个每隔 T 秒闭合一次的电子开关 S。理想情况下，开关闭合时间 τ 满足 $\tau \ll T$ 。实际采样过程可视为脉冲调幅过程，$x_a(t)$ 为调制信号，被调脉冲载波 $p(t)$ 是周期为 T、脉宽为 τ 的周期脉冲串，如图 2.2(a)所示。$\tau \to 0$ 时的理想采样情况如图 2.2(b)所示，它是实际采样的一种科学的、本质的抽象，同时可使数学推导得到简化。下面主要讨论理想采样。

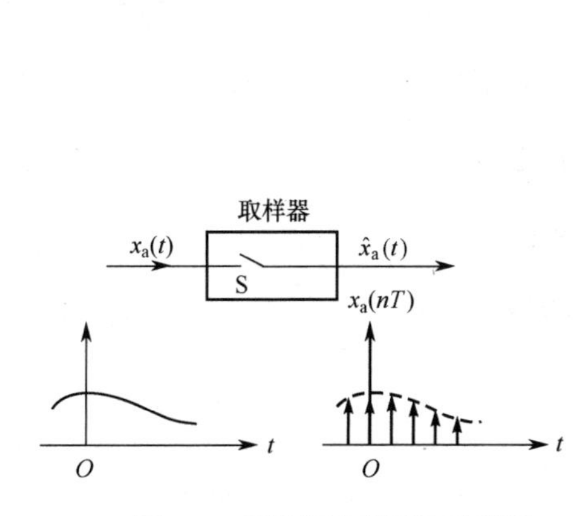

图 2.1　采样器示意图及波形图

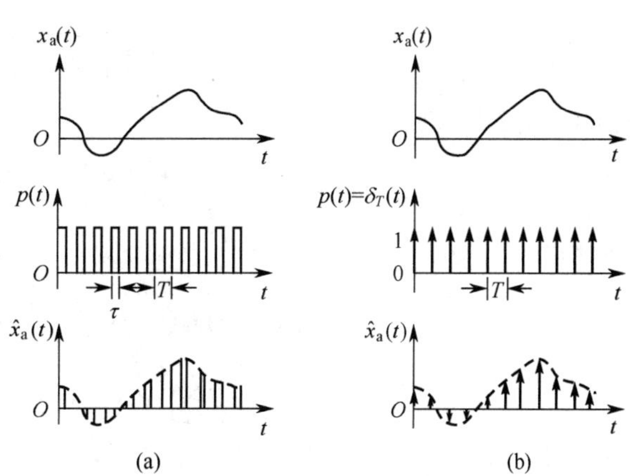

图 2.2　连续时间信号的采样：(a)实际采样；(b)理想采样

在$\tau \to 0$的极限情况下，采样脉冲序列$p(t)$变成冲激函数序列$\delta_T(t)$，即

$$p(t)=\delta_T(t)=\sum_{n=-\infty}^{+\infty}\delta(t-nT) \tag{2.1}$$

理想采样同样可视为连续时间信号对脉冲载波的调幅过程，因而理想采样输出$\hat{x}_a(t)$可表示为

$$\begin{aligned}\hat{x}_a(t)&=x_a(t)p(t)\\&=x_a(t)\sum_{n=-\infty}^{+\infty}\delta(t-nT)\\&=\sum_{n=-\infty}^{+\infty}x_a(t)\delta(t-nT)\end{aligned} \tag{2.2}$$

由于$\delta(t-nT)$只在$t=nT$时非零，所以上式中$x_a(t)$只有在$t=nT$时才有意义，故有

$$\hat{x}_a(t)=\sum_{n=-\infty}^{+\infty}x_a(nT)\delta(t-nT) \tag{2.3}$$

2.1.2 采样定理

模拟信号经过采样变为离散时间信号后，是否会丢失一些信息？信号的频谱会发生怎样的变化？不丢失信息应满足什么条件？这些问题关系到能否用数字化方法对连续时间信号进行处理。采样定理将全面回答这些问题。

下面首先讨论采样信号与模拟信号频谱之间的关系。将周期冲激函数序列$p(t)=\delta_T(t)$展开成傅里叶级数得$p(t)=\sum\limits_{n=-\infty}^{+\infty}\delta(t-nT)=\sum\limits_{r=-\infty}^{+\infty}c_r e^{jr\Omega_s t}$，级数的基波频率即采样频率为$f_s=1/T$，采样角频率为$\Omega_s=2\pi/T$，其傅里叶系数$c_r$为

$$\begin{aligned}c_r&=\frac{1}{T}\int_{-T/2}^{T/2}p(t)e^{-jr\Omega_s t}dt\\&=\frac{1}{T}\int_{-T/2}^{T/2}\sum_{n=-\infty}^{+\infty}\delta(t-nT)e^{-jr\Omega_s t}dt\\&=\frac{1}{T}\int_{-T/2}^{T/2}\delta(t)e^{-jr\Omega_s t}dt=\frac{1}{T}e^0=\frac{1}{T}\end{aligned}$$

于是$p(t)$可表示为

$$p(t)=\frac{1}{T}\sum_{r=-\infty}^{+\infty}e^{jr\Omega_s t} \tag{2.4}$$

则$p(t)$的傅里叶变换为

$$P(j\Omega)=F\left[\frac{1}{T}\sum_{r=-\infty}^{+\infty}e^{jr\Omega_s t}\right]=\frac{2\pi}{T}\sum_{r=-\infty}^{+\infty}\delta(j\Omega-jr\Omega_s) \tag{2.5}$$

根据傅里叶变换的卷积定理，可得出理想采样信号$\hat{x}_a(t)$的频谱为

$$\begin{aligned}\hat{X}_a(j\Omega)&=F[x_a(t)\cdot p(t)]=\frac{1}{2\pi}X_a(j\Omega)*P(j\Omega)\\&=\frac{1}{T}\sum_{r=-\infty}^{+\infty}X_a(j\Omega)*\delta(j\Omega-jr\Omega_s)\\&=\frac{1}{T}\sum_{r=-\infty}^{+\infty}X_a(j\Omega-jr\Omega_s)\end{aligned} \tag{2.6}$$

由式（2.6）可以看出，采样信号的频谱$\hat{X}_a(j\Omega)$是模拟信号频谱$X_a(j\Omega)$的周期延拓，周期为采

样角频率 Ω_s。也就是说，采样信号的频谱包括原信号频谱和无限多个经过平移的原信号频谱，这些频谱都要乘以系数 $1/T$，如图 2.3(a)和(b)所示。

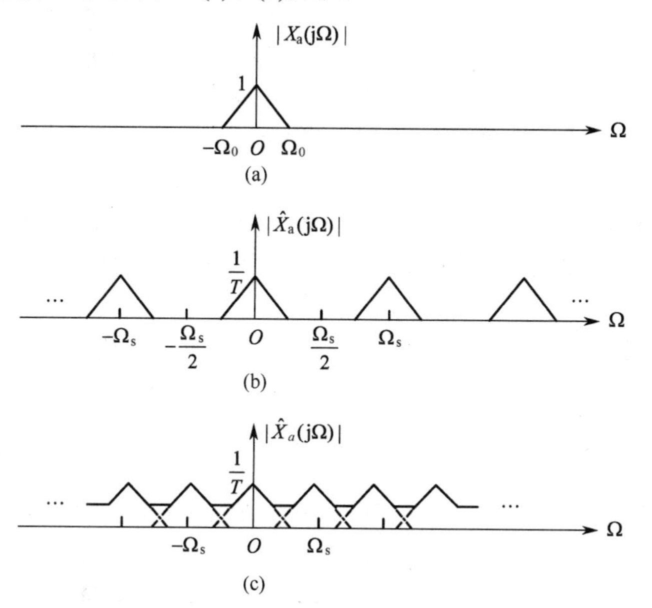

信号采样教学视频 1

信号采样教学视频 2

图 2.3　理想采样信号的频谱

信号采样动画演示

设原信号 $x_a(t)$ 是最高频率为 Ω_0 的带限信号，如图 2.3(a)所示，其频谱称为基带频谱。当 $\Omega_s \geq 2\Omega_0$ 或 $f_s \geq 2f_0$ 时，理想采样信号频谱中，基带频谱及各次谐波调制频谱彼此是不重叠的，如图 2.3(b)所示。此时可用一个带宽为 $\Omega_s/2$ 的理想低通滤波器取出原信号 $x_a(t)$ 的频谱 $X_a(j\Omega)$，而滤除它的各次谐波频谱，从而恢复出信号 $x_a(t)$，这时采样未造成信息丢失。从图 2.3(c)可以看出，当 $\Omega_s < 2\Omega_0$ 或 $f_s < 2f_0$ 时，各次谐波频谱必然互相重叠，重叠部分的频率成分的幅值与原信号不同，因而不能分开和恢复这些部分，这时采样就造成了信息丢失。这种现象称为“混叠”现象。如果原信号不是带限信号，或采样频率太低，那么“混叠”现象必然存在。

由上述讨论可知，在理想采样中，为了使平移后的频谱不产生混叠失真，应要求采样频率足够高。在信号 $x_a(t)$ 的频带受限的情况下，要使采样后能够不失真地还原原信号，则样频率应大于或等于信号最高频率的 2 倍，即

$$\Omega_s \geq 2\Omega_0$$

这就是著名的奈奎斯特（Nyquist）采样（抽样）定理。采样频率的一半即 $\Omega_s/2$，称为折叠频率；等于信号最高频率 2 倍的采样频率即 $\Omega_s = 2\Omega_0$，又称奈奎斯特频率。

实际中对连续时间信号采样时，必须根据连续信号的最高截止频率，按照采样定理的要求选择采样频率，即 $\Omega_s \geq 2\Omega_0$。但是，考虑到信号的频谱一般不是锐截止的，最高截止频率以上还有较小的高频分量，为此可选择 $\Omega_s = 3\Omega_0 \sim 4\Omega_0$。此外，为了避免混叠失真，一般在采样器之前加一个保护性的前置低通滤波器，该滤波器称为防混叠滤波器，其截止频率为 $\Omega_s/2$，以滤除高于 $\Omega_s/2$ 的频率分量及其他一些杂散信号。

2.1.3　信号的恢复

从图 2.3 可以看出，如果采样信号的频谱不存在混叠，那么

$$\hat{X}_{\mathrm{a}}(\mathrm{j}\Omega)=\frac{1}{T}X_{\mathrm{a}}(\mathrm{j}\Omega),\quad |\Omega|<\Omega_{\mathrm{s}}/2$$

这样，让采样信号通过一个截止频率为$\Omega_{\mathrm{s}}/2$的理想低通滤波器（其频率特性如图2.4所示）

$$H(\mathrm{j}\Omega)=\begin{cases}T, & |\Omega|<\Omega_{\mathrm{s}}/2\\ 0, & |\Omega|\geq\Omega_{\mathrm{s}}/2\end{cases}\tag{2.7}$$

就可以将采样信号频谱中的基带频谱取出，如图2.5所示，于是原信号频谱为

$$Y(\mathrm{j}\Omega)=\hat{X}_{\mathrm{a}}(\mathrm{j}\Omega)H(\mathrm{j}\Omega)=X_{\mathrm{a}}(\mathrm{j}\Omega)$$

虽然理想低通滤波器是不可实现的，但在一定的精度范围内，可以用一个可实现的滤波器来逼近它，这样在滤波器输出端就可以得到恢复的原模拟信号$y(t)=x_{\mathrm{a}}(t)$。

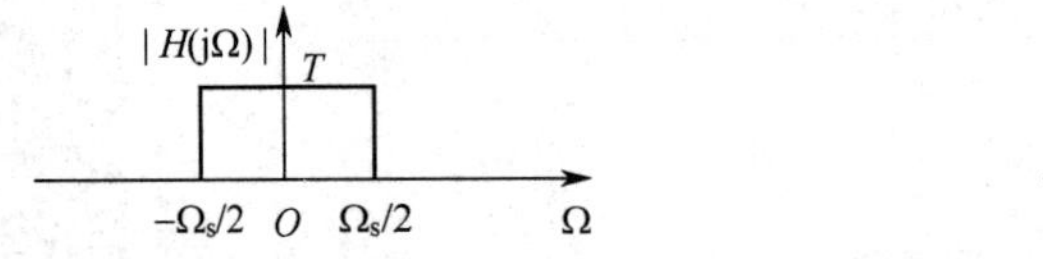

图2.4 理想低通滤波器频率特性　　　　图2.5 采样信号的恢复

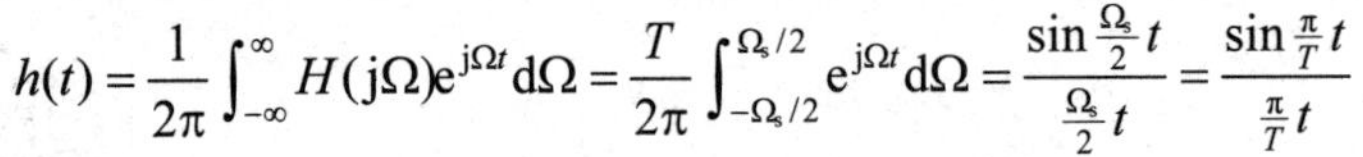

下面讨论如何用采样值来恢复原模拟信号$x_{\mathrm{a}}(t)$，即$\hat{x}_{\mathrm{a}}(t)$通过$H(\mathrm{j}\Omega)$系统的响应。式（2.7）的理想低通滤波器的冲激响应为

$$h(t)=\frac{1}{2\pi}\int_{-\infty}^{\infty}H(\mathrm{j}\Omega)\mathrm{e}^{\mathrm{j}\Omega t}\mathrm{d}\Omega=\frac{T}{2\pi}\int_{-\Omega_{\mathrm{s}}/2}^{\Omega_{\mathrm{s}}/2}\mathrm{e}^{\mathrm{j}\Omega t}\mathrm{d}\Omega=\frac{\sin\frac{\Omega_{\mathrm{s}}}{2}t}{\frac{\Omega_{\mathrm{s}}}{2}t}=\frac{\sin\frac{\pi}{T}t}{\frac{\pi}{T}t}$$

由$\hat{x}_{\mathrm{a}}(\tau)$与$h(t)$的卷积积分，可求得理想低通滤波器的输出为

$$\begin{aligned}y(t)=x_{\mathrm{a}}(t)&=\int_{-\infty}^{\infty}\hat{x}_{\mathrm{a}}(\tau)h(t-\tau)\mathrm{d}\tau\\&=\int_{-\infty}^{\infty}\left[\sum_{n=-\infty}^{\infty}x_{\mathrm{a}}(\tau)\delta(\tau-nT)\right]h(t-\tau)\mathrm{d}\tau\\&=\sum_{n=-\infty}^{\infty}\int_{-\infty}^{\infty}x_{\mathrm{a}}(\tau)h(t-\tau)\delta(\tau-nT)\mathrm{d}\tau\\&=\sum_{n=-\infty}^{\infty}x_{\mathrm{a}}(nT)h(t-nT)\\&=\sum_{n=-\infty}^{\infty}x_{\mathrm{a}}(nT)\frac{\sin\left[\frac{\pi}{T}(t-nT)\right]}{\frac{\pi}{T}(t-nT)}\end{aligned}\tag{2.8}$$

式（2.8）就是从采样信号$x_{\mathrm{a}}(nT)$恢复原信号$x_{\mathrm{a}}(t)$的采样内插公式，内插函数是

$$s_{\mathrm{a}}(t-nT)=\frac{\sin\left[\frac{\pi}{T}(t-nT)\right]}{\frac{\pi}{T}(t-nT)}\tag{2.9}$$

内插函数在$t=nT$的采样点上的值为1，在其余采样点上的值均为零，在采样点之间的值不为零，如图2.6所示。这样，被恢复的信号$x_{\mathrm{a}}(t)$在采样点的值恰好等于原连续信号$x_{\mathrm{a}}(t)$在采样时刻$t=nT$的值，而采样点之间的部分则由各加权内插函数的波形叠加而成，如图2.7所示。从图2.7可以看出，采样内插公式表明，只要采样频率高于信号最高频率的2倍，整个连续信号就可以用它的采样值来代表，采样信号通过理想低通滤波器后，可以唯一恢复原信号，而不会损失任何信息。这也是奈奎斯特采样定理的意义所在。

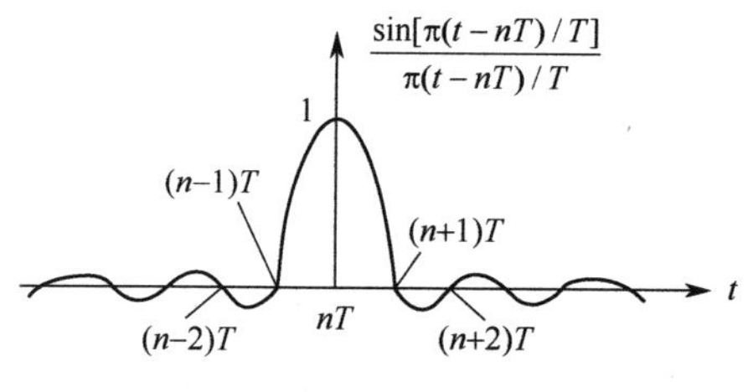

图 2.6　内插函数

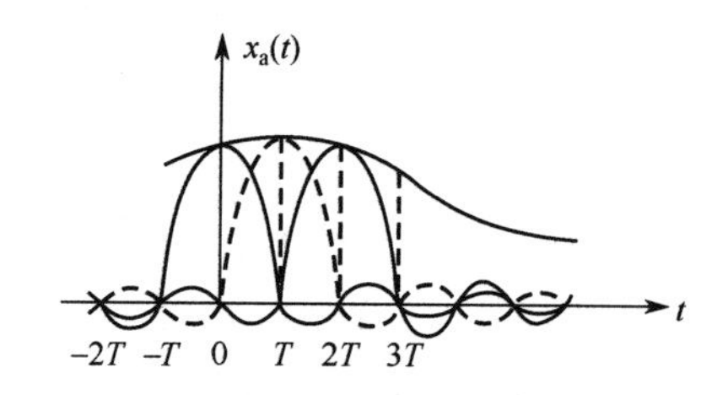

图 2.7　采样的内插恢复

2.2　离散时间信号序列

序列的概念
教学视频

在连续时间系统中，通常用连续时间函数来表示信号；而在离散时间系统中，信号要用序列来表示。

2.2.1　序列及其表示

离散时间信号是指离散时间变量为 $t=t_k$（k 为整数）时有定义的那些信号。若离散信号是对连续时间信号均匀采样得到的，则在时刻 $t=nT$（T 为采样周期，n 为整数）的信号值定义为离散信号值，即

$$x_a(t)\big|_{t=nT}=x_a(nT)=x(n) \tag{2.10}$$

而在 $t\neq nT$ 时刻就没有定义。被采样后的信号 $x_a(nT)$ 依次放入存储器，以供处理时随时调用，下标 a 表示连续量。对数字系统而言，$x_a(nT)$ 中的采样间隔 T 一般不再示出，而 n 表示采样时的序号，所以用 $x(n)$ 表示第 n 个离散时间点的序列值。通常把在整个 n 的定义域内 $x(n)$ 的集合构成的一组有序数列，称为一个数字序列或序列。

序列可以用 $\{x(n)\}$ 表示，如

$$x=\{x(n)\},\qquad -\infty<n<+\infty \tag{2.11}$$

有时，为了方便表达或便于计算，也可直接用 $x(n)$ 表示，如写成闭合表达式等。离散时间信号（或序列）还可以用图形来描述，如图 2.8 所示。显然，图中所示的序列 $x(n)$ 也可以表示为 $x(n)=\{\cdots,x(-2),x(-1),x(0),x(1),x(2),\cdots\}$。序列的集合表示、闭合表达式及图形表示均非常重要，在分析离散时间信号问题时经常使用。

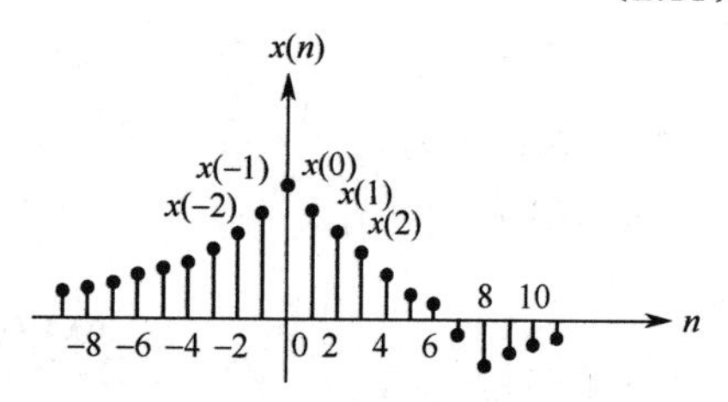

图 2.8　离散时间信号的图形表示

2.2.2　常用的典型序列

1. 单位采样序列 $\delta(n)$

单位采样序列定义为

$$\delta(n)=\begin{cases}1, & n=0\\ 0, & n\neq 0\end{cases} \tag{2.12}$$

单位采样序列也可以称为单位采样或脉冲序列，其特点是仅在 $n=0$ 时取值为 1，而在其他情形下均为零。$\delta(n)$ 在离散时间信号与系统中的应用类似于连续时间信号和系统中的单位冲激函数 $\delta(t)$，但要注意它们之间的区别。事实上，$\delta(n)$ 是一个确定的物理量，而 $\delta(t)$ 不是确定的物理量，而是一种数学抽象。单位采样序列和单位冲激信号如图 2.9 所示。

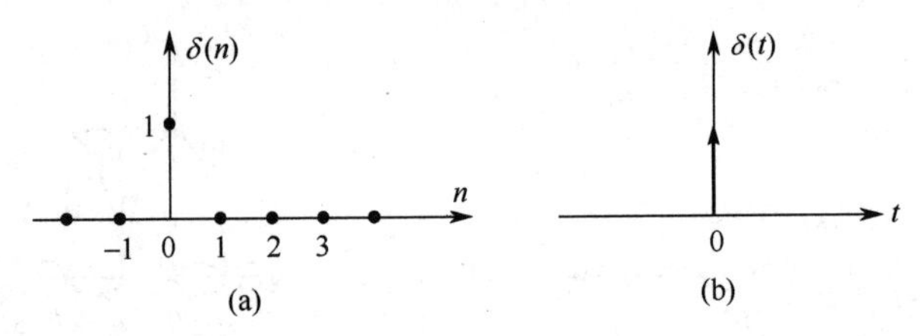

图 2.9　单位采样序列和单位冲激信号：(a)单位采样序列；(b)单位冲激信号

2．单位阶跃序列 $u(n)$

单位阶跃序列定义为

$$u(n)=\begin{cases}1, & n\geq 0\\0, & n<0\end{cases} \tag{2.13}$$

单位阶跃序列如图 2.10 所示。$u(n)$ 在离散时间信号与系统中的应用类似于连续时间信号和系统中的单位阶跃函数 $u(t)$，但 $u(t)$ 在 $t=0$ 时通常不予定义，而 $u(0)=1$。

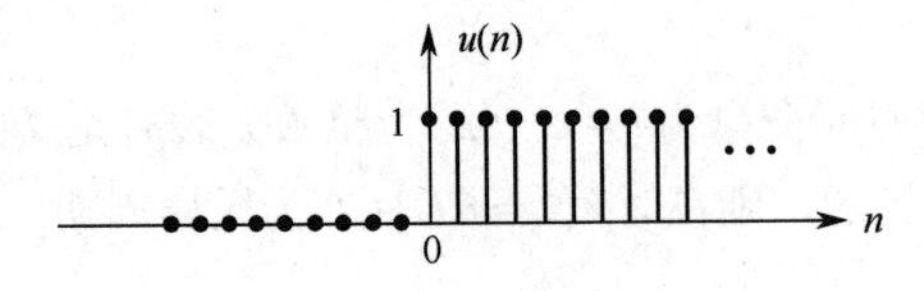

图 2.10　单位阶跃序列

$\delta(n)$ 与 $u(n)$ 之间的关系为

$$\delta(n)=u(n)-u(n-1) \tag{2.14}$$

$$u(n)=\sum_{k=-\infty}^{n}\delta(k) \tag{2.15}$$

有时上式也可以表示为

$$u(n)=\sum_{k=0}^{\infty}\delta(n-k) \tag{2.16}$$

3．矩形序列

矩形序列定义为

$$R_N(n)=\begin{cases}1, & 0\leq n\leq N-1\\0, & \text{其他}\end{cases} \tag{2.17}$$

式中，N 为矩形序列的长度，其图形如图 2.11 所示。矩形序列可用单位阶跃序列表示为

$$R_N(n)=u(n)-u(n-N) \tag{2.18}$$

4．实指数序列

实指数序列 $x(n)$ 定义为

$$x(n)=a^n, \qquad -\infty<n<\infty \tag{2.19}$$

式中 a 为实数。当 $n<0$，$x(n)=0$ 时，上式可表示为

$$x(n)=a^n u(n) \tag{2.20}$$

显然，当 $|a|<1$ 时，$x(n)$ 为收敛序列；当 $|a|>1$ 时，$x(n)$ 为发散序列。图 2.12 显示了 $0<a<1$ 时 $a^n u(n)$ 的图形。

图 2.11　矩形序列的波形　　　　图 2.12　实指数序列的图形

5. 正弦序列

正弦序列定义为

$$x(n) = A\sin(\omega n + \varphi) \tag{2.21}$$

式中，A 为幅度；φ 为初相；ω 称为正弦序列的数字域频率，单位为弧度，它表示序列变化的速率，或表示相邻两个序列值之间变化的弧度数。

如果正弦序列是由模拟信号 $x_a(t)$ 采样得到的，并且设 $x_a(t) = A\sin(\Omega t)$，那么若采样周期为 T，则 $x_a(t)\big|_{t=nT} = A\sin(\Omega nT)$，即有 $x(n) = A\sin(\omega n)$。因为在数值上，序列值与采样信号值相等，因此得到数字域频率ω 与模拟角频率 Ω 之间的关系为

$$\omega = \Omega T \tag{2.22}$$

式（2.22）具有普遍意义，它表示由模拟信号采样得到的序列，其模拟角频率Ω与序列的数字域频率 ω 呈线性关系。由于 $f_s = 1/T$，式（2.22）也可表示成

$$\omega = \frac{\Omega}{f_s} = 2\pi\frac{f}{f_s} \tag{2.23}$$

上式表示数字域频率是模拟角频率对采样频率进行归一化的结果，所以 ω 又被直接称为归一化频率。一般用 ω 表示数字域频率，用 Ω 和 f 分别表示模拟角频率和模拟频率。

6. 复指数序列

复指数序列定义为

$$x(n) = \mathrm{e}^{(\sigma + \mathrm{j}\omega)n} \tag{2.24}$$

式中，ω 为数字域频率。当 $\sigma = 0$ 时，上式可表示为

$$x(n) = \mathrm{e}^{\mathrm{j}\omega n} \tag{2.25}$$

式（2.24）还可以写为 $x(n) = \mathrm{e}^{\sigma n}\cos\omega n + \mathrm{e}^{\sigma n}\sin\omega n$。如果用极坐标表示，那么有 $x(n) = |x(n)|$ $\mathrm{e}^{\mathrm{j}\arg[x(n)]} = \mathrm{e}^{\sigma n}\mathrm{e}^{\mathrm{j}\omega n}$。由于 n 取整数，所以式

$$\mathrm{e}^{\mathrm{j}(\omega + 2\pi N)n} = \mathrm{e}^{\mathrm{j}\omega n}, \qquad N = 0, \pm 1, \pm 2, \cdots$$

总成立，这表明复指数序列在频域具有周期性（周期为 2π）。

和时域连续信号的复指数信号一样，复指数序列 $\mathrm{e}^{\mathrm{j}\omega n}$ 在信号分析中占有重要地位，其作为完备的正交函数集，是序列进行傅里叶变换所必需的。

7. 周期序列

若对所有 n 存在一个最小的正整数 N，满足

$$x(n) = x(n+N), \qquad -\infty < n < \infty \tag{2.26}$$

则称序列 $x(n)$ 为周期序列，有时将周期序列记为 $\tilde{x}(n)$，最小周期为 N，注意 N 要取最小正整数。例如序列 $x(n) = A\cos(\pi n/4)$，其数字域频率是 $\pi/4$，由于 n 取整数，可写为 $x(n) = A\cos[\pi(n+8)/4]$。此式表明 $A\cos(\pi n/4)$ 是周期为 8 的正弦周期序列，如图 2.13 所示。

下面讨论一般正弦序列 $x(n)=A\sin(\omega n+\varphi)$ 的周期性。假定该序列是周期序列，最小周期为 N，则有

$$x(n+N)=A\sin\left[\omega(n+N)+\varphi\right]=A\sin\left[(\omega n+\varphi)+\omega N\right]$$

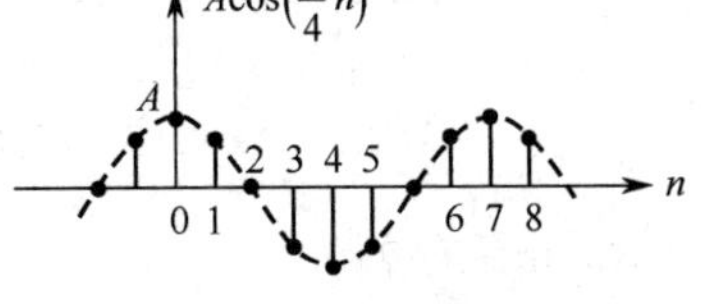

图 2.13 周期序列图形举例

由式（2.26）可知

$$x(n+N)=x(n)=A\sin(\omega n+\varphi)$$

即有

$$A\sin\left[(\omega n+\varphi)+\omega N\right]=A\sin(\omega n+\varphi)$$

根据正弦函数的周期性推得 $\omega N=2\pi k, k\in Z$，即

$$N=2\pi k/\omega,\qquad k\in Z$$

式中，k 与 N 均取整数，且 k 的取值要保证 N 取最小的正整数。显然，当 $2\pi/\omega$ 为整数时，取 $N=2\pi/\omega$，为周期序列；当 $2\pi/\omega$ 为有理数 $l/m,\ l,m\in Z$ 时，取 $k=m, N=l$，也为周期序列；当 $2\pi/\omega$ 为无理数时，不能表示为两个整数相除的形式，因此 k 与 N 不能同时取整数，即该序列不为周期序列。

对复指数序列 $\mathrm{e}^{\mathrm{j}\omega n}$ 的时域周期性的讨论，也有同样的分析结果。

2.2.3 序列的运算

序列 $x(n)$ 作为自变量 n 的函数可以做各种运算，这些运算是信号与信息处理中经常使用的处理方法。

1．序列相加

序列相加是指两个不同的序列在同一时刻 n 对幅度进行叠加，如 $y(n)=x_1(n)+x_2(n)$。

例如，指数序列

$$x(n)=\begin{cases}\left(\frac{1}{3}\right)^n, & n\geq 0\\ 0, & n<0\end{cases}$$

的图形如图 2.14 所示。

指数序列

$$y(n)=\begin{cases}\left(\frac{1}{2}\right)^{-n}, & n<0\\ 0, & n\geq 0\end{cases}$$

的图形如图 2.15 所示。

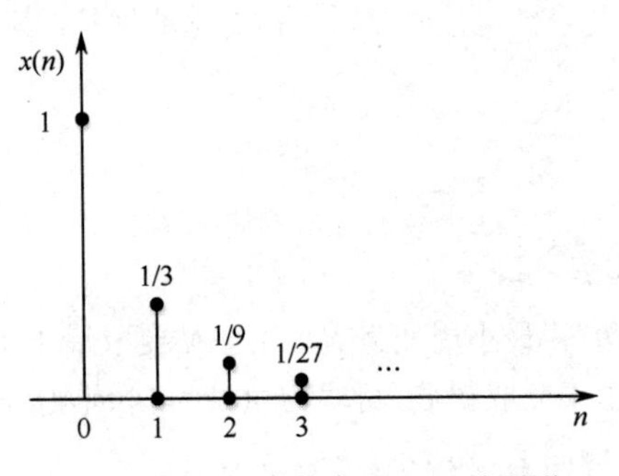

图 2.14 指数序列 $x(n)$ 的图形

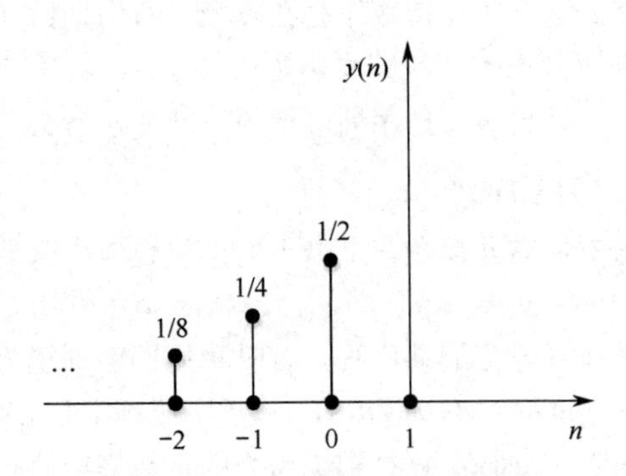

图 2.15 指数序列 $y(n)$ 的图形

相加后的序列

$$z(n)=x(n)+y(n)=\begin{cases}\left(\frac{1}{3}\right)^{n}, & n\ge 0\\ \left(\frac{1}{2}\right)^{-n}, & n<0\end{cases}$$

的图形如图 2.16 所示。

2．序列相乘

序列相乘是指在同一时刻 n，对不同的两个序列做幅度乘法运算，如 $y(n)=x_1(n)\cdot x_2(n)$。

例如，序列相加例子中的两个序列 $x(n)$ 和 $y(n)$ 相乘，对于任意 n，其中一个序列的序列值为 0，乘积为 0，因此有

$$z(n)=x(n)\cdot y(n)=0$$

其图形如图 2.17 所示。

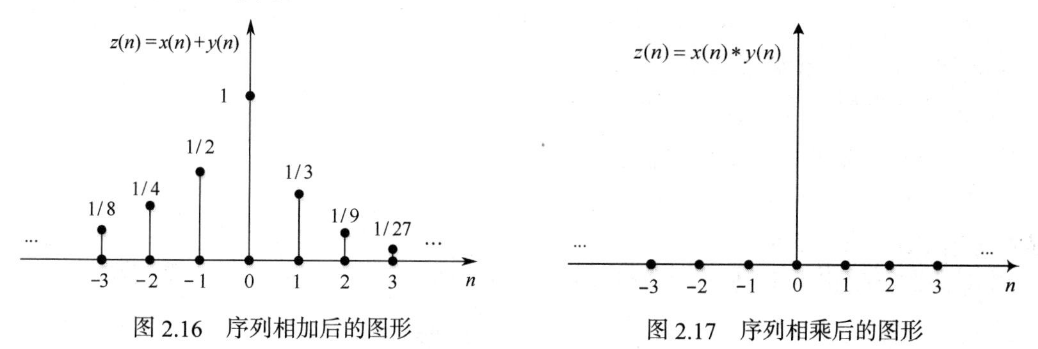

图 2.16　序列相加后的图形　　　图 2.17　序列相乘后的图形

3．数乘运算

数乘运算是指用一个常数与序列相乘，如 $y(n)=a\cdot x(n)$，其中 a 既可以是复数又可以是实数。当 a 为实数时，数乘运算 $ax(n)$ 将使序列 $x(n)$ 的幅度放大或缩小 a 倍。

4．差分运算

在时域离散信号中，差分运算是指同一序列中相邻序号的两个序列的幅度之差，按所取序号次序不同可以分为前向差分 Δ 和后向差分 ∇。

前向差分表示为

$$\Delta x(n)=x(n+1)-x(n) \tag{2.27}$$

后向差分表示为

$$\nabla x(n)=x(n)-x(n-1) \tag{2.28}$$

如果对序列 $x(n)$ 进行多次差分运算，那么就成为高阶差分。例如，

$$\nabla^{m}x(n)=\nabla[\nabla^{m-1}x(n)] \tag{2.29}$$

即对序列 $x(n)$ 做 m 次后向差分运算。

5．累加运算

序列的累加运算定义为

$$y(n)=\sum_{k=-\infty}^{n}x(k) \tag{2.30}$$

它表示序列 $y(n)$ 在时刻 n 的值，等于 $x(n)$ 当前时刻 n 的值和 $x(n)$ 以前所有值的和。

例如，假定某大学二年级某班共有 20 人，其年龄分布柱状图如图 2.18 所示；于是，各年龄

段累计人数图如图 2.19 所示。

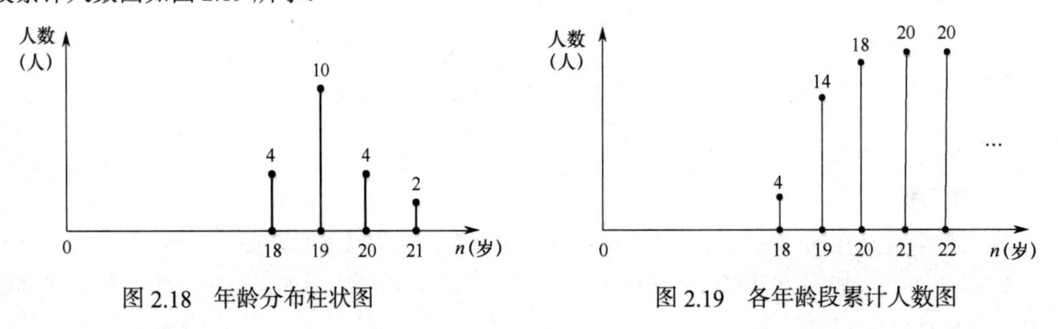

图 2.18　年龄分布柱状图　　　　图 2.19　各年龄段累计人数图

6．序列位移运算

序列移位运算又称平移或延迟运算。序列 $x(n)$ 平移一个序数 n_0 时，得到的序列表示为 $y(n)=x(n-n_0)$。当 n_0 为正数或负数时，称序列 $x(n-n_0)$ 延迟或领先。实现序列延迟的实际离散系统就是移位寄存器或存储器。

例如，指数序列

$$x(n)=\begin{cases}\left(\frac{1}{3}\right)^n, & n\geq 0\\ 0, & n<0\end{cases}$$

的图形如图 2.20 所示。

将该序列左移 1 位，即用 $n+1$ 代替 $x(n)$ 表达式中的 n，有

$$x(n+1)=\begin{cases}\left(\frac{1}{3}\right)^{n+1}, & n+1\geq 0\\ 0, & n+1<0\end{cases}$$

整理后得

$$x_1(n)=x(n+1)=\begin{cases}\left(\frac{1}{3}\right)^{n+1}, & n\geq -1\\ 0, & n<-1\end{cases}$$

其图形如图 2.21 所示。

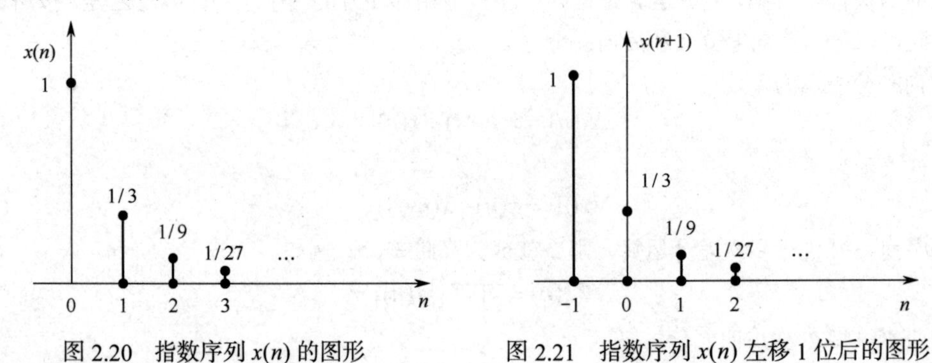

图 2.20　指数序列 $x(n)$ 的图形　　　　图 2.21　指数序列 $x(n)$ 左移 1 位后的图形

7．序列的反褶运算

序列的反褶又称序列的转置或倒置。反褶是指用 $(-n)$ 代换 $x(n)$ 中的自变量 n，反褶的图形表示是指序列以纵轴 $n=0$ 为对称轴，将序列 $x(n)$ 反褶。

例如，指数序列

$$x_1(n)=\begin{cases}\left(\frac{1}{3}\right)^{n+1}, & n\geq -1\\ 0, & n<-1\end{cases}$$

的图形如图 2.22 所示。

用 $(-n)$ 代换 $x_1(n)$ 表达式中的 n，有

$$x_1(-n)=\begin{cases}\left(\frac{1}{3}\right)^{-n+1}, & -n\geq -1\\ 0, & -n<-1\end{cases}$$

整理后得

$$x_2(n)=x_1(-n)=\begin{cases}\left(\frac{1}{3}\right)^{-n+1}, & n\leq 1\\ 0, & n>1\end{cases}$$

其图形如图 2.23 所示。

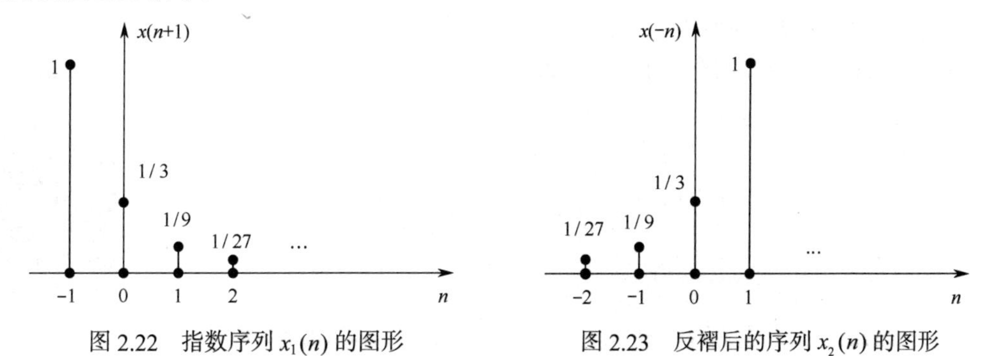

图 2.22　指数序列 $x_1(n)$ 的图形　　图 2.23　反褶后的序列 $x_2(n)$ 的图形

8．序列的重排运算

在分析并处理离散时间信号的过程中，有时需要对序列进行压缩或延伸等重新排列，这相当于在时域连续信号中对自变量 t 进行的比例运算。

序列的压缩排列也称序列的抽取，它是指把序列的某些值去除，余下的序列按次序重新排列。序列抽取表示为

$$y(n)=x(Mn)\,,\qquad M\text{ 为整数} \tag{2.31}$$

图 2.24(b)显示了 $M=2$ 时对图 2.24(a)中的原序列抽取重排的结果。

序列的延伸正好与压缩变换相反，它是指在原序列的两个相邻的值之间插入零值，所以也称序列内插零值或内插。插零的表达式为

$$y(n)=\begin{cases}x(n/M), & n=Mk\\ 0, & n\neq Mk\end{cases},\qquad M,k\text{ 均为整数} \tag{2.32}$$

图 2.24(c)显示了 $M=2$ 时对图 2.14(a)中的原序列内插的图形，从图中可以看出内插后的新序列就像原序列延伸了 1 倍。

离散信号的采样、抽取和内插是多采样率信号处理的基本变换运算。

9．序列的卷积和运算

在时域连续非时变系统中，卷积积分是求零状态响应的主要方法。在时域离散系统分析中，卷积和运算同样也是求解线性非时变系统零状态响应的重要方法。序列的卷积运算又称线性离散卷积或线性卷积。线性卷积除理论上的重要性外，还可用来实现离散时间系统。因此，熟练掌握线性卷积的计算方法非常重要。下面讨论卷积和的定义与运算方法。

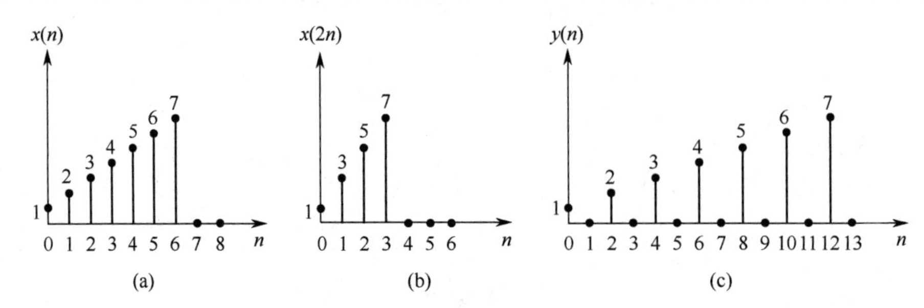

图 2.24　序列的压缩与延伸

两个序列的卷积和定义为

$$y(n)=\sum_{k=-\infty}^{\infty}h(k)x(n-k)=h(n)*x(n) \tag{2.33}$$

式中，* 表示两个序列做卷积运算。卷积和运算可以采用公式法、表格法和图解法等，但以图形表示较为明了。卷积和运算在图形表示上可分为 4 步，即翻褶、移位、相乘和相加，如图 2.25 所示。

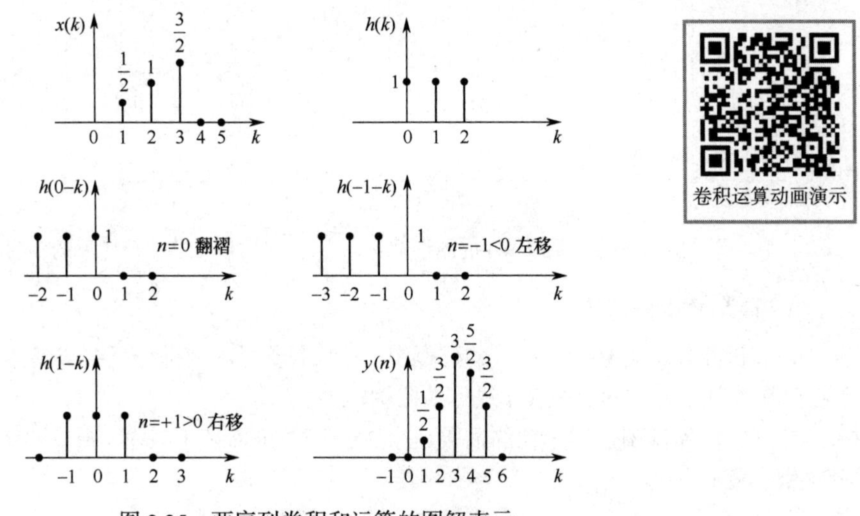

图 2.25　两序列卷积和运算的图解表示

由式（2.33）可以看出，卷积和与两个序列的先后次序无关，即式（2.33）也可以表示为

$$y(n)=\sum_{k=-\infty}^{\infty}x(k)h(n-k)=x(n)*h(n) \tag{2.34}$$

对两个有限长序列，如长度为 M 点的序列 $h(n)$ 和长度为 N 点的序列 $x(n)$，两序列卷积 $h(n)*x(n)$ 的结果 $y(n)$ 的长度为 $M+N-1$ 点。

10．序列相关运算

序列的相关运算定义为

$$\begin{aligned}r_{xy}(m)&=\sum_{n=-\infty}^{\infty}x(n)y^{*}(n-m)\\&=\sum_{n=-\infty}^{\infty}y^{*}(n)x(n+m)\end{aligned} \tag{2.35}$$

从上式可以看出，相关运算是指一个序列相对另一个序列首先进行位移，另一个序列取共轭后，然后相乘求和。它与序列卷积和运算是相似的，但没有卷积运算中翻褶的过程；于是可以用卷积

符号 * 来表示相关运算，当序列为实序列时，有

$$r_{xy}(m) = y(m) * x(-m) \tag{2.36}$$

在信号分析中往往用到自相关序列。令式（2.35）中的 $y(n) = x(n)$，实序列的自相关序列

$$r_{xx}(m) = \sum_{n=-\infty}^{\infty} x(n)x(n+m) = x(m) * x(-m) \tag{2.37}$$

自相关序列具有偶对称性，即

$$r_{xx}(m) = r_{xx}(-m) \tag{2.38}$$

在式（2.37）中，当 $m = 0$ 时，即为序列的能量，此时有

$$r_{xx}(0) = \sum_{n=-\infty}^{\infty} x^2(n) \tag{2.39}$$

11．序列的能量

序列的能量定义为序列各采样值的平方和，即

$$E = \sum_{n=-\infty}^{\infty} |x(n)|^2 \tag{2.40}$$

序列运算与表示
教学视频 1

2.2.4　用单位采样序列表示任意序列

任意序列都可以表示为单位采样序列 $\delta(n)$ 的移位加权和，即

$$x(n) = \sum_{k=-\infty}^{\infty} x(k)\delta(n-k) \tag{2.41}$$

这一表达式实际上是把任意序列 $x(n)$ 表示为 $x(n)$ 与 $\delta(n)$ 的卷积关系，或者说任意序列与 $\delta(n)$ 做卷积运算等于该序列本身。

同样，任意序列与移位的单位采样序列做卷积运算，等于该序列做移位运算，即有

$$x(n-n_0) = \sum_{k=-\infty}^{\infty} x(k)\delta(n-n_0-k) = x(n) * \delta(n-n_0) \tag{2.42}$$

这种任意序列的表示方法在信号分析中是一个很有用的公式。例如，$x(n)$ 的波形如图 2.26 所示，可以用式（2.42）表示为

$$x(n) = -2\delta(n+2) + 0.5\delta(n+1) + 2\delta(n) + \delta(n-1) + 1.5\delta(n-2) - \delta(n-4) + 2\delta(n-5) + \delta(n-6)$$

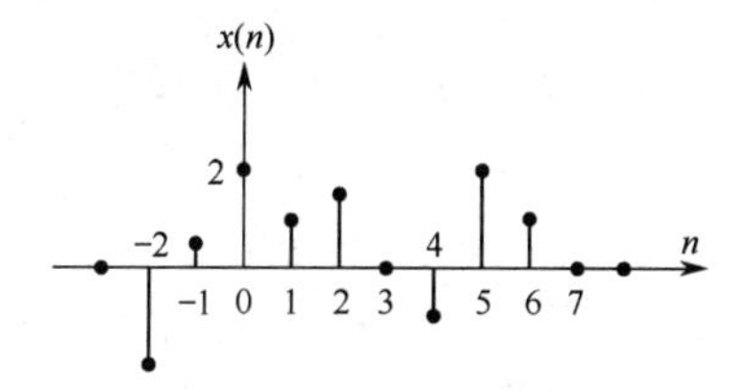

图 2.26　用单位采样序列移位加权和表示序列

序列运算与表示
教学视频 2

2.3　线性非移变系统

信号处理的目的之一是把信号变换成人们更需要的形式。离散时间系统就是将输入序列变换成需要的输出序列的一种系统。因此，系统可定义为将输入序列 $x(n)$ 映射成输出序列 $y(n)$ 的唯一变换或运算，并以 $T[\cdot]$ 来表示这种运算，即 $y(n) = T[x(n)]$。图 2.27 是系统的图形表示。显然，

对变换 $T[\cdot]$ 施加不同的约束条件，可定义不同类型的离散时间系统。本书研究的是“线性非移变或非时变”离散时间系统。

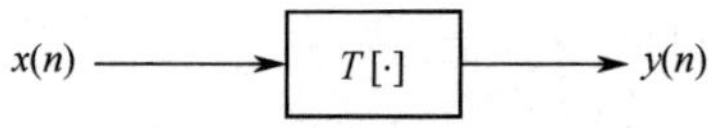

$$x(n) \longrightarrow \boxed{T[\cdot]} \longrightarrow y(n)$$

图 2.27　系统的图形表示

2.3.1　线性系统

满足叠加原理的系统称为线性系统。线性实际上包含可加性和齐次性。设 $y_1(n)$ 和 $y_2(n)$ 分别是系统对输入 $x_1(n)$ 和 $x_2(n)$ 的响应，即 $y_1(n)=T[x_1(n)]$ 和 $y_2(n)=T[x_2(n)]$，若满足

$$a_1y_1(n)+a_2y_2(n)=T[a_1x_1(n)+a_2x_2(n)]=a_1T[x_1(n)]+a_2T[x_2(n)] \tag{2.43}$$

则此系统称为线性系统。

针对线性系统，若某一输入由 N 个信号的加权和组成，则输出由系统对这 N 个信号中每个信号的响应的同样加权和组成，从而叠加原理的一般表达式为

$$\sum_{i=1}^{N}a_iy_i(n)=T\left[\sum_{i=1}^{N}a_ix_i(n)\right] \tag{2.44}$$

要判断一个系统是否为线性系统，必须证明此系统同时满足可加性和齐次性，而且信号及任何比例常数都可以是复数。

2.3.2　非移变系统

若系统的响应与输入信号施加于系统的时刻无关，则称该系统为非移变（或非时变）系统。换言之，如果输入 $x(n)$ 产生的输出为 $y(n)$，那么输入 $x(n-k)$ 产生的输出应为 $y(n-k)$，即输入信号沿自变量轴移动任意距离时，其输出也相应移动同样的距离，且幅值保持不变。在 n 表示离散时间的情况下，“非移变”特性就是“非时变”特性。对非移变系统，若 $T[x(n)]=y(n)$，则

$$T[x(n-k)]=y(n-k) \tag{2.45}$$

式中，k 为任意整数。

一个既满足叠加原理又满足非移变条件的系统，称为线性非移变（Linear Shift Invariant，LSI）系统，简称 LSI 系统。除非特殊说明，本书仅研究 LSI 系统。

2.3.3　单位采样响应与卷积和

线性非移变系统可用它的单位采样响应来表征。单位采样响应又称单位冲激响应，它是指输入为单位冲激序列时系统的输出，一般用 $h(n)$ 来表示，即

$$h(n)=T[\delta(n)] \tag{2.46}$$

若已知系统的 $h(n)$，则可得到此线性移非移变系统对任意输入的输出。

设系统输入序列为 $x(n)$，输出序列为 $y(n)$。由式（2.41）已知任一序列 $x(n)$ 可以写成 $\delta(n)$ 的移位加权和，即 $x(n)=\sum\limits_{k=-\infty}^{\infty}x(k)\delta(n-k)$，则系统的输出为

$$y(n)=T\left[\sum_{k=-\infty}^{\infty}x(k)\delta(n-k)\right]=\sum_{k=-\infty}^{\infty}x(k)T[\delta(n-k)]=\sum_{k=-\infty}^{\infty}x(k)h(n-k) \tag{2.47}$$

式（2.47）为线性非移变系统的卷积和表达式，这是一个非常重要的表达式。卷积和的运算方法在前面讨论过。显然，式（2.47）可表示为

$$y(n)=x(n)*h(n) \tag{2.48}$$

线性非移变系统的图形表示如图 2.28 所示。

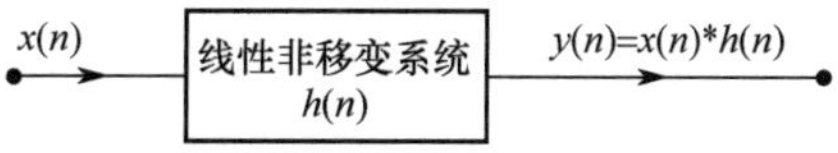

图 2.28　线性非移变系统的图形表示

2.3.4　线性非移变系统的性质

1. 交换律

由于卷积和与两个序列的先后次序无关，所以有

$$y(n)=x(n)*h(n)=h(n)*x(n) \tag{2.49}$$

上式说明，对于线性非移变系统，输入 $x(n)$ 和单位冲激响应 $h(n)$ 互换位置后，输出 $y(n)$ 保持不变，如图 2.29 所示。

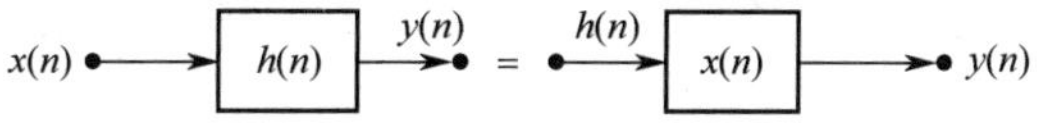

图 2.29　卷积和的交换特性

2. 结合律

两个线性非移变系统级联后仍构成一个线性非移变系统，其单位采样响应为原来两个系统的单位采样响应的卷积，且与它们的级联次序无关，如图 2.30 所示。这就是数学中的结合律，即

$$\begin{aligned}y(n)&=x(n)*h_1(n)*h_2(n)=[x(n)*h_1(n)]*h_2(n)\\&=[x(n)*h_2(n)]*h_1(n)=x(n)*[h_1(n)*h_2(n)]\end{aligned}$$

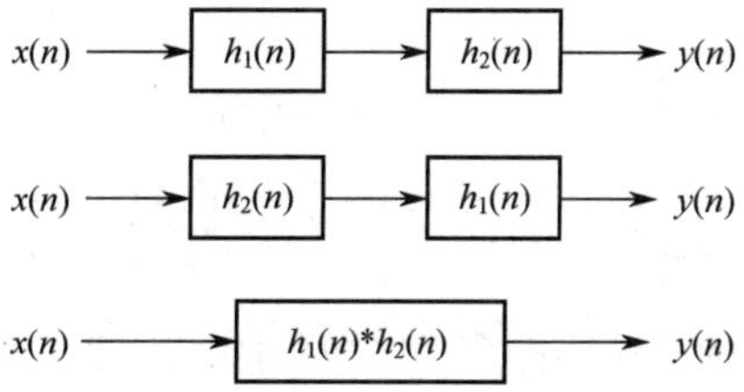

图 2.30　具有相同单位采样响应的三个 LSI 系统

3. 分配律

并联的两个线性非移变系统可以等效为一个系统，其单位采样响应为原来两个系统的单位采样响应之和，如图 2.31 所示。这就是数学中的分配律，即

$$x(n)*[h_1(n)+h_2(n)]=x(n)*h_1(n)+x(n)*h_2(n)$$

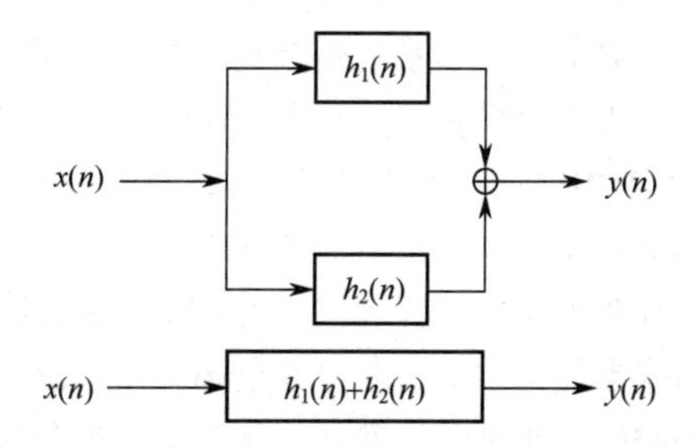

图 2.31　LSI 系统的并联组合及其等效系统

2.3.5 稳定系统

如前所述，系统附加线性和非移变两个约束条件后，就确定了一类可以用线性卷积来描述的线性非移变系统。如果再加上稳定性和因果性两个约束条件，那么就可定义实际应用中的一类非常重要的系统。

稳定系统是指对于每个有界输入 $x(n)$ 都会产生有界输出 $y(n)$ 的系统，即所谓的 BIBO 系统。如果对于 $|x(n)| \le M$（M 为正常数）有 $|y(n)| < +\infty$，那么该系统被称为稳定系统。

一个线性非移变系统稳定的充分必要条件是单位采样响应绝对可和，即

$$\sum_{n=-\infty}^{+\infty} |h(n)| < +\infty \tag{2.50}$$

证明：（1）充分性

设式（2.50）成立，若输入 $x(n)$ 有界，即对于所有 n 皆有 $|x(n)| \le M$，则由式（2.47）可得

$$|y(n)| = \left|\sum_{k=-\infty}^{+\infty} h(k)x(n-k)\right| \le \sum_{k=-\infty}^{\infty} |h(k)| \cdot |x(n-k)| \le M \sum_{k=-\infty}^{\infty} |h(k)| < +\infty$$

即输出信号 $y(n)$ 有界。充分性得证。

（2）必要性

利用反证法来证明。假设系统稳定，但其单位采样响应 $h(n)$ 不是绝对可和的，即 $\sum_{n=-\infty}^{+\infty} |h(n)| = \infty$，那么总可以找到一个或若干有界输入引起无界输出。例如，

$$x(n) = \begin{cases} \dfrac{h^*(-n)}{|h(-n)|}, & h(n) \ne 0 \\ 0, & h(n) = 0 \end{cases}$$

式中，$h^*(n)$ 是 $h(n)$ 的复共轭。由式（1.47）得 $n=0$ 时的输出为

$$y(0) = \sum_{k=-\infty}^{\infty} h(k)x(-k) = \sum_{k=-\infty}^{\infty} h(k)\frac{h^*(k)}{|h(k)|} = \sum_{k=-\infty}^{\infty} |h(k)| = \infty$$

上式说明 $n=0$ 时的输出是无界的，这不符合稳定的条件，因而假设不成立。必要性得证。

值得注意的是，要证明一个系统不稳定，只需找到一个特别的有界输入，如果此时能得到一个无界的输出，那么就一定能判定这个系统是不稳定的。然而，要证明一个系统是稳定的，就不能只用某个特定的输入作用来证明，而要利用在所有有界输入下都产生有界输出的方法来证明。

2.3.6 因果系统

因果性是系统的另一个重要特性。因果系统是指输出的变化不领先于输入的变化的系统，即因果系统是指某时刻的输出只取决于此时刻和此时刻以前的输入的系统，此时 $n = n_0$ 的输出 $y(n_0)$ 只取决于 $n \le n_0$ 时的输入 $x(n)|_{n \le n_0}$。如果系统现在的输出还取决于未来的输入，那么这在时间上违反了因果性，因而是非因果系统。非因果系统是物理上不可实现的系统。

值得注意的是，非因果系统在理论上是存在的，例如理想低通滤波器和理想微分器等都是非因果的不可实现系统。因果系统当然很重要，但并非全部有实际意义的系统都是因果系统，例如在图像处理中，自变量已不是时间，此时因果性往往不是根本性的限制。此外，某些数字信号处

理系统是非实时的，即使是实时处理，也允许存在一定的延迟，此时待处理数据事先都已被记录，例如语音处理、气象数据处理等，绝不会局限于用因果系统来处理这类数据；在这些应用场合，为了产生某个输出 $y(n)$，可以调用已存储的一些“未来的”输入采样值 $x(n+1), x(n+2), \cdots$，这意味着在延迟很大的情况下，可以用因果系统去逼近非因果系统。

线性非移变系统是因果系统的充分必要条件是

$$h(n) = 0, \qquad n < 0 \tag{2.51}$$

证明：（1）充分性

若 $n<0$ 时 $h(n)=0$，则 $y(n)=\sum\limits_{k=-\infty}^{n} x(k)h(n-k)$，因而 $y(n_0)=\sum\limits_{k=-\infty}^{n_0} x(k)h(n_0-k)$，所以 $y(n_0)$ 只和 $k \le n_0$ 时的 $x(k)$ 值有关，因而系统是因果系统。

系统因果稳定性
教学视频

（2）必要性

利用反证法来证明。已知因果系统，若假设 $n<0$ 时 $h(n) \ne 0$，则有

$$y(n) = \sum_{k=-\infty}^{n} x(k)h(n-k) + \sum_{k=n+1}^{\infty} x(k)h(n-k)$$

在所设条件下，第二个 Σ 式中至少有一项不为零，$y(n)$ 将至少和 $k>n$ 时的一个 $x(k)$ 值有关，这不符合因果性条件，所以假设不成立。因而 $n<0$ 时，$h(0)=0$ 是必要条件。

更一般地说，对于一个线性系统，它的因果性等效于初始松弛（initial rest）的条件。依照此定义，可以将 $n<0, x(n)=0$ 的序列称为因果序列。当因果序列 $x(n)$ 表示一个系统的单位采样响应 $h(n)$ 时，因果序列与因果系统的定义是一致的。

结合系统稳定性与因果性的讨论，可以得出因果稳定的线性非移变系统的单位采样响应是因果的和绝对可和的，即

$$\begin{cases} h(n) = h(n)u(n) \\ \sum\limits_{n=-\infty}^{+\infty} |h(n)| < +\infty \end{cases} \tag{2.52}$$

2.4　线性常系数差分方程

描述一个系统时，不论其内部结构如何，都可将系统视为一个黑盒子，而只描述或研究系统输出和输入之间的关系，这种分析方法称为输入/输出描述法。连续时间线性非时变系统的输入/输出关系通常用线性常系数微分方程来表示；而对于离散时间系统，则用线性常系数差分方程来描述或研究输入/输出之间的关系。本节主要介绍这类差分方程及其求解方法，并简要讨论如何用差分方程来表示数字滤波器。

2.4.1　线性常系数差分方程

一个 N 阶线性常系数差分方程通常表示为

$$y(n) = \sum_{k=0}^{M} b_k x(n-k) - \sum_{k=1}^{N} a_k y(n-k) \tag{2.53}$$

或

$$\sum_{k=0}^{N} a_k y(n-k) = \sum_{k=0}^{M} b_k x(n-k) \tag{2.54}$$

式中，$x(n)$ 和 $y(n)$ 分别是系统的输入序列和输出序列。所谓常系数，是指 a_k 和 b_k 均为常数，a_k 和 b_k 决定系统的特征；若方程的系数中含有自变量 n，则称其为变系数差分方程。所谓线性，是指方程中各个 $y(n-k)$ 项和各个 $x(n-k)$ 项都只有一次幂，且没有相互交叉项，故称其为线性常系数差分方程。差分方程的阶数是用 $y(n-k)$ 项中 k 的最大取值与最小取值之差确定的，显然，式（2.53）为 N 阶差分方程。

2.4.2　线性常系数差分方程的求解

已知系统及其输入序列，通过求解差分方程可以得到系统的输出序列。求解差分方程的基本方法有时域（序列域）求解法和变换域求解法，具体概括为以下 4 种方法。

（1）经典解法。这种方法类似于连续时间系统中求解微分方程的方法，它包括求齐次解与特解，再由边界条件确定待定系数。显然，这种方法比较烦琐，实际中也很少采用，故不做介绍。

（2）递推解法。递推解法又称迭代法，它比较简单，并且适合用计算机求解，但一般情况下只能得到数值解，特别是对于高阶差分方程更不容易得到闭合形式（公式）的解。

（3）卷积和计算法。这种方法用于系统初始状态为零时（即所谓的松弛系统）的求解，一般不直接求解差分方程，而先由差分方程求出系统的单位采样响应，再与已知输入序列进行卷积运算，得到系统的输出，即零状态响应。

（4）变换域方法。这种方法与连续时间系统的拉普拉斯变换法类似，它将差分方程变换到 Z 域进行求解。这种方法简便有效，详见第 3 章。

本节仅简要介绍上述方法中的递推解法与卷积和计算法。

对于差分方程（2.53），要求 n 时刻的输出，就需要知道 n 时刻及 n 时刻以前的输入序列值，还要知道 n 时刻以前的 N 个输出信号值。因此，在给定输入序列的条件下求解差分方程时，还需要确定 N 个初始条件才能得到唯一解。如果求 n_0 时刻后的输出，那么 n_0 时刻以前的 N 个输出值即 $y(n_0-1), y(n_0-2), \cdots, y(n_0-N)$ 就构成初始条件。式（2.53）表明，已知输入序列和 N 个初始条件时，可以求出 n 时刻的输出，如果将该公式中的 n 用 $n+1$ 代替，那么可以求出 $n+1$ 时刻的输出，因此式（2.53）表示的差分方程本身就是一个适合用递推法求解的方程。

在一般情况下，本书讨论的数字滤波器系统都是所谓的松弛系统，即初始状态为零、无初始储能的系统。因此，系统在单位采样序列 $\delta(n)$ 作用下产生的响应 $h(n)$（即零状态解）就完全能够代表系统。前面讨论过，若已知系统的单位采样响应 $h(n)$，则系统在任意输入下的输出就可利用卷积和计算求得。

2.4.3　用差分方程表示滤波器系统

差分方程表示法的另一个优点是可以得到系统的结构。当然，这里所指的结构是将输入变换成输出的运算结构，而非实际结构。关于系统的运算结构，我们将在第 6 章中详细讨论。

差分方程可用来描述信号处理中常用的滤波器系统。例如，二阶差分方程

$$y(n)=-a_1 y(n-1)-a_2 y(n-2)+b_0 x(n)+b_1 x(n-1)+b_2 x(n-2)$$

描述了图 2.32 所示的递归系统。这种系统包括加法、乘法和延迟（存储）3 种基本运算；可以证明该系统的单位冲激（采样）响应是无限长的，因此这类系统也称无限长冲激响应（Infinite Impulse Response，IIR）系统，简称 IIR 系统或 IIR 数字滤波器。

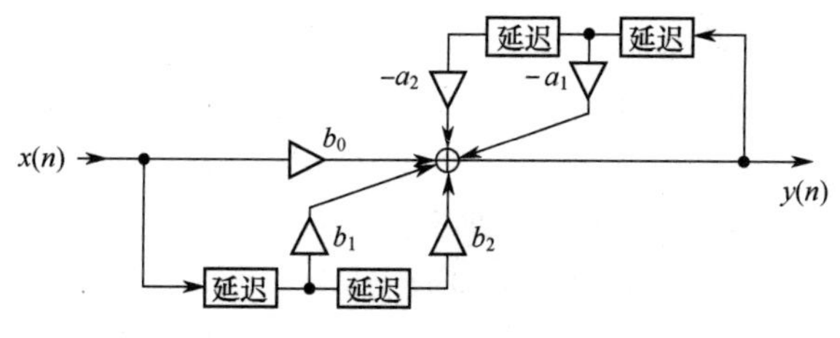

图 2.32　二阶 IIR 系统的实现

在式（2.54）中，若 $N=0$，则有 $y(n)=\frac{1}{a_0}\left[\sum_{k=0}^{M}b_k x(n-k)\right]$。令 $x(n)=\delta(n)$，可得到系统的冲激响应为

$$h(n)=\begin{cases}b_n/a_0, & n=0,1,2,\cdots,M\\ 0, & 其他\end{cases}$$

在这种情况下，系统的冲激响应长度是有限的，故称为有限长冲激响应（Finite Impulse Response，FIR）系统，简称 FIR 系统或 FIR 数字滤波器。例如，三阶差分方程

$$y(n)=b_0x(n)+b_1x(n-1)+b_2x(n-2)+b_3x(n-3)$$

描述了图 2.33 所示的 FIR 系统，它是一个非递归系统。

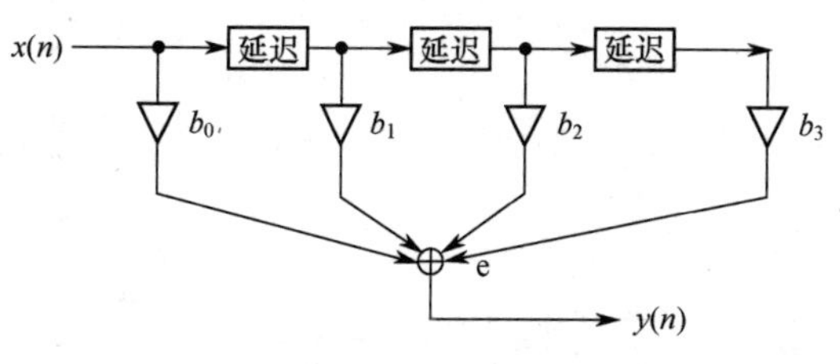

图 2.33　三阶 FIR 系统的实现

IIR 和 FIR 系统是两类非常重要的滤波器系统，第 7 章和第 8 章将分别详细介绍它们。

2.5　离散时间信号与系统时域分析综合举例及 MATLAB 实现

【例 2.1】 试判断 $y(n)=T[x(n)]=5x(n)+3$ 表示的系统是否为线性系统。

解： 因为

$$y_1(n)=T[x_1(n)]=5x_1(n)+3$$
$$y_2(n)=T[x_2(n)]=5x_2(n)+3$$

所以有

$$a_1y_1(n)+a_2y_2(n)=5a_1x_1(n)+5a_2x_2(n)+3(a_1+a_2)$$
$$T[a_1x_1(n)+a_2x_2(n)]=5[a_1x_1(n)+a_2x_2(n)]+3$$

显然，$a_1y_1(n)+a_2y_2(n)\neq T[a_1x_1(n)+a_2x_2(n)]$，所以该系统不是线性系统。

【例 2.2】（1）证明 $y(n)=\sum_{m=-\infty}^{n}x(m)$ 是非移变系统；（2）讨论系统 $y(n)=nx(n)$ 是否为非移变系统。

解：（1）因为 $T[x(n-k)]=\sum_{m=-\infty}^{n}x(m-k)=\sum_{m=-\infty}^{n-k}x(m)$ 且 $y(n-k)=\sum_{m=-\infty}^{n-k}x(m)$，显然有 $T[x(n-k)]=$

$y(n-k)$，所以系统是非移变系统。

（2）用上面的方法很容易判断此系统不是非移变系统，而是移变系统。然而，要判断一个系统不是非移变系统时，通常可以找一个反例，即找一个特定的输入信号使非移变系统的条件不成立。本例中可以选择特定的输入为 $\delta(n)$，此时有

$$x_1(n)=\delta(n)\rightarrow y_1(n)=n\delta(n)=0$$

$$x_2(n)=x_1(n-1)=\delta(n-1)\rightarrow y_2(n)=\delta(n-1)$$

显然，$x_2(n)$ 是 $x_1(n)$ 的移一位序列，而 $y_2(n)$ 却不是 $y_1(n)$ 的移一位序列，因此该系统不是非移变系统。

【例 2.3】 试判断下列两个系统的稳定性。

（1）$y(n)=T[x(n)]=n\,x(n)$；　　（2）$y(n)=T[x(n)]=\mathrm{e}^{x(n)}$

解：对于系统（1），可任选一个有界输入函数，如 $x(n)=1$，得 $y(n)=n$，这时 $y(n)$ 显然是无界的，因此系统（1）是不稳定的。

对于系统（2），要证明它的稳定性，就要考虑在所有可能的有界输入下都产生有界输出；设 $|x(n)|\le M$，有 $|y(n)|=\left|\mathrm{e}^{x(n)}\right|<\mathrm{e}^{|x(n)|}=\mathrm{e}^{M}<+\infty$，所以系统（2）是稳定的。

【例 2.4】 已知一个线性非移变系统的单位采样响应为

$$h(n)=-a^{n}u(-n-1)$$

试讨论其因果性和稳定性。

解：（1）讨论因果性：因为在 $n<0$ 时 $h(n)\neq 0$，所以该系统为非因果系统。

（2）讨论稳定性：因为

$$\sum_{n=-\infty}^{+\infty}|h(n)|=\sum_{n=-\infty}^{-1}\left|a^{n}\right|=\sum_{n=1}^{+\infty}|a|^{-n}=\sum_{n=1}^{+\infty}\frac{1}{|a|^{n}}=\begin{cases}\dfrac{1}{|a|-1}, & |a|>1\\ \infty, & |a|\le 1\end{cases}$$

所以 $|a|>1$ 时该系统稳定，$|a|\le 1$ 时该系统不稳定。

【例 2.5】 设系统由线性常系数差分方程

$$y(n)-ay(n-1)=x(n)$$

描述。若输入序列 $x(n)=\delta(n)$，试求输出序列 $y(n)$。

解：该系统的差分方程是一阶差分方程，需要一个初始条件。

（1）设初始条件为 $y(-1)=0$，此时输出序列 $y(n)$ 即为系统的单位采样响应 $h(n)$，必有

$$h(n)=y(n)=0,\qquad n<0$$

还可得

$$h(0)=ah(-1)+\delta(0)=1$$

依次迭代求得

$$h(1)=ah(0)+\delta(1)=a$$

$$h(2)=ah(1)+\delta(2)=a^{2}$$

$$\vdots$$

$$h(n)=ah(n-1)+0=a^{n}$$

所以系统的单位采样响应为 $h(n)=a^{n}u(n)$。

（2）设初始条件 $y(-1)=1$，此时系统的初始状态不为零，依次迭代求得

$$y(0)=ay(-1)+\delta(0)=1+a$$

$$y(1) = ay(0) + \delta(1) = (1+a)a$$
$$y(2) = ay(1) + \delta(2) = (1+a)a^2$$
$$\vdots$$
$$y(n) = (1+a)a^2$$

则系统的输出序列为 $y(n) = (1+a)a^n u(n)$ 。

上述例子表明，对于同一个差分方程和同一个输入信号，因为其初始条件不同，得到的输出信号是不相同的。

实际系统通常用递推解法求解，求解时总是由初始条件向 $n>0$ 的方向递推，得到一个因果解。但对于差分方程，其本身也可以向 $n<0$ 的方向递推，得到一个非因果解。因此一个线性常系数差分方程并不一定代表因果系统，要确定系统因果与否，还需要用初始条件进行限制。

需要说明的是，一个线性常系数差分方程描述的系统不一定是线性非移变系统，这和系统的初始状态有关。如果系统是因果的，一般在输入 $x(n)=0(n<n_0)$ 时得到输出 $y(n)=0(n<n_0)$ ，那么此时系统是线性非移变系统。下面给出一个用线性常系数差分方程描述线性非移变系统的例子。

【例 2.6】 设系统用一阶线性常系数差分方程

$$y(n) = ay(n-1) + x(n)$$

描述，且初始条件为 $y(-1)=1$ 。试分析该系统是否为线性非移变系统。

解：如果系统具有线性非移变性质，那么必须满足式（2.43）和式（2.45）。假设输入信号分别为 $x_1(n)=\delta(n)$ ，$x_2(n)=\delta(n-1)$ 和 $x_3(n)=\delta(n)+\delta(n-1)$ 。下面检验系统是否为线性非移变系统。

（1）当输入为 $x_1(n)=\delta(n)$ 且初始条件为 $y_1(-1)=1$ 时，差分方程变为

$$y_1(n) = ay_1(n-1) + \delta(n)$$

这种情况与例 2.6（2）相同，因此输出表示为

$$y_1(n) = (1+a)a^n u(n)$$

（2）当输入为 $x_2(n)=\delta(n-1), y_2(-1)=1$ 时，差分方程变为

$$y_2(n) = ay_2(n-1) + \delta(n-1)$$

依次迭代求得

$$y_2(0) = ay_2(-1) + \delta(0) = a$$
$$y_2(1) = ay_2(0) + \delta(-1) = 1 + a^2$$
$$y_2(2) = ay_2(1) + \delta(1) = (1+a^2)a$$
$$\vdots$$
$$y_2(n) = (1+a^2)a^{n-1}$$

所以输出表示为 $y_2(n) = (1+a^2)a^{n-1}u(n-1) + a\delta(n)$ 。

（3）当输入为 $x_3(n)=\delta(n)+\delta(n-1), y_3(-1)=1$ 时，差分方程变为

$$y_3(n) = ay_3(n-1) + \delta(n) + \delta(n-1)$$

依次迭代求得

$$y_3(0) = ay_3(-1) + \delta(0) + \delta(-1) = 1 + a$$
$$y_3(1) = ay_3(0) + \delta(1) + \delta(0) = 1 + a + a^2$$
$$y_3(2) = ay_3(1) + \delta(2) + \delta(1) = (1+a+a^2)a$$
$$\vdots$$
$$y_3(n) = (1+a+a^2)a^{n-1}$$

则输出表示为 $y_3(n)=(1+a+a^2)a^{n-1}u(n-1)+(1+a)\delta(n)$。

由情况（1）和情况（2），得到

$$y_1(n)=T[\delta(n)],\qquad y_2(n)=T[\delta(n-1)]$$

显然，$y_2(n)\neq y_1(n-1)$，因此该系统不是非移变系统。

再由情况（3）得到

$$y_3(n)=T[\delta(n)+\delta(n-1)]\neq T[\delta(n)]+T[\delta(n-1)]$$

显然有 $y_3(n)\neq y_1(n)+y_2(n)$，因此该系统也不是线性系统。

如果将上例中系统的初始条件改成 $y(n)=0, n\leq -1$，那么可以构成线性非移变系统。在本书后面的讨论中，一般以线性常系数差分方程代表线性非移变系统，且多数代表可实现的因果系统。

【例 2.7】试用 MATLAB 实现单位采样序列、单位阶跃序列、矩形序列、三角波、方波、锯齿波、非周期方波、非周期三角波和 sinc 函数，并绘出相应的波形。

解：MATLAB 程序如下：

```
N=5;
n=0:N-1;
x=zeros(1, N);                  %单位冲激响应序列
x(1)=1;
subplot(3, 3, 1);
stem(n, x, '.');grid;
N=10;
n=0:N-1;
x=ones(1, N);                   %单位阶跃序列
x(1:3)=0;
subplot(3, 3, 2);
stem(n, x, '.');grid;
n0=0;                           %矩形序列
n01=4;
n1=-10;
n2=10;
n=n1:n2;
x=[(n-n0)>=0];
x1=[(n-n01+1)<=0];
x=x.*x1;
subplot(3, 3, 3);
stem(n, x, '.');grid;
fs=5000;                        %采样频率，产生三角波
t=0:1/fs:1;
y=sawtooth(2*pi*50*t, 0.5);
subplot(3, 3, 4);
plot(t, y);grid;
axis([0 0.2 -1 1])
fs=1000;                        %采样频率，产生方波
t=0:1/fs:0.05;
y=square(2*pi*60*t, 50);
subplot(3, 3, 5);
plot(t, y);grid;
```

```
t=-5:0.01: 5;                  %sinc 函数
y=sinc(t);
subplot(3, 3, 6);
plot(t, y);grid;
fs=5000;                       %采样频率，产生三角波
t=0:1/fs:1;
y=sawtooth(2*pi*50*t, 1);
subplot(3, 3, 7);
plot(t, y);grid;
axis([0 0.2 -1 1])
t=linspace(-2, 2, 1000);
y1=tripuls(t, 2);              %非周期的三角波
subplot(3, 3, 8);
plot(t, y1);grid;
t=linspace(-2, 2, 1000);
y1=rectpuls(t, 1);             %非周期的方波
subplot(3, 3, 9);
plot(t, y1);grid;
```

运行上述程序绘出的相应波形如图 2.34 所示。

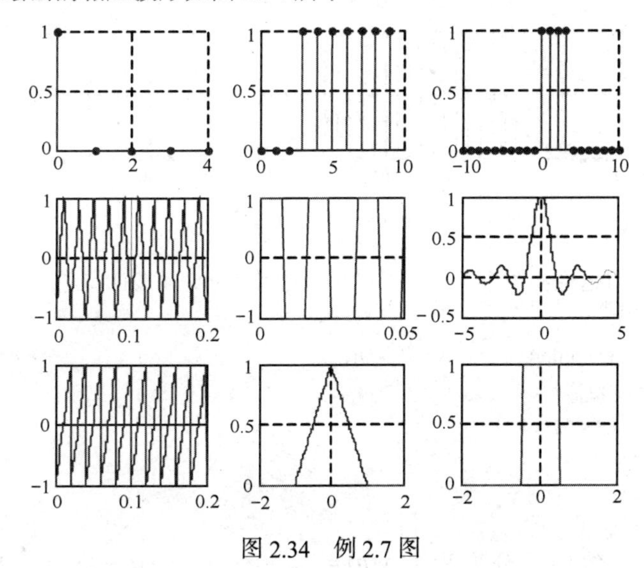

图 2.34　例 2.7 图

【例 2.8】 设某 LSI 系统的单位冲激响应为 $h(n)=0.8^n u(n)$，当输入为三角形脉冲 $x(n)=$ `tripuls([1:30]-15, 20)`时，求该系统的输出 $y(n)$。试用 MATLAB 实现，并画出图形。

解： MATLAB 程序如下：

```
x=tripuls([1:30]-15, 20);          %生成三角形脉冲
x1=[x, zeros(1, 20)];
N1=length(x);
n1=0: N1-1;
N2=50;
n2=0: N2-1;
h=0.8.^n2;
y=conv(x, h);                      %线性卷积
```

```
N=N1+N2-1;
n=0:N-1;
subplot(3, 1, 1);
stem(n2, x1);                          %画出三角形脉冲
subplot(3, 1, 2);
stem(n2, h);                           %画出单位冲激响应
subplot(3, 1, 3);
stem(n(1:50), y(1:50));                %画出输出图形
```

运行上述程序绘出的相应波形如图 2.35 所示。显然，输入脉冲经过系统后发生了畸变。

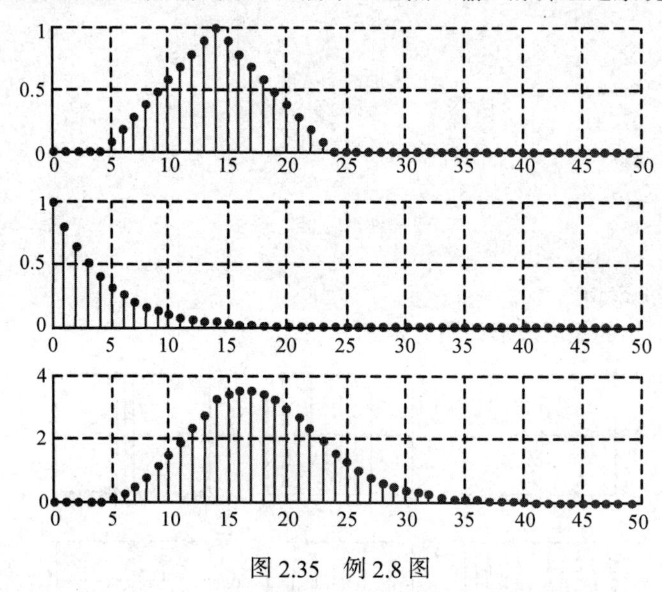

图 2.35 例 2.8 图

如果 $x(n)$ 和 $h(n)$ 的起点不为 0，那么可以采用函数 conv_m 来计算卷积。

```
%改进卷积程序
function[y, ny]=conv_m(x, nx, h, nh)
nyb=nx(1)+nh(1);
nye=length(x)+length(h);
nye=nye+nyb-2;
ny=[nyb:nye];
y=conv(x, h);
```

【例 2.9】 已知系统的差分方程为 $y(n)=-a_1y(n-1)-a_2y(n-2)+bx(n)$，式中 $a_1=-0.8$，$a_2=0.64$，$b=0.866$。

（1）取 $0\le n<49$，编写求解系统单位冲激响应 $h(n)$ 的程序，并画出 $h(n)$；

（2）取 $0\le n<100$，编写求解系统单位阶跃响应 $s(n)$ 的程序，并画出 $s(n)$；

（3）利用（1）中 $h(n)$ 的一段序列形成一个新系统，该系统的单位冲激响应为

$$h_{\text{FIR}}(n)=\begin{cases}h(n), & 0\le n\le 14\\ 0, & \text{其他}\end{cases}$$

编写求解这个新系统的单位阶跃响应的程序，并画出对应的波形；

（4）比较（2）和（3）中求得的单位阶跃响应的特点。

解： MATLAB 程序如下：

```
B=0.866;A=[1, -0.8, 0.64];
```

```
xn=[1, zeros(1, 48)];                %x(n)=单位脉冲序列，长度 N=49
hn=filter(B, A, xn);                 %调用 filter 解差分方程，求系统输出信号 h(n)
n=0:length(hn)-1;
subplot(311);stem(n, hn, '.');grid;
title('(a)系统的单位冲激响应');xlabel('n');ylabel('h(n)');
xn=ones(1, 100)                      %x(n)=单位阶跃序列，长度 N=100
sn=filter(B, A, xn);                 %调用 filter 解差分方程，求系统单位阶跃响应 s(n)
n=0:length(sn)-1;
subplot(312);stem(n, sn, '.');axis([0, 30, 0, 2]);grid;
title('(b)系统的单位阶跃响应');xlabel('n');ylabel('s(n)');
for m=1:15
   hnfir(m)=hn(m);
end
sn=filter(B, A, xn);
n=0:length(sn)-1;
subplot(313); stem(n, sn, '.');axis([0, 30, 0, 2]);grid;
title('(c)FIR 系统的单位阶跃响应');xlabel('n');ylabel('h(n)');
```

运行上述程序绘出的相应波形如图 2.36 所示。

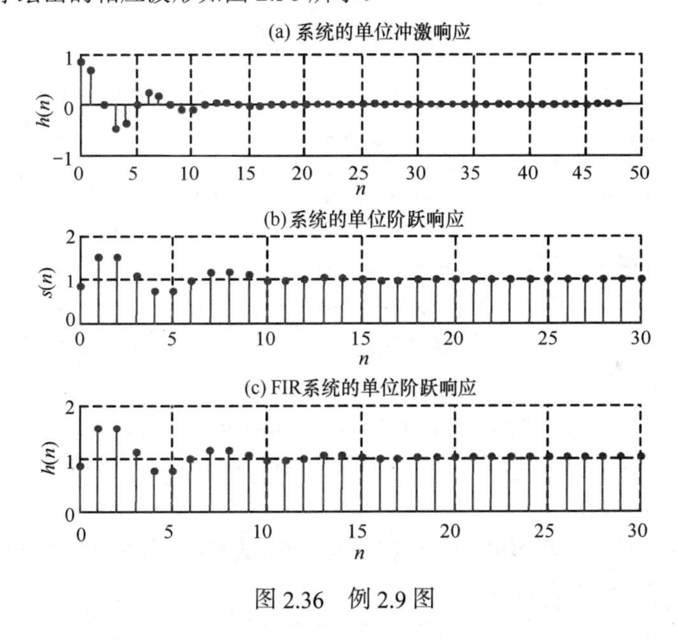

图 2.36　例 2.9 图

比较图 2.36 中(b)和(c)的波形可以看出，二者基本相同。由此可见，某些 IIR 数字滤波器可以用 FIR 数字滤波器来逼近；此时，FIR 滤波器的单位冲激响应可以通过截取 IIR 滤波器单位冲激响应的一段序列值来获得；显然，截取长度越长，逼近的误差越小。

习题

2.1　给定离散信号

$$x(n)=\begin{cases}2n+5, & -4 \le n \le -1 \\ 6, & 0 \le n \le 4 \\ 0, & 其他\end{cases}$$

（1）画出序列 $x(n)$ 的波形，并标出各序列值；

（2）试用延迟的单位冲激序列及其加权和表示序列 $x(n)$；

（3）试分别画出序列 $x_1(n)=2x(n-2)$ 和序列 $x_2(n)=x(2-n)$ 的波形。

2.2 判断下列序列是否为周期序列。若是周期序列，则请确定其周期。

（1）$x(n)=A\cos\left(\frac{5\pi}{8}n+\frac{\pi}{6}\right)$，式中 A 为常数　（2）$x(n)=\mathrm{e}^{\mathrm{j}(n/8-\pi)}$

2.3 已知线性非移变系统的输入为 $x(n)$，系统的单位采样响应为 $h(n)$，试求系统的输出 $y(n)$ 并作图。

（1）$x(n)=\delta(n)$，$h(n)=R_5(n)$　（2）$x(n)=u(n)$，$h(n)=u(n)$

（3）$x(n)=\delta(n-2)$，$h(n)=0.5^n R_3(n)$　（4）$x(n)=2^n u(-n-1)$，$h(n)=0.5^n u(n)$

2.4 已知一个线性非移变系统的单位采样响应为

$$h(n)=a^{-n}u(-n),\quad 0<a<1$$

试用直接计算卷积的方法求系统的单位阶跃响应。

2.5 图 P2.5 所示的是单位采样响应分别为 $h_1(n)$ 和 $h_2(n)$ 的两个线性非移变系统的级联，已知 $x(n)=u(n)$，$h_1(n)=\delta(n)-\delta(n-4)$，$h(n)=a^n u(n)$，$|a|<1$，试求系统的输出 $y(n)$。

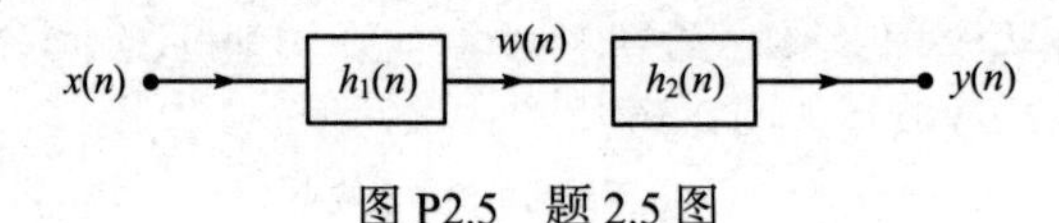

图 P2.5　题 2.5 图

2.6 判断下列系统是否为：(a)线性系统；(b)非移变系统；(c)稳定系统；(d)因果系统。请予以证明。

（1）$y(n)=5x(n)+3$　（2）$y(n)=x(n-n_0)$　（3）$y(n)=x(n)\sin\left(\frac{2}{3}\pi n+\frac{\pi}{6}\right)$

（4）$y(n)=g(n)x(n)$　（5）$y(n)=\sum_{k=-\infty}^{n}x(k)$　（6）$y(n)=\sum_{k=n_0}^{n}x(k)$

2.7 讨论下列各非移变系统的因果性和稳定性。

（1）$h(n)=2^n u(-n)$　（2）$h(n)=0.5^n u(n)$　（3）$h(n)=-a^n u(-n-1)$

（4）$h(n)=n^{-2}u(n)$　（5）$h(n)=2^n R_N(n)$　（6）$h(n)=\delta(n+n_0),\ n_0>0$

2.8 设系统的差分方程为

$$y(n)-ay(n-1)=x(n)$$

其中 $x(n)$ 为输入，$y(n)$ 为输出。当边界条件分别为 $y(0)=0,\ y(-1)=0$ 时，试判断系统是否为线性系统或非移变系统。

2.9 设系统的框图如图 P2.9 所示，试列出该系统的差分方程，并按初始条件 $y(n)=0,\ n<0$ 求输入为 $x(n)=u(n)$ 时的输出 $y(n)$。

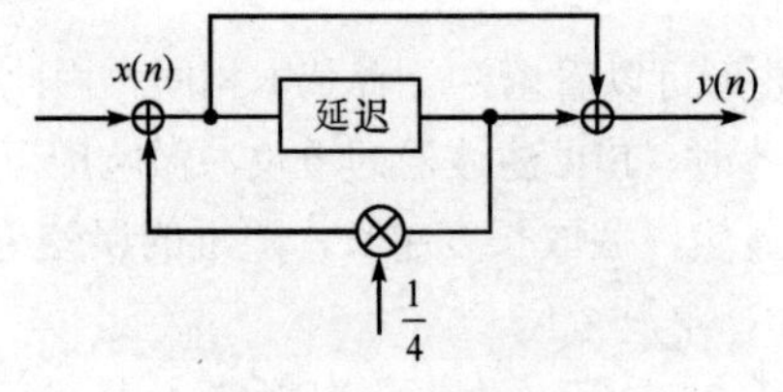

图 P2.9　题 2.9 图

2.10 设一因果系统的输入/输出关系由下列差分方程确定：

$$y(n)-\frac{1}{2}y(n-1)=x(n)+\frac{1}{2}x(n-1)$$

（1）求该系统的单位采样响应 $h(n)$；

（2）利用（1）得到的结果，求输入为 $x(n) = \mathrm{e}^{\mathrm{j}\omega n}$ 时系统的响应。

2.11 设系统的单位采样响应 $h(n) = 0.5^n u(n)$，系统的输入 $x(n)$ 是一些观测数据。假设系统的初始状态为零且有 $x(n) = \{x_0, x_1, x_2, \cdots, x_k, \cdots\}$，试利用递推法求系统的输出 $y(n)$。

2.12 有一连续时间信号 $x_\mathrm{a}(t) = \cos(2\pi f t + \varphi)$，式中 $f = 20\mathrm{Hz}, \varphi = \pi/2$。

（1）试确定 $x_\mathrm{a}(t)$ 的周期；

（2）用采样间隔 $T = 0.02\mathrm{s}$ 对 $x_\mathrm{a}(t)$ 进行采样，试写出采样信号 $\hat{x}_\mathrm{a}(t)$ 的表达式；

（3）画出对应 $\hat{x}_\mathrm{a}(t)$ 的时域离散序列 $x(n)$ 的波形，并求 $x(n)$ 的周期。

2.13 试用 MATLAB 绘出题 2.2 中各信号的波形。

2.14 试用 MATLAB 实现题 2.3 中的卷积运算，并绘出相应的信号波形。

2.15 试用 MATLAB 实现题 2.12 的采样过程，并绘出相应的时域和频域波形。

第 3 章　离散时间信号与系统的频域分析

与连续时间信号与系统的分析类似，离散时间信号与系统也有时域和频域等多种分析方法。本章介绍离散时间信号与系统的频域和 Z 域分析方法，重点介绍序列的傅里叶变换、Z 变换，以及离散时间系统的系统函数和频率响应。

3.1　序列的傅里叶变换

3.1.1　序列的傅里叶变换的定义

假设有一个连续时间信号 $x_a(t)$，其采样后的信号为 $\hat{x}_a(t)$，它们的频谱分别为 $X_a(j\Omega)$ 与 $\hat{X}_a(j\Omega)$。我们已在第 2 章中得出以下重要结论：

$$\hat{X}_a(j\Omega)=\frac{1}{T}\sum_{k=-\infty}^{+\infty}X_a(j\Omega-jk\Omega_s) \tag{3.1}$$

即采样信号的频谱是采样之前信号的频谱以采样频率 Ω_s 为周期的周期延拓。采样后的时间信号 $\hat{x}_a(t)$ 的傅里叶变换为

$$\mathrm{FT}\left[\hat{x}_a(t)\right]=\mathrm{FT}\left[\sum_{n=-\infty}^{+\infty}x_a(t)\delta(t-nT)\right]=\sum_{n=-\infty}^{+\infty}x_a(nT)\mathrm{FT}\left[\delta(t-nT)\right]=\sum_{n=-\infty}^{+\infty}x_a(nT)\mathrm{e}^{-j\Omega nT}$$

即

$$\hat{X}_a(j\Omega)=\sum_{n=-\infty}^{+\infty}x_a(nT)\mathrm{e}^{-j\Omega nT} \tag{3.2}$$

式（3.2）是周期函数 $\hat{X}_a(j\Omega)$ 的傅里叶级数的展开式，$x_a(nT)$ 是傅里叶级数展开式的系数，并且由傅里叶级数系数的计算公式可得

$$x_a(nT)=\frac{1}{\Omega_s}\int_{-\Omega_s/2}^{\Omega_s/2}\hat{X}_a(j\Omega)\mathrm{e}^{j\Omega nT}\,\mathrm{d}\Omega \tag{3.3}$$

式（3.2）和式（3.3）是离散时间信号傅里叶变换对的模拟量的表示形式。做代换 $x(nT)\to x(n)$，$\hat{X}_a(j\Omega)\to X(\mathrm{e}^{j\omega})$，$T\Omega\to\omega$，$\Omega_s\to 2\pi/T$，并代入式（3.2）与式（3.3）得

$$X(\mathrm{e}^{j\omega})=\sum_{n=-\infty}^{+\infty}x(n)\mathrm{e}^{-j\omega n} \tag{3.4}$$

和

$$x(n)=\tfrac{T}{2\pi}\int_{-\pi/T}^{\pi/T}X(\mathrm{e}^{j\omega})\mathrm{e}^{j\omega n}\,\mathrm{d}(\omega/T)=\tfrac{1}{2\pi}\int_{-\pi}^{\pi}X(\mathrm{e}^{j\omega})\mathrm{e}^{j\omega n}\,\mathrm{d}\omega \tag{3.5}$$

式（3.4）称为序列 $x(n)$ 的傅里叶正变换（DTFT），$X(\mathrm{e}^{j\omega})$ 称为序列 $x(n)$ 的频谱函数。式（3.5）称为频谱函数 $X(\mathrm{e}^{j\omega})$ 的傅里叶反变换。式（3.4）与式（3.5）称为一对傅里叶变换对，在这两个表达式中，$X(\mathrm{e}^{j\omega})$ 和 $x(n)$ 相互一一对应，也就是说，已知 $x(n)$ 时可以唯一地求出频谱函数 $X(\mathrm{e}^{j\omega})$；反过来，已知 $X(\mathrm{e}^{j\omega})$ 时可以唯一地求出 $x(n)$。频谱函数可用下式：

$$X(\mathrm{e}^{j\omega})=\left|X(\mathrm{e}^{j\omega})\right|\mathrm{e}^{j\arg\left[X(\mathrm{e}^{j\omega})\right]} \tag{3.6}$$

式中，$\left|X(\mathrm{e}^{j\omega})\right|$ 称为频谱函数的幅度谱，它是正数，描述频谱函数中各频率分量的相对幅度大小。

$\arg\left[X(\mathrm{e}^{\mathrm{j}\omega})\right]$称为频谱函数的相位谱，表示频谱函数中各频率分量的相位之间的关系。

【例 3.1】 已知$x(n)=\delta(n)$，求它的频谱函数。

序列的傅里叶变换教学视频

解： 由定义式（3.4）有

$$X(\mathrm{e}^{\mathrm{j}\omega})=\sum_{n=-\infty}^{+\infty}\delta(n)\mathrm{e}^{-\mathrm{j}\omega n}$$

因为只在$n=0$时$\delta(n)=1$，而n为其他值时$\delta(n)=0$，将$\delta(n)$代入上式得

$$X(\mathrm{e}^{\mathrm{j}\omega})=\sum_{n=-\infty}^{+\infty}\delta(n)\mathrm{e}^{-\mathrm{j}\omega n}\big|_{n=0}=1$$

上式说明$\delta(n)$的频谱函数在整个频率轴上保持为常数 1。所有频率分量的幅度均相等，相位函数在整个频率轴上为 0。

【例 3.2】 已知$x(n)=R_N(n)$，求它的频谱函数。

解：

$$X(\mathrm{e}^{\mathrm{j}\omega})=\sum_{n=-\infty}^{+\infty}R_N(n)\mathrm{e}^{-\mathrm{j}\omega n}=\sum_{n=0}^{N-1}\mathrm{e}^{-\mathrm{j}\omega n}=\frac{1-\mathrm{e}^{-\mathrm{j}\omega N}}{1-\mathrm{e}^{-\mathrm{j}\omega}}=\frac{\mathrm{e}^{-\mathrm{j}\omega N/2}(\mathrm{e}^{\mathrm{j}\omega N/2}-\mathrm{e}^{-\mathrm{j}\omega N/2})}{\mathrm{e}^{-\mathrm{j}\omega/2}(\mathrm{e}^{\mathrm{j}\omega/2}-\mathrm{e}^{-\mathrm{j}\omega/2})}$$
$$=\mathrm{e}^{-\mathrm{j}\omega(N-1)/2}\frac{\sin(\omega N/2)}{\sin(\omega/2)}$$

幅度谱和相位谱分别为

$$\left|X(\mathrm{e}^{\mathrm{j}\omega})\right|=\left|\frac{\sin(\omega N/2)}{\sin(\omega/2)}\right|,\quad \arg\left[X(\mathrm{e}^{\mathrm{j}\omega})\right]=-\frac{\omega(N-1)}{2}+\arg\left[\frac{\sin(\omega N/2)}{\sin(\omega/2)}\right]$$

图 3.1 画出了$N=5$时矩形序列$R_5(n)$的幅度谱$\left|X(\mathrm{e}^{\mathrm{j}\omega})\right|$和相位谱$\arg\left[X(\mathrm{e}^{\mathrm{j}\omega})\right]$的图形。

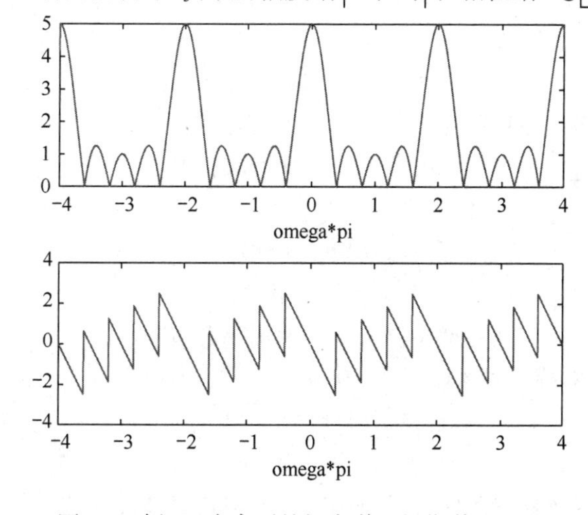

图 3.1　例 3.2 中序列的幅度谱和相位谱的图形

3.1.2　傅里叶变换的性质

1．线性

若$X_1(\mathrm{e}^{\mathrm{j}\omega})=\mathrm{FT}[x_1(n)]$，$X_2(\mathrm{e}^{\mathrm{j}\omega})=\mathrm{FT}[x_2(n)]$，则有

$$\mathrm{FT}[ax_1(n)+bx_2(n)]=aX_1(\mathrm{e}^{\mathrm{j}\omega})+bX_2(\mathrm{e}^{\mathrm{j}\omega})\tag{3.7}$$

式中，a和b为任意常数。式（3.7）说明序列的线性组合的傅里叶变换是各序列的傅里叶变换的线性组合。上式也可由序列的傅里叶变换定义式直接得到，读者可自行证明。

2．时移与频移

若 $X(\mathrm{e}^{\mathrm{j}\omega})=\mathrm{FT}[x(n)]$，则傅里叶变换的时移和频移特性分别为

$$\mathrm{FT}[x(n-n_0)]=\mathrm{e}^{-\mathrm{j}\omega n_0}X(\mathrm{e}^{\mathrm{j}\omega}) \tag{3.8}$$

$$\mathrm{FT}\left[\mathrm{e}^{\mathrm{j}\omega_0 n}x(n)\right]=X\left[\mathrm{e}^{\mathrm{j}(\omega-\omega_0)}\right] \tag{3.9}$$

3．周期性

序列的傅里叶变换 $X(\mathrm{e}^{\mathrm{j}\omega})$ 是 ω 的周期函数，周期是 2π，证明如下：

$$X\left[\mathrm{e}^{\mathrm{j}(\omega+2\pi)}\right]=\sum_{n=-\infty}^{+\infty}x(n)\mathrm{e}^{-\mathrm{j}n(\omega+2\pi)}=\sum_{n=-\infty}^{+\infty}x(n)\mathrm{e}^{-\mathrm{j}\omega n}\mathrm{e}^{-\mathrm{j}n\cdot 2\pi}$$

因为 $\mathrm{e}^{-\mathrm{j}n\cdot 2\pi}=1$，所以有

$$X\left[\mathrm{e}^{\mathrm{j}(\omega+2\pi)}\right]=\sum_{n=-\infty}^{+\omega}x(n)\mathrm{e}^{-\mathrm{j}\omega n}=X(\mathrm{e}^{\mathrm{j}\omega}) \tag{3.10}$$

4．对称性

在讨论对称性之前，有必要先定义共轭对称序列和共轭反对称序列。

若序列 $x(n)$ 满足

$$x(n)=x^*(-n) \tag{3.11}$$

则称序列 $x(n)$ 为共轭对称序列，一般用 $x_\mathrm{e}(n)$ 来表示。

若序列 $x(n)$ 满足

$$x(n)=-x^*(-n) \tag{3.12}$$

则称序列 $x(n)$ 为共轭反对称序列，一般用 $x_\mathrm{o}(n)$ 来表示。

共轭复对称序列可以表示成

$$x_\mathrm{e}(n)=x_\mathrm{er}(n)+\mathrm{j}x_\mathrm{ei}(n) \tag{3.13}$$

对式（3.13）两边取共轭，并对自变量 n 取反，有

$$x^*_\mathrm{e}(-n)=x_\mathrm{er}(-n)-\mathrm{j}x_\mathrm{ei}(-n) \tag{3.14}$$

由式（3.11）、式（3.13）、式（3.14）得

$$\begin{cases}x_\mathrm{er}(n)=x_\mathrm{er}(-n)\\ x_\mathrm{ei}(n)=-x_\mathrm{ei}(-n)\end{cases} \tag{3.15}$$

式（3.15）表明共轭对称序列的实部是偶函数，虚部是奇函数。

同理，对于共轭反对称序列 $x_\mathrm{o}(n)$，可得

$$\begin{cases}x_\mathrm{or}(n)=-x_\mathrm{or}(-n)\\ x_\mathrm{oi}(n)=x_\mathrm{oi}(-n)\end{cases} \tag{3.16}$$

式（3.16）表明共轭反对称序列的实部是奇函数，虚部是偶函数。

令

$$\begin{cases}x_\mathrm{e}(n)=\frac{1}{2}\left[x(n)+x^*(-n)\right]\\ x_\mathrm{o}(n)=\frac{1}{2}\left[x(n)-x^*(-n)\right]\end{cases} \tag{3.17}$$

有

$$x(n)=x_\mathrm{e}(n)+x_\mathrm{o}(n) \tag{3.18}$$

式（3.18）表明，任一序列都可以表示成一个共轭对称序列与一个共轭反对称序列的和。在频域中，也有类似的结论，即

$$X(e^{j\omega}) = X_e(e^{j\omega}) + X_o(e^{j\omega}) \tag{3.19}$$

式中，

$$\begin{cases} X_e(e^{j\omega}) = \frac{1}{2}\left[X(e^{j\omega}) + X^*(e^{j\omega})\right] \\ X_o(e^{j\omega}) = \frac{1}{2}\left[X(e^{j\omega}) - X^*(e^{-j\omega})\right] \end{cases} \tag{3.20}$$

它们分别称为 $X(e^{j\omega})$ 的共轭对称分量与共轭反对称分量。

【例 3.3】 试分析信号 $x(n) = e^{j\omega n}$ 的对称性。

解： 要分析信号是否具有对称性，就要判断 $x^*(-n) = \pm x(n)$ 是否成立，其中“+”表示共轭对称序列，“−”表示共轭反对称序列。由于

$$x^*(-n) = (e^{-j\omega n})^* = e^{j\omega n} = x(n)$$

因此该信号具有共轭对称性。

【例 3.4】 试分析信号 $x(n) = je^{j\omega n}$ 的对称性。

解： 由于

$$x^*(-n) = (je^{-j\omega n})^* = -je^{j\omega n} = -x(n)$$

因此该信号具有共轭反对称性。

序列及其傅里叶变换的共轭对称分量、共轭反对称分量和实部、虚部的关系可归纳为

$$\begin{array}{ccccc} x(n) & = & x_r(n) & + & jx_i(n) \\ \updownarrow & & \updownarrow & & \updownarrow \\ X(e^{j\omega}) & = & X_e(e^{j\omega}) & + & X_o(e^{j\omega}) \end{array} \tag{3.21}$$

注意，$jx_i(n) \leftrightarrow X_o(e^{j\omega})$。

$$\begin{array}{ccccc} x(n) & = & x_e(n) & + & x_o(n) \\ \updownarrow & & \updownarrow & & \updownarrow \\ X(e^{j\omega}) & = & X_R(e^{j\omega}) & + & jX_I(e^{j\omega}) \end{array} \tag{3.22}$$

注意，$x_o(n) \leftrightarrow jX_I(e^{j\omega})$。

式（3.21）与式（3.22）给出了时域与频域间的重要关系，符号 $\updownarrow$ 及 $\leftrightarrow$ 分别表示互为 DTFT 和 IDTFT 变换对关系。式（3.21）说明，时域 $x(n)$ 的实部及 j 乘虚部的傅里叶变换，分别等于频域 $X(e^{j\omega})$ 的共轭对称分量和共轭反对称分量；式（3.22）说明，时域 $x(n)$ 的共轭对称分量和共轭反对称分量的傅里叶变换，分别等于频域 $X(e^{j\omega})$ 的实部与 j 乘虚部。

证明：（1）复序列 $x(n)$ 可以表示成

$$x(n) = x_r(n) + jx_i(n)$$

两边分别求傅里叶变换，得

$$X(e^{j\omega}) = \mathrm{FT}[x(n)] = \mathrm{FT}[x_r(n)] + \mathrm{FT}[jx_i(n)] = X_1(e^{j\omega}) + X_2(e^{j\omega}) \tag{3.23}$$

式中，实数部分的傅里叶变换为

$$X_1(e^{j\omega}) = \mathrm{FT}[x_r(n)] = \sum_{n=-\infty}^{+\infty} x_r(n)e^{-j\omega n} \tag{3.24}$$

两边取共轭，并对自变量 ω 取反，得

$$X_1^*(e^{-j\omega}) = \sum_{n=-\infty}^{+\infty} x_r(n)e^{-j\omega n} = X_1(e^{j\omega}) \tag{3.25}$$

虚数部分的傅里叶变换为

$$X_2(\mathrm{e}^{\mathrm{j}\omega})=\mathrm{FT}[\mathrm{j}x_{\mathrm{i}}(n)]=\sum_{n=-\infty}^{+\infty}\mathrm{j}x_{\mathrm{i}}(n)\mathrm{e}^{-\mathrm{j}\omega n} \tag{3.26}$$

两边取共轭，并对自变量ω取反，得

$$X_2^*(\mathrm{e}^{-\mathrm{j}\omega})=-\sum_{n=-\infty}^{+\infty}\mathrm{j}x_{\mathrm{i}}(n)\mathrm{e}^{-\mathrm{j}\omega n}=-X_2(\mathrm{e}^{\mathrm{j}\omega}) \tag{3.27}$$

式（3.25）与式（3.27）表明，复序列实数部分的傅里叶变换具有共轭对称性，虚数部分的傅里叶变换具有共轭反对称性。

（2）由式（3.18），把序列表示成共轭对称序列与共轭反对称序列的和，分别对序列的共轭对称分量和共轭反对称分量求傅里叶变换，并代入式（3.17），有

$$X_1(\mathrm{e}^{\mathrm{j}\omega})=\mathrm{FT}[x_{\mathrm{e}}(n)]=\tfrac{1}{2}\mathrm{FT}\left[x(n)+x^*(-n)\right]$$

因为

$$\mathrm{FT}\left[x^*(-n)\right]=\sum_{n=-\infty}^{+\infty}x^*(-n)\mathrm{e}^{-\mathrm{j}\omega n}=\sum_{n=-\infty}^{+\infty}x^*(n)\mathrm{e}^{\mathrm{j}\omega n}=\left[\sum_{n=-\infty}^{+\infty}x(n)\mathrm{e}^{-\mathrm{j}\omega n}\right]^*=X^*(\mathrm{e}^{\mathrm{j}\omega})$$

所以

$$X_1(\mathrm{e}^{\mathrm{j}\omega})=\mathrm{FT}[x_{\mathrm{e}}(n)]=\tfrac{1}{2}\left[X(\mathrm{e}^{\mathrm{j}\omega})+X^*(\mathrm{e}^{\mathrm{j}\omega})\right]=\mathrm{Re}\left[X(\mathrm{e}^{\mathrm{j}\omega})\right]=X_{\mathrm{R}}(\mathrm{e}^{\mathrm{j}\omega}) \tag{3.28}$$

同理有

$$X_2(\mathrm{e}^{\mathrm{j}\omega})=\mathrm{FT}[x_{\mathrm{o}}(n)]=\tfrac{1}{2}\left[X(\mathrm{e}^{\mathrm{j}\omega})-X^*(\mathrm{e}^{\mathrm{j}\omega})\right]=\mathrm{j}\,\mathrm{Im}\left[X(\mathrm{e}^{\mathrm{j}\omega})\right]=\mathrm{j}X_{\mathrm{I}}(\mathrm{e}^{\mathrm{j}\omega}) \tag{3.29}$$

式（3.28）与式（3.29）表明，序列的共轭对称分量的傅里叶变换是序列的傅里叶变换的实数部分，序列的共轭反对称分量的傅里叶变换是序列的傅里叶变换的虚数部分。

【例 3.5】 序列 $x(n)=\delta(n+1)-\delta(n)+2\delta(n-1)+3\delta(n-2)$ 的傅里叶变换为

$$X(\mathrm{e}^{\mathrm{j}\omega})=X_{\mathrm{R}}(\mathrm{e}^{\mathrm{j}\omega})+\mathrm{j}X_{\mathrm{I}}(\mathrm{e}^{\mathrm{j}\omega})$$

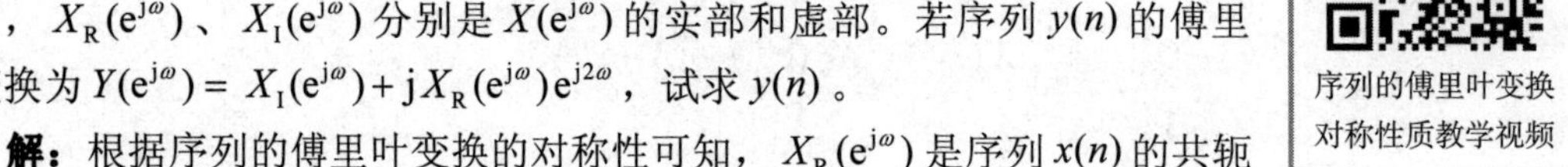

序列的傅里叶变换对称性质教学视频

其中，$X_{\mathrm{R}}(\mathrm{e}^{\mathrm{j}\omega})$、$X_{\mathrm{I}}(\mathrm{e}^{\mathrm{j}\omega})$ 分别是 $X(\mathrm{e}^{\mathrm{j}\omega})$ 的实部和虚部。若序列 $y(n)$ 的傅里叶变换为 $Y(\mathrm{e}^{\mathrm{j}\omega})=X_{\mathrm{I}}(\mathrm{e}^{\mathrm{j}\omega})+\mathrm{j}X_{\mathrm{R}}(\mathrm{e}^{\mathrm{j}\omega})\mathrm{e}^{\mathrm{j}2\omega}$，试求 $y(n)$。

解： 根据序列的傅里叶变换的对称性可知，$X_{\mathrm{R}}(\mathrm{e}^{\mathrm{j}\omega})$ 是序列 $x(n)$ 的共轭对称分量 $x_{\mathrm{e}}(n)$ 的傅里叶变换，$X_{\mathrm{I}}(\mathrm{e}^{\mathrm{j}\omega})$ 是其共轭反对称分量 $x_{\mathrm{o}}(n)$ 的傅里叶变换，即

$$x_{\mathrm{e}}(n)=\tfrac{1}{2}\left[x(n)+x^*(-n)\right]\xrightarrow{\mathrm{FT}}X_{\mathrm{R}}(\mathrm{e}^{\mathrm{j}\omega})$$

$$x_{\mathrm{o}}(n)=\tfrac{1}{2}\left[x(n)-x^*(-n)\right]\xrightarrow{\mathrm{FT}}\mathrm{j}X_{\mathrm{I}}(\mathrm{e}^{\mathrm{j}\omega})$$

因为 $x(n)$ 为实序列，所以有

$$x_{\mathrm{e}}(n)=\tfrac{1}{2}[x(n)+x(-n)]\xrightarrow{\mathrm{FT}}X_{\mathrm{R}}(\mathrm{e}^{\mathrm{j}\omega})$$

$$x_{\mathrm{o}}(n)=\tfrac{1}{2}[x(n)-x(-n)]\xrightarrow{\mathrm{FT}}\mathrm{j}X_{\mathrm{I}}(\mathrm{e}^{\mathrm{j}\omega})$$

且 $-\mathrm{j}x_{\mathrm{o}}(n)$ 的傅里叶变换是 $X_{\mathrm{I}}(\mathrm{e}^{\mathrm{j}\omega})$，即

$$-\mathrm{j}x_{\mathrm{o}}(n)\xrightarrow{\mathrm{FT}}X_{\mathrm{I}}(\mathrm{e}^{\mathrm{j}\omega})$$

由傅里叶变换的时移特性可知

$$\mathrm{j}x_{\mathrm{e}}(n+2)\xrightarrow{\mathrm{FT}}\mathrm{j}X_{\mathrm{R}}(\mathrm{e}^{\mathrm{j}\omega})\mathrm{e}^{\mathrm{j}2\omega}$$

于是有

$$\mathrm{j}x_{\mathrm{e}}(n+2)-\mathrm{j}x_{\mathrm{o}}(n)\xrightarrow{\mathrm{FT}}Y(\mathrm{e}^{\mathrm{j}\omega})=X_{\mathrm{I}}(\mathrm{e}^{\mathrm{j}\omega})+\mathrm{j}X_{\mathrm{R}}(\mathrm{e}^{\mathrm{j}\omega})\mathrm{e}^{\mathrm{j}2\omega}$$

可得

$$y(n)=\mathrm{j}x_{\mathrm{e}}(n+2)-\mathrm{j}x_{\mathrm{o}}(n)$$

由 $x(n)$ 可得 $x_e(n)$ 和 $x_o(n)$ 的值如下表所示。

n	−2	−1	0	1	2
$x_e(n)$	3/2	3/2	−1	3/2	3/2
$x_o(n)$	−3/2	−1/2	0	1/2	3/2

由 $x_e(n)$ 和 $x_o(n)$ 可得 $y(n)$ 的值如下表所示。

n	−4	−3	−2	−1	0	1	2
$y(n)$	3j/2	3j/2	j/2	2j	3j/2	−j/2	−3j/2

5．时域卷积定理

如果 $\mathrm{FT}[x(n)]=X(\mathrm{e}^{\mathrm{j}\omega})$，$\mathrm{FT}[h(n)]=H(\mathrm{e}^{\mathrm{j}\omega})$，且有

$$y(n)=x(n)*h(n)=\sum_{m=-\infty}^{+\infty}x(m)h(n-m)$$

那么 $y(n)$ 的傅里叶变换为

$$Y(\mathrm{e}^{\mathrm{j}\omega})=X(\mathrm{e}^{\mathrm{j}\omega})H(\mathrm{e}^{\mathrm{j}\omega}) \tag{3.30}$$

证明：

$$Y(\mathrm{e}^{\mathrm{j}\omega})=\mathrm{FT}[y(n)]=\sum_{n=-\infty}^{+\infty}y(n)\mathrm{e}^{-\mathrm{j}\omega n}$$
$$=\sum_{n=-\infty}^{+\infty}\left[\sum_{m=-\infty}^{+\infty}x(m)h(n-m)\right]\mathrm{e}^{-\mathrm{j}\omega n}$$

令 $k=n-m$，得

$$Y(\mathrm{e}^{\mathrm{j}\omega})=\sum_{k=-\infty}^{+\infty}\sum_{m=-\infty}^{+\infty}h(k)x(m)\mathrm{e}^{-\mathrm{j}\omega(k+m)}$$
$$=\sum_{k=-\infty}^{+\infty}h(k)\mathrm{e}^{-\mathrm{j}\omega k}\sum_{m=-\infty}^{+\infty}x(m)\mathrm{e}^{-\mathrm{j}\omega m}=H(\mathrm{e}^{\mathrm{j}\omega})X(\mathrm{e}^{\mathrm{j}\omega})$$

利用傅里叶变换的时域卷积定理，可将时域内的卷积运算化简为频域内的乘积运算。

6．频域卷积定理

如果 $\mathrm{FT}[x(n)]=X(\mathrm{e}^{\mathrm{j}\omega})$，$\mathrm{FT}[h(n)]=H(\mathrm{e}^{\mathrm{j}\omega})$，且有

$$y(n)=x(n)\cdot h(n) \tag{3.31}$$

那么 $y(n)$ 的傅里叶变换为

$$Y(\mathrm{e}^{\mathrm{j}\omega})=\tfrac{1}{2\pi}X(\mathrm{e}^{\mathrm{j}\omega})*H(\mathrm{e}^{\mathrm{j}\omega})=\tfrac{1}{2\pi}\int_{-\pi}^{\pi}X(\mathrm{e}^{\mathrm{j}\theta})H(\mathrm{e}^{\mathrm{j}(\omega-\theta)})\mathrm{d}\theta \tag{3.32}$$

证明：

$$Y(\mathrm{e}^{\mathrm{j}\omega})=\sum_{n=-\infty}^{+\infty}x(n)h(n)\mathrm{e}^{-\mathrm{j}\omega n}$$
$$=\sum_{n=-\infty}^{+\infty}x(n)\left[\frac{1}{2\pi}\int_{-\pi}^{\pi}H(\mathrm{e}^{\mathrm{j}\theta})\mathrm{e}^{\mathrm{j}\theta n}\mathrm{d}\theta\right]\mathrm{e}^{-\mathrm{j}\omega n}$$
$$=\tfrac{1}{2\pi}\int_{-\pi}^{\pi}H(\mathrm{e}^{\mathrm{j}\theta})\left[\sum_{n=-\infty}^{+\infty}x(n)\mathrm{e}^{-\mathrm{j}(\omega-\theta)n}\right]\mathrm{d}\theta$$
$$=\tfrac{1}{2\pi}\int_{-\pi}^{\pi}H(\mathrm{e}^{\mathrm{j}\theta})X(\mathrm{e}^{\mathrm{j}(\omega-\theta)})\mathrm{d}\theta$$
$$=\tfrac{1}{2\pi}X(\mathrm{e}^{\mathrm{j}\omega})*H(\mathrm{e}^{\mathrm{j}\omega})$$

7．帕塞瓦尔（Parseval）定理

若 $\mathrm{FT}[x(n)]=X(\mathrm{e}^{\mathrm{j}\omega})$，则有

$$\sum_{n=-\infty}^{+\infty}|x(n)|^2=\frac{1}{2\pi}\int_{-\pi}^{\pi}\left|X(\mathrm{e}^{\mathrm{j}\omega})\right|^2\mathrm{d}\omega \tag{3.33}$$

证明：

$$\begin{aligned}\sum_{n=-\infty}^{+\infty}|x(n)|^2&=\sum_{n=-\infty}^{\infty}x(n)x^*(n)\\&=\sum_{n=-\infty}^{\infty}x^*(n)\left[\frac{1}{2\pi}\int_{-\pi}^{\pi}X(\mathrm{e}^{\mathrm{j}\omega})\mathrm{e}^{\mathrm{j}\omega n}\,\mathrm{d}\omega\right]\\&=\frac{1}{2\pi}\int_{-\pi}^{\pi}X(\mathrm{e}^{\mathrm{j}\omega})\sum_{n=-\infty}^{+\infty}x^*(n)\mathrm{e}^{\mathrm{j}\omega n}\,\mathrm{d}\omega\\&=\frac{1}{2\pi}\int_{-\pi}^{\pi}X(\mathrm{e}^{\mathrm{j}\omega})X^*(\mathrm{e}^{\mathrm{j}\omega})\,\mathrm{d}\omega\\&=\frac{1}{2\pi}\int_{-\pi}^{\pi}\left|X(\mathrm{e}^{\mathrm{j}\omega})\right|^2\mathrm{d}\omega\end{aligned}$$

序列傅里叶变换性质教学视频

式（3.33）表明了序列的能量在时域和频域的一致性。

表3.1综合了序列的傅里叶变换的主要性质，这些性质在离散时间信号与系统的频域分析中有着重要的应用。

表3.1　序列的傅里叶变换的主要性质

序　列	傅里叶变换
$x(n)$	$X(\mathrm{e}^{\mathrm{j}\omega})$
$y(n)$	$Y(\mathrm{e}^{\mathrm{j}\omega})$
$ax(n)+by(n)$	$aX(\mathrm{e}^{\mathrm{j}\omega})+bY(\mathrm{e}^{\mathrm{j}\omega})$，$a$ 和 b 为常数
$x(n-n_0)$	$\mathrm{e}^{-\mathrm{j}\omega n_0}X(\mathrm{e}^{\mathrm{j}\omega})$
$x^*(n)$	$X^*(\mathrm{e}^{-\mathrm{j}\omega})$
$x(-n)$	$X(\mathrm{e}^{-\mathrm{j}\omega})$
$x(n)*y(n)$	$X(\mathrm{e}^{\mathrm{j}\omega})\cdot Y(\mathrm{e}^{\mathrm{j}\omega})$
$x(n)\cdot y(n)$	$\frac{1}{2\pi}\int_{-\pi}^{\pi}X(\mathrm{e}^{-\mathrm{j}\theta})Y(\mathrm{e}^{\mathrm{j}(\omega-\theta)})\mathrm{d}\theta$
$nx(n)$	$\mathrm{j}\left[\mathrm{d}X(\mathrm{e}^{\mathrm{j}\omega})/\mathrm{d}\omega\right]$
$\mathrm{Re}[x(n)]$	$X_\mathrm{e}(\mathrm{e}^{\mathrm{j}\omega})$
$\mathrm{j}\,\mathrm{Im}[x(n)]$	$X_\mathrm{o}(\mathrm{e}^{\mathrm{j}\omega})$
$x_\mathrm{e}(n)$	$\mathrm{Re}[X(\mathrm{e}^{\mathrm{j}\omega})]$
$x_\mathrm{o}(n)$	$\mathrm{j}\,\mathrm{Im}[X(\mathrm{e}^{\mathrm{j}\omega})]$
$\sum_{n=-\infty}^{+\infty}\|x(n)\|^2$	$\frac{1}{2\pi}\int_{-\pi}^{\pi}\left\|X(\mathrm{e}^{\mathrm{j}\omega})\right\|^2\mathrm{d}\omega$

3.2　序列的Z变换

与连续时间信号与系统的拉普拉斯变换相对应，Z变换把离散时间信号和系统分析从时域变换到复频域下进行，进而把差分方程转换成代数方程求解。

3.2.1　Z 变换的定义及收敛域

序列 $x(n)$ 的 Z 变换定义为

$$X(z)=\mathcal{Z}[x(n)]=\sum_{n=-\infty}^{+\infty}x(n)z^{-n} \tag{3.34}$$

式中，z 是复变量，它所在的复平面称为 z 平面。式（3.34）称为双边 Z 变换，相应地还有单边 Z 变换，将在 3.5 节中介绍。以后讨论的 Z 变换若不做特别说明，则均指双边 Z 变换。

式（3.34）实际上是幂级数的形式。显然，并不是任意 z 值都会使它收敛。对于序列 $x(n)$ 而言，能使其 Z 变换收敛的 z 的取值范围称为收敛域。式（3.34）给出的 Z 变换存在的条件是该级数满足绝对可和，即

$$\sum_{n=-\infty}^{+\infty}\left|x(n)z^{-n}\right|<\infty \tag{3.35}$$

满足上式的收敛域可表示为

$$R_{x-}<|z|<R_{x+} \tag{3.36}$$

由此可见收敛域为 z 平面上的一个环形，R_{x-} 可以小到零，R_{x+} 可以大到无穷大。Z 变换收敛域的示意图如图 3.2 所示。

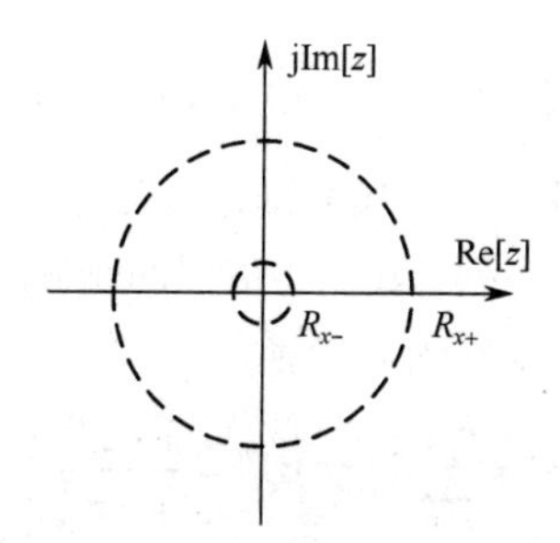

图 3.2　Z 变换收敛域的示意图

一般来说，Z 变换是一个有理函数，可以表示为两个多项式之比：

$$X(z)=\frac{P(z)}{Q(z)} \tag{3.37}$$

令 $P(z)=0$ 所得的根称为 $X(z)$ 的零点，令 $Q(z)=0$ 所得的根称为 $X(z)$ 的极点。显然，在极点处 Z 变换不存在，因此收敛域中一定不包含极点，而且收敛域都是以极点为边界的。

3.2.2　几种序列的 Z 变换及其收敛域

1．有限长序列

有限长序列的定义如下：

$$x(n)=\begin{cases}x(n), & N_1\le n\le N_2\\ 0, & 其他\end{cases} \tag{3.38}$$

即 n 在 N_1 和 N_2 之间的序列值不全部为零，而 n 为其他值时的序列值全部为零。此类序列的 Z 变换的收敛域为 $0<|z|<\infty$，称为有限 z 平面，如图 3.3 所示。在 $z=0$ 处，当 $N_2>0$ 时序列不收敛；在 $z=\infty$ 处，当 $N_1<0$ 时序列不收敛。对于因果序列［$n<0, x(n)=0$］，收敛域包含无穷大点。有限长序列的收敛域可以总结如下：

$$N_1 < 0, N_2 \le 0 \text{时}，\ 0 \le |z| < \infty$$
$$N_1 < 0, N_2 > 0 \text{时}，\ 0 < |z| < \infty$$
$$N_1 \ge 0, N_2 > 0 \text{时}，\ 0 < |z| \le \infty$$

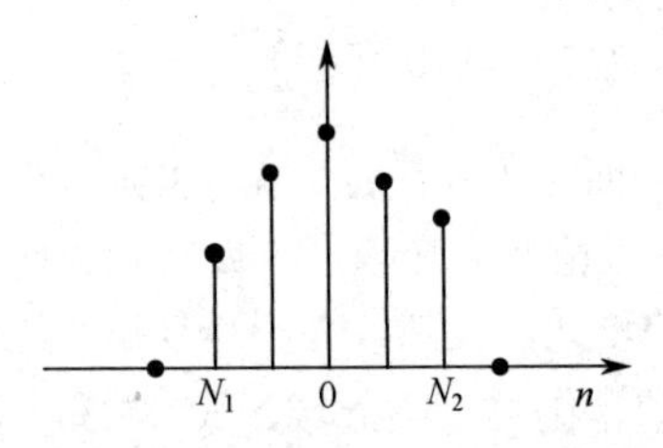

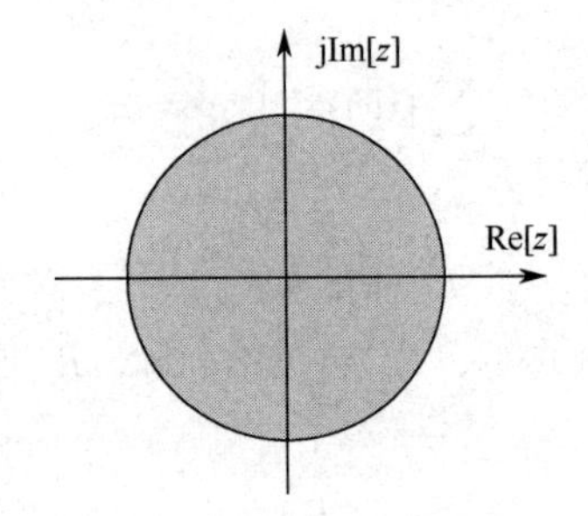

图 3.3　有限长序列及其收敛域

【例 3.6】 已知 $x(n) = R_N(n)$，求其 Z 变换并确定收敛域。

解：$x(n) = R_N(n)$ 是一个有限长序列，其非零值区间是 $n = 0 \sim N-1$。根据上面的分析，可知其收敛域应是 $0 < |z| \le \infty$。下面先求它的 Z 变换：

$$X(z) = \sum_{n=0}^{N-1} R_N(n) z^{-n} = \frac{1 - z^{-N}}{1 - z^{-1}}$$

先分析 $X(z)$ 的零极点。将 $X(z)$ 写成下式：

$$X(z) = \sum_{n=0}^{N-1} R_N(n) z^{-n} = \frac{z^N - 1}{z^{N-1}(z-1)}$$

先求它的零点，由于零点是分子多项式的根，因此求零点转化为求下式的根：

$$z^N - 1 = 0$$
$$z^N = 1 = \mathrm{e}^{\mathrm{j}2\pi M},\ M = 0,1,\cdots,N-1$$

可以求出

$$z = \mathrm{e}^{\mathrm{j}2\pi \frac{M}{N}},\ M = 0,1,\cdots,N-1$$

$X(z)$ 的极点是分母多项式的根，因此转化为求解方程

$$z^{N-1}(z-1) = 0$$

它的极点是 $z=1$ 和 $z=0$（$N-1$ 阶极点）。注意到在零点中，$M=0$ 时零点是 $z=1$。这样，$z=1$ 处的极点和零点相互抵消。该 Z 变换只有 $N-1$ 个零点，它们是

$$z = \mathrm{e}^{\mathrm{j}2\pi \frac{M}{N}},\ M = 1,\cdots,N-1$$

极点只有 $z=0$。因为收敛域中不可能有极点，所以该 Z 变换的收敛域为 $0 < |z| \le \infty$，这一结果和前面分析的结果一致。

2. 右边序列

右边序列的定义如下：

$$x(n)=\begin{cases}x(n), & N_1 \le n\\ 0, & \text{其他}\end{cases} \tag{3.39}$$

即序列在 $N_1 \le n$ 时的值不全部为零，而 n 为其他值时序列的值全部为零。右边序列的 Z 变换为

$$X(z)=\sum_{n=-\infty}^{+\infty}x(n)z^{-n}=\sum_{n=N_1}^{-1}x(n)z^{-n}+\sum_{n=0}^{\infty}x(n)z^{-n} \tag{3.40}$$

由式（3.40）可以看出，序列 $x(n)$ 的 Z 变换包含两部分：第一部分为 $N_1 \le n \le -1$，可以视为有限长序列，其收敛域为 $0<|z|<\infty$；第二部分为 $0 \le n<\infty$，其收敛域为 $R_{x-}<|z|<\infty$。综合两部分得到序列 $x(n)$ 的 Z 变换的收敛域为 $R_{x-}<|z|$，即 $X(z)$ 在以 R_{x-} 为半径的圆外部分（无穷大除外）处处收敛，如图 3.4 所示。

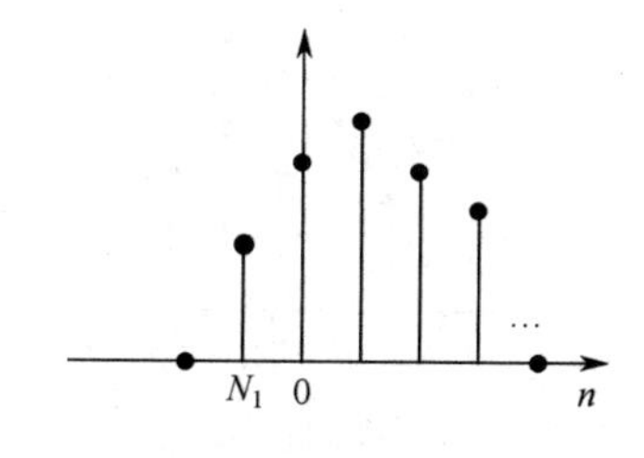

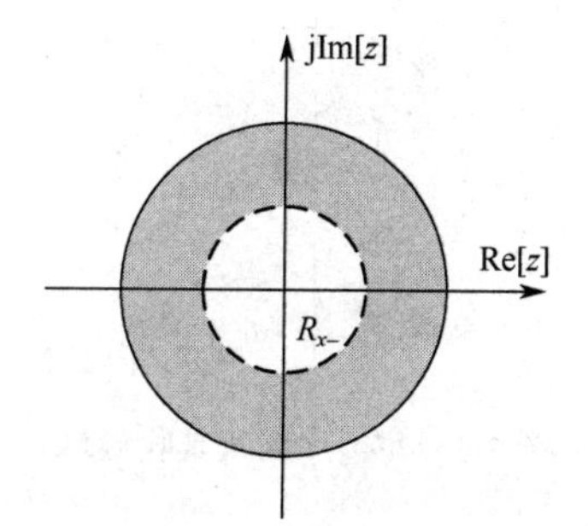

图 3.4　右边序列及其收敛域

一种特殊的右边序列为因果序列，其定义为

$$x(n)=\begin{cases}x(n), & 0 \le n\\ 0, & \text{其他}\end{cases} \tag{3.41}$$

因为 $N_1 \ge 0$，其收敛域为 $R_{x-}<|z|<\infty$，所以因果序列的 Z 变换的收敛域包含无穷大。反过来，如果序列的 Z 变换的收敛域包含无穷大，那么其必为因果序列。

【例 3.7】 已知序列 $x(n)=a^n u(n)$，求其 Z 变换并确定收敛域。

解：

$$X(z)=\sum_{n=-\infty}^{+\infty}a^n u(n)z^{-n}=\sum_{n=0}^{\infty}a^n z^{-n}=\frac{1}{1-az^{-1}}$$

上式中，级数要收敛就必须满足条件 $|az^{-1}|<1$，因此收敛域为 $|z|>|a|$。由上式得出该 Z 变换的极点是 $z=a$，收敛域为 $|z|>|a|$，收敛域以极点为边界，在以 a 为收敛半径的圆外且包含 $z=\infty$，从而验证了因果序列的收敛域包含无穷大。

3. 左边序列

左边序列的定义如下：

$$x(n)=\begin{cases}x(n), & n\le N_2\\ 0, & 其他\end{cases} \tag{3.42}$$

即序列在$n\le N_2$时的值不全部为零，在n为其他值时序列的值全部为零。左边序列的Z变换为

$$X(z)=\sum_{n=-\infty}^{N_2}x(n)z^{-n}=\sum_{n=-\infty}^{0}x(n)z^{-n}+\sum_{n=1}^{N_2}x(n)z^{-n} \tag{3.43}$$

由式（3.43）可以看出，序列的Z变换的收敛域包含两部分：第一部分是z的正幂级数，其收敛域为$|z|<R_{x+}$；第二部分是有限长序列，其收敛域为有限z平面。综合两部分得左边序列$x(n)$的Z变换的收敛域为$0<|z|<R_{x+}$，即在以R_{x+}为半径的圆内部分，除零点外处处收敛。如果$N_2\le 0$，那么收敛域应包含$z=0$，即$|z|<R_{x+}$。左边序列及其收敛域如图3.5所示。

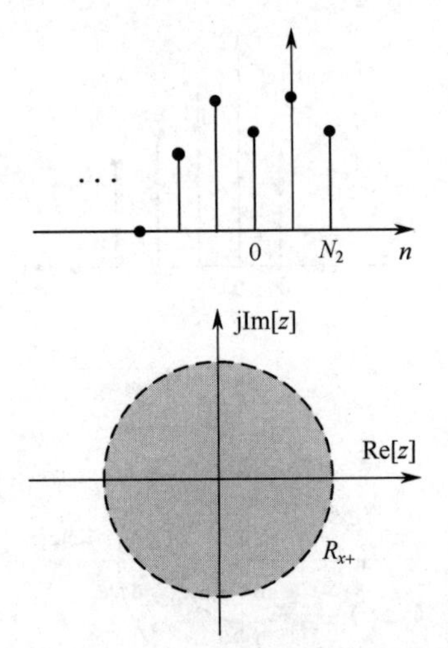

图3.5　左边序列及其收敛域

【例3.8】 已知序列$x(n)=-a^n u(-n-1)$，求其Z变换并确定收敛域。

解：

$$X(z)=\sum_{n=-\infty}^{+\infty}-a^n u(-n-1)z^{-n}=\sum_{n=-\infty}^{-1}-a^n z^{-n}$$

$$=\sum_{n=1}^{\infty}-a^{-n}z^{n}=\frac{z}{z-a}$$

上式中，级数在$|a^{-1}z|<1$时收敛，所以收敛域为$|z|<|a|$。

由上式可知，该Z变换的极点是$z=a$，收敛域为$|z|<|a|$，收敛域在以极点为边界的圆内，且包含$z=0$。将该例和例3.7对比，两者的Z变换函数相同，但收敛域不同，对应的序列也不同。

4. 双边序列

在双边序列中，n的取值范围是从$-\infty$到$+\infty$，因此一个双边序列可视为一个左边序列与一个右边序列的和，其Z变换可表示为

$$X(z)=\sum_{n=-\infty}^{+\infty}x(n)z^{-n}=\sum_{n=-\infty}^{-1}x(n)z^{-n}+\sum_{n=0}^{+\infty}x(n)z^{-n} \tag{3.44}$$

第一项是左边序列，其收敛域为$|z|<R_{x+}$；第二项是右边序列，其收敛域为$|z|>R_{x-}$。综合这两项，得到双边序列的收敛域为$R_{x-}<|z|<R_{x+}$，如图 3.6 所示。如果$R_{x+}<R_{x-}$，那么第一项与第二项没有公共收敛部分，此时序列的 Z 变换不存在。

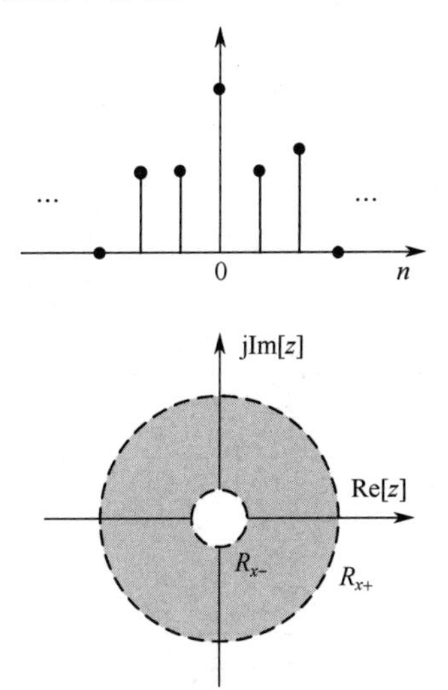

图 3.6　双边序列及其收敛域

【例 3.9】 已知序列$x(n)=a^n u(n)-b^n u(-n-1)$且$|a|<|b|$，求其 Z 变换并确定收敛域。

解： $x_1(n)=a^n u(n)$，$x_2(n)=-b^n u(-n-1)$，分别求$x_1(n),x_2(n)$的 Z 变换如下。

$$X_1(z)=Z[x_1(n)]=\frac{z}{z-a},\qquad |z|>a$$

$$X_2(z)=Z[x_2(n)]=\frac{z}{z-b},\qquad |z|<b$$

由于$|a|<|b|$，因此$|z|>a$与$|z|<b$的公共部分为$|a|<|z|<|b|$，这就是 Z 变换的收敛域。在收敛域中，Z 变换为

$$X(z)=\frac{z}{z-a}-\frac{z}{z-b}=\frac{z(2z-a-b)}{(z-a)(z-b)},\qquad |a|<|z|<|b|$$

需要指出的是，Z 变换的收敛域中没有极点，而且收敛域是以极点为边界的。因此，如果找出了 Z 变换的极点，那么就可根据序列的分类特性确定序列的 Z 变换的收敛域。另外，对于相同形式的$X(z)$，如果收敛域不同，那么对应的序列也不同。

为方便读者查阅，表 3.2 中列举了常用序列的 Z 变换及其收敛域。

表 3.2　常用序列的 Z 变换及其收敛域

序 列	Z 变换	收 敛 域
$\delta(n)$	1	$0\le|z|\le\infty$
$\delta(n-k)$	z^{-k}	$0\le|z|\le\infty$
$u(n)$	$\frac{1}{1-z^{-1}}=\frac{z}{z-1}$	$|z|>1$
$R_N(n)$	$\frac{1-z^{-N}}{1-z^{-1}}=\frac{z(1-z^{-N})}{z-1}$	$|z|>0$

（续表）

序 列	Z 变换	收 敛 域
$nu(n)$	$\dfrac{z^{-1}}{(1-z^{-1})^2}=\dfrac{z}{(z-1)^2}$	$\|z\|>1$
$a^n u(n)$	$\dfrac{1}{1-az^{-1}}=\dfrac{z}{z-a}$	$\|z\|>\|a\|$
$-a^n u(-n-1)$	$\dfrac{1}{1-az^{-1}}=\dfrac{z}{z-a}$	$\|z\|<\|a\|$
$na^n u(n)$	$\dfrac{az^{-1}}{(1-az^{-1})^2}=\dfrac{az}{(z-a)^2}$	$\|z\|>\|a\|$
$-na^n u(n)$	$\dfrac{az^{-1}}{(1-az^{-1})^2}=\dfrac{az}{(z-a)^2}$	$\|z\|<\|a\|$
$\mathrm{e}^{-na}u(n)$	$\dfrac{1}{1-\mathrm{e}^{-a}z^{-1}}=\dfrac{z}{z-\mathrm{e}^{-a}}$	$\|z\|>\mathrm{e}^{-a}$
$\mathrm{e}^{-\mathrm{j}\omega_0 n}u(n)$	$\dfrac{1}{1-\mathrm{e}^{-\mathrm{j}\omega_0}z^{-1}}=\dfrac{z}{z-\mathrm{e}^{-\mathrm{j}\omega_0}}$	$\|z\|>1$
$[\sin(\omega_0 n)]u(n)$	$\dfrac{(\sin\omega_0)z^{-1}}{1-(2\cos\omega_0)z^{-1}+z^{-2}}$	$\|z\|>1$
$[\cos(\omega_0 n)]u(n)$	$\dfrac{1-(\cos\omega_0)z^{-1}}{1-(2\cos\omega_0)z^{-1}+z^{-2}}$	$\|z\|>1$
$r^n\sin(\omega_0 n)u(n)$	$\dfrac{(r\sin\omega_0)z^{-1}}{1-(2r\cos\omega_0)z^{-1}+r^2z^{-2}}$	$\|z\|>\|r\|$
$r^n\cos(\omega_0 n)u(n)$	$\dfrac{1-(r\cos\omega_0)z^{-1}}{1-(2r\cos\omega_0)z^{-1}+r^2z^{-2}}$	$\|z\|>\|r\|$

3.3 Z 反变换

求 Z 反变换是指已知序列的 Z 变换 $X(z)$ 而求序列 $x(n)$。计算 Z 反变换的方法通常有三种，即留数法、部分分式展开法和长除法。

3.3.1 留数法

如果 $X(z)$ 在收敛域内是解析的，那么 $X(z)$ 可以展开成罗朗级数，即

$$X(z)=\sum_{n=-\infty}^{+\infty}c_n z^{-n} \tag{3.45}$$

式中，c_n 是展开为罗朗级数的系数，且有

$$c_n=\frac{1}{2\pi\mathrm{j}}\oint_c X(z)z^{n-1}\,\mathrm{d}z \tag{3.46}$$

围线 c 是 $X(z)$ 的收敛域内包围原点的一条闭合曲线，取逆时针方向为正。将式（3.46）与 Z 变换的定义相比较，发现 c_n 就是 $X(z)$ 的 Z 反变换 $x(n)$，即

$$x(n)=c_n=\frac{1}{2\pi\mathrm{j}}\oint_c X(z)z^{n-1}\,\mathrm{d}z \tag{3.47}$$

直接求式（3.47）有困难，因此一般用留数法求解。利用留数定理得

$$x(n)=\frac{1}{2\pi\mathrm{j}}\oint_c X(z)z^{n-1}\,\mathrm{d}z=\sum_k \mathrm{Res}\left[X(z)z^{n-1},z_k\right] \tag{3.48}$$

式中，z_k 表示围线 c 内的极点，$\mathrm{Res}\left[X(z)z^{n-1},z_k\right]$ 表示被积函数在极点 $z=z_k$ 处的留数，所以 $X(z)$ 的 Z 反变换 $x(n)$ 是被积函数在围线 c 内所有极点的留数之和。根据留数定理，对式（3.47）还有

另一种求法，即

$$x(n)=\frac{1}{2\pi \mathrm{j}}\oint_c X(z)z^{n-1}\,\mathrm{d}z=-\sum_m \mathrm{Res}\left[X(z)z^{n-1},z_m\right] \tag{3.49}$$

式中，z_m 表示围线 c 外的极点，所以 $X(z)$ 的 Z 反变换 $x(n)$ 也可表示为被积函数在围线 c 外所有极点的留数之和的相反数。然而，式（3.49）成立需要一个条件，即 $X(z)z^{n-1}$ 有理多项式分母的阶次高于分子的阶次 2 阶或以上。

留数的求法有以下两种情况。

如果 z_i 是单极点，那么有

$$\mathrm{Res}\left[X(z)z^{n-1},z_i\right]=(z-z_i)X(z)z^{n-1}\Big|_{z=z_k} \tag{3.50}$$

如果 z_i 是 N 阶重极点，那么有

$$\mathrm{Res}\left[X(z)z^{n-1},z_i\right]=\frac{1}{(N-1)!}\frac{\mathrm{d}^{N-1}}{\mathrm{d}z^{N-1}}\left[(z-z_i)^N X(z)z^{n-1}\right]\Big|_{z=z_k} \tag{3.51}$$

式（3.51）表明，对于 N 阶极点，求留数需要求 N 阶导数，比较烦琐。因此，如果 $X(z)$ 有 N 阶重极点，那么就要选择使用式（3.48）或式（3.49）。例如，$X(z)z^{n-1}$ 在围线内有重极点且围线内的极点数多于围线外的极点数，因此应使用式（3.49），否则应使用式（3.48）。也就是说，尽可能取极点数比较少而且极点阶次比较低的区域来求留数。另外，要尽量避免求 $z=\infty$ 点的留数，因为 $z=\infty$ 点的留数是由所有有限远处的极点处的留数来定义的。

Z反变换教学视频

【例 3.10】 已知 $X(z)=\dfrac{z^2}{(4-z)(z-1/4)}$，其收敛域为 $\frac{1}{4}<|z|<4$，试用围线积分法求 Z 反变换。

解：

$$x(n)=\frac{1}{2\pi \mathrm{j}}\oint_c \frac{z^2}{(4-z)(z-1/4)}z^{n-1}\,\mathrm{d}z$$

当 $n\geq -1$ 时，被积函数在围线内与围线外各有一个极点，分别为 $z_1=1/4$ 与 $z_2=4$，如图 3.7 所示。这时，选择式（3.48）计算留数

$$x(n)=\mathrm{Res}\left[\frac{z^{n+1}}{(4-z)(z-1/4)}\right]_{z=1/4}=(z-1/4)\frac{z^{n+1}}{(4-z)(z-1/4)}\Bigg|_{z=1/4}=\frac{1}{15}\left(\frac{1}{4}\right)^n$$

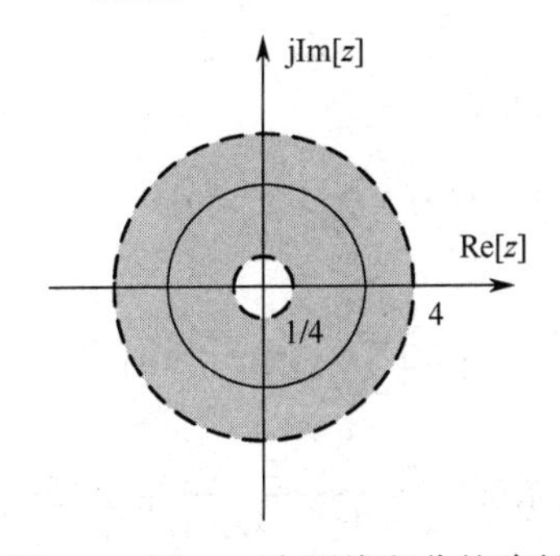

图 3.7　例 3.10 中围线积分的路径

当 $n\leq -2$ 时，围线外只有一个一阶极点 $z_1=4$，而围线内除有一个一阶极点 $z_2=1/4$ 外，还有一个重极点 $z_3=0$，且满足 $X(z)z^{n-1}$ 有理多项式分母的阶次高于分子的阶次 2 阶或以上的条件。因此，这时采用式（3.49）来计算留数：

$$x(n)=-\mathrm{Res}\left[\frac{z^{n+1}}{(4-z)(z-1/4)}\right]_{z=4}=\left[(z-4)\frac{z^{n+1}}{(4-z)(z-1/4)}\right]_{z=4}=\frac{4^{n+2}}{15}$$

所以有

$$x(n)=\begin{cases}\dfrac{4^{-n}}{15}, & n\geq -1\\ \dfrac{4^{n+2}}{15}, & n\leq -2\end{cases}$$

3.3.2　部分分式展开法

如果 $X(z)$ 可以分解成

$$X(z)=X_1(z)+X_2(z)+\cdots+X_n(z) \tag{3.52}$$

式中，$X_i(z)$，$i=1,2,\cdots,n$ 是简单的分式，那么可以通过查 Z 变换表得到其对应的 Z 反变换 $x_i(n)$。根据 Z 变换的线性性质有

$$x(n)=x_1(n)+x_2(n)+\cdots+x_n(n) \tag{3.53}$$

下面具体讨论 $X(z)$ 的分解形式：

$$X(z)=\frac{N(z)}{D(z)}=\frac{\sum\limits_{i=0}^{M}b_iz^{-i}}{1+\sum\limits_{i=1}^{N}a_iz^{-i}}=\sum_{n=0}^{M-N}B_nz^{-n}+\sum_{k=1}^{N-r}\frac{A_k}{1-z_kz^{-1}}+\sum_{k=1}^{r}\frac{C_k}{(1-z_iz^{-1})^k} \tag{3.54}$$

式（3.54）中的第一项只在 $M\geq N$ 时存在，系数 B_n 可由长除法得到。第二项对应的是 $X(z)$ 的展开式中单级点的情形，其系数 A_k 可由式（3.55）得到：

$$A_k=(1-z_kz^{-1})X(z)\big|_{z=z_k}=(z-z_k)\frac{X(z)}{z}\bigg|_{z=z_k}=\mathrm{Res}\left[\frac{X(z)}{z}\right]_{z=z_k} \tag{3.55}$$

第三项对应 $X(z)$ 的展开式中重极点的情形，其系数 C_k 可由式（3.56）得到：

$$C_k=\frac{1}{(r-k)!}\left\{\frac{\mathrm{d}^{r-k}}{\mathrm{d}z^{r-k}}\left[(z-z_i)^r\frac{X(z)}{z^k}\right]\right\}_{z=z_i} \tag{3.56}$$

若 $X(z)$ 表示成

$$X(z)=\sum_i\frac{A_iz}{z-z_i}$$

则其对应的右边序列为

$$x(n)=\sum_i A_iz_i^nu(n)$$

对应的左边序列为

$$x(n)=-\sum_i A_iz_i^nu(-n-1)$$

【例 3.11】 用部分分式展开法求 $X(z)=\dfrac{z}{3z^2-4z+1}$ 的 Z 反变换。

解：

$$X(z)=\frac{z}{3z^2-4z+1}=\frac{\frac{1}{3}z}{z^2-\frac{4}{3}z+\frac{1}{3}},\qquad \frac{X(z)}{z}=\frac{A_1}{z-\frac{1}{3}}+\frac{A_2}{z-1}$$

$$A_1=\left[\left(z-\tfrac{1}{3}\right)\frac{X(z)}{z}\right]_{z=\frac{1}{3}}=-\frac{1}{2},\qquad A_2=\left[(z-1)\frac{X(z)}{z}\right]_{z=1}=\frac{1}{2}$$

所以有

$$X(z)=\frac{-\frac{1}{2}z}{z-\frac{1}{3}}+\frac{\frac{1}{2}z}{z-1}$$

$X(z)$ 有两个极点，即 $z_1=\frac{1}{3}$ 和 $z_2=1$。由于收敛域未给定，下面分几种情况来分析。

① 当 $|z|>1$ 时，对应的 $x(n)$ 为右边序列，有

$$x(n)=-\tfrac{1}{2}\left(\tfrac{1}{3}\right)^n u(n)+\tfrac{1}{2}u(n)$$

② 当 $|z|<\frac{1}{3}$ 时，对应的 $x(n)$ 为左边序列，有

$$x(n)=\tfrac{1}{2}\left(\tfrac{1}{3}\right)^n u(-n-1)-\tfrac{1}{2}u(-n-1)$$

③ 当 $\frac{1}{3}<|z|<1$ 时，对应的 $x(n)$ 为双边序列，有

$$x(n)=-\tfrac{1}{2}\left(\tfrac{1}{3}\right)^n u(n)-\tfrac{1}{2}u(-n-1)$$

练习：已知 $X(z)=\dfrac{z^2}{(4-z)(z-\frac{1}{4})}$，其收敛域为 $\frac{1}{4}<|z|<4$，求 Z 反变换。

3.3.3　幂级数法（长除法）

由 Z 变换的定义有

$$X(z)=\sum_{n=-\infty}^{+\infty}x(n)z^{-n}=\cdots+x(-1)z^1+x(0)z^0+x(1)z^{-1}+\cdots \tag{3.57}$$

上式是一个幂级数的展开式，展开式中幂级数的系数就是 $X(z)$ 的 Z 反变换 $x(n)$。因此，只要首先把 $X(z)$ 展开成幂级数，然后提取出级数的系数，得到的就是求 Z 反变换的结果。一般来说，要首先考虑 Z 变换的收敛域，然后确定 Z 反变换对应序列的类型，若是右边序列，则展开成 Z 的负幂级数；若是左边序列，则展开成 Z 的正幂级数；若是双边序列，则展成既包含正幂级数项又包含负幂级数项的幂级数。

$X(z)$ 为有理分式时，可以利用长除法展开成幂级数。需要注意的是，根据收敛域确定序列的类型时，若是右边序列，则分子分母按 z 的降幂或 z^{-1} 的升幂排列；若是左边序列，则按 z 的升幂或 z^{-1} 的降幂排列。

【例 3.12】 已知 $X(z)=\dfrac{1}{1-az^{-1}}$，$|z|>|a|$，用长除法求其 Z 反变换。

解：根据给定的收敛域可知对应的序列为因果序列，因此分子/分母按 z 的降幂或 z^{-1} 的升幂排列，用长除法将其展开成负幂级数有

$$\begin{array}{r|l}
 & 1+az^{-1}+az^{-2}+\cdots \\
1-az^{-1} & 1 \\
 & 1-az^{-1} \\ \hline
 & az^{-1} \\
 & az^{-1}-a^2z^{-2} \\ \hline
 & a^2z^{-2} \\
 & \cdots
\end{array}$$

$$X(z)=1+az^{-1}+a^2z^{-2}+a^3z^{-3}+\cdots=\sum_{n=0}^{\infty}a^nz^{-n}$$

因此 $x(n)=a^nu(n)$。

以上讨论了三种求 Z 反变换的方法。在实际应用中，应根据具体情况选取合适的计算方法。一般来说，采用留数法时需要判断极点所在位置的情况；采用部分分式展开法求系数时也要利用留数定理，此时要特别注意各分式的收敛域，太复杂的 Z 反变换不宜采用这种方法；采用幂级数法不易得到 $x(n)$ 的闭合形式。通常，留数法是首选方法。

3.4 Z 变换的基本性质和定理

序列的 Z 变换有许多重要的性质。在本节的讨论中，均做如下假设：

$$\begin{cases} X(z) = Z[x(n)] & R_{x-} < |z| < R_{x+} \\ Y(z) = Z[y(n)] & R_{y-} < |z| < R_{y+} \end{cases} \tag{3.58}$$

3.4.1 线性

$$Z[ax(n) + by(n)] = aX(z) + bY(z), \qquad R_- < |z| < R_+ \tag{3.59}$$

式中，$R_- = \max(R_{x-}, R_{y-})$，$R_+ = \min(R_{x+}, R_{y+})$，$a,b$ 为任意常数。上式表明序列的线性组合的 Z 变换等于各序列的 Z 变换的线性组合，这就是 Z 变换的线性性质。序列线性组合后的 Z 变换的收敛域是各序列的 Z 变换的收敛域的交集。该定理可由 Z 变换的定义直接得到。

3.4.2 序列的移位

序列移位后的 Z 变换与移位前的 Z 变换的关系如下：

$$Z[x(n-m)] = z^{-m}X(z), \qquad R_{x-} < |z| < R_{x+} \tag{3.60}$$

证明：

$$Z[x(n-m)] = \sum_{n=-\infty}^{+\infty} x(n-m)z^{-n}$$

令 $k = n - m$，有

$$Z[x(n-m)] = \sum_{k=-\infty}^{+\infty} x(k)z^{-(k+m)} = z^{-m}\sum_{k=-\infty}^{+\infty} x(k)z^{-k} = z^{-m}X(z)$$

一般来说，序列移位后的 Z 变换的收敛域不发生变化，但由于乘以了因子 z^{-m}，因此有些单边序列在 $z=0$ 和 $z=\infty$ 处可能有变化，例如

$Z[\delta(n)] = 1$，收敛域为整个 z 平面，即 $0 \le |z| \le \infty$

$Z[\delta(n-1)] = z^{-1}$，收敛域为 $0 < |z| \le \infty$

$Z[\delta(n+1)] = z$，收敛域为 $0 \le |z| < \infty$

3.4.3 乘以指数序列（Z 域尺度变换）

$$Z\left[a^n x(n)\right] = X(z/a), \qquad |a|R_{x-} < |z| < |a|R_{x+} \tag{3.61}$$

证明：

$$Z\left[a^n x(n)\right] = \sum_{n=-\infty}^{+\infty} a^n x(n)z^{-n} = \sum_{n=-\infty}^{+\infty} x(n)(z/a)^{-n} = X(z/a), \quad |a|R_{x-} < |z| < |a|R_{x+}$$

若 a 是实数，则表示收敛域的扩大或缩小，对零、极点而言只有幅度上的变化而没有相位上的变化；若 a 是模为 1 的复数，则表示零、极点只有相位上的变化而没有幅度上的变化，而且收

敛域不变；若 a 是模不等于 1 的复数，则表示零、极点的相位与幅度都发生变化，相应的收敛域也会发生变化。

3.4.4　序列的线性加权

序列的线性加权为

$$Z[nx(n)] = -z\frac{\mathrm{d}X(z)}{\mathrm{d}z}, \qquad R_{x-} < |z| < R_{x+} \tag{3.62}$$

证明：

$$\begin{aligned}-z\frac{\mathrm{d}X(z)}{\mathrm{d}z} &= -z\frac{\mathrm{d}}{\mathrm{d}z}\left[\sum_{n=-\infty}^{+\infty} x(n)z^{-n}\right] = -z\sum_{n=-\infty}^{+\infty} x(n)\frac{\mathrm{d}}{\mathrm{d}z}z^{-n} \\ &= -z\sum_{n=-\infty}^{+\infty} x(n)(-n)z^{-n-1} = \sum_{n=-\infty}^{+\infty} nx(n)z^{-n} \\ &= Z[nx(n)], \quad R_{x-} < |z| < R_{x+}\end{aligned}$$

式（3.62）表明序列 $nx(n)$ 的 Z 变换与 $X(z)$ 的导数有关，且收敛域不发生变化。

3.4.5　序列的共轭序列

复序列的共轭序列的 Z 变换为

$$Z[x^*(n)] = X^*(z^*), \qquad R_{x-} < |z| < R_{x+} \tag{3.63}$$

证明：

$$Z[x^*(n)] = \sum_{n=-\infty}^{+\infty} x^*(n)z^{-n} = \left[\sum_{n=-\infty}^{+\infty} x(n)(z^*)^{-n}\right]^* = X^*(z^*), \quad R_{x-} < |z| < R_{x+}$$

3.4.6　序列的反褶

$$Z[x(-n)] = X(1/z), \qquad \frac{1}{R_{x+}} < |z| < \frac{1}{R_{x-}} \tag{3.64}$$

证明：

$$Z[x(-n)] = \sum_{n=-\infty}^{+\infty} x(-n)z^{-n} = \sum_{n=-\infty}^{+\infty} x(n)z^{n} = \sum_{n=-\infty}^{+\infty} x(n)\left(1/z\right)^{-n} = X\left(1/z\right), \qquad \frac{1}{R_{x+}} < |z| < \frac{1}{R_{x-}}$$

3.4.7　初值定理

若 $x(n)$ 为因果序列，则有

$$x(0) = \lim_{z\to\infty} X(z) \tag{3.65}$$

证明：

$$X(z) = \sum_{n=-\infty}^{+\infty} x(n)z^{-n} = \sum_{n=0}^{+\infty} x(n)z^{-n} = x(0)z^0 + x(1)z^{-1} + x(2)z^{-2} + \cdots$$

两边对 z 取极限有

$$\lim_{z\to\infty} X(z) = \lim_{z\to\infty}[x(0)z^0 + x(1)z^{-1} + x(2)z^{-2} + \cdots] = x(0)$$

3.4.8　终值定理

若序列 $x(n)$ 为因果序列，且其 Z 变换 $X(z)$ 的极点位于单位圆内（单位圆上最多在 $z=1$ 处有

一阶极点)，则有

$$\lim_{n\to\infty} x(n) = \lim_{z\to 1}[(z-1)X(z)] \tag{3.66}$$

证明：因为 $Z[x(n+1)-x(n)] = (z-1)X(z) = \sum_{n=-\infty}^{+\infty}[x(n+1)-x(n)]z^{-n}$ ，$x(n)$ 为因果序列

$$(z-1)X(z) = \sum_{n=-1}^{\infty}[x(n+1)-x(n)]z^{-n} = \lim_{n\to\infty}\sum_{m=-1}^{n}[x(m+1)-x(m)]z^{-m}$$

两边对 z 取极限有

$$\begin{aligned}\lim_{z\to 1}(z-1)X(z) &= \lim_{z\to 1}\lim_{n\to\infty}\sum_{m=-1}^{n}[x(m+1)-x(m)]z^{-m} \\ &= \lim_{n\to\infty}\{[x(0)-0]+[x(1)-x(0)]+\cdots+[x(n+1)-x(n)]\} \\ &= \lim_{n\to\infty}[x(n+1)] = \lim_{n\to\infty} x(n)\end{aligned}$$

3.4.9 卷积定理

若 $y(n) = x(n)*h(n) = \sum_{m=-\infty}^{+\infty} x(m)h(n-m)$ 且有

$$\begin{cases} X(z) = Z[x(n)], & R_{x-} < |z| < R_{x+} \\ H(z) = Z[h(n)], & R_{h-} < |z| < R_{h+} \end{cases}$$

则有

$$Y(z) = Z[y(n)] = X(z)H(z), \qquad R_{y-} < |z| < R_{y+} \tag{3.67}$$

式中，$R_{y-} = \max\left[R_{x-}, R_{h-}\right], R_{y+} = \min\left[R_{x+}, R_{h+}\right]$。

证明：

$$Z\left[y(n)\right] = \sum_{n=-\infty}^{+\infty} y(n)z^{-n} = \sum_{n=-\infty}^{+\infty}\sum_{m=-\infty}^{+\infty} x(m)h(n-m)z^{-n}$$

令 $k = n-m$ ，有

$$Z[y(n)] = \sum_{k=-\infty}^{+\infty}\sum_{m=-\infty}^{+\infty} x(m)h(k)z^{-(k+m)} = \sum_{m=-\infty}^{+\infty} x(m)z^{-m}\sum_{k=-\infty}^{+\infty} h(k)z^{-k} = X(z)H(z)$$

此定理在离散系统频域分析中有着重要的应用。

【例 3.13】 设 $x(n) = a^n u(n), h(n) = b^n u(n) - ab^{n-1}u(n-1)$ ，求 $y(n) = x(n)*h(n)$ 。

解：因为

$$X(z) = \frac{z}{z-a}, \qquad |z|>|a|$$

$$H(z) = \frac{z}{z-b} - \frac{a}{z-b}, \qquad |z|>|b|$$

所以有

$$Y(z) = X(z)H(z) = \frac{z}{z-b}, \qquad |z|>|b|$$

其 Z 反变换为

$$y(n) = x(n)*h(n) = Z^{-1}[Y(z)] = b^n u(n)$$

显然，在 $z = a$ 处，$X(z)$ 的极点被 $H(z)$ 的零点抵消；若 $|b|<|a|$ ，则 $Y(z)$ 的收敛域要比 $X(z)$ 与 $H(z)$ 的收敛域的重叠部分大。

3.4.10　复卷积定理

设 $w(n)=x(n)y(n)$，则有

$$W(z)=\frac{1}{2\pi j}\oint_c X(v)Y(z/v)\frac{dv}{v} \tag{3.68}$$

$W(z)$ 的收敛域为

$$R_{x-}R_{y-}<|z|<R_{x+}R_{y+} \tag{3.69}$$

在 v 平面上，被积函数的收敛域为

$$\max\left(R_{x-},|z|/R_{y+}\right)<|v|<\min\left(R_{x+},|z|/R_{y-}\right) \tag{3.70}$$

证明：

$$W(z)=\sum_{n=-\infty}^{+\infty}x(n)y(n)z^{-n}=\sum_{n=-\infty}^{+\infty}\left[\frac{1}{2\pi j}\oint_c X(v)v^{n-1}\,dv\right]y(n)z^{-n}$$

$$=\frac{1}{2\pi j}\oint_c X(v)\sum_{n=-\infty}^{+\infty}y(n)(z/v)^{-n}\frac{dv}{v}$$

由 $X(z)$ 与 $Y(z)$ 的收敛域得

$$R_{x-}<|v|<R_{x+},\quad R_{y-}<|z/v|<R_{y+}$$

因此有

$$R_{x-}R_{y-}<|z|<R_{x+}R_{y+},\quad \max\left(R_{x-},|z|/R_{y+}\right)<|v|<\min\left(R_{x+},|z|/R_{y-}\right)$$

3.4.11　帕塞瓦尔定理

$$\sum_{n=-\infty}^{+\infty}x(n)y^*(n)=\frac{1}{2\pi j}\oint_c X(v)Y^*\left(1/v^*\right)v^{-1}\,dv \tag{3.71}$$

式中，围线 c 是 $X(v)$ 与 $Y^*(1/v^*)$ 两者收敛域的重叠部分内的一条包围原点的闭合曲线。

证明：设 $w(n)=x(n)y^*(n)$，$W(z)=Z[w(n)]$，有

$$W(z)\big|_{z=1}=\sum_{n=-\infty}^{+\infty}w(n)z^{-n}\Big|_{z=1}=\sum_{n=-\infty}^{+\infty}w(n)=\sum_{n=-\infty}^{+\infty}x(n)y^*(n) \tag{3.72}$$

利用复卷积定理和复共轭序列的 Z 变换，可得

$$W(z)=\frac{1}{2\pi j}\oint_c X(v)Y^*\left(z^*/v^*\right)v^{-1}\,dv \tag{3.73}$$

把式（3.73）代入式（3.72），并令 $z=1$，得

$$\sum_{n=-\infty}^{+\infty}x(n)y^*(n)=\frac{1}{2\pi j}\oint_c X(v)Y^*\left(1/v^*\right)v^{-1}\,dv$$

表 3.3 综合了序列的 Z 变换的性质，这些性质在离散时间信号与系统的复频域分析中有着重要的应用。

表 3.3　序列的 Z 变换的性质

序　列	Z 变换	收 敛 域
$x(n)$	$X(z)$	$R_{x-}<\|z\|<R_{x+}$
$y(n)$	$Y(z)$	$R_{y-}<\|z\|<R_{y+}$
$ax(n)+by(n)$	$aX(z)+bY(z)$	$\max[R_{x-},R_{y-}]<\|z\|<\min[R_{x+},R_{y+}]$
$x(n-n_0)$	$z^{-n_0}X(z)$	$R_{x-}<\|z\|<R_{x+}$

（续表）

序 列	Z变换	收 敛 域
$x^*(n)$	$X^*(z^*)$	$R_{x-}<\|z\|<R_{x+}$
$x(-n)$	$X(1/z)$	$1/R_{y+}<\|z\|<1/R_{y-}$
$x(n)*y(n)$	$X(z)\cdot Y(z)$	$\max[R_{x-},R_{y-}]<\|z\|<\min[R_{x+},R_{y+}]$
$x(n)\cdot y(n)$	$\frac{1}{2\pi j}\oint_c X(v)H(z/v)v^{-1}\,\mathrm{d}v$	$R_{x-}\cdot R_{y-}<\|z\|<R_{x+}\cdot R_{y+}$
$n^m x(n)$	$\left(-z\frac{\mathrm{d}}{\mathrm{d}z}\right)^m X(z)$	$R_{x-}<\|z\|<R_{x+}$
$\mathrm{Re}[x(n)]$	$\frac{1}{2}\left[X(z)+X^*(z^*)\right]$	$R_{x-}<\|z\|<R_{x+}$
$\mathrm{j}\,\mathrm{Im}[x(n)]$	$\frac{1}{2}\left[X(z)-X^*(z^*)\right]$	$R_{x-}<\|z\|<R_{x+}$
$\sum_{n=0}^{+\infty}x(n)$	$\frac{z}{z-1}X(z)$	$\|z\|>\max[R_{x-},1]$， $x(n)$ 为因果序列
$x(0)=\lim_{z\to\infty}X(z)$		$x(n)$ 为因果序列，$\|z\|>R_{x-}$
$x(\infty)=\lim_{z\to 1}(z-1)X(z)$		$x(n)$ 为因果序列，$(z-1)X(z)$ 的极点落在单位圆内部

3.5 Z变换、傅里叶变换、拉普拉斯变换的关系

3.5.1 x(n)的Z变换与序列的傅里叶变换之间的关系

首先从正变换讨论Z变换与序列的傅里叶变换之间的关系。任一序列$x(n)$的Z变换为

$$X(z)=\sum_{n=-\infty}^{+\infty}x(n)z^{-n} \tag{3.74}$$

复变量z表示成极坐标的形式为$z=r\mathrm{e}^{\mathrm{j}\omega}$，代入式（3.74）得

$$X(r\mathrm{e}^{\mathrm{j}\omega})=\sum_{n=-\infty}^{+\infty}x(n)r^{-n}\mathrm{e}^{-\mathrm{j}\omega n} \tag{3.75}$$

令$r=1$，代入式（3.75）得

$$X(\mathrm{e}^{\mathrm{j}\omega})=\sum_{n=-\infty}^{+\infty}x(n)\mathrm{e}^{-\mathrm{j}\omega n} \tag{3.76}$$

式（3.76）正是序列的傅里叶变换的定义式。以上三式可以合并表示为

$$X(\mathrm{e}^{\mathrm{j}\omega})=X(z)\big|_{z=\mathrm{e}^{\mathrm{j}\omega}} \tag{3.77}$$

式中，$z=\mathrm{e}^{\mathrm{j}\omega}$表示$z$平面上的单位圆，$\omega$为数字域频率。式（3.77）表明单位圆上的Z变换就是序列的傅里叶变换。

下面再从反变换来讨论两者的关系。$X(z)$的Z反变换可以表示为

$$x(n)=\frac{1}{2\pi\mathrm{j}}\oint_c X(z)z^{n-1}\,\mathrm{d}z \tag{3.78}$$

若$X(z)$的收敛域包含单位圆，则可将位圆作为积分路径，即把$z=\mathrm{e}^{\mathrm{j}\omega}$代入式（3.78）得

$$x(n)=\frac{1}{2\pi\mathrm{j}}\int_{-\pi}^{\pi}X(\mathrm{e}^{\mathrm{j}\omega})\mathrm{e}^{\mathrm{j}\omega(n-1)}\mathrm{e}^{\mathrm{j}\omega}\,\mathrm{j}\,\mathrm{d}\omega=\frac{1}{2\pi}\int_{-\pi}^{\pi}X(\mathrm{e}^{\mathrm{j}\omega})\mathrm{e}^{\mathrm{j}\omega n}\,\mathrm{d}\omega \tag{3.79}$$

式（3.79）正是序列的傅里叶变换的反变换式。

序列的Z变换和傅里叶变换都是级数的求和，因此，若变换存在，则一定要满足级数收敛的条件。下面讨论序列的Z变换和傅里叶变换存在的收敛条件。

对傅里叶变换，级数收敛是指$\left|X(\mathrm{e}^{\mathrm{j}\omega})\right|<\infty$，即

$$\left|X(\mathrm{e}^{\mathrm{j}\omega})\right|=\left|\sum_{n=-\infty}^{+\infty}x(n)\mathrm{e}^{-\mathrm{j}\omega n}\right|\le\sum_{n=-\infty}^{+\infty}\left|x(n)\right|\left|\mathrm{e}^{-\mathrm{j}\omega n}\right|=\sum_{n=-\infty}^{+\infty}\left|x(n)\right|<\infty \tag{3.80}$$

对序列的 Z 变换，级数收敛是指$\left|X(z)\right|<\infty$，即

$$\left|X(z)\right|=\left|\sum_{n=-\infty}^{+\infty}x(n)z^{-n}\right|=\left|\sum_{n=-\infty}^{+\infty}x(n)r^{-n}\,\mathrm{e}^{-\mathrm{j}\omega n}\right|\le\sum_{n=-\infty}^{+\infty}\left|x(n)\right|\left|r^{-n}\right|\left|\mathrm{e}^{-\mathrm{j}\omega n}\right|=\sum_{n=-\infty}^{+\infty}\left|x(n)\right|r^{-n}<\infty \tag{3.81}$$

比较式（3.80）与式（3.81）发现，序列的傅里叶变换的收敛条件强于序列的 Z 变换的收敛条件。即使序列不满足$\sum\limits_{n=-\infty}^{+\infty}\left|x(n)\right|<\infty$，也可能选择合适的模值 r，使之满足$\sum\limits_{n=-\infty}^{+\infty}\left|x(n)\right|r^{-n}<\infty$。

3.5.2　$x(n)$ 的 Z 变换与 $\hat{x}_{\mathrm{a}}(t)$ 的拉普拉斯变换之间的关系

设 $x_{\mathrm{a}}(t)$ 为连续时间信号，$\hat{x}_{\mathrm{a}}(t)$ 为经理想采样后的信号，$\hat{x}_{\mathrm{a}}(t)$ 的拉普拉斯变换为

$$\hat{X}_{\mathrm{a}}(s)=L\left[\hat{x}_{\mathrm{a}}(t)\right]=\int_{-\infty}^{+\infty}\hat{x}_{\mathrm{a}}(t)\mathrm{e}^{-st}\,\mathrm{d}t$$

因为

$$\hat{x}_{\mathrm{a}}(t)=\sum_{n=-\infty}^{+\infty}x(nT)\delta(t-nT) \tag{3.82}$$

代入 $\hat{X}_{\mathrm{a}}(s)$ 的表达式有

$$\begin{aligned}\hat{X}_{\mathrm{a}}(s)&=\int_{-\infty}^{+\infty}\sum_{n=-\infty}^{+\infty}x_{\mathrm{a}}(nT)\delta(t-nT)\mathrm{e}^{-st}\,\mathrm{d}t\\&=\sum_{n=-\infty}^{+\infty}\int_{-\infty}^{+\infty}x_{\mathrm{a}}(nT)\delta(t-nT)\mathrm{e}^{-st}\,\mathrm{d}t\\&=\sum_{n=-\infty}^{+\infty}x_{\mathrm{a}}(nT)\mathrm{e}^{-nsT}\end{aligned} \tag{3.83}$$

比较式（3.83）与式（3.74）看出，满足 $z=\mathrm{e}^{sT}$ 时，采样序列 $x(n)=x(nT)$ 的 Z 变换等于其理想采样信号的拉普拉斯变换，即

$$X(z)\big|_{z=\mathrm{e}^{sT}}=X(\mathrm{e}^{sT})=\hat{X}_{\mathrm{a}}(s) \tag{3.84}$$

在这种情况下，复变量 s 与复变量 z 之间的映射关系为

$$z=\mathrm{e}^{sT},\quad s=\tfrac{1}{T}\ln z \tag{3.85}$$

将复变量 s 用直角坐标表示，将复变量 z 用极坐标表示，有

$$s=\sigma+\mathrm{j}\Omega \tag{3.86}$$

$$z=r\,\mathrm{e}^{\mathrm{j}\omega} \tag{3.87}$$

把式（3.86）、式（3.87）代入式（3.85）得

$$r\,\mathrm{e}^{\mathrm{j}\omega}=\mathrm{e}^{(\sigma+\mathrm{j}\Omega)T}=\mathrm{e}^{\sigma T}\,\mathrm{e}^{\mathrm{j}\Omega T}$$

因此有

$$r=\mathrm{e}^{\sigma T},\quad \omega=\Omega T \tag{3.88}$$

式（3.88）表明的 z 与 s 的关系可以从以下两个方面讨论。

（1）r 与 σ 的关系。

$\sigma=0$（s 平面的虚轴）对应于 $r=1$（z 平面的单位圆）。

$\sigma<0$（s 平面的左半平面）对应于 $r<1$（z 平面的单位圆内）。

$\sigma>0$（s 平面的右半平面）对应于 $r>1$（z 平面的单位圆外）。

σ 与 r 的映射关系如图 3.8 所示。

（2）数字角频率 ω 与模拟角频率 Ω 的关系。

$\Omega=0$（s 平面的实轴）对应于 $\omega=0$（z 平面的正实轴）。

$\Omega=\Omega_0$（s 平面平行于实轴的直线）对应于 $\omega=\Omega_0 T$（z 平面相角为 $\Omega_0 T$ 的射线）。

当 Ω 从 $-\pi/T\to\pi/T$（宽度为 $2\pi/T$ 的水平条带）时，对应于 ω 从 $-\pi\to+\pi$（z 平面旋转一周），也就是 Ω 每增加一个采样角频率 $2\pi/T$，ω 就相应地增加 2π，所以从 s 平面到 z 平面是多值映射关系，是一个多对一的映射，如图 3.9 所示。

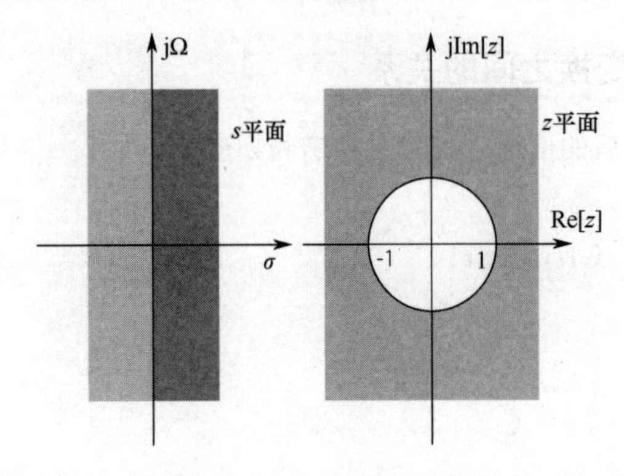

图 3.8 σ 与 r 的映射关系

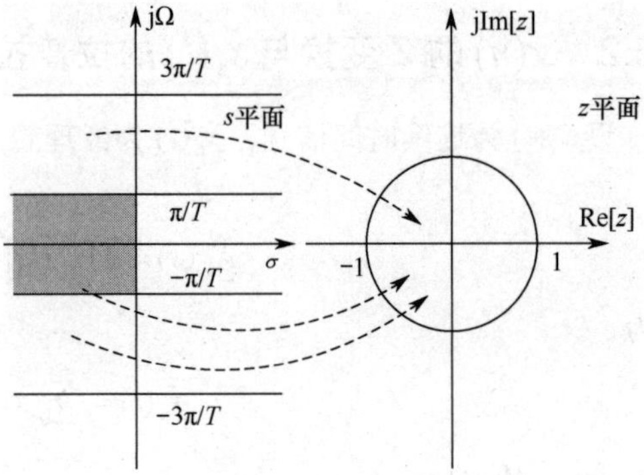

图 3.9 s 平面到 z 平面的多值映射关系

第 1 章中给出了采样之前信号的傅里叶变换 $X_a(j\Omega)$ 与采样之后信号的傅里叶变换 $\hat{X}_a(j\Omega)$ 的关系，即

$$\hat{X}_a(j\Omega)=\frac{1}{T}\sum_{k=-\infty}^{+\infty}X_a(j\Omega-jk\Omega_s)$$

式中，Ω_s 为采样频率，令 $s=j\Omega$ 并代入上式得

$$\hat{X}_a(s)=\frac{1}{T}\sum_{k=-\infty}^{\infty}X_a(s-jk\Omega_s)=\frac{1}{T}\sum_{k=-\infty}^{+\infty}X_a\left(s-j\tfrac{2\pi}{T}k\right) \tag{3.89}$$

将式（3.89）代入式（3.84）得

$$X(z)\big|_{z=e^{sT}}=\frac{1}{T}\sum_{k=-\infty}^{+\infty}X_a(s-jk\Omega_s)=\frac{1}{T}\sum_{k=-\infty}^{+\infty}X_a\left(s-j\tfrac{2\pi}{T}k\right) \tag{3.90}$$

式（3.90）即为 Z 变换与拉普拉斯变换之间的关系式。

3.5.3 序列的 Z 变换与模拟信号的傅里叶变换之间的关系

由傅里叶变换和拉普拉斯变换的定义式可知傅里叶变换是拉普拉斯变换的特例，即 $s=j\Omega$，把这一关系代入式（3.84）得

$$X(z)\big|_{z=e^{j\Omega T}}=X(e^{j\Omega T})=\hat{X}_a(j\Omega) \tag{3.91}$$

式（3.91）表明，采样信号在单位圆上的 Z 变换，等于其理想采样信号的傅里叶变换。同理，把 $s=j\Omega$ 代入式（3.90）得

$$X(z)\big|_{z=e^{j\Omega T}}=\frac{1}{T}\sum_{k=-\infty}^{+\infty}X_a\left(j\Omega-j\tfrac{2\pi}{T}k\right) \tag{3.92}$$

式（3.92）表明了序列的 Z 变换与模拟信号的傅里叶变换之间的关系。它的物理意义是，采样信号的频谱是连续信号频谱以采样频率周期延拓的结果，也是采样序列的 Z 变换按 $z = \mathrm{e}^{\mathrm{j}\Omega T}$ 进行映射的结果。

3.6　离散时间系统的系统函数与系统频率响应

3.6.1　系统函数

图 3.10 所示的线性非移变因果系统可以用如下差分方程描述：

$$\sum_{j=0}^{N} b_j y(n-j) = \sum_{i=0}^{M} a_i x(n-i) \tag{3.93}$$

对式（3.93）两边取 Z 变换，得

$$\sum_{j=0}^{N} b_j z^{-j} Y(z) = \sum_{i=0}^{M} a_i z^{-i} X(z) \tag{3.94}$$

所以有

$$\frac{Y(z)}{X(z)} = \frac{\sum_{i=0}^{M} a_i z^{-i}}{\sum_{j=0}^{N} b_j z^{-j}} \tag{3.95}$$

定义输入信号的 Z 变换与输出信号的 Z 变换的比值 $H(z)$ 为系统的系统函数，即

$$H(z) = \frac{Y(z)}{X(z)} = \frac{\sum_{i=0}^{M} a_i z^{-i}}{\sum_{j=0}^{N} b_j z^{-j}} \tag{3.96}$$

从式（3.96）可以看出，系统函数是一个分子、分母多项式的系数分别对应于描述系统差分方程的右边系数和左边系数的有理函数。

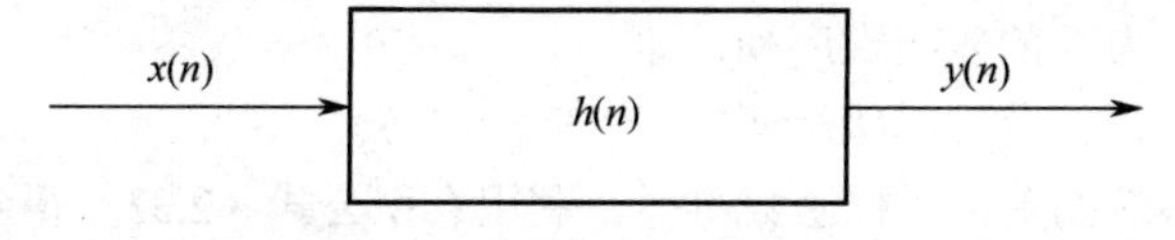

图 3.10　线性非移变因果系统

对于图 3.10 所示的系统，若输入为 $\delta(n)$ 时输出为 $h(n)$，则称 $\delta(n)$ 为系统的单位冲激响应。系统函数的实质就是单位冲激响应 $h(n)$ 的 Z 变换，即

$$H(z) = \sum_{n=-\infty}^{+\infty} h(n) z^{-n} \tag{3.97}$$

若 $H(z)$ 的收敛域包含单位圆，则令 $z = \mathrm{e}^{\mathrm{j}\omega}$ 得单位冲激响应的傅里叶变换 $H(\mathrm{e}^{\mathrm{j}\omega})$，即

$$H(\mathrm{e}^{\mathrm{j}\omega}) = H(z)\big|_{z=\mathrm{e}^{\mathrm{j}\omega}} \tag{3.98}$$

$H(\mathrm{e}^{\mathrm{j}\omega})$ 称为系统的频率响应。

3.6.2　利用系统函数的极点分布确定系统的因果性与稳定性

根据系统因果性的充要条件，若系统是因果的，则当 $n<0$ 时 $h(n)=0$，即系统函数 $H(z)$ 的

收敛域一定包含∞。因为收敛域中不能包含极点，所以系统函数的极点一定在以某一长度为半径的圆内，收敛域则是整个圆外部分。

系统稳定的充要条件是 $\sum_{n=-\infty}^{+\infty}|h(n)|<\infty$，$h(n)$ 的 Z 变换 $H(z)$ 收敛的条件是 $\sum_{n=-\infty}^{+\infty}|h(n)z^{-n}|<\infty$，由此可见当 $|z|=1$ 时系统稳定的条件与 Z 变换收敛的条件完全相同。换句话说，若系统稳定，则系统函数 $H(z)$ 的收敛域一定包含 $|z|=1$，即包含 z 平面上的单位圆。系统因果、稳定与系统函数极点及收敛域的关系归纳如下：

（1）线性非移变系统稳定的充要条件是系统函数 $H(z)$ 的收敛域包含单位圆。

（2）线性非移变系统稳定的因果条件是系统函数 $H(z)$ 的收敛域包含∞。

（3）一个因果稳定的系统，其系统函数的极点必须在单位圆内。

（4）一个因果稳定的系统，其系统函数的收敛域一定是从单位圆内到无穷大处。

【例 3.14】 已知系统函数用下式表示：

$$H(z)=\frac{1-a^2}{(1-az)(1-az^{-1})}, \qquad |a|<1$$

分析该系统的因果性和稳定性。

解： 该系统有两个极点，即 $z=a$ 和 $z=a^{-1}$。根据极点的分布情况，分以下三种情况分别讨论系统的因果性和稳定性。

(1) 收敛域取 $a^{-1}<|z|\le\infty$，由于收敛域包含∞点，因此系统是因果系统。但由于 $a^{-1}>1$，收敛域不包含单位圆，因此系统不稳定。

(2) 收敛域取 $a<|z|<a^{-1}$，由于收敛域不包含∞点，因此系统是非因果系统。由于收敛域包含单位圆，因此系统是稳定系统。

(3) 收敛域取 $|z|<a$，由于收敛域不包含∞点，因此系统是非因果系统。由于收敛域不包含单位圆，因此系统不稳定。

3.6.3 系统频率响应函数

设输入序列是频率为 ω 的复指数序列，即

$$x(n)=\mathrm{e}^{\mathrm{j}\omega n}, \quad -\infty<n<\infty$$

对于线性非移变系统的单位采样函数 $h(n)$，利用卷积公式（2.33）得到输出

$$y(n)=\sum_{m=-\infty}^{\infty}h(m)\mathrm{e}^{\mathrm{j}\omega(n-m)}=\mathrm{e}^{\mathrm{j}\omega n}\sum_{m=-\infty}^{\infty}h(m)\mathrm{e}^{-\mathrm{j}\omega m}=H(\mathrm{e}^{\mathrm{j}\omega})\mathrm{e}^{\mathrm{j}\omega n} \tag{3.99}$$

由式（3.99）看出，在稳态状态下，当输入为复指数 $\mathrm{e}^{\mathrm{j}\omega n}$ 时，输出 $y(n)$ 也含有 $\mathrm{e}^{\mathrm{j}\omega n}$，只是它被一个复值 $H(\mathrm{e}^{\mathrm{j}\omega})$ 加权，它的表达式是

$$H(\mathrm{e}^{\mathrm{j}\omega})=\sum_{n=-\infty}^{\infty}h(n)\mathrm{e}^{-\mathrm{j}\omega n} \tag{3.100}$$

从式（3.100）看出，$H(\mathrm{e}^{\mathrm{j}\omega})$ 是 $h(n)$ 的离散傅里叶变换，称为系统的频率响应函数。它描述的是复指数序列通过线性非移变系统后复振幅（包括幅度和相位）的变换。

有了频率响应函数的概念，就可对线性非移不变系统建立输入为正弦序列的稳态响应。设输入为 $x(n)=A\cos(\omega_0 n+\phi)$，有

$$x(n)=A\cos(\omega_0 n+\phi)=\tfrac{A}{2}\left[\mathrm{e}^{\mathrm{j}(\omega_0 n+\phi)}+\mathrm{e}^{-\mathrm{j}(\omega_0 n+\phi)}\right]=\tfrac{A}{2}\mathrm{e}^{\mathrm{j}\phi}\,\mathrm{e}^{\mathrm{j}\omega_0 n}+\tfrac{A}{2}\mathrm{e}^{-\mathrm{j}\phi}\,\mathrm{e}^{-\mathrm{j}\omega_0 n}$$

根据式（3.99），$\frac{A}{2}\mathrm{e}^{\mathrm{j}\phi}\mathrm{e}^{\mathrm{j}\omega_0 n}$ 的响应为

$$y_1(n)=H(\mathrm{e}^{\mathrm{j}\omega_0})\frac{A}{2}\mathrm{e}^{\mathrm{j}\phi}\mathrm{e}^{\mathrm{j}\omega_0 n}$$

同理，$\frac{A}{2}\mathrm{e}^{-\mathrm{j}\phi}\mathrm{e}^{-\mathrm{j}\omega_0 n}$ 的响应为

$$y_2(n)=H(\mathrm{e}^{-\mathrm{j}\omega_0})\frac{A}{2}\mathrm{e}^{-\mathrm{j}\phi}\mathrm{e}^{-\mathrm{j}\omega_0 n}$$

利用叠加定理可知线性系统对正弦序列 $x(n)=A\cos(\omega_0 n+\phi)$ 的输出为

$$y(n)=\frac{A}{2}\left[H(\mathrm{e}^{\mathrm{j}\omega_0})\mathrm{e}^{\mathrm{j}\phi}\mathrm{e}^{\mathrm{j}\omega_0 n}+H(\mathrm{e}^{-\mathrm{j}\omega_0})\mathrm{e}^{-\mathrm{j}\phi}\mathrm{e}^{-\mathrm{j}\omega_0 n}\right]$$

由于 $h(n)$ 是实数序列，所以 $H(\mathrm{e}^{\mathrm{j}\omega})$ 满足共轭对称条件，即 $H(\mathrm{e}^{\mathrm{j}\omega})=H^*(\mathrm{e}^{-\mathrm{j}\omega})$。也就是说，$H(\mathrm{e}^{\mathrm{j}\omega})$ 的幅度是偶对称的，有 $\left|H(\mathrm{e}^{\mathrm{j}\omega})\right|=\left|H(\mathrm{e}^{-\mathrm{j}\omega})\right|$；相角是奇对称的，有 $\arg\left|H(\mathrm{e}^{\mathrm{j}\omega})\right|=-\arg\left|H(\mathrm{e}^{-\mathrm{j}\omega})\right|$。所以有

$$\begin{aligned}y(n)&=\frac{A}{2}\left\{\left|H(\mathrm{e}^{\mathrm{j}\omega_0})\right|\mathrm{e}^{\mathrm{j}\arg\left[H(\mathrm{e}^{\mathrm{j}\omega_0})\right]}\mathrm{e}^{\mathrm{j}\phi}\mathrm{e}^{\mathrm{j}\omega_0 n}+\left|H(\mathrm{e}^{-\mathrm{j}\omega_0})\right|\mathrm{e}^{\mathrm{j}\arg\left[H(\mathrm{e}^{-\mathrm{j}\omega_0})\right]}\mathrm{e}^{-\mathrm{j}\phi}\mathrm{e}^{-\mathrm{j}\omega_0 n}\right\}\\&=\frac{A}{2}\left|H(\mathrm{e}^{\mathrm{j}\omega_0})\right|\left\{\mathrm{e}^{\mathrm{j}\left\{\omega_0 n+\phi+\arg[H(\mathrm{e}^{\mathrm{j}\omega_0})]\right\}}+\mathrm{e}^{-\mathrm{j}\left\{\omega_0 n+\phi+\arg[H(\mathrm{e}^{\mathrm{j}\omega_0})]\right\}}\right\}\end{aligned}$$

即

$$y(n)=A\left|H(\mathrm{e}^{\mathrm{j}\omega_0})\right|\cos\left\{\omega_0 n+\phi+\arg[H(\mathrm{e}^{\mathrm{j}\omega_0})]\right\}\tag{3.101}$$

由式（3.101）可知输入为正弦序列 $x(n)=A\cos(\omega_0 n+\phi)$ 时，稳态输出为同频的正弦序列，其幅度受 $\left|H(\mathrm{e}^{\mathrm{j}\omega_0})\right|$ 加权，输出相位为输入相位与系统相位响应之和。

最后应用频率响应的概念对线性移不变系统建立任意输入情况下输入与输出两者的傅里叶变换之间的关系。由于 $y(n)=x(n)*h(n)$，两边取傅里叶变换得

$$Y(\mathrm{e}^{\mathrm{j}\omega})=X(\mathrm{e}^{\mathrm{j}\omega})H(\mathrm{e}^{\mathrm{j}\omega})\tag{3.102}$$

式中，$H(\mathrm{e}^{\mathrm{j}\omega})$ 就是系统的频率响应函数。由式（3.102）可知，对线性移不变系统，其输出序列的离时间散傅里叶变换等于输入序列的离散时间傅里叶变换与系统频率响应函数的乘积。

对式（3.102）取离散时间傅里叶反变换，可求出输出序列 $y(n)$ 为

$$y(n)=\frac{1}{2\pi}\int_{-\pi}^{\pi}H(\mathrm{e}^{\mathrm{j}\omega})X(\mathrm{e}^{\mathrm{j}\omega})\mathrm{e}^{\mathrm{j}\omega n}\,\mathrm{d}\omega\tag{3.103}$$

由于序列 $x(n)=\frac{1}{2\pi}\int_{-\pi}^{\pi}X(\mathrm{e}^{\mathrm{j}\omega})\mathrm{e}^{\mathrm{j}\omega n}\,\mathrm{d}\omega$，所以序列 $x(n)$ 可表示成复指数的叠加，即微分增量 $\frac{1}{2\pi}X(\mathrm{e}^{\mathrm{j}\omega})\mathrm{e}^{\mathrm{j}\omega n}\,\mathrm{d}\omega$ 的叠加，利用叠加特性及系统对复指数序列的响应完全由 $H(\mathrm{e}^{\mathrm{j}\omega})$ 确定的这一性质，可以解释 $x(n)$ 作用于系统的输出响应 $y(n)$ 为式（3.103），因为每个输入复指数为 $\frac{1}{2\pi}X(\mathrm{e}^{\mathrm{j}\omega})\mathrm{e}^{\mathrm{j}\omega n}\,\mathrm{d}\omega$，它作用于系统上，其输出响应可以用它乘以 $H(\mathrm{e}^{\mathrm{j}\omega})$，即 $\frac{1}{2\pi}H(\mathrm{e}^{\mathrm{j}\omega})X(\mathrm{e}^{\mathrm{j}\omega})\mathrm{e}^{\mathrm{j}\omega n}\,\mathrm{d}\omega$，总输出等于系统对 $x(n)$ 的每个复指数分量的响应的叠加，即式（3.103）的积分表达式。

3.6.4　系统频率响应的几何确定法

如果一个系统的输入序列与输出序列之间的关系可用如下差分方程描述：

$$\sum_{k=0}^{N}a_k y(n-k)=\sum_{m=0}^{M}b_m x(n-m)\tag{3.104}$$

那么对式（3.104）两边取 Z 变换，并考虑移位定理得

$$Y(z)\sum_{k=0}^{N}a_k z^{-k} = X(z)\sum_{m=0}^{M}b_m z^{-m} \tag{3.105}$$

得到系统函数为

$$H(z)=\frac{Y(z)}{X(z)}=\frac{\sum_{m=0}^{M}b_m z^{-m}}{\sum_{k=0}^{N}a_k z^{-k}} \tag{3.106}$$

式（3.106）是 z^{-1} 的多项式之比，因此一般都可以分解成下列形式：

$$H(z)=\frac{K\prod_{m=1}^{M}(1-c_m z^{-1})}{\prod_{k=1}^{N}(1-d_k z^{-1})}=Kz^{N-M}\frac{\prod_{m=1}^{M}(z-c_m)}{\prod_{k=1}^{N}(z-d_k)} \tag{3.107}$$

式中，c_m 为系统函数的零点，d_k 为系统函数的极点。如图 3.11 所示，B 是单位圆上的任意一点，定义 $C_m=\mathrm{e}^{\mathrm{j}\omega}-c_m$ 为系统的零点向量，$D_k=\mathrm{e}^{\mathrm{j}\omega}-d_k$ 为系统的极点向量。于是式（3.107）可写为

$$H(z)=Kz^{N-M}\frac{\prod_{m=1}^{M}C_m}{\prod_{k=1}^{N}D_k} \tag{3.108}$$

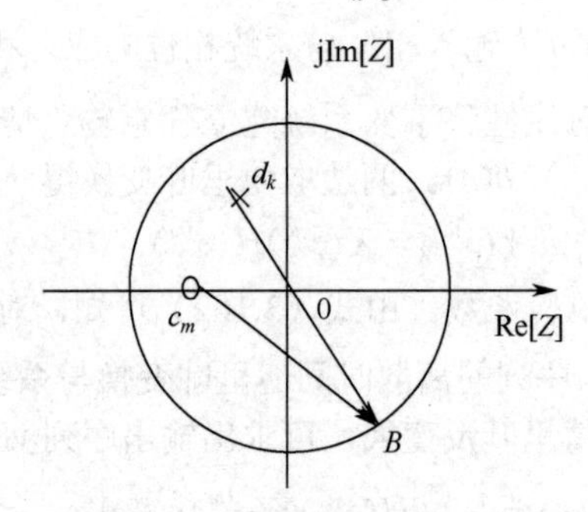

图 3.11 系统函数的零、极点向量图

令 $z=\mathrm{e}^{\mathrm{j}\omega}$ 并代入式（3.108）得函数的频率响应为

$$H(\mathrm{e}^{\mathrm{j}\omega})=K\,\mathrm{e}^{\mathrm{j}(N-M)\omega}\frac{\prod_{m=1}^{M}(\mathrm{e}^{\mathrm{j}\omega}-c_m)}{\prod_{k=1}^{N}(\mathrm{e}^{\mathrm{j}\omega}-d_k)}=K\,\mathrm{e}^{\mathrm{j}(N-M)\omega}\frac{\prod_{m=1}^{M}C_m}{\prod_{k=1}^{N}D_k} \tag{3.109}$$

写成极坐标形式为

$$H(\mathrm{e}^{\mathrm{j}\omega})=\left|H(\mathrm{e}^{\mathrm{j}\omega})\right|\mathrm{e}^{\mathrm{j}\arg\left[H(\mathrm{e}^{\mathrm{j}\omega})\right]} \tag{3.110}$$

式中，

$$\left|H(\mathrm{e}^{\mathrm{j}\omega})\right|=|K|\frac{\prod_{m=1}^{M}|C_m|}{\prod_{k=1}^{N}|D_k|} \tag{3.111}$$

$$\arg\left[H(e^{j\omega})\right]=\arg\left[K\right]+\sum_{m=1}^{M}\arg\left[C_m\right]-\sum_{k=1}^{N}\arg\left[D_k\right]+(N-M)\omega \tag{3.112}$$

式（3.111）表明系统的幅值特性$\left|H(e^{j\omega})\right|$可先由零点向量模的乘积除以极点向量模的乘积，再乘以常数$|K|$得到。式（3.112）表明系统的相位特性$\arg\left[H(e^{j\omega})\right]$是所有零点向量之和减去所有极点向量之和，加上常数$K$的相角，再加上线性相移$(N-M)\omega$得到的。当数字角频率$\omega$从 0 变化到$2\pi$时，所有零、极点向量均逆时针方向旋转一圈，从而可以计算出系统的频率响应。

频率响应的几何确定法教学视频

频率响应的几何确定法动画

【例 3.15】 有一个一阶系统$y(n)=by(n-1)+x(n)$，其中$b>0$，请用几何分析法定性分析$\left|H(e^{j\omega})\right|$的变化特性。

解： 对差分方程两边取Z变换，得系统函数

$$H(z)=\frac{1}{1-bz^{-1}}=\frac{z}{z-b}$$

系统的零点为$z=0$，极点为$z=b$，如图 3.12 所示。

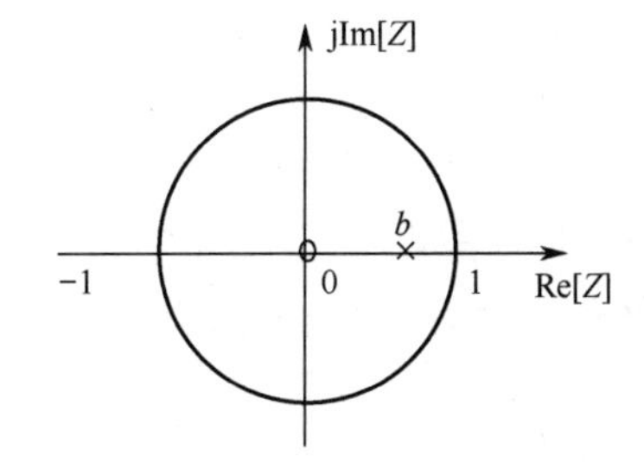

图 3.12　零、极点图

当ω从 0 变化到2π时，零点向量的模不发生变化，极点向量的模变化如下：

（1）当$\omega=0$时，极点向量最短，这时$\left|H(e^{j\omega})\right|$形成峰值。

（2）当ω从$0\to\pi$时，极点向量逐渐变长，$\left|H(e^{j\omega})\right|$逐渐变小。

（3）当$\omega=\pi$时，极点向量最大，这时$\left|H(e^{j\omega})\right|$形成波谷。

（4）当ω从$\pi\to 2\pi$时，极点向量逐渐变短，$\left|H(e^{j\omega})\right|$又逐渐变大。

极点向量的模的变化过程如图 3.13 所示。

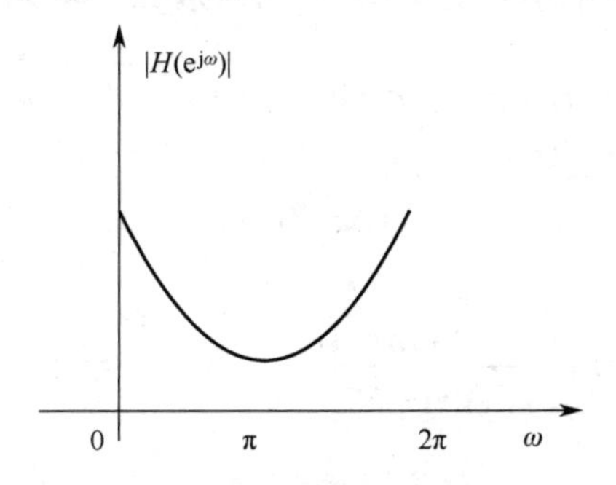

图 3.13　极点向量的模的变化过程

3.6.5 最小相位系统及全通系统

下面从系统相位特性的变化引出最小相位系统的概念。如图 3.11 所示，对于单位圆内的零、极点，当 B 点从 $\omega=0$ 逆时针方向旋转 2π 时，每个极点向量或零点向量的相位变化为 2π；对于单位圆外的零、极点，当 B 点从 $\omega=0$ 逆时针方向旋转 2π 时，每个极点向量或零点向量的相位变化为 0。

如果系统单位圆内的零点有 m_i 个，单位圆外的零点有 m_0 个，那么所有零点数为

$$M = m_i + m_0 \tag{3.113}$$

如果系统单位圆内的极点有 n_i 个，单位圆外的极点有 n_0 个，那么所有极点数为

$$N = n_i + n_0 \tag{3.114}$$

由式（3.112）可知，当 ω 从 0 变化到 2π 时，系统的相位变化为

$$\begin{aligned}\Delta\arg\left[H(e^{j\omega})\right] &= \Delta\sum_{m=1}^{M}\arg\left[C_m\right] - \Delta\sum_{k=1}^{N}\arg\left[D_k\right] + (N-M)2\pi \\ &= 2\pi m_i - 2\pi n_i + 2\pi(N-M) \\ &= 2\pi(n_0 - m_0)\end{aligned} \tag{3.115}$$

式（3.115）表明系统的相相变化完全取决于单位圆外零、极点的个数。对于因果稳定系统，其极点全部在单位圆内，因此因果稳定系统的相位变化为 $-2\pi m_0$，具体取决于单位圆外的零点个数 m_0。当系统的全部零点都集中在单位圆内时，系统的相位变化为 0，此时我们称该系统为最小相位系统。当所有的零点都集中在单位圆外时，系统的相位变化为 $-2\pi M$，此时我们称该系统为最大相位系统。

如果系统的幅度特性满足

$$\left|H(e^{j\omega})\right| = K, \quad K\text{ 为常数} \tag{3.116}$$

那么我们称该系统为全通系统。由此可见，信号通过全通系统时只有相位上的改变，而无幅度上的变化，因此全通系统是一个纯相位调节系统。在数字滤波器的设计中，有限长单位冲激响应滤波器可以有严格的线性相位，无限长单位冲激响应滤波器却做不到严格的线性相位。如果要利用无限长冲激响应滤波器来设计线性相位的滤波器，那么可以先设计一个无限长冲激响应滤波器满足幅值要求，再加一个全通系统来校正相位，使整个系统满足线性相位的要求。

3.7 离散时间信号与系统频域分析综合举例及 MATLAB 实现

【例 3.16】 已知输入序列 $x(n)=e^{j\omega_0 n}$，$n\geq 0$，求 $y(n)=x(n)+ay(n-1)$，$y(-1)=k$。

解： 对差分方程两边取 Z 变换有

$$Y(z) = X(z) + az^{-1}Y(z) + ay(-1)$$

因此有

$$Y(z) = \frac{X(z)+ay(-1)}{1-az^{-1}}, \qquad |z|>|a|$$

求 $x(n)$ 的 Z 变换有

$$X(z) = \sum_{n=0}^{\infty} e^{j\omega_0 n} z^{-n} = \frac{1}{1-e^{j\omega_0} z^{-1}}, \qquad |z| > \left|e^{j\omega_0}\right| = 1$$

所以有

$$Y(z) = \frac{ak}{1-az^{-1}} + \frac{1}{(1-az^{-1})(1-\mathrm{e}^{\mathrm{j}\omega_0} z^{-1})}, \qquad |z| > \max(|a|,1)$$

求 $Y(z)$ 的 Z 反变换有

$$Y(z) = \frac{ak}{1-az^{-1}} + \frac{a}{a-\mathrm{e}^{\mathrm{j}\omega_0}}\frac{1}{1-az^{-1}} - \frac{\mathrm{e}^{\mathrm{j}\omega_0}}{a-\mathrm{e}^{\mathrm{j}\omega_0}}\frac{1}{1-\mathrm{e}^{\mathrm{j}\omega_0} z^{-1}}$$

所以有 $y(n) = ka^{n+1} + \dfrac{a^{n+1}}{a-\mathrm{e}^{\mathrm{j}\omega_0}} - \dfrac{\mathrm{e}^{\mathrm{j}\omega_0(n+1)}}{a-\mathrm{e}^{\mathrm{j}\omega_0}}$，$n \geq 0$。

$y(n)$ 的第一项是由初始状态确定的响应，第二项是系统对输入信号的暂态响应，第三项是系统对输入信号的稳态响应。

【例 3.17】某个系统的框图如图 3.14(a)所示，其中 $h(n)$ 是截止频率为 π/3 的低通滤波器，其频率响应为 $H(\mathrm{e}^{\mathrm{j}\omega})$，如图 3.14(b)所示，求该系统的频率响应。

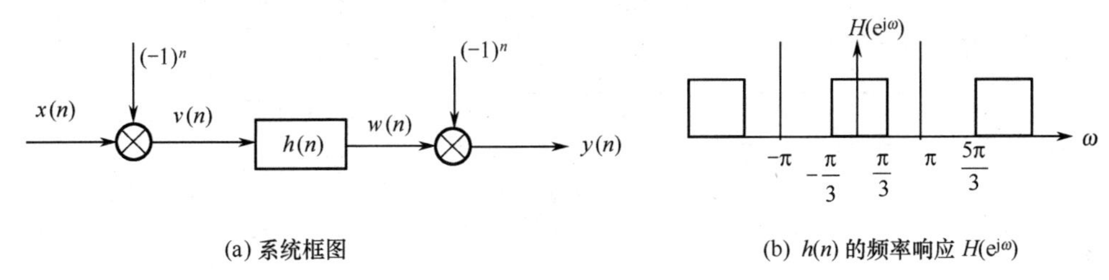

(a) 系统框图　　(b) $h(n)$ 的频率响应 $H(\mathrm{e}^{\mathrm{j}\omega})$

图 3.14　例 3.17 图

解：

$$v(n) = x(n)(-1)^n = x(n)\,\mathrm{e}^{-\mathrm{j}\pi n}$$

设 $x(n)$ 的离散时间傅里叶变换为 $X(\mathrm{e}^{\mathrm{j}\omega})$，根据傅里叶变换的频域性质公式（3.9）得 $v(n)$ 的离散时间傅里叶变换为 $V(\mathrm{e}^{\mathrm{j}\omega})$，即

$$V(\mathrm{e}^{\mathrm{j}\omega}) = X[\mathrm{e}^{\mathrm{j}(\omega+\pi)}]$$

对 $w(n) = v(n) * h(n)$ 的两边取傅里叶变换得

$$W(\mathrm{e}^{\mathrm{j}\omega}) = V(\mathrm{e}^{\mathrm{j}\omega})H(\mathrm{e}^{\mathrm{j}\omega}) = X[\mathrm{e}^{\mathrm{j}(\omega+\pi)}]H(\mathrm{e}^{\mathrm{j}\omega})$$

$$y(n) = w(n)(-1)^n = w(n)\,\mathrm{e}^{-\mathrm{j}\pi n}$$

同理可得

$$Y(\mathrm{e}^{\mathrm{j}\omega}) = W[\mathrm{e}^{\mathrm{j}(\omega+\pi)}] = X[\mathrm{e}^{\mathrm{j}(\omega+2\pi)}]H[\mathrm{e}^{\mathrm{j}(\omega+\pi)}] = X(\mathrm{e}^{\mathrm{j}\omega})H[\mathrm{e}^{\mathrm{j}(\omega+\pi)}]$$

因此系统的频率响应为 $H[\mathrm{e}^{\mathrm{j}(\omega+\pi)}]$，如图 3.15 所示。

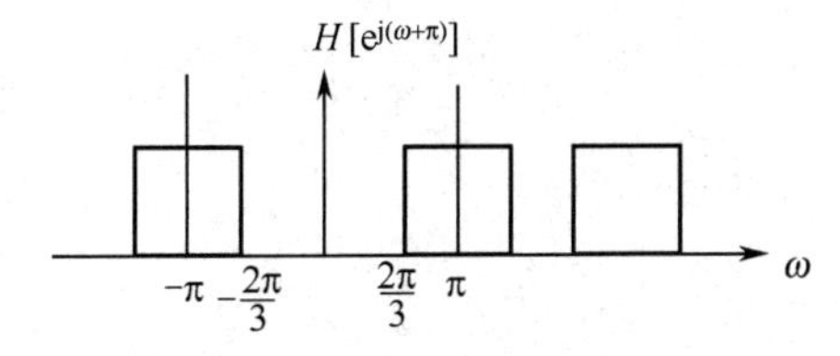

图 3.15　系统的频率响应

【例 3.18】已知离散时间系统的传输函数为 $H(z) = \dfrac{z}{z-0.3}$，试绘制其频率响应曲线。

解：将 $H(z)$ 写成 $H(z) = \dfrac{1}{1-0.3z^{-1}}$，得到 MATLAB 程序如下：

```
num=[1 0];den=[1 -0.3];
omega=-pi: pi/150: pi;
H=freqz(num, den, omega);
subplot(211), plot(omega, abs(H));
xlabel('频率（弧度）'); ylabel('幅值响应')。
subplot(212), plot(omega, 180/pi*unwrap(angle(H)));
xlabel('频率（弧度）'); ylabel('相位响应')。
title('系统的频率响应')
```

程序生成的曲线如图 3.16 所示。

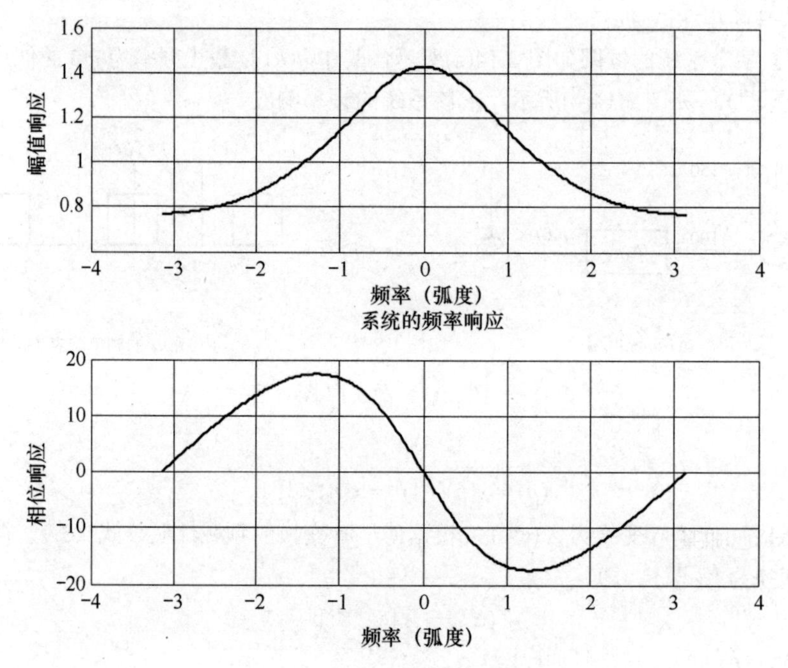

图 3.16　例 3.18 程序生成的曲线

【**例 3.19**】已知某线性非时变系统的传递函数为

$$H(z)=\frac{1-1.5z^{-1}}{1+0.2z^{-1}-0.8z^{-2}}$$

试用 MATLAB 在 z 平面中画出 $H(z)$ 的零点和极点，以及系统的幅度响应。

解：本例的 MATLAB 程序实现如下：

```
b= [1, -1.5]
a=[1, 0.2, -0.8];
subplot(211)
zplane(b,a)
xlabel('实部')
ylabel('虚部')
title('零极点图')
grid on
[H, w]=freqz(b, a, 250);
subplot(212)
plot(w, abs(H))
```

```
xlabel('频率')
ylabel('幅度')
grid on
```

程序生成的曲线如图 3.17 所示。

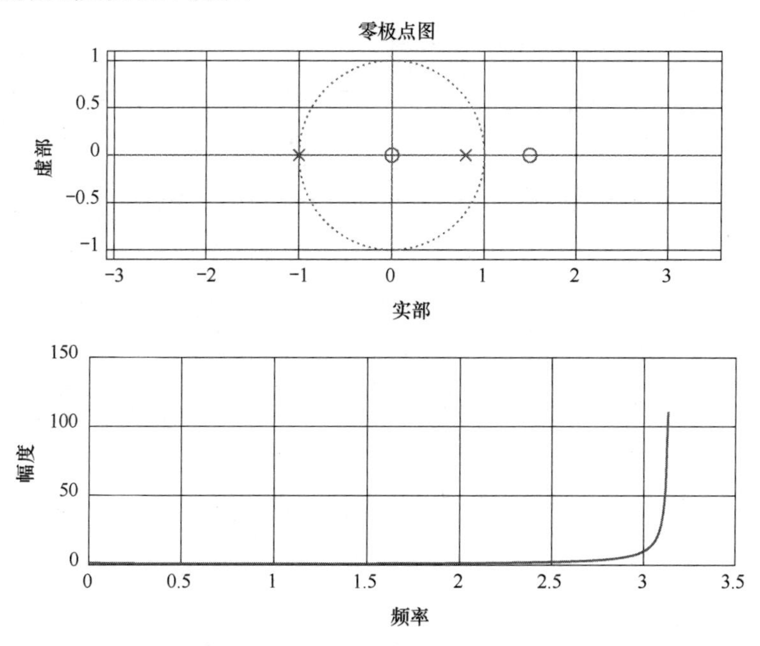

图 3.17　例 3.19 程序生成的曲线

【例 3.20】已知某系统的传递函数为

$$H(z)=1-Z^{-N}$$

试用 MATLAB 在 z 平面中画出 $H(z)$ 的零点和极点，以及系统的幅度响应。

解：本例的 MATLAB 程序实现如下：

```
N=9
b=[1,zeros(1,(N-1)),-1];
a=[1,zeros(1,N)];
subplot(211)
zplane(b,a)
grid on
xlabel('实部')
ylabel('虚部')
title('零极点图')
[H, w]=freqz(b, a, 250);
subplot(212)
plot(w, abs(H))
xlabel('频率')
ylabel('幅度')
grid on
```

程序生成的曲线如图 3.18 所示。

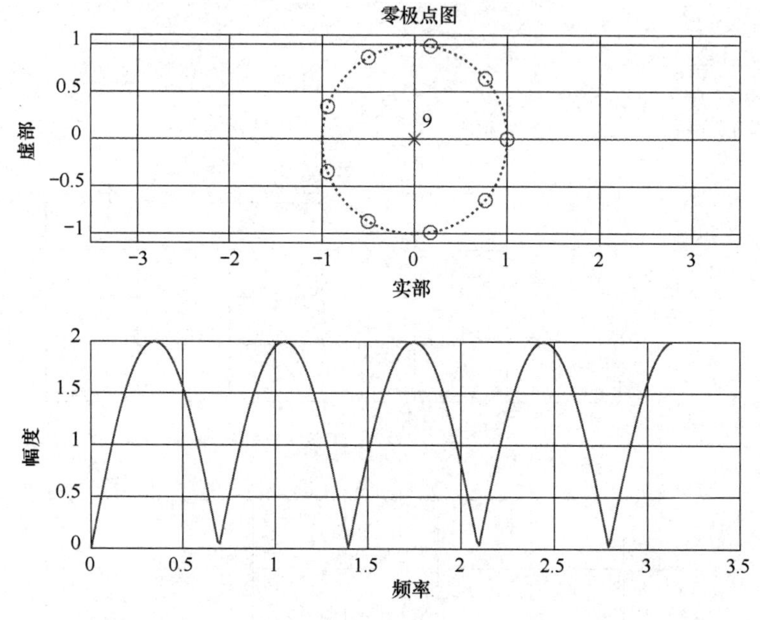

图 3.18 例 3.20 程序生成的曲线

习题

3.1 设 $X(\mathrm{e}^{\mathrm{j}\omega})$ 和 $Y(\mathrm{e}^{\mathrm{j}\omega})$ 分别是 $x(n)$ 与 $y(n)$ 的傅里叶变换，试求如下序列的傅里叶变换：

（1）$x(n-n_0)$　（2）$x^*(n)$　（3）$x(-n)$　（4）$x(n)*y(n)$

（5）$x(n)\cdot y(n)$　（6）$nx(n)$　（7）$x(2n)$　（8）$x^2(n)$

3.2 已知

$$X(\mathrm{e}^{\mathrm{j}\omega})=\begin{cases}1, & |\omega|<\omega_0\\ 0, & \omega_0<|\omega|\le\pi\end{cases}$$

求 $X(\mathrm{e}^{\mathrm{j}\omega})$ 的傅里叶反变换 $x(n)$。

3.3 线性非移变系统的频率响应为 $H(\mathrm{e}^{\mathrm{j}\omega})=\left|H(\mathrm{e}^{\mathrm{j}\omega})\right|\mathrm{e}^{\mathrm{j}\theta(\omega)}$，若单位冲激响应 $h(n)$ 为实序列，试证明输入 $x(n)=A\cos(\omega_0+\phi)$ 的稳态响应为

$$y(n)=A\left|H(\mathrm{e}^{\mathrm{j}\omega_0})\right|\cos\left[\omega_0 n+\phi+\theta(\omega_0)\right]$$

3.4 试求以下序列的傅里叶变换：

（1）$x(n)=\delta(n-3)$　（2）$x(n)=\frac{1}{2}\delta(n+1)+\delta(n)+\frac{1}{2}\delta(n-1)$

（3）$x(n)=a^n u(n)$，$0<a<1$　（4）$x(n)=u(n+3)-u(n-4)$

3.5 已知 $x(n)=a^n u(n)$，$0<a<1$，分别求其共轭对称序列 $x_{\mathrm{e}}(n)$ 与共轭反对称序列 $x_{\mathrm{o}}(n)$ 的傅里叶变换。

3.6 序列 $h(n)$ 是实因果序列，其傅里叶变换的实部如下所示：

$$H_{\mathrm{R}}(\mathrm{e}^{\mathrm{j}\omega})=1+\cos\omega$$

求序列 $h(n)$ 及其傅里叶变换 $H(\mathrm{e}^{\mathrm{j}\omega})$。

3.7 序列 $h(n)$ 是实因果序列，$h(0)=1$，其傅里叶变换的虚部为

$$H_{\mathrm{I}}(\mathrm{e}^{\mathrm{j}\omega})=-\sin\omega$$

求序列 $h(n)$ 及其傅里叶变换 $H(\mathrm{e}^{\mathrm{j}\omega})$。

3.8 设系统的单位冲激响应 $h(n)=a^n u(n)$，$0<a<1$，输入序列为

$$x(n)=\delta(n)+2\delta(n-2)$$

完成下面各问：

（1）求系统输出 $y(n)$。

（2）分别求 $x(n)$、$h(n)$ 与 $y(n)$ 的傅里叶变换。

3.9　已知 $x_{\mathrm{a}}(t)=2\cos(2\pi f_0 t)$，其中 $f_0=100\,\mathrm{Hz}$，以采样频率 $f_{\mathrm{s}}=400\,\mathrm{Hz}$ 对 $x_{\mathrm{a}}(t)$ 采样，得到采样信号 $\hat{x}_{\mathrm{a}}(t)$ 和序列 $x(n)$，试完成下面各问：

（1）写出 $x_{\mathrm{a}}(t)$ 的傅里叶表达式 $X_{\mathrm{a}}(\mathrm{j}\Omega)$。

（2）写出 $\hat{x}_{\mathrm{a}}(t)$ 与 $x(n)$ 的表达式。

（3）分别求 $\hat{x}_{\mathrm{a}}(t)$ 与 $x(n)$ 的傅里叶变换。

3.10　求如下序列的 Z 变换并画出零极图和收敛域。

（1）$a^{|n|}$　（2）$\left(\frac{1}{2}\right)^n u(n)$　（3）$-\left(\frac{1}{2}\right)^n u(-n-1)$

（4）$1/n$，$n\geq 1$　（5）$n\sin\omega_0 n$，$n\geq 0$　（6）$Ar^n\cos(\omega_0 n+\phi)u(n)$，$0<r<1$

3.11　求序列 $x(n)=|n|\left(\frac{1}{2}\right)^n$ 的 Z 变换。

3.12　分别用长除法、留数法与部分分式展开法求以下 $X(z)$ 的 Z 反变换：

（1）$X(z)=\dfrac{1-\frac{1}{2}z^{-1}}{1-\frac{1}{4}z^{-2}}$，$|z|>\frac{1}{2}$　（2）$X(z)=\dfrac{1-2z^{-1}}{1-\frac{1}{4}z^{-1}}$，$|z|<\frac{1}{4}$

（3）$X(z)=\dfrac{z-a}{1-az}$，$|z|>|1/a|$

3.13　已知一个线性非移变系统用如下差分方程描述：

$$y(n)=y(n-1)+y(n-2)+x(n-1)$$

（1）求系统的系统函数 $H(z)$，画出 $H(z)$ 的零极图，指出其收敛域。

（2）求系统的单位冲激响应。

（3）可以看出系统是一个不稳定的系统，求满足上述差分方程的一个稳定（但非因果）系统的冲激响应。

3.14　一个线性非移变因果系统的系统函数为 $H(z)=\dfrac{1-a^{-1}z^{-1}}{1-az^{-1}}$（$a$ 为实数）。

（1）若要求它是一个稳定系统，试求 a 值的范围。

（2）若 $0<a<1$，绘出零极图及收敛域。

（3）证明这个系统是一个全通系统。

3.15　设线性非移变系统的差分方程为

$$y(n-1)-\tfrac{10}{3}y(n)+y(n+1)=x(n)$$

试求它的单位冲激响应。它是不是因果系统？是不是稳定系统？

3.16　考虑一个用差分方程

$$y(n)=y(n-1)-y(n-2)+0.5x(n)+0.5x(n-1)$$

描述的系统。求输入为 $x(n)=\left(\frac{1}{2}\right)^n u(n)$ 时的系统响应。初始条件为 $y(-1)=0.75$ 和 $y(-2)=0.25$。

3.17　序列 $x(n)$ 的自相关函数用下式表示：

$$r_{xx}=\sum_{n=-\infty}^{+\infty}x(n)x(n+m)$$

试用 $x(n)$ 的 Z 变换 $X(z)$ 和傅里叶变换 $X(\mathrm{e}^{\mathrm{j}\omega})$ 分别表示自相关函数的 Z 变换 $R_{xx}(z)$ 和傅里叶变换 $R_{xx}(\mathrm{e}^{\mathrm{j}\omega})$。

3.18 已知线性因果网络用下面的差分方程描述：

$$y(n)=0.9y(n-1)+x(n)+0.9x(n-1)$$

（1）求网络的系统函数 $H(z)$ 及单位冲激响应 $h(n)$ 。

（2）写出频率响应 $H(\mathrm{e}^{\mathrm{j}\omega})$ 的表达式，并定性地画出其幅频特性曲线。

（3）设输入 $x(n)=\mathrm{e}^{\mathrm{j}\omega_0 n}$ ，求稳态输出 $y(n)$ 。

3.19 研究一个线性非移变系统，其输入为 $x(n)$ ，输出为 $y(n)$ ，满足差分方程

$$y(n-1)-\tfrac{5}{2}y(n-2)+y(n+1)=x(n)$$

该系统是否稳定、是否因果没有限制。研究这个差分方程的零、极点图，求系统单位冲激响应的三种可能选择方案，验证每种方案都满足差分方程。

3.20 若序列 $h(n)$ 是因果序列，其傅里叶变换的实部如下：

$$H_{\mathrm{R}}(\mathrm{e}^{\mathrm{j}\omega})=\frac{1-a\cos\omega}{1+a^2-2a\cos\omega},\qquad |a|<1$$

求序列 $h(n)$ 及其傅里叶变换 $H(\mathrm{e}^{\mathrm{j}\omega})$ 。

3.21 试用 MATLAB 编程计算习题 3.8、习题 3.9。

第 4 章　离散傅里叶变换

第 3 章重点研究了序列的傅里叶变换和 Z 变换，这对分析离散时间信号和系统有着非常重要的作用。然而，由于序列的傅里叶变换是一种时域离散、频域连续的变换，因而不利于计算机进行处理。对于数字信号处理中非常重要的有限长序列，为了体现“有限长”这一特性，人们提出了一种时域离散频域也离散的傅里叶变换，即离散傅里叶变换（Discrete Fourier Transform，DFT）。离散傅里叶变换不仅实现了信号时域和频域的同时离散化，在理论上相当重要，而且存在快速傅里叶变换算法（FFT），在信号处理领域有着广泛的应用。因此，离散傅里叶变换在各种数字信号处理的算法中起着核心作用。

由于有限长序列的离散傅里叶变换（DFT）是由周期序列的离散傅里叶级数（DFS）导出的，因此它们本质上是一样的。为了更好地理解 DFT，需要首先讨论 DFS。下面讨论信号傅里叶变换的几种可能形式，以便读者更好地理解和掌握 DFS 与 DFT。

4.1　傅里叶变换的几种形式

傅里叶变换是以时间为自变量的信号和以频率为自变量的频谱函数之间的一种变换关系。由于时间和频率可以是连续的也可以是离散的，因此可组合成几种不同的傅里叶变换对。下面逐一讨论这几种傅里叶变换对。

4.1.1　连续非周期时间信号的傅里叶变换

设连续非周期信号为 $x_{\mathrm{a}}(t)$，则其傅里叶变换 $X_{\mathrm{a}}(\mathrm{j}\Omega)$ 可表示为

$$X_{\mathrm{a}}(\mathrm{j}\Omega)=\int_{-\infty}^{\infty}x_{\mathrm{a}}(t)\mathrm{e}^{-\mathrm{j}\Omega t}\,\mathrm{d}t \tag{4.1}$$

上式的反变换为

$$x_{\mathrm{a}}(t)=\frac{1}{2\pi}\int_{-\infty}^{\infty}X_{\mathrm{a}}(\mathrm{j}\Omega)\mathrm{e}^{\mathrm{j}\Omega t}\,\mathrm{d}\Omega \tag{4.2}$$

这就是连续时间、连续频率非周期时间函数的傅里叶变换对，如图 4.1 所示。从以上变换对可以看出，时域的函数是连续的、非周期的，频域的函数也是连续的、非周期的。需要指出的是，正是时域的连续造成了频域的非周期，也正是时域的非周期造成了频域的连续。

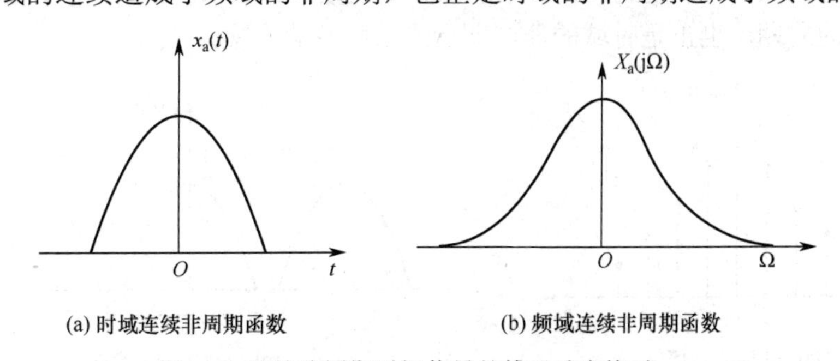

(a) 时域连续非周期函数　　(b) 频域连续非周期函数

图 4.1　连续非周期时间信号的傅里叶变换对

4.1.2 连续周期时间信号的傅里叶变换

设有一个周期为T_p的连续时间信号$x_a(t)$，它可以展开成离散傅里叶级数，展开后的离散傅里叶级数的系数$X(jk\Omega_0)$为

$$X_a(jk\Omega_0)=\frac{1}{T_p}\int_{-T_p/2}^{T_p/2}x_a(t)e^{-jk\Omega_0 t}\,dt \tag{4.3}$$

上式的反变换为

$$x_a(t)=\sum_{k=-\infty}^{\infty}X(jk\Omega_0)e^{jk\Omega_0 t} \tag{4.4}$$

式中，$\Omega_0=2\pi/T_p$为离散谱线的间隔，k为展开后的谐波序号。

该变换对的示意图如图4.2所示，从图中可以看出，时域函数是连续的、周期的，频域函数是离散的、非周期的。正是时域的周期性造成了频域的离散，也正是时域的连续造成了频域的非周期。

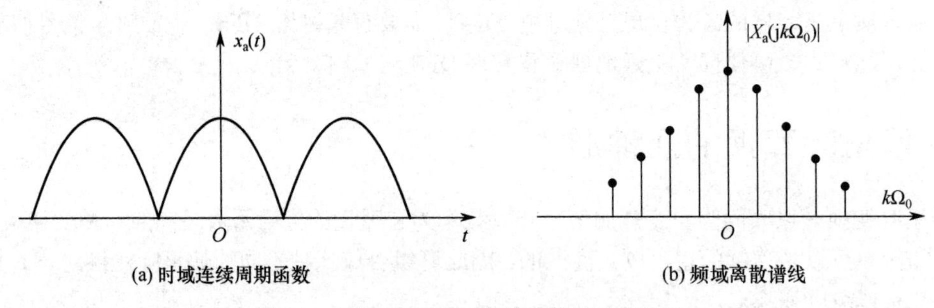

图4.2 连续周期时间信号的傅里叶变换对

4.1.3 离散非周期时间信号的傅里叶变换

设$x(n)$是一个离散非周期时间信号，其频谱$X(e^{j\omega})$可表示为

$$X(e^{j\omega})=\sum_{n=-\infty}^{\infty}x(n)e^{-j\omega n} \tag{4.5}$$

上式的反变换为

$$x(n)=\frac{1}{2\pi}\int_{-\pi}^{\pi}X(e^{j\omega})e^{j\omega n}\,d\omega \tag{4.6}$$

这就是在第2章讨论过的序列的傅里叶变换，变换函数的特性如图4.3所示。从中可以看出时域的函数是离散的、非周期的，频域的函数是连续的、周期的。事实上，正是时域的离散造成了频域的周期，也正是时域的非周期造成了频域的连续。

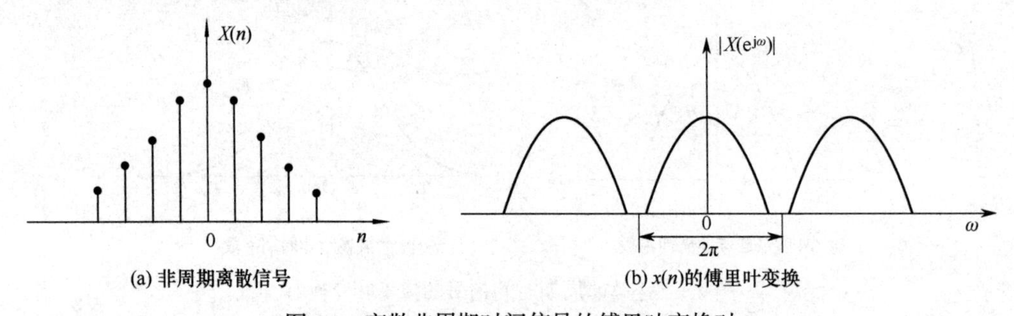

图4.3 离散非周期时间信号的傅里叶变换对

4.1.4　离散周期信号的傅里叶变换

以上三种傅里叶变换的形式有一个共同的缺点，即至少有一个变换域是连续的，因此不适合计算机进行处理。要利用计算机计算傅里叶变换，就必须有时域离散、频域也离散的傅里叶变换。这就是本章要讨论的离散傅里叶变换和离散傅里叶级数，对于周期序列对应的是离散傅里叶级数，对于有限长序列对应的是离散傅里叶变换。变换原理如图 4.4 所示。

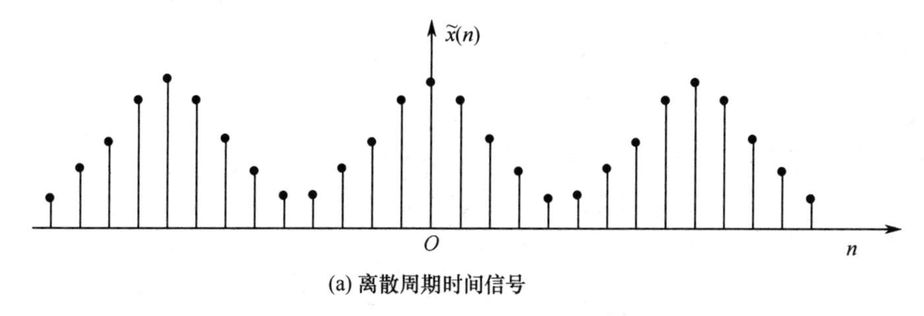

(a) 离散周期时间信号

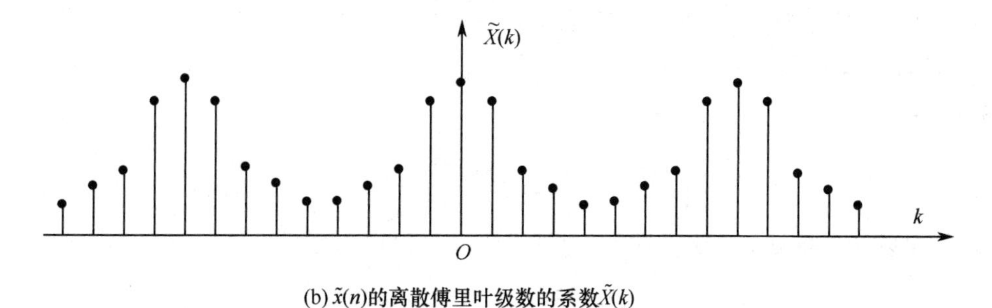

(b) $\tilde{x}(n)$的离散傅里叶级数的系数$\tilde{X}(k)$

图 4.4　离散周期信号的傅里叶变换

从图 4.4 中可以看出，时域的函数是离散的、周期的，频域的函数也是离散的、周期的。事实上，正是时域的离散造成了频域的周期，也正是时域的周期造成了频域的离散。

以上讨论了信号傅里叶变换的 4 种可能的形式，从中可以总结出如下结论：对于傅里叶变换，如果一个域（时域或频域）是连续的，那么另一个域（频域或时域）必是非周期的；如果一个域（时域或频域）是离散的，那么另一个域（频域或时域）必是周期的。时域离散频域也离散的傅里叶变换便于计算机进行处理，这是本书研究的重点。为便于理解有限长序列的离散傅里叶变换，下面先讨论周期序列的离散傅里叶级数。

傅利叶变换的几种可能形式教学视频

4.2　离散傅里叶级数（DFS）

4.2.1　离散傅里叶级数的导出

设有一个周期为 N 的周期序列 $\tilde{x}(n)$，它在 $[0,N-1]$ 这一周期的序列为 $x(n)$，$x(n)$ 的傅里叶变换表示为 $X(\mathrm{e}^{\mathrm{j}\omega})$。由于 $X(\mathrm{e}^{\mathrm{j}\omega})$ 为周期函数，所以 $X(\mathrm{e}^{\mathrm{j}\omega})$ 可统一写为 $\tilde{X}(\mathrm{e}^{\mathrm{j}\omega})$。将傅里叶变换的公式重写如下：

$$\tilde{X}(\mathrm{e}^{\mathrm{j}\omega}) = \sum_{n=-\infty}^{+\infty} \tilde{x}(n)\,\mathrm{e}^{-\mathrm{j}\omega n} \tag{4.7}$$

由于 $x(n)$ 的取值范围是从 0 到 N，因此有

$$\tilde{X}(\mathrm{e}^{\mathrm{j}\omega}) = \sum_{n=0}^{N-1} x(n)\mathrm{e}^{-\mathrm{j}\omega n} \tag{4.8}$$

现在，在频域对 $\tilde{X}(\mathrm{e}^{\mathrm{j}\omega})$ 于一个周期中进行 N 点采样，将 $\tilde{X}(\mathrm{e}^{\mathrm{j}\omega})$ 离散化。由于 $\tilde{X}(\mathrm{e}^{\mathrm{j}\omega})$ 以 2π 为周期，于是采样频点的间距为

$$\omega_0 = 2\pi/N \tag{4.9}$$

自变量 ω 被离散化后在各个采样频点的值为

$$\omega = k\omega_0 = k\frac{2\pi}{N},\ \ k = 0,1,2,\cdots,N-1 \tag{4.10}$$

把式（4.10）代入式（4.8），则在各个采样点的频谱值为

$$\begin{aligned}\tilde{X}(k) = \tilde{X}(\mathrm{e}^{\mathrm{j}\omega})\Big|_{\omega=\frac{2\pi}{N}k} &= \sum_{n=0}^{N-1} x(n)\mathrm{e}^{-\mathrm{j}\frac{2\pi}{N}kn} \\ &= \sum_{n=0}^{N-1} \tilde{x}(n)\mathrm{e}^{-\mathrm{j}\frac{2\pi}{N}kn},\ \ k = 0,1,2,\cdots,N-1\end{aligned} \tag{4.11}$$

式（4.11）即是周期序列离散傅里叶级数（DFS）的正变换公式，$\tilde{X}(k)$ 称为 $x(n)$ 展开的离散傅里叶级数的系数，由于 $\tilde{X}(\mathrm{e}^{\mathrm{j}\omega})$ 是周期的，显然 $\tilde{X}(k)$ 也是周期的。下面证明 $\tilde{X}(k)$ 是以 N 为周期的周期序列，即

$$\tilde{X}(k+N) = \sum_{n=0}^{N-1} \tilde{x}(n)\mathrm{e}^{-\mathrm{j}\frac{2\pi}{N}(k+N)n}$$

因为 $\mathrm{e}^{-\mathrm{j}\frac{2\pi}{N}kn}$ 是以 N 为周期的，所以有

$$\tilde{X}(k+N) = \sum_{n=0}^{n-1} \tilde{x}(n)\mathrm{e}^{-\mathrm{j}\frac{2\pi}{N}kn} = \tilde{X}(k) \tag{4.12}$$

由此可见，$\tilde{X}(k)$ 是以 N 为周期的，只有 N 个不同的值是独立的。下面推导离散傅里叶级数的反变换（IDFS）公式。

在式（4.12）两边乘以 $\mathrm{e}^{\mathrm{j}\frac{2\pi}{N}kl}$ 并在一个周期内求和有

$$\sum_{k=0}^{N-1} \tilde{X}(k)\mathrm{e}^{\mathrm{j}\frac{2\pi}{N}kl} = \sum_{k=0}^{N-1}\left[\sum_{n=0}^{N-1} \tilde{x}(n)\mathrm{e}^{-\mathrm{j}\frac{2\pi}{N}kn}\right]\mathrm{e}^{\mathrm{j}\frac{2\pi}{N}kl} = \sum_{n=0}^{N-1} \tilde{x}(n)\sum_{k=0}^{N-1}\mathrm{e}^{\mathrm{j}\frac{2\pi}{N}(l-n)k}$$

由正交定理有

$$\sum_{k=0}^{N-1}\mathrm{e}^{\mathrm{j}\frac{2\pi}{N}(l-n)k} = \begin{cases} N, & l = n \\ 0, & l \neq n \end{cases} \tag{4.13}$$

于是有

$$\sum_{k=0}^{N-1} \tilde{X}(k)\mathrm{e}^{\mathrm{j}\frac{2\pi}{N}kl} = N\left[\sum_{n=0}^{N-1} \tilde{x}(n)\right]\Bigg|_{n=l} = N\tilde{x}(l)$$

令 $n = l$ 得

$$\tilde{x}(n) = \frac{1}{N}\sum_{k=0}^{N-1} \tilde{X}(k)\mathrm{e}^{\mathrm{j}\frac{2\pi}{N}kn} \tag{4.14}$$

式（4.14）即为离散傅里叶级数反变换的公式，从中可以看出 $\tilde{x}(n)$ 也是以 N 为周期的周期序列。综上所述，对离散傅里叶级数变换对做如下定义：

$$\tilde{X}(k)=\mathrm{DFS}[\tilde{x}(n)]=\sum_{n=0}^{N-1}\tilde{x}(n)\mathrm{e}^{-\mathrm{j}\frac{2\pi}{N}kn} \tag{4.15}$$

$$\tilde{x}(n)=\mathrm{IDFS}[\tilde{X}(k)]=\frac{1}{N}\sum_{k=0}^{N-1}\tilde{X}(k)\mathrm{e}^{\mathrm{j}\frac{2\pi}{N}kn} \tag{4.16}$$

为方便后面的叙述，令

$$W_N=\mathrm{e}^{-\mathrm{j}\frac{2\pi}{N}} \tag{4.17}$$

于是有

$$\tilde{X}(k)=\mathrm{DFS}[\tilde{x}(n)]=\sum_{n=0}^{N-1}\tilde{x}(n)W_N^{kn} \tag{4.18}$$

$$\tilde{x}(n)=\mathrm{IDFS}[\tilde{X}(k)]=\frac{1}{N}\sum_{k=0}^{N-1}\tilde{X}(k)W_N^{-kn} \tag{4.19}$$

4.2.2　离散傅里叶级数的性质

与序列的 Z 变换一样，离散傅里叶级数有很多重要的性质，这些性质对信号处理有着重要的作用。下面分别加以介绍。

1．线性

设 $\tilde{x}_1(n)$ 与 $\tilde{x}_2(n)$ 都是以 N 为周期的周期序列，它们的 DFS 分别为 $\tilde{X}_1(k)$ 与 $\tilde{X}_2(k)$，给定常数 a 和 b，则有下式成立：

$$\mathrm{DFS}[a\tilde{x}_1(n)+b\tilde{x}_2(n)]=a[\tilde{X}_1(k)]+b[\tilde{X}_2(k)] \tag{4.20}$$

上式说明序列的线性组合的 DFS 等于序列的 DFS 的线性组合。该性质的证明很简单，可由 DFS 的公式直接得到，请读者自行证明。

2．时移和频移特性

（1）时移特性

若周期序列 $\tilde{x}(n)$ 的 DFS 为 $\tilde{X}(k)$，则 $\tilde{x}(n+m)$ 的 DFS 为

$$\mathrm{DFS}[\tilde{x}(n+m)]=W_N^{-mk}\tilde{X}(k) \tag{4.21}$$

证明：

$$\begin{aligned}\mathrm{DFS}[\tilde{x}(n+m)]&=\sum_{n=0}^{N-1}\tilde{x}(n+m)W_N^{nk}, \text{令} n'=n+m\\&=\sum_{n'=m}^{m+N-1}\tilde{x}(n')W_N^{(n'-m)k}\\&=W_N^{-mk}\sum_{n'=m}^{m+N-1}\tilde{x}(n')W_N^{n'k}\end{aligned}$$

由于 $\tilde{x}(n')$ 是以 N 为周期的，所以对 $\tilde{x}(n')$ 在任一周期内求和都相当于在 $[0,N-1]$ 这一周期内求和，再令 $n=n'$ 有

$$\mathrm{DFS}[\tilde{x}(n+m)]=W_N^{-mk}\sum_{n=0}^{N-1}\tilde{x}(n)W_N^{nk}=W_N^{-mk}\tilde{X}(k) \tag{4.22}$$

（2）频移特性（调制特性）

若周期序列 $\tilde{X}(k)$ 的 IDFS 为 $\tilde{x}(n)$，则 $\tilde{X}(k+l)$ 的 IDFS 为

$$\mathrm{IDFS}[\tilde{X}(k+l)]=W_N^{nl}\tilde{x}(n) \tag{4.23}$$

证明： 因为 $\text{DFS}[W_N^{nl}\tilde{x}(n)]=\sum_{n=0}^{N-1}W_N^{nl}\tilde{x}(n)W_N^{nk}=\sum_{n=0}^{N-1}\tilde{x}(n)W_N^{(l+k)n}=\tilde{X}(k+l)$，所以有

$$\text{IDFS}[\tilde{X}(k+l)]=W_N^{nl}\tilde{x}(n)$$

3．周期卷积

两个周期为 N 的周期序列 $\tilde{x}_1(n)$ 与 $\tilde{x}_2(n)$，它们的 DFS 分别为 $\tilde{X}_1(k)$ 与 $\tilde{X}_2(k)$，若有 $\tilde{X}_3(k)=\tilde{X}_1(k)\cdot\tilde{X}_2(k)$，则可以定义 $\tilde{x}_1(n)$ 与 $\tilde{x}_2(n)$ 的周期卷积 $\tilde{x}_3(n)$，且有

$$\tilde{x}_3(n)=\text{IDFS}[\tilde{X}_3(k)]=\sum_{m=0}^{N-1}\tilde{x}_1(m)\tilde{x}_2(n-m) \tag{4.24}$$

下面证明周期卷积的定义式。

证明：

$$\tilde{x}_3(n)=\text{IDFS}[\tilde{X}_3(k)]=\text{IDFS}\left[\tilde{X}_1(k)\tilde{X}_2(k)\right]=\frac{1}{N}\sum_{k=0}^{N-1}\tilde{X}_1(k)\tilde{X}_2(k)W_N^{-nk}$$

因为 $\tilde{X}_1(k)=\sum_{m=0}^{N-1}\tilde{x}_1(m)W_N^{mk}$，所以有

$$\begin{aligned}\tilde{x}_3(n)&=\frac{1}{N}\sum_{k=0}^{N-1}\sum_{m=0}^{N-1}\tilde{x}_1(m)W_N^{mk}\tilde{X}_2(k)W_N^{-nk}\\&=\sum_{m=0}^{N-1}\tilde{x}_1(m)\left[\frac{1}{N}\sum_{n=0}^{N-1}\tilde{X}_2(k)W_N^{-(n-m)k}\right]\\&=\sum_{m=0}^{N-1}\tilde{x}_1(m)\tilde{x}_2(n-m)\end{aligned}$$

同理可得

$$\tilde{x}_3(n)=\sum_{m=0}^{N-1}\tilde{x}_2(m)\tilde{x}_1(n-m) \tag{4.25}$$

这说明周期卷积也满足交换律。从式（4.25）发现周期卷积形式上像线性卷积，但实际上周期卷积并不同于线性卷积，它们之间的区别主要有以下几点：

（1）周期卷积运算中，两个序列都是周期的，卷积的结果也是周期序列；而线性卷积运算中，两个序列是有限长的，卷积的结果也是有限长的。

（2）周期卷积的求和只在序列的一个周期上进行，而线性卷积的求和在整个序列上进行。

（3）两个有限长序列线性卷积的结果进行周期延拓等于各序列周期延拓后的周期卷积。

下面给出周期卷积的运算过程，如图 4.5 所示。

步骤 1：变量代换，在坐标轴上作出 $\tilde{x}_1(m)$ 与 $\tilde{x}_2(m)$。

步骤 2：翻褶，把 $\tilde{x}_2(m)$ 沿纵坐标反转，得到 $\tilde{x}_2(-m)$。

步骤 3：移位，沿横坐标对 $\tilde{x}_2(-m)$ 进行平移，得到 $\tilde{x}_2(n-m)$，n 的取值范围是从 0 到 $N-1$。

步骤 4：相乘，在 0 到 $N-1$ 这一周期内 $\tilde{x}_1(m)$ 与 $\tilde{x}_2(n-m)$ 对应相同的 m 值相乘。

步骤 5：相加，把步骤 4 所得的结果进行相加，得到一个 n 的 $\tilde{x}_3(n)$ 值。

步骤 6：换另一个 n 值，重复步骤 3 到步骤 5，直到 n 取遍 0 到 $N-1$ 的所有值，得到 $\tilde{x}_3(n)$ 在 0 到 $N-1$ 的一个周期内的所有值。

步骤 7：把步骤 5 得到 $\tilde{x}_3(n)$ 的一个周期的值进行周期延拓，得到完整的 $\tilde{x}_3(n)$。

同样，由于时域和频域的对称性，可以有这样的结论：时域的周期序列的乘积对应于频域周期序列的周期卷积。也就是说，如果

$$\tilde{x}_3(n)=\tilde{x}_1(n)\tilde{x}_2(n)$$

那么有

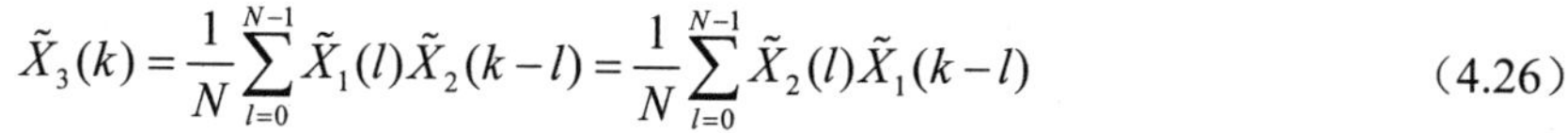

$$\tilde{X}_3(k)=\frac{1}{N}\sum_{l=0}^{N-1}\tilde{X}_1(l)\tilde{X}_2(k-l)=\frac{1}{N}\sum_{l=0}^{N-1}\tilde{X}_2(l)\tilde{X}_1(k-l) \tag{4.26}$$

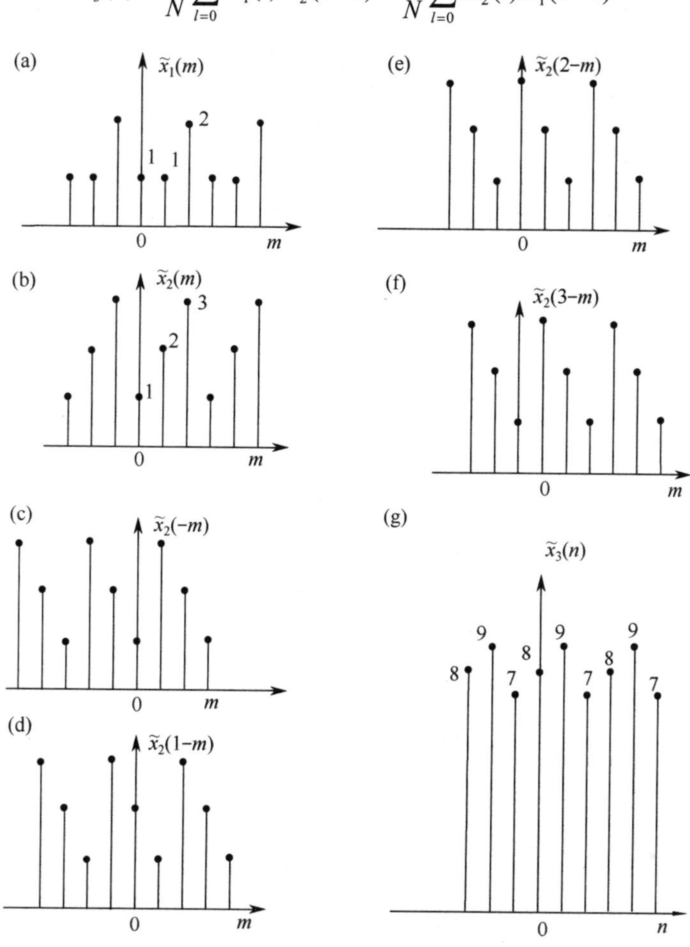

图 4.5　周期卷积的运算过程

离散傅里叶级数教学视频 1

4.3　离散傅里叶变换（DFT）

离散傅里叶级数教学视频 2

4.3.1　离散傅里叶变换（DFT）的导出

前面讨论了如何得到周期序列的离散频谱，在实际应用中，经常遇到的是有限长的非周期序列，需要知道的是如何获取有限长序列的离散频谱。事实上，完全可以借助离散傅里叶级数来研究有限长序列频谱的离散化。

可以设想首先把一个长度为 N 的有限长序列 $x(n)$ 以 N 为周期进行周期延拓，形成周期序列 $\tilde{x}(n)$，然后求 $\tilde{x}(n)$ 的离散傅里叶级数 $\tilde{X}(k)$，再取出 $\tilde{X}(k)$ 的一个周期 $X(k)$，这样就相当于计算了有限长序列的离散频谱。$x(n)$ 与 $\tilde{x}(n)$ 的关系可以用以下关系式表示：

$$x(n)=\begin{cases}\tilde{x}(n),\ 0\le n\le N-1\\ 0,\ 其他\end{cases} \tag{4.27}$$

$$\tilde{x}(n)=\sum_{r=-\infty}^{+\infty}x(n+rN) \tag{4.28}$$

定义$x(n)$为$\tilde{x}(n)$的主值序列，定义从$n=0$到$N-1$的区间为主值区间，$\tilde{x}(n)$称为$x(n)$的周期延拓。

为表示方便，式（4.27）与式（4.28）还有以下表示方式：

$$\tilde{x}(n)=x((n))_N \tag{4.29}$$

$$x(n)=\tilde{x}(n)R_N(n) \tag{4.30}$$

式中，$((n))_N$表示n模N，其在数学上的含义是“n对N取余数”，或称“n对N取模值”。如果n除以N所得的商为i，余数为j，那么j的范围显然是$0\le j\le N-1$。这一过程可以用如下算式表示：

$$n=iN+j,\ 0\le j\le N-1,\ m\text{为整数}$$

或

$$((n))_N=j,\ x((n))_N=x(j)$$

同理，把式（4.29）、式（4.30）引入频域，周期为N的序列$\tilde{x}(n)$的离散傅里叶级数$\tilde{X}(k)$同样也是一个周期为N的序列，也可以定义从0到$N-1$的这一区间为主值区间，这一区间的值形成的序列为主值序列$X(k)$，而且有如下关系式成立：

$$\tilde{X}(k)=X((k))_N \tag{4.31}$$

$$X(k)=\tilde{X}(k)R_N(k) \tag{4.32}$$

明确有限长序列和周期序列之间的关系后，就可以定义有限长序列的傅里叶变换：

正变换

$$X(k)=\mathrm{DFT}[x(n)]=\sum_{n=0}^{N-1}x(n)W_N^{nk},\ 0\le k\le N-1 \tag{4.33}$$

反变换

$$x(n)=\mathrm{IDFT}[X(k)]=\frac{1}{N}\sum_{k=0}^{N-1}X(k)W_N^{-nk},\ 0\le n\le N-1 \tag{4.34}$$

对照式（4.18）、式（4.19）的离散傅里叶级数的变换对，很容易得出DFT与DFS的关系为

$$X(k)=\tilde{X}(k)R_N(k) \tag{4.35}$$

$$x(n)=\tilde{x}(n)R_N(n) \tag{4.36}$$

从式（4.35）和式（4.36）可以看出，离散傅里叶级数与离散傅里叶变换都有N个独立的值，所以从信息上来看是等量的，因此本质上是一致的。然而，它们在表达形式上又是有区别的，离散傅里叶级数在时域和频域都是周期的，而离散傅里叶变换在时域和频域都是有限长的，尽管它隐含着周期性。离散傅里叶变换的一个很重要的量是变换长度，由后面的讨论就会发现序列的变换长度不同，得到的离散傅里叶变换结果是不相同的。

一般来说，研究的是复数序列，因此每个$X(k)$的值都是一个复数，可以写成如下形式：

$$X(k)=X_{\mathrm{R}}(k)+\mathrm{j}X_{\mathrm{I}}(k)$$

定义以下几个与$X(k)$相关的序列：

振幅谱

$$A(k)=|X(k)|=\sqrt{X_{\mathrm{R}}^2(k)+X_{\mathrm{I}}^2(k)} \tag{4.37}$$

相位谱

$$\phi(k) = \arctan\left(\frac{X_{\mathrm{I}}(k)}{X_{\mathrm{R}}(k)}\right) \tag{4.38}$$

功率谱

$$S(k) = A^2(k) = X_{\mathrm{R}}^2(k) + X_{\mathrm{I}}^2(k) \tag{4.39}$$

【例 4.1】 求有限长序列

$$x(n) = \begin{cases} a^n, & 0 \le n \le N-1 \\ 0, & \text{其他} \end{cases}$$

的 DFT，其中 $a = 0.8, N = 8$ 。

解：

$$X(k) = \mathrm{DFT}[x(n)] = \sum_{n=0}^{N-1} a^n W_N^{kn} = \sum_{n=0}^{N-1}\left(a\mathrm{e}^{-\mathrm{j}\frac{2\pi}{N}k}\right)^n = \frac{1-a^8}{1-a\mathrm{e}^{-\mathrm{j}\frac{\pi k}{4}}},\quad 0 \le k \le 7$$

因此得

$X(0) = 4.16114$　　$X(4) = 0.46235$

$X(1) = 0.71063 - \mathrm{j}0.92558$　　$X(5) = 0.47017 + \mathrm{j}0.16987$

$X(2) = 0.50746 - \mathrm{j}0.40597$　　$X(6) = 0.50746 + \mathrm{j}0.40597$

$X(3) = 0.47017 - \mathrm{j}0.16987$　　$X(7) = 0.71063 + \mathrm{j}0.92558$

由例 4.1 可知，当 $x(n)$ 为实序列时有

$$X(k) = X^*(N-k),\quad k = 1,2,\cdots,N-1$$

由 DFT 的定义可知，计算 N 点的 DFT 需要 N^2 次数复数乘法和 $N(N-1)$ 次加法，当 N 较大时，运算量很大，利用共轭对称性可以使序列的 DFT 运算量减半，计算方法如下。

（1）先计算出 $X(k)$ 的前 $N/2+1$ 个值：

$$X(k) = \sum_{n=0}^{N-1} x(n) W_N^{nk},\quad k = 0,1,2,\cdots,N/2$$

（2）利用共轭对称性计算 $X(k)$ 的后 $N/2-1$ 个值：

$$X(N-k) = X^*(k),\quad k = 1,2,\cdots,N/2-1$$

共需 $N^2/2$ 次复数乘法，比直接按定义计算时减少了一半。

4.3.2 离散傅里叶变换的物理意义及隐含的周期性

1. DFT 的物理意义

设 $x(n)$ 是长度为 N 的有限长序列，其傅里叶变换、Z 变换与离散傅里叶变换分别用如下三个关系式表示：

$$X(\mathrm{e}^{\mathrm{j}\omega}) = \mathrm{FT}[x(n)] = \sum_{n=0}^{N-1} x(n)\mathrm{e}^{-\mathrm{j}\omega n}$$

$$X(z) = Z[x(n)] = \sum_{n=0}^{N-1} x(n) z^{-n}$$

$$X(k) = \mathrm{DFT}[x(n)] = \sum_{n=0}^{N-1} x(n)\mathrm{e}^{-\mathrm{j}\frac{2\pi}{N}kn}$$

综合以上三式，可以得到如下关系式：

$$X(\mathrm{e}^{\mathrm{j}\omega}) = X(z)\big|_{z=\mathrm{e}^{\mathrm{j}\omega}} \tag{4.40}$$

$$X(k)=X(\mathrm{e}^{\mathrm{j}\omega})\Big|_{\omega=\frac{2\pi}{N}k}, \qquad 0\le k\le N-1 \tag{4.41}$$

$$X(k)=X(z)\Big|_{z=\mathrm{e}^{\mathrm{j}\frac{2\pi}{N}k}}, \qquad 0\le k\le N-1 \tag{4.42}$$

式（4.40）就是第2章讨论的序列的 Z 变换与序列的傅里叶变换之间的关系，即单位圆上的 Z 变换就是序列的傅里叶变换。式（4.41）与式（4.42）指出了离散傅里叶变换与序列的傅里叶变换及序列的 Z 变换之间的关系，即离散傅里叶变换是 $x(n)$ 的频谱 $X(\mathrm{e}^{\mathrm{j}\omega})$ 在 $[0,2\pi]$ 上的 N 点等间隔采样，也就是对序列频谱的离散化，这就是 DFT 的物理意义。既然离散傅里叶变换是对序列频谱的 N 点等间隔采样，那么当变换区间 N 不同时，所得的结果当然是不一样的，N 越大表示采样的谱线越密，$|X(k)|$ 的包络线就越逼近 $|X(\mathrm{e}^{\mathrm{j}\omega})|$ 曲线。

2．DFT 隐含的周期性

DFT 的一个重要特点就是隐含的周期性，从表面上看，离散傅里叶变换在时域和频域都是非周期的、有限长的序列，但实质上 DFT 是从 DFS 引申出来的，它们的本质是一致的，因此 DFS 的周期性决定了 DFT 具有隐含的周期性。这种隐含的周期性在快速傅里叶变换中有着重要的应用。我们可以从以下三个不同的角度去理解这种隐含的周期性。

（1）从序列 DFT 与序列 FT 之间的关系考虑。

由式（4.41）可知，$X(k)$ 是对谱 $X(\mathrm{e}^{\mathrm{j}\omega})$ 在 $[0,2\pi]$ 上的 N 点等间隔采样，不限定 k 的取值范围在 0 到 $N-1$ 时，k 的取值就在 $[0,2\pi]$ 区间以外，于是形成了对 $X(\mathrm{e}^{\mathrm{j}\omega})$ 的等间隔采样。由于 $X(\mathrm{e}^{\mathrm{j}\omega})$ 是周期的，这种采样必然形成一个周期序列，因此 $X(k)$ 具有隐含的周期性。

（2）从 DFT 与 DFS 之间的关系考虑

因为

$$\tilde{X}(k)=\sum_{n=0}^{N-1}\tilde{x}(n)W_N^{nk}=\sum_{n=0}^{N-1}x(n)W_N^{nk}$$

限定 $0\le k\le N-1$ 时，有

$$\tilde{X}(k)=X(k)=\mathrm{DFT}[x(n)]$$

而 $\tilde{X}(k)$ 是以 N 为周期的，因此不限定 $0\le k\le N-1$ 时 $X(k)$ 也必然是周期的。

（3）从 W_N^{nk} 的周期性考虑

因为 W_N^{nk} 是以 N 为周期的序列，因此不限定 $0\le k\le N-1$ 时，有

$$X(k+mN)=\sum_{n=0}^{N-1}x(n)W_N^{(k+mN)n}$$

$$=\sum_{n=0}^{N-1}x(n)W_N^{kn}=X(k)$$

离散傅里叶变换
教学视频

因此 $X(k)$ 具有周期性。

4.4 离散傅里叶变换的基本性质

DFT 有很多重要的性质，它们在信号处理中有广泛的应用。由于 DFT 是由 DFS 导出的，因此 DFT 的性质与 DFS 的性质有密切的联系。在下面的讨论中，假定 $x(n)$ 是长度为 N 的序列，其离散傅里叶变换为

$$X(k)=\mathrm{DFT}[x(n)]$$

4.4.1　线性

若 $x_1(n)$ 与 $x_2(n)$ 分别是长度为 N_1、N_2 的有限长序列，其线性组合为

$$x_3(n) = ax_1(n) + bx_2(n) \tag{4.43}$$

则 $x_3(n)$ 的离散傅里叶变换为

$$X_3(k) = \text{DFT}[ax_1(n) + bx_2(n)] = aX_1(k) + bX_2(k) \tag{4.44}$$

式中，a、b 为任意常数，$X_3(k)$ 的变换长度 $N_3 = \max(N_1, N_2)$。上式表明，有限长序列的线性组合的离散傅里叶变换，等于各序列的离散傅里叶变换的线性组合。这一性质的证明可直接由 DFT 的定义式得到，读者可自行证明。

4.4.2　序列的圆周移位定理

1．圆周移位的定义

有限长序列 $x(n)$ 的圆周移位是指以它的长度 N 为周期，先将其延拓成周期序列，再将周期序列加以移位，然后取主值区间（$0 \le n \le N-1$）对应的序列值。圆周移位也称循环移位，圆周移位序列可定义为

$$x_m(n) = \tilde{x}(n+m)R_N(n) \tag{4.45}$$

圆周移位的运算过程如图 4.6 所示。

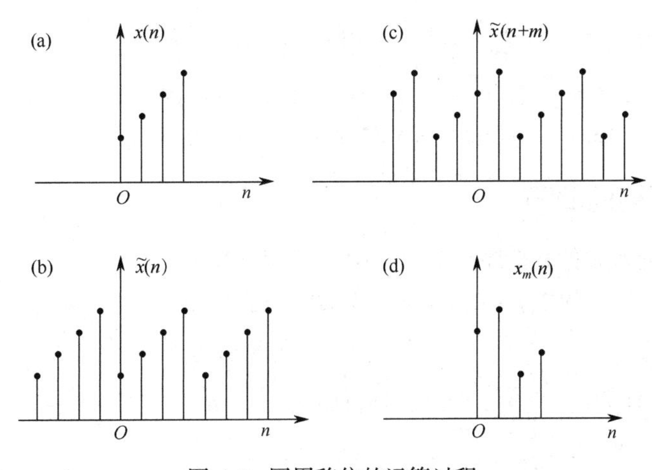

图 4.6　圆周移位的运算过程

从图 4.6 中可以看出，序列 $x_m(n)$ 的长度和 $x(n)$ 的长度相同，序列值仍然是原来序列的值，只是位置发生了变化，周期序列 $\tilde{x}(n)$ 在主值区间的后 m 个样本移出了主值区间，但前一个周期的 m 个与它相同值的样本又从负轴上移入主值区间。这个过程可以想象为先把序列 $x(n)$ 排列在一个 N 等分的圆周上，点的间隔为 $2\pi/N$ 弧度，然后沿顺时针方向旋转 $2\pi m/N$ 弧度，再取出各点的序列值，所以称为"圆周移位"或"循环移位"。

2．圆周移位定理

在时域下，若 $x(n)$ 的离散傅里叶变换为 $X(k)$，圆周移位后 $x_m(n)$ 的离散傅里叶变换为 $X_m(k)$，则有

$$X_m(k) = W_N^{-mk}X(k) \tag{4.46}$$

上式称为时域圆周移位定理。

证明： 根据式（4.22），利用 DFS 与 DFT 之间的关系得

$$\begin{aligned}\mathrm{DFT}\left[x_m(n)\right] &= \mathrm{DFT}\left[x((n+m))_N R_N(n)\right] \\ &= \mathrm{DFT}\left[\tilde{x}(n+m)R_N(n)\right] \\ &= W_N^{-mk}\tilde{X}(k)R_N(k) \\ &= W_N^{-mk}X(k)\end{aligned}$$

式（4.46）说明，时域的圆周移位等于频域的线性相移，而频谱的幅度没有变化。

在频域中，用同样的方法可以证明

$$\mathrm{IDFT}[x((k+l))_N R_N(k)] = W_N^{nl}x(n) \tag{4.47}$$

这就是频域圆周移位定理，也称调制特性，表明频域的圆周移位相当于时域的线性相移。

4.4.3 延长序列的离散傅里叶变换

设有一个长度为 N 的有限长序列 $x(n)$，对该序列补零延长到 rN，得到 $f(n)$，即

$$f(n)=\begin{cases}x(n), & 0\le n\le N-1\\ 0, & N\le n\le rN-1\end{cases} \tag{4.48}$$

$f(n)$ 的离散傅里叶变换为

$$\begin{aligned}F(k) &= \mathrm{DFT}[f(n)] = \sum_{n=0}^{rN-1} f(n)W_{rN}^{nk} \\ &= \sum_{n=0}^{N-1} x(n)W_N^{n\frac{k}{r}} = X\left(k/r\right),\ 0\le k\le rN-1\end{aligned} \tag{4.49}$$

式（4.49）说明，序列补零延长后，其频谱与原序列的频谱是相对应的，只是谱线的间隔变成 k/r，也就是说谱线变密了，延长后的频谱比原频谱多了 $(r-1)N$ 根谱线。

4.4.4 复共轭序列的 DFT

有限长复数序列 $x(n)$ 的共轭序列 $x^*(n)$ 的离散傅里叶变换为

$$\mathrm{DFT}[x^*(n)] = X^*((-k))_N R_N(k) = X^*(N-k) \tag{4.50}$$

证明：

$$\begin{aligned}\mathrm{DFT}[x^*(n)] &= \left[\sum_{n=0}^{N-1} x^*(n)W_N^{nk}\right]R_N(k) = \left[\sum_{n=0}^{N-1} x^*(n)W_N^{-(N-k)n}\right]R_N(k) \\ &= \left[\sum_{n=0}^{N-1} x(n)W_N^{(N-k)n}\right]^* R_N(k) = X^*((N-k))_N R_N(k) \\ &= X^*(N-k)\end{aligned}$$

同理可得

$$\mathrm{DFT}[x^*((-n))R_N(n)] = \mathrm{DFT}\left[x^*(N-n)\right] = X^*(k) \tag{4.51}$$

4.4.5 DFT 的对称性

第 3 章中定义的 $x_e(n)$ 和 $x_o(n)$ 不能应用到 DFT 的对称性中，因为当 $x(n)$ 为 N 点有限长序列时，按照式（3.17）和式（3.18）得到的共轭对称序列 $x_e(n)$ 和共轭反对称序列 $x_o(n)$ 都是长度为 $2N-1$ 点的序列，而在讨论 DFT 时，序列长度必须是 N 点长序列。由于在 DFT 运算中隐含有周期性，因而我们从周期性的共轭对称序列 $\tilde{x}_e(n)$ 和周期共轭反对称序列 $\tilde{x}_o(n)$ 出发，研究有限长序列的圆周共轭对称序列与圆周共轭反对称序列。

前面讨论了序列的傅里叶变换的对称性，并给出了一般序列的共轭对称序列与共轭反对称序列的定义。本节定义有限长序列的圆周共轭对称序列 $x_{\mathrm{ep}}(n)$ 与圆周共轭反对称序列 $x_{\mathrm{op}}(n)$，并详细讨论离散傅里叶变换的共轭对称性。

周期共轭对称序列满足

$$\tilde{x}_{\mathrm{e}}(n)=\tilde{x}_{\mathrm{e}}^{*}(-n) \tag{4.52}$$

周期共轭对称序列满足

$$\tilde{x}_{\mathrm{o}}(n)=-\tilde{x}_{\mathrm{o}}^{*}(-n) \tag{4.53}$$

任意周期序列 $\tilde{x}(n)$ 可以表示成周期共轭对称序列 $\tilde{x}_{\mathrm{e}}(n)$ 和周期共轭反对称 $\tilde{x}_{\mathrm{o}}(n)$ 之和，即

$$\tilde{x}(n)=\tilde{x}_{\mathrm{e}}(n)+\tilde{x}_{\mathrm{o}}(n) \tag{4.54}$$

由 $\tilde{x}(n)$ 导出 $\tilde{x}_{\mathrm{e}}(n)$ 和 $\tilde{x}_{\mathrm{o}}(n)$ 的公式与式（3.17）的表达式相似：

$$\begin{cases}\tilde{x}_{\mathrm{e}}(n)=\frac{1}{2}\left[\tilde{x}(n)+\tilde{x}^{*}(-n)\right]\\ \tilde{x}_{\mathrm{o}}(n)=\frac{1}{2}\left[\tilde{x}(n)-\tilde{x}^{*}(-n)\right]\end{cases} \tag{4.55}$$

由于有限长序列被视为周期序列的主值序列，所以有限长序列的圆周共轭对称序列 $x_{\mathrm{ep}}(n)$ 与圆周共轭反对称序列 $x_{\mathrm{op}}(n)$ 分别被视为周期序列 $\tilde{x}_{\mathrm{e}}(n)$ 和 $\tilde{x}_{\mathrm{o}}(n)$ 的主值序列：

$$\begin{cases}x_{\mathrm{ep}}(n)=\tilde{x}_{\mathrm{e}}(n)R_N(n)\\ x_{\mathrm{op}}(n)=\tilde{x}_{\mathrm{o}}(n)R_N(n)\end{cases} \tag{4.56}$$

可以证明 $x_{\mathrm{ep}}(n)$ 满足

$$x_{\mathrm{ep}}(n)=x_{\mathrm{ep}}^{*}((-n))_N R_N(n)=x_{\mathrm{ep}}^{*}(N-n),\ \ 0\le n\le N-1 \tag{4.57}$$

可以证明 $x_{\mathrm{op}}(n)$ 满足

$$x_{\mathrm{op}}(n)=-x_{\mathrm{op}}^{*}((-n))_N R_N(n)=-x_{\mathrm{op}}^{*}(N-n),\ \ 0\le n\le N-1 \tag{4.58}$$

任意一个有限长序列 $x(n)$ 都可以表示成圆周共轭对称序列 $x_{\mathrm{ep}}(n)$ 与圆周共轭反对称序列 $x_{\mathrm{op}}(n)$ 之和，即

$$x(n)=x_{\mathrm{ep}}(n)+x_{\mathrm{op}}(n) \tag{4.59}$$

其中，

$$\begin{aligned}x_{\mathrm{ep}}(n)&=\tilde{x}_{\mathrm{e}}(n)R_N(n)=\frac{1}{2}\left[\tilde{x}(n)+\tilde{x}^{*}(-n)\right]R_N(n)\\&=\frac{1}{2}\left[x((n))_N+x^{*}((-n))_N\right]R_N(n)\\&=\frac{1}{2}\left[x(n)+x^{*}(N-n)\right],\ \ 0\le n\le N-1\end{aligned} \tag{4.60}$$

$$\begin{aligned}x_{\mathrm{op}}(n)&=\tilde{x}_{\mathrm{o}}(n)R_N(n)=\frac{1}{2}\left[\tilde{x}(n)-\tilde{x}^{*}(-n)\right]R_N(n)\\&=\frac{1}{2}\left[x((n))_N-x^{*}((-n))_N\right]R_N(n)\\&=\frac{1}{2}\left[x(n)-x^{*}(N-n)\right],\ \ 0\le n\le N-1\end{aligned} \tag{4.61}$$

在频域下同样有类似的结论：

$$X(k)=X_{\mathrm{ep}}(k)+X_{\mathrm{op}}(k) \tag{4.62}$$

其中，

$$X_{\mathrm{ep}}(k)=\frac{1}{2}\left[X(k)+X^{*}(N-k)\right] \tag{4.63}$$

$$X_{\mathrm{op}}(k)=\frac{1}{2}\left[X(k)-X^{*}(N-k)\right] \tag{4.64}$$

下面以一个实数序列为例，给出序列的分解过程，如图 4.7 所示。

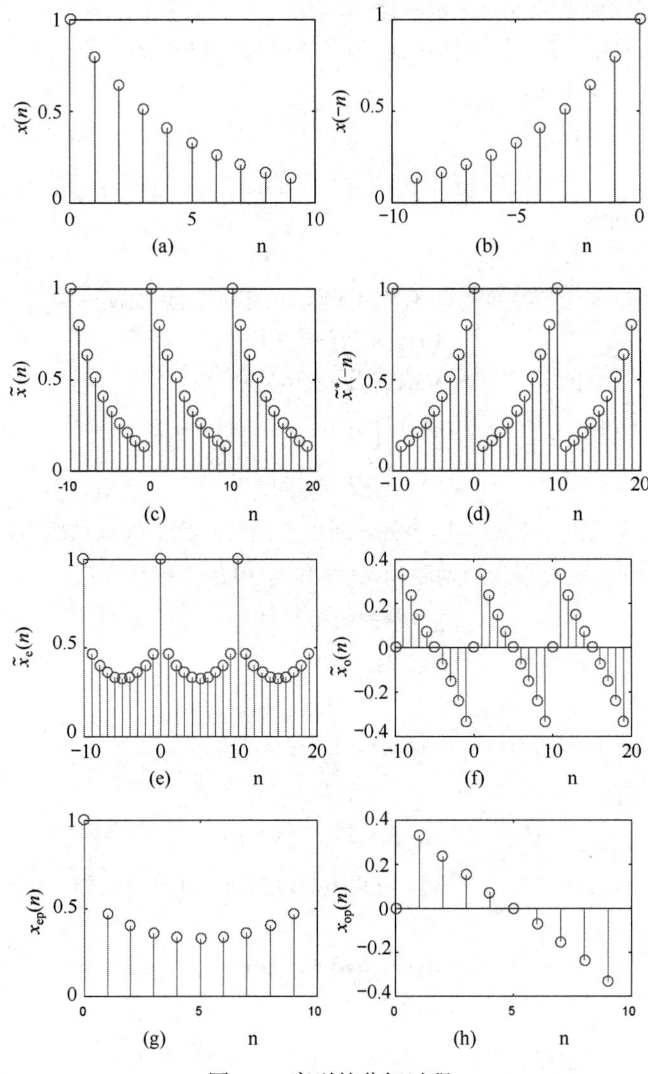

图 4.7　序列的分解过程

步骤 1：翻褶，将 $x(n)$ 沿纵坐标反转，得到 $x(-n)$，如图 4.7(b)所示。

步骤 2：将 $x(n)$、$x(-n)$ 周期延拓，得到 $\tilde{x}(n)$、$\tilde{x}(-n)$；并对 $\tilde{x}(-n)$ 取共轭得到 $\tilde{x}^*(-n)$，如图 4.7(c)和图 4.7(d)所示。

步骤 3：利用式（4.55），得到 $\tilde{x}_{\mathrm{e}}(n)$ 和 $\tilde{x}_{\mathrm{o}}(n)$，如图 4.7(e)和图 4.7(f)所示。

步骤 4：分别应用式（4.60）和式（4.61）得到 $x_{\mathrm{ep}}(n)$ 和 $x_{\mathrm{op}}(n)$，如图 4.7(g)和图 4.7(h)所示。

下面从两个方面来讨论离散傅里叶变换的对称性。

一方面，对于长度为 N 的复序列 $x(n)$，有

$$x(n) = x_{\mathrm{r}}(n) + \mathrm{j}x_{\mathrm{i}}(n) \tag{4.65}$$

式中，

$$x_{\mathrm{r}}(n) = \mathrm{Re}[x(n)] = \tfrac{1}{2}\left[x(n) + x^*(n)\right] \tag{4.66}$$

$$\mathrm{j}x_{\mathrm{i}}(n) = \mathrm{j}\,\mathrm{Im}[x(n)] = \tfrac{1}{2}\left[x(n) - x^*(n)\right] \tag{4.67}$$

根据式（4.50）可求得序列 $x(n)$ 的实部与虚部的离散傅里叶变换为

$$\mathrm{DFT}[x_{\mathrm{r}}(n)] = \tfrac{1}{2}\mathrm{DFT}\left[x(n)+x^*(n)\right] = \tfrac{1}{2}\left[X(k)+X^*(N-k)\right] = X_{\mathrm{ep}}(k) \tag{4.68}$$

和

$$\mathrm{DFT}[\mathrm{j}x_{\mathrm{i}}(n)] = \tfrac{1}{2}\mathrm{DFT}\left[x(n)-x^*(n)\right] = \tfrac{1}{2}\left[X(k)-X^*(N-k)\right] = X_{\mathrm{op}}(k) \tag{4.69}$$

式（4.68）与式（4.69）说明复序列实部的离散傅里叶变换是原序列的离散傅里叶变换的圆周共轭对称分量，复序列虚部的离散傅里叶变换是原序列的离散傅里叶变换的圆周共轭反对称分量。

另一方面，由式（4.59）可知有限长序列可分解为圆周共轭对称分量与圆周共轭反对称分量，再根据式（4.51），可得式（4.60）和式（4.61）的离散傅里叶变换为

$$\mathrm{DFT}\left[x_{\mathrm{op}}(n)\right] = \tfrac{1}{2}\mathrm{DFT}\left[x(n)+x^*(N-n)\right] = \tfrac{1}{2}\left[X(k)+X^*(k)\right] = \mathrm{Re}[X(k)] \tag{4.70}$$

$$\mathrm{DFT}\left[x_{\mathrm{o}}(n)\right] = \tfrac{1}{2}\mathrm{DFT}\left[x(n)-x^*(N-n)\right] = \tfrac{1}{2}\left[X(k)-X^*(k)\right] = \mathrm{j}\,\mathrm{Im}[X(k)] \tag{4.71}$$

式（4.70）、式（4.71）说明复序列圆周共轭对称分量序列的离散傅里叶变换是原序列的离散傅里叶变换的实部，复序列圆周共轭反对称分量的离散傅里叶变换是原序列的离散傅里叶变换的虚部。

离散傅里叶变换的对称性在计算实序列的离散傅里叶变换中有重要应用。例如，有两个实序列 $x_1(n)$ 与 $x_2(n)$，为求其离散傅里叶变换，可以首先分别用 $x_1(n)$ 与 $x_2(n)$ 作为虚部和实部构造一个复序列 $x(n)=x_1(n)+\mathrm{j}x_2(n)$，求出 $x(n)$ 的离散傅里叶变换 $X(k)$，然后根据式（4.63）与式（4.64）得到 $X(k)$ 的共轭对称分量 $X_{\mathrm{ep}}(k)$ 与 $X_{\mathrm{op}}(k)$，它们分别对应 $x_1(n)$ 与 $\mathrm{j}x_2(n)$ 的离散傅里叶变换，从而实现一次 DFT 的计算就可得到两个序列 DFT 的高效算法。

有限长序列 $x(n)$ 及 DFT 的圆周共轭对称分量、圆周共轭反对称分量及实部虚部的关系可归纳为

$$\begin{array}{ccccc} x(n) & = & x_{\mathrm{r}}(n) & + & \mathrm{j}x_{\mathrm{i}}(n) \\ \updownarrow & & \updownarrow & & \updownarrow \\ X(k) & = & X_{\mathrm{ep}}(k) & + & X_{\mathrm{op}}(k) \end{array}\quad\text{，注意 } \mathrm{j}x_{\mathrm{i}}(n) \leftrightarrow X_{\mathrm{op}}(k)$$

和

$$\begin{array}{ccccc} x(n) & = & x_{\mathrm{ep}}(n) & + & x_{\mathrm{op}}(n) \\ \updownarrow & & \updownarrow & & \updownarrow \\ X(k) & = & X_{\mathrm{R}}(k) & + & \mathrm{j}X_{\mathrm{I}}(k) \end{array}\quad\text{，注意 } x_{\mathrm{ep}}(n) \leftrightarrow \mathrm{j}X_{\mathrm{I}}(k)$$

式中，符号 $\updownarrow$ 及 $\leftrightarrow$ 表示互为 DFT 和 IDFT 变换对关系。

离散傅里叶变换
对称性教学视频

4.4.6　圆周卷积

1．圆周卷积的定义

两个 N 点序列 $x_1(n)$ 和 $x_2(n)$ 除可做线性卷积外，还有一种很重要的卷积运算，就是圆周卷积。下面首先讨论圆周卷积定理，并由圆周卷积定理引出圆周卷积的定义。

若 $x_1(n)$ 和 $x_2(n)$ 的离散傅里叶变换分别为 $X_1(k)$ 和 $X_2(k)$，且有

$$X_3(k) = X_1(k)X_2(k) \tag{4.72}$$

则有

$$\begin{aligned} x_3(n) = \mathrm{IDFT}\left[X_3(k)\right] &= \sum_{m=0}^{N-1} x_1(m)x_2((n-m))_N R_N(n) \\ &= \sum_{m=0}^{N-1} x_2(m)x_1((n-m))_N R_N(n) \end{aligned} \tag{4.73}$$

证明： 把 $X_1(k)$、$X_2(k)$ 以 N 为周期进行周期延拓得 $\tilde{X}_1(k)$、$\tilde{X}_2(k)$，再由式（4.72）得

$$\tilde{X}_3(k)=\tilde{X}_1(k)\tilde{X}_2(k)$$

则有

$$\tilde{x}_3(n)=\mathrm{IDFS}[\tilde{X}_3(k)]=\sum_{m=0}^{N-1}\tilde{x}_1(m)\tilde{x}_2(n-m)=\sum_{m=0}^{N-1}x_1(m)x_2((n-m))_N$$

式（4.73）可视为 $\tilde{x}_1(n)$ 与 $\tilde{x}_2(n)$ 首先进行周期卷积，然后取主值序列，因此有

$$x_3(n)=\tilde{x}_3(n)R_N(n)=\sum_{m=0}^{N-1}x_1(m)x_2((n-m))_N R_N(n)$$

经过简单换元可得

$$\tilde{x}_3(n)=\sum_{m=0}^{N-1}x_2(m)x_1((n-m))_N R_N(n)$$

定义式（4.73）为序列 $x_1(n)$ 与 $x_2(n)$ 的圆周卷积，习惯表示为

$$x_3(n)=x_1(n)\odot x_2(n) \tag{4.74}$$

从以上证明过程也可以得出圆周卷积与周期卷积之间的关系，即有限长序列圆周卷积结果的周期延拓，等于它们周期延拓后的周期卷积。换句话说，周期卷积的主值序列，是各周期序列的主值序列的圆周卷积。周期卷积得到的是周期序列，圆周卷积得到的是有限长序列，而且长度等于参加卷积的序列的长度。

同样，根据时域与频域的对称性，若时域中有

$$x_3(n)=x_1(n)x_2(n)$$

则可以证明

$$\begin{aligned}X_3(k)=\mathrm{DFT}[x(n)]&=\frac{1}{N}\sum_{m=0}^{N-1}X_1(m)X_2((k-m))_N R_N(k)\\&=\frac{1}{N}\sum_{m=0}^{N-1}X_2(m)X_1((k-m))_N R_N(k)\\&=\frac{1}{N}X_1(k)\odot X_2(k)\end{aligned} \tag{4.75}$$

2. 圆周卷积的计算

圆周卷积与周期卷积的过程一样，但结果只取主值序列，具体步骤如下。

步骤1：在坐标轴上作出 $x_1(m)$ 与 $x_2(m)$。

步骤2：将 $x_2(m)$ 沿纵坐标翻转，得到 $x_2(-m)$。

步骤3：对 $x_2(-m)$ 做圆周移位，得到 $x_2((n-m))_N R_N(n)$。

步骤4：将 $x_1(m)$ 与 $x_2((n-m))_N R_N(n)$ 对应相同的 m 的值进行相乘，并把结果相加，得到对应于自变量 n 的一个 $x_3(n)$。

圆周卷积教学视频

步骤5：换另一个 n，重复步骤3和步骤4，直到 n 取遍0到 $N-1$ 的所有值，得到完整的 $x_3(n)$。上述的圆周卷积过程如图4.8所示。

3. 圆周卷积与线性卷积之间的关系

设 $x_1(n)$、$x_2(n)$ 分别是长度为 N、M 的序列，下面求 $x_1(n)$ 与 $x_2(n)$ 的 L 点圆周卷积。由于 $x_1(n)$ 与 $x_2(n)$ 的长度不同，而且不等于 L，所以先将 $x_1(n)$ 与 $x_2(n)$ 补零延长为 L 点的序列：

$$x_1(n)=\begin{cases}x_1(n), & 0\le n\le N-1\\0, & N\le n\le L-1\end{cases},\qquad x_2(n)=\begin{cases}x_2(n), & 0\le n\le M-1\\0, & M\le n\le L-1\end{cases}$$

于是 $x_1(n)$ 与 $x_2(n)$ 的 L 点圆周卷积为

$$x_3(n)=\left[\sum_{m=0}^{L-1}x_1(m)x_2((n-m))_L\right]R_L(n)$$

考虑到

$$\tilde{x}_2(m)=x_2((m))_L=\sum_{r=-\infty}^{+\infty}x_2(n+rL)$$

所以有

$$\begin{aligned}x_3(n)&=\left[\sum_{m=0}^{L-1}x_1(m)\sum_{r=-\infty}^{\infty}x_2(n-m+rL)\right]R_L(n)=\left[\sum_{r=-\infty}^{\infty}\sum_{m=0}^{L-1}x_1(m)x_2(n-m+rL)\right]R_L(n)\\&=\left[\sum_{r=-\infty}^{\infty}x_l(n+rL)\right]R_L(n)\end{aligned} \tag{4.76}$$

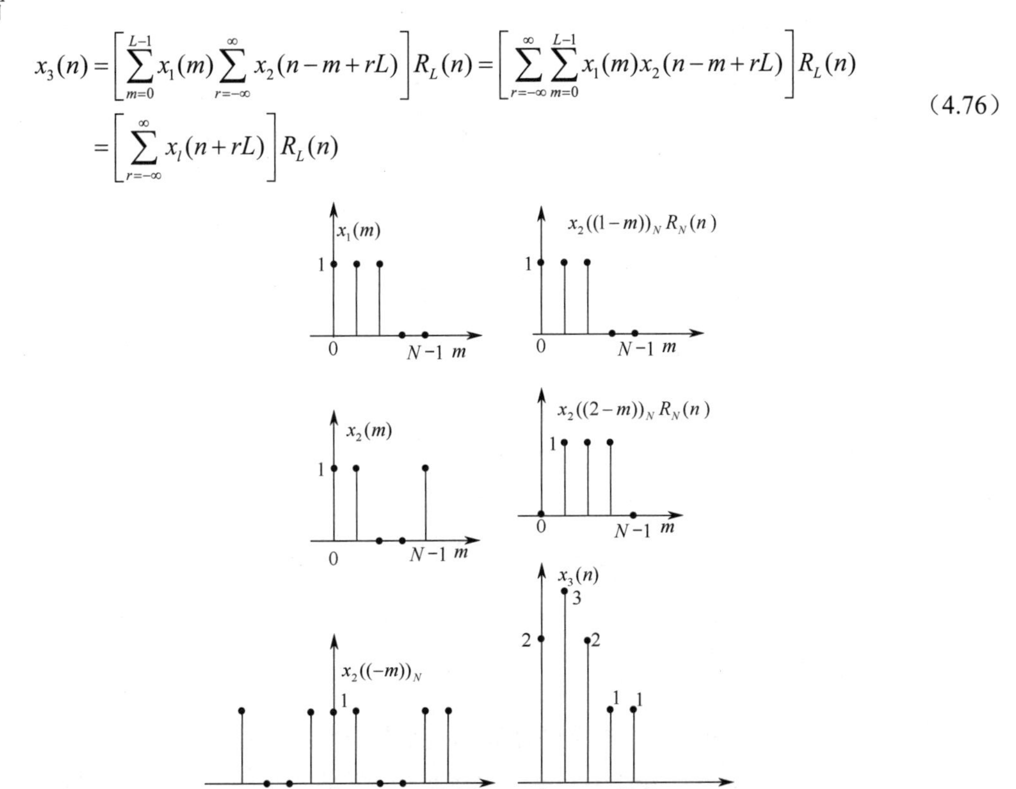

图 4.8　圆周卷积过程（$N=5$）

式（4.76）中 $x_l(n)$ 表示 $x_1(n)$ 与 $x_2(n)$ 的线性卷积，该关系式可以揭示以下三点规律。

（1）$x_1(n)$ 与 $x_2(n)$ 的 L 点圆周卷积，是 $x_1(n)$ 与 $x_2(n)$ 的线性卷积先以 L 为周期进行周期延拓，再取主值序列的结果。

（2）$x_1(n)$ 与 $x_2(n)$ 的线性卷积至多有 $M+N-1$ 个非零值，若 $L<M+N-1$，则周期延拓时必然有一部分非零值发生混叠；只有当 $L\geq M+N-1$ 时，周期延拓才不发生混叠。

（3）不发生混叠时，$x_3(n)$ 的前 $N+M-1$ 个值都为 $x_l(n)$ 的值，剩下 $L-(M+N-1)$ 个值为零。

从以上讨论可以得出用圆周卷积计算线性卷积的条件，即圆周卷积的长度 L 必须满足

$$L\geq M+N-1 \tag{4.77}$$

圆周卷积与线性卷积之间的关系动画

在实际应用中，经常遇到的问题是如何求解线性卷积。之所以讨论用圆周卷积来计算线性卷积的条件，就是因为圆周卷积可在频域下利用 DFT 求得，从而可采用 DFT 的快速算法 FFT 来计算，这样就可以利用 FFT 来计算线性卷

积，大大提高了运算效率。

【例 4.2】 一个长度为 $N_1 = 80$ 点的序列 $x(n)$ 与一个长度为 $N_2 = 60$ 点的序列 $h(n)$ 用 $N = 120$ 点的 DFT 计算圆周卷积时，那些点上的圆周卷积等于线性卷积？

解: 因为线性卷积的长度为 $L = N_1 + N_2 - 1 = 80 + 60 - 1 = 139$，圆周卷积的长度为 $N = 120 < 139$，所以圆周卷积有一部分非零值发生混叠，发生混叠的数量为 $L - N = 139 - 120 = 19$，所以不发生混叠的数量为 $120 - 19 = 101$，因此圆周卷积后 101 个点的圆周卷积等于线性卷积。

4.4.7 帕塞瓦尔定理

DFT 形式下的帕塞瓦尔（Pavseval）定理如下：

$$\sum_{m=0}^{N-1} x_1(n)x_2^*(n) = \frac{1}{N}\sum_{k=0}^{N-1} X_1(k)X_2^*(k) \tag{4.78}$$

证明：

$$\begin{aligned}\sum_{n=0}^{N-1} x_1(n)x_2^*(n) &= \sum_{n=0}^{N-1} x_1(n)\left[\frac{1}{N}\sum_{k=0}^{N-1} X_2(k)W_N^{-kn}\right]^* \\ &= \frac{1}{N}\sum_{k=0}^{N-1} X_2^*(k)\sum_{n=0}^{N-1} x_1(n)W_N^{nk} \\ &= \frac{1}{N}\sum_{k=0}^{N-1} X_1(k)X_2^*(k)\end{aligned}$$

如果 $x_1(n) = x_2(n) = x(n)$，那么

$$\sum_{n=0}^{N-1} |x(n)|^2 = \frac{1}{N}\sum_{k=0}^{N-1} |X(k)|^2 \tag{4.79}$$

等式的两边都是序列能量的表现形式，这表明了序列能量在时域和频域的一致性。

4.4.8 圆周相关定理

相关在数字信号处理中是一个很重要的概念，在通信中通常用相关函数来分析随机信号的功率谱密度。所谓相关，是指两个信号之间的相互关系，这里重点讨论涉及离散傅里叶变换的圆周相关定理。在介绍圆周相关定理之前，先介绍另一个重要的概念——线性相关。

定义

$$r_{xy}(m) = \sum_{n=-\infty}^{\infty} x(n)y^*(n-m) \tag{4.80}$$

为序列 $x(n)$ 与 $y(n)$ 的线性相关，$r_{xy}(m)$ 称为 $x(n)$ 与 $y(n)$ 的互相关函数，显然有

$$r_{yx}(m) = \sum_{n=-\infty}^{\infty} y(n)x^*(n-m)$$

令 $i = n - m$，有

$$r_{yx}(m) = \sum_{n=-\infty}^{\infty} x^*(i)y(i+m) = \left[\sum_{n=-\infty}^{\infty} x(i)y^*[i-(-m)]\right]^* = r_{xy}^*(-m) \tag{4.81}$$

式（4.81）表明相关函数不满足交换律。当 $x(n) = y(n)$ 时，式（4.80）变为

$$r_{xx}(m) = \sum_{n=\infty}^{\infty} x(n)x^*(n-m) \tag{4.82}$$

这样，互相关就变成了自相关，称 $r_{xx}(m)$ 为 $x(n)$ 的自相关函数。

相关函数的 Z 变换为

$$R_{xy}(z)=\sum_{m=-\infty}^{+\infty}r_{xy}(m)z^{-m}=\sum_{m=-\infty}^{+\infty}\sum_{n=-\infty}^{+\infty}x(n)y^{*}(n-m)z^{-m}$$

令 $i=n-m$，有

$$R_{xy}(z)=\sum_{n=-\infty}^{\infty}x(n)\sum_{k=-\infty}^{\infty}y^{*}(i)z^{(i-n)}=\sum_{n=-\infty}^{\infty}x(n)z^{-n}\sum_{i=-\infty}^{\infty}y^{*}(i)z^{i}=X(z)Y^{*}(1/z^{*})\tag{4.83}$$

令 $z=\mathrm{e}^{\mathrm{j}\omega}$，代入式（4.83）得相关函数的频率响应为

$$R_{xy}(\mathrm{e}^{\mathrm{j}\omega})=X(\mathrm{e}^{\mathrm{j}\omega})Y^{*}(\mathrm{e}^{\mathrm{j}\omega})\tag{4.84}$$

式（4.84）表明相关函数只包含两个信号共有的频率成分。

长度为 N 的有限长序列 $x_1(n)$ 与 $x_2(n)$ 的离散傅里叶变换分别为 $X_1(k)$ 与 $X_2(k)$，若

$$R_{x_1x_2}(k)=X_1^{*}(k)X_2(k)\tag{4.85}$$

则有

$$r_{x_1x_2}(m)=\mathrm{IDFT}\left[R_{x_1x_2}(k)\right]=\sum_{n=0}^{N-1}x_1^{*}(n)x_2((n+m))_N R_N(m)\tag{4.86}$$

式（4.86）就是圆周卷积定理。下面给出证明过程。

证明：将 $X_1(k)$ 与 $X_2(k)$ 周期延拓成 $\tilde{X}_1(k)$ 与 $\tilde{X}_2(k)$，由式（4.85）得

$$\tilde{R}_{x_1x_2}(k)=\tilde{X}_1^{*}(k)\tilde{X}_2(k)$$

根据 IDFS 的定义有

$$\begin{aligned}\tilde{r}_{x_1x_2}(m)=\mathrm{IDFS}\left[\tilde{R}_{x_1x_2}(k)\right]&=\frac{1}{N}\sum_{k=0}^{N-1}\tilde{X}_1^{*}(k)\tilde{X}_2(k)W_N^{-mk}\\&=\frac{1}{N}\sum_{k=0}^{N-1}\tilde{X}_1^{*}(k)\sum_{n=0}^{N-1}\tilde{x}_2(n)W_N^{nk}W_N^{-mk}\\&=\sum_{n=0}^{N-1}\tilde{x}_2(n)\frac{1}{N}\sum_{k=0}^{N-1}\tilde{X}_1^{*}(k)W_N^{(n-m)k}\\&=\sum_{n=0}^{N-1}\tilde{x}_2(n)\left[\frac{1}{N}\sum_{k=0}^{N-1}\tilde{X}_1(k)W_N^{-(n-m)k}\right]^{*}\\&=\sum_{n=0}^{N-1}\tilde{x}_2(n)\tilde{x}_1^{*}(n-m)\end{aligned}$$

令 $i=n-m$，有

$$\tilde{r}_{x_1x_2}(m)=\sum_{i=-m}^{N-1-m}\tilde{x}_1^{*}(i)\tilde{x}_2(i+m)$$

因为 $\tilde{x}_1(n)$ 与 $\tilde{x}_2(n)$ 为周期序列，再令 $n=i$，有

$$\tilde{r}_{x_1x_2}(m)=\sum_{n=0}^{N-1}\tilde{x}_1^{*}(n)\tilde{x}_2(n+m)$$

两边取主值得

$$r_{x_1x_2}(m)=\sum_{n=0}^{N-1}x_1^{*}(n)x_2((n+m))_N R_N(m)$$

当 $x_1(n)$ 与 $x_2(n)$ 为实序列时，有

$$r_{x_1x_2}(m)=\sum_{n=0}^{N-1}x_1(n)x_2((n+m))_N R_N(m)\tag{4.87}$$

式（4.87）即为有限长实序列的圆周相关。

4.5 频率采样定理

4.3 节讨论了离散傅里叶变换的物理意义，并由式（4.41）与式（4.42）得出了离散傅里叶变换的实质是序列的傅里叶变换 $X(\mathrm{e}^{\mathrm{j}\omega})$ 在区间 $[0,2\pi]$ 上的 N 等分采样值。$\tilde{X}(k)$ 是 $X(k)$ 的周期延拓，$X(\mathrm{e}^{\mathrm{j}\omega})$ 是序列在单位圆上的 Z 变换，所以 $\tilde{X}(k)$ 的实质是序列的 Z 变换 $X(z)$ 在单位圆上的 N 等分采样值，这样就实现了频域的采样。现在要讨论的问题是：是否任一有限长序列都能用频域采样的方法恢复？如果可以，那么需要的条件是什么？其内插函数的形式是什么？本节将讨论这些问题。

设任一序列 $x(n)$ 的 Z 变换为

$$X(z)=\sum_{n=-\infty}^{+\infty}x(n)z^{-n}$$

由于满足绝对可和，因此其傅里叶变换存在，Z 变换的收敛域包含单位圆。在单位圆上进行 N 等分采样，就得到 $\tilde{X}(k)$，

$$\tilde{X}(k)=X(z)\big|_{z=W_N^{-k}}=\sum_{n=-\infty}^{+\infty}x(n)W_N^{nk} \tag{4.88}$$

求周期序列离散傅里叶级数的反变换有

$$\tilde{x}_N(n)=\mathrm{IDFS}\left[\tilde{X}(k)\right]=\frac{1}{N}\sum_{k=0}^{N-1}\tilde{X}(k)W_N^{-nk}$$

把式（4.88）代入得

$$\begin{aligned}\tilde{x}_N(n)&=\frac{1}{N}\sum_{k=0}^{N-1}\left[\sum_{m=-\infty}^{+\infty}x(m)W_N^{mk}\right]W_N^{-nk}\\&=\sum_{m=-\infty}^{+\infty}x(m)\left[\frac{1}{N}\sum_{k=0}^{N-1}W_N^{(m-n)k}\right]\end{aligned}$$

由正交定理有

$$\frac{1}{N}\sum_{k=0}^{N-1}W_N^{(m-n)k}=\begin{cases}1,m=n+rN\\0,\text{其他}\end{cases}$$

r 为任意整数，于是有

$$\tilde{x}_N(n)=\sum_{r=-\infty}^{+\infty}x(n+rN) \tag{4.89}$$

式（4.89）表明由 $\tilde{X}(k)$ 经离散傅里叶变换得到的周期序列 $\tilde{x}_N(n)$ 是原非周期序列以 N 为周期进行周期延拓的结果。其实，第2章讨论过时域的采样造成了频域的周期延拓，根据对称性原理，频域的采样也造成了时域的周期延拓。

如果 $x(n)$ 是有限长的，且长度 $M\le N$，那么周期延拓后不会产生混叠，这种情况下把 $\tilde{x}_N(n)$ 的主值序列 $x_N(n)$ 取出，就可完全恢复 $x(n)$。如果 $x(n)$ 为无限长序列或长度 $M>N$，那么周期延拓后必然产生混叠，这样就不能从 $\tilde{x}_N(n)$ 不失真地恢复原信号 $x(n)$。

因此，对于长度超过 M 的有限长序列 $x(n)$，频域采样不失真地恢复 $x(n)$ 的条件是序列的长度 M 小于等于频域采样的点数 N，这就是频率采样定理。

【例 4.3】 已知 $x(n)=a^nR_{10}(n),X(\mathrm{e}^{\mathrm{j}\omega})=\mathrm{DFT}[x(n)]$，对 $X(\mathrm{e}^{\mathrm{j}\omega})$ 在 ω 的一个周期内（$0\le\omega\le2\pi$）

做 7 点采样，得到

$$X(k)=X(\mathrm{e}^{\mathrm{j}\omega})|_{\omega=2\pi k/7},\quad k=0,1,\cdots,6$$

求 $x_7(n)=\mathrm{IDFT}[X(k)],n=0,1,\cdots,6$。

解： 方法 1：先直接求 $X(\mathrm{e}^{\mathrm{j}\omega})$，再采样得到 $X(k)$，最后求 $x_7(n)=\mathrm{IDFT}[X(k)]$。

$$X(\mathrm{e}^{\mathrm{j}\omega})=\mathrm{DTFT}[x(n)]=\sum_{n=0}^{9}\mathrm{e}^{-\mathrm{j}\omega n}=\frac{1-\mathrm{e}^{-\mathrm{j}10\omega}}{1-\mathrm{e}^{-\mathrm{j}\omega}}=\frac{\mathrm{e}^{-\mathrm{j}5\omega}(\mathrm{e}^{\mathrm{j}5\omega}-\mathrm{e}^{-\mathrm{j}5\omega})}{\mathrm{e}^{-\mathrm{j}\omega/2}(\mathrm{e}^{\mathrm{j}\omega/2}-\mathrm{e}^{\mathrm{j}\omega/2})}=\mathrm{e}^{-\mathrm{j}9\omega/2}\frac{\sin(5\omega)}{\sin(\omega/2)}$$

$$X(k)=X(\mathrm{e}^{\mathrm{j}\omega})|_{\omega=2\pi k/7}=\mathrm{e}^{-\mathrm{j}9\pi k/7}\frac{\sin(10\pi k/7)}{\sin(\pi k/7)},\ k=0,1,\cdots,6$$

$$x_7(n)=\mathrm{IDFT}[X(k)]$$

因此算出 $x_7(n)$ 是很困难的。

方法 2：利用频域采样定理的结果。频域在一个周期（$0\le\omega\le2\pi$）内采样 N 个点，在时域上是以 N 点为周期的各周期延拓分量混叠相加后，在主值区间（$0\le n\le N-1$）内的序列，即

$$\begin{aligned}x_7(n)&=\left[\sum_{r=-\infty}^{\infty}x(n+7r)\right]R_7(n)\\&=[x(n-7)+x(n)+x(n+7)]R_7(n)\\&=\left\{a^7+1,a^8+a,a^9+a^2,a^3,a^4,a^5,a^6\right\}\end{aligned}$$

下面推导频域采样的内插函数，即讨论满足频率采样定理的条件下，如何由有限长序列 $x(n)$ 的离散傅里叶变换 $X(k)$ 恢复 $x(n)$ 的 Z 变换 $X(z)$。

长度为 N 的有限长序列 $x(n)$ 的 Z 变换为

$$X(z)=\sum_{n=0}^{N-1}x(n)z^{-n}$$

将离散傅里叶变换的定义

$$x(n)=\frac{1}{N}\sum_{k=0}^{N-1}X(k)W_N^{-nk}$$

代入 Z 变换的定义式，得

$$\begin{aligned}X(z)&=\sum_{n=0}^{N-1}\left[\frac{1}{N}\sum_{k=0}^{N-1}X(k)W_N^{-nk}\right]z^{-n}=\frac{1}{N}\sum_{k=0}^{N-1}X(k)\left[\sum_{n=0}^{N-1}W_N^{-nk}z^{-n}\right]\\&=\frac{1}{N}\sum_{k=0}^{N-1}X(k)\frac{1-W_N^{-Nk}z^{-N}}{1-W_N^{-k}z^{-1}}=\frac{1-z^{-N}}{N}\sum_{k=0}^{N-1}\frac{X(k)}{1-W_N^{-k}z^{-1}}\end{aligned}\tag{4.90}$$

它可以表示为

$$X(z)=\sum_{k=0}^{N-1}X(k)\phi_k(z)\tag{4.91}$$

这就是频率采样的内插公式，其中

$$\phi_k(z)=\frac{1}{N}\frac{1-z^{-N}}{1-W_N^{-k}z^{-1}}\tag{4.92}$$

称为频率采样的内插函数。令 $z=\mathrm{e}^{\mathrm{j}\omega}$ 并代入式（4.91）与式（4.92）进行化简，得

$$X(\mathrm{e}^{\mathrm{j}\omega})=\sum_{k=0}^{N-1}X(k)\phi_k(\mathrm{e}^{\mathrm{j}\omega})\tag{4.93}$$

其中，

$$\phi_k(\mathrm{e}^{\mathrm{j}\omega}) = \frac{1}{N}\frac{1-\mathrm{e}^{-\mathrm{j}\omega N}}{1-\mathrm{e}^{\mathrm{j}\frac{2\pi}{N}k}\mathrm{e}^{-\mathrm{j}\omega}} = \frac{\sin(\omega N/2)}{N\sin\left[\left(\omega-\frac{2\pi}{N}k\right)/2\right]}\mathrm{e}^{-\mathrm{j}\left(\frac{N\omega}{2}-\frac{\omega}{2}+\frac{k\pi}{N}\right)}$$

若将 $\phi_k(\mathrm{e}^{\mathrm{j}\omega})$ 表示为

$$\phi_k(\mathrm{e}^{\mathrm{j}\omega}) = \varphi(\omega-\tfrac{2\pi}{N}k)$$

其中，

$$\phi(\omega) = \frac{1}{N}\frac{\sin(\omega N/2)}{\sin(\omega/2)}\mathrm{e}^{-\mathrm{j}\omega\left(\frac{N-1}{2}\right)} \tag{4.94}$$

则它就是 $X(k)$ 与频率响应 $X(\mathrm{e}^{\mathrm{j}\omega})$ 之间的内插公式和内插函数，于是式（4.93）可写成

$$X(\mathrm{e}^{\mathrm{j}\omega}) = \sum_{k=0}^{N-1} X(k)\phi(\omega-\tfrac{2\pi}{N}k) \tag{4.95}$$

其中 $\phi(\omega-\frac{2\pi}{N}k)$ 满足以下关系式：

$$\phi(\omega-\tfrac{2\pi}{N}k) = \begin{cases}1, & \omega=\frac{2\pi}{N}k\\ 0, & \omega=\frac{2\pi}{N}i, i\neq k\end{cases} \tag{4.96}$$

也就是说，函数 $\phi(\omega-\frac{2\pi}{N}k)$ 在样本点（$\omega=\frac{2\pi}{N}k$）上有 $\phi(\omega-\frac{2\pi}{N}k)=1$，而在其他采样点（$\omega=\frac{2\pi}{N}i, i\neq k$）上有 $\phi(\omega-\frac{2\pi}{N}k)=0$，整个 $X(\mathrm{e}^{\mathrm{j}\omega})$ 就是由 N 个 $\phi(\omega-\frac{2\pi}{N}k)$ 函数分别乘以 $X(k)$ 后求和得到的，所以在每个采样点上的 $X(\mathrm{e}^{\mathrm{j}\omega})$ 就精确地等于 $X(k)$（因为在其他点上的内插函数在该点上的值为 0，没有影响），即

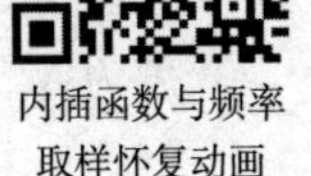
内插函数与频率取样怀复动画

$$X(\mathrm{e}^{\mathrm{j}\omega})\big|_{\omega=\frac{2\pi}{N}k} = X(k) \tag{4.97}$$

各采样点之间的 $X(\mathrm{e}^{\mathrm{j}\omega})$ 值则由各采样点的加权内插函数所求点上的值叠加而成。

4.6 离散傅里叶变换综合举例与 MATLAB 实现

【例 4.4】 令 $X(k)$ 表示 $x(n)$ 的 N 点 DFT。

（1）证明若 $x(n)$ 满足关系式 $x(n)=-x(N-1-n)$，则 $X(0)=0$。

（2）证明当 N 为偶数时，若 $x(n)=x(N-1-n)$，则 $X\left(\frac{N}{2}\right)=0$。

证明：（1）$X(k)=\sum_{n=0}^{N-1}x(n)W_N^{nk} \Rightarrow X(0)=\sum_{n=0}^{N-1}x(n)$，令 $n=N-1-m$，有

$$X(0)=\sum_{m=N-1}^{0}x(N-1-m)$$

令 $n=m$，有

$$X(0)=\sum_{n=0}^{N-1}x(N-1-n)$$

两式相加得

$$2X(0)=\sum_{n=0}^{N-1}\left[x(n)+x(N-1-n)\right]=0$$

所以有 $X(0)=0$。

（2）由 $x(n)=x(N-1-n)$ 有

$$X(k)=\sum_{n=0}^{N-1}x(n)W_N^{nk}=\sum_{n=0}^{N-1}x(N-1-n)W_N^{kn}$$

令 $m=N-1-n$，有

$$X(k)=\sum_{m=0}^{N-1}x(n)W_N^{k(N-1-m)}=W_N^{k(N-1)}\sum_{n=0}^{N-1}x(m)W_N^{-km}=W_N^{k(N-1)}\left[\sum_{n=0}^{N-1}x^*(m)W_N^{km}\right]^*$$

由 4.4 节 DFT 的性质可得

$$X(k)=W_N^{k(N-1)}X(N-k)$$

将 $k=N/2$ 代入上式得

$$X\left(\tfrac{N}{2}\right)=W_N^{\frac{N}{2}(N-1)}X\left(N-\tfrac{N}{2}\right)=W_N^{\frac{N}{2}(N-1)}X\left(\tfrac{N}{2}\right)$$

因为 $W_N^{\frac{N}{2}(N-1)}=\mathrm{e}^{-\mathrm{j}\frac{2\pi}{N}(N-1)\frac{N}{2}}=-1$，所以有 $X\left(\frac{N}{2}\right)=-X\left(\frac{N}{2}\right)\Rightarrow X\left(\frac{N}{2}\right)=0$。

【例 4.5】若 $x_1(n)$ 与 $x_2(n)$ 分别是长度为 N 的序列，$X_1(k)$ 与 $X_2(k)$ 分别是其 N 点 DFT，求用 $X_1(k)$ 与 $X_2(k)$ 表示乘积 $x(n)=x_1(n)x_2(n)$ 的 N 点 DFT。

解：由题知 $X(k)=\sum_{n=0}^{N-1}x_1(n)x_2(n)W_N^{nk}$，把 $x_2(n)=\frac{1}{N}\sum_{l=0}^{N-1}X_2(l)W_N^{-ln}$ 代入上式，得

$$X(k)=\frac{1}{N}\sum_{n=0}^{N-1}x_1(n)W_N^{nk}\sum_{l=0}^{N-1}X_2(l)W_N^{-ln}$$

$$=\frac{1}{N}\sum_{l=0}^{N-1}X_2(l)\sum_{n=0}^{N-1}x_1(n)W_N^{(k-l)n}$$

上式中的第二个求和为 $X_1((k-l))_N$，所以有

$$X(k)=\frac{1}{N}X_1(k)\odot X_2(k)$$

【例 4.6】有限长序列 $x(n)$ 的 N 点离散傅里叶变换相当于其 Z 变换在单位圆上的 N 点等间隔采样。我们希望求出 $X(z)$ 在半径为 r 的圆上的 N 点等间隔采样，即 $\tilde{X}(k)=X(z)\big|_{z=r\mathrm{e}^{\mathrm{j}\frac{2\pi}{N}k}}$，$k=0,1,2,\cdots,N-1$，试给出一种 DFT 计算 $\tilde{X}(k)$ 的方法。

解：由题知 $x(n)$ 的 Z 变换为 $X(z)=\sum_{n=0}^{N-1}x(n)z^{-n}$，故有 $\tilde{X}(k)=X(z)\big|_{z=r\mathrm{e}^{\mathrm{j}\frac{2\pi}{N}k}}=\sum_{n=0}^{N-1}x(n)r^n\mathrm{e}^{-\mathrm{j}\frac{2\pi}{N}kn}$，

也就是说，

$$\tilde{X}(k)=\sum_{n=0}^{N-1}x(n)r^nW_N^{kn},\quad k=0,1,2,\cdots,N-1$$

即 $\tilde{X}(k)=\mathrm{DFT}[x(n)r^{-n}]$。

可见，先对 $x(n)$ 乘以指数序列 r^{-n}，后进行 N 点 DFT 即可。

【例 4.7】已知一个长度为 M 的有限长序列 $x(n)$，并且 $n<0$ 和 $n>M$ 时 $x(n)=0$，计算其 Z 变换 $X(z)=\sum_{n=0}^{N-1}x(n)z^{-n}$ 在单位圆上的 N 个等间隔采样，即在

$$z=\mathrm{e}^{\mathrm{j}\frac{2\pi}{N}k},\quad k=0,1,2,\cdots,N-1$$

上的采样。试找出在 $N\le M$ 和 $N>M$ 的情况下只用一个 N 点离散傅里叶变换就能计算 $X(z)$ 的 N 个采样的方法，并证明之。

解：（1）当 $kN>M\ge(k-1)N$ 时，

$$X(z)\big|_{z=\mathrm{e}^{\mathrm{j}\frac{2\pi}{N}k}}=\sum_{n=0}^{N-1}\left[\sum_{i=0}^{k-1}y_i(n)\right]\mathrm{e}^{-\mathrm{j}\frac{2\pi}{N}kn}$$

式中，

$$y_0(n) = x(n)$$
$$y_1(n) = x(n+N)$$
$$\vdots$$
$$y_{k-1}(n) = \begin{cases} x[n+(k-1)N], \ 0 \le n \le M-(k-1)N-1 \\ 0, \ M-(k-1)N-1 < n \le N-1 \end{cases}$$

计算 $X(z)$ 的 N 个采样时，首先由 $x(n)$ 形成 $y_i(n)$，然后计算 $\sum_{i=0}^{k-1} y_i(n)$ 的 N 点离散傅里叶变换。

（2）首先将输入序列补零，形成 $x_0(n) = \begin{cases} x(n), \ 0 \le n \le M-1 \\ 0, \ M \le n \le N-1 \end{cases}$，然后计算 $x_0(n)$ 的 N 点离散傅里叶变换，即

$$X(k) = X(z)\big|_{z=\mathrm{e}^{\mathrm{j}\frac{2\pi}{N}k}} = X(\mathrm{e}^{\mathrm{j}\frac{2\pi}{N}k}) = \sum_{n=0}^{N-1} x_0(n)\mathrm{e}^{-\mathrm{j}\frac{2\pi}{N}kn}，\ 0 \le K \le N-1$$

【例 4.8】已知序列 $x(n) = \{1 \quad 2 \quad 4 \quad 3\}$，试首先用 MATLAB 求其离散傅里叶变换 $X(k)$，然后求 $X(k)$ 的离散傅里叶反变换 $x(n)$，并对结果进行比较。

解：在 MATLAB 环境下，可以直接利用函数 dftmtx 完成 DFT 或 IDFT 的计算，程序如下：

```
%计算 DFT
xn=[1 2 4 3]';
xk=dftmtx(4)*xn;
xk=
   10.0000
  -3.0000 + 1.0000i
        0
  -3.0000 - 1.0000i
%计算 IDFT
xk=[10 -3+i 0 -3-i]';
xn=conj(dftmtx(4))/4*xk;
xn=
     1
     2
     4
     3
```

【例 4.9】对连续的单一频率周期信号 $\cos(0.5\pi t)$ 按采样频率 $f_s = 8f_a$ 采样，截取长度分别选择 $N = 48$ 和 $N = 32$，用 MATLAB 分别绘出其离散傅里叶变换的幅度谱。

解：采样后得到序列 $x(n) = \cos(0.5\pi n/8)$，用 MATLAB 计算并作图，程序如下：

```
k=16;
n1=[0:1:47];
xn1=cos(0.5*pi*n1/k);          %N=48 对应的序列 xn1
subplot(2,2,1)
plot(n1,xn1)                   %绘出 xn1 的波形图
xlabel('t/T');ylabel('x(n)');
xk1=fft(xn1);xk1=abs(xk1);     %用 fft 计算 xn1 的离散傅里叶变换 xk1
subplot(2,2,2)
stem(n1,xk1,'.')               %绘出 xk1 的波形图
xlabel('k');ylabel('X(k)');
```

```
n2=[0:1:31];
xn2=cos(0.5*pi*n2/k);          % N = 32 对应的序列 xn1
subplot(2,2,3)
plot(n2,xn2)                   %绘出 xn2 的波形图
xlabel('t/T');ylabel('x(n)');
xk2=fft(xa2);xk2=abs(xk2);   %用 fft 计算 xn2 的离散傅里叶变换 xk2
subplot(2,2,4)
stem(n2,xk2,'.')               %绘出 xk2 的波形图
xlabel('k');ylabel('X(k)');
```

图 4.9(a)和(b)分别是 $N=48$ 时的截取信号和 DFT 结果，图 4.9(c)和图 4.9(d)分别是 $N=32$ 时的截取信号和 DFT 结果。当 $N=48$ 时，由于截取了两个半周期，出现了频谱泄漏；当 $N=32$ 时，由于截取了两个整周期，得到了单一谱线的频谱。

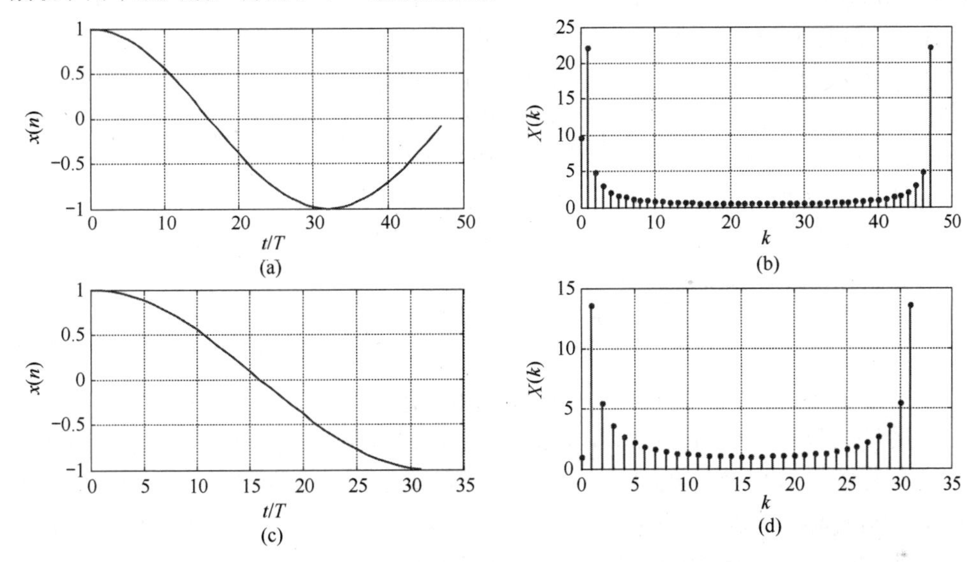

图 4.9　例 4.9 程序的运行结果

习题

4.1　计算下列序列的 N 点 DFT。

（1）$x(n)=1$　　（2）$x(n)=\delta(n)$

（3）$x(n)=\delta(n-n_0)$，$0<n_0<N$　　（4）$x(n)=R_m(n)$，$0<m<N$

（5）$x(n)=\mathrm{e}^{\mathrm{j}\frac{2\pi}{N}mn}$，$0<m<N$　　（6）$x(n)=\cos(\frac{2\pi}{N}mn)$，$0<m<N$

（7）$x(n)=\mathrm{e}^{\mathrm{j}\omega_0 n}R_N(n)$　　（8）$x(n)=\sin(\omega_0 n)\cdot R_N(n)$

（9）$x(n)=\cos(\omega_0 n)\cdot R_N(n)$　　（10）$x(n)=nR_N(n)$

4.2　已知下列 $X(k)$，求其离散傅里叶反变换 $x(n)$。

（1）$X(k)=\begin{cases}\frac{N}{2}\mathrm{e}^{\mathrm{j}\theta}, & k=m\\ \frac{N}{2}\mathrm{e}^{-\mathrm{j}\theta}, & k=N-m\\ 0, & 其他\end{cases}$　　（2）$X(k)=\begin{cases}-\frac{N}{2}\mathrm{e}^{\mathrm{j}\theta}, & k=m\\ \frac{N}{2}\mathrm{j}\mathrm{e}^{-\mathrm{j}\theta}, & k=N-m\\ 0, & 其他\end{cases}$

其中，m 为正整数，$0<m<N/2$。

4.3　已知周期序列 $\tilde{x}(n)$，其主值序列为 $x(n)=\{5\quad 4\quad 3\quad 2\quad 1\quad 3\quad 2\}$，试求 $\tilde{x}(n)$ 的傅里叶级数的系数

$\tilde{X}(k)$。

4.4 设有两个序列 $x_1(n)=\{1\ \ 2\ \ 3\ \ 4\ \ 5\ \ 0\ \ 0\}$ 和 $x_2(n)=\{1\ \ 1\ \ 1\ \ 1\ \ 0\ \ 0\ \ 0\}$，试求：

（1）它们的周期卷积（周期长度为 $N=7$）。

（2）它们的圆周卷积（序列长度为 $N=7$）。

（3）用圆周卷积定理求两个序列的线性卷积（用 $N_1=5$ 和 $N_2=4$ 来计算）。

4.5 设有两个序列

$$x(n)=\begin{cases}x(n), & 0\le n\le 5\\ 0, & 其他\end{cases}\quad 和\ y(n)=\begin{cases}y(n), & 0\le n\le 15\\ 0, & 其他\end{cases}$$

首先各做15点的DFT，然后将两个DFT相乘，再求乘积的IDFT。设所得结果为 $f(n)$，问 $f(n)$ 的哪些点对应于 $x(n)*y(n)$ 应该得到的点。

4.6 设 $x(n)$ 的长度为 N，且 $X(k)=\text{DFT}[x(n)]$，$0\le k\le N-1$。令 $h(n)=x((n))_N\cdot R_{rN}(n)$，$H(k)=\text{DFT}[h(n)]$，$0\le k\le rN-1$，求 $H(k)$ 与 $X(k)$ 的关系式。

4.7 已知 $x(n)$ 是 N 点有限长序列 $X(k)=\text{DFT}[x(n)]$，现将长度变成 rN 点的有限长序列 $y(n)$，

$$y(n)=\begin{cases}x(n), & 0\le n\le N-1\\ 0, & N\le n\le rN-1\end{cases}$$

试求 $Y(k)=\text{DFT}[y(n)]$（rN 点）与 $X(k)$ 之间的关系。

4.8 已知 $x(n)$ 是长为 N 点的有限长序列，$X(k)=\text{DFT}[x(n)]$，现在 $x(n)$ 的每两点之间补 $r-1$ 个零点，得到一个长为 rN 点的有限长序列 $y(n)$，

$$y(n)=\begin{cases}x(n/r), & n=ir, i=0,1,\cdots,N-1\\ 0, & 其他\end{cases}$$

试求 $Y(k)=\text{DFT}[y(n)]$（rN 点）与 $X(k)$ 之间的关系。

4.9 如果 $\tilde{x}(n)$ 是周期为 N 的周期序列，那么 $\tilde{x}(n)$ 是周期为 $2N$ 的周期序列。假定 $\tilde{X}(k)$ 表示 $\tilde{x}(n)$ 以 N 为周期的DFS的系统，$\tilde{X}_2(k)$ 表示 $\tilde{x}(n)$ 是以周期为 $2N$ 的DFS的系数，用 $\tilde{X}(k)$ 表示 $\tilde{X}_2(k)$。

4.10 若 $x_1(n)$ 与 $x_2(n)$ 都是长度为 N 的序列，$X_1(k)$ 与 $X_2(k)$ 分别是两个序列的 N 点DFT。求用 $X_1(k)$ 与 $X_2(k)$ 表示乘积 $x(n)=x_1(n)x_2(n)$ 的 N 点DFT的表达式。

4.11 一个有限长序列 $x(n)=\{1\ \ 1\ \ 1\ \ 1\ \ 1\ \ 1\}$，设其 Z 变换为 $X(z)$。在 $z_k=\mathrm{e}^{\mathrm{j}\frac{2\pi}{4}k}$，$k=0,1,2,3$ 点上对 $X(z)$ 采样得到了一组DFT系数 $X(k)$，求4点DFT等于这些采样值的序列 $y(n)$。

4.12 一个长度为 $N_1=100$ 点的序列 $x(n)$ 与一个长度为 $N_2=64$ 点的序列 $h(n)$ 用 $N=128$ 点DFT计算圆周卷积时，在哪些 n 点上的圆周卷积等于线性卷积？

4.13 $\tilde{x}(n)$ 表示一个周期为 N 的周期序列，$\tilde{X}(k)$ 表示其离散傅里叶级数的系数，也是一个周期为 N 的周期序列。试由 $\tilde{x}(n)$ 确定 $\tilde{X}(k)$ 的离散傅里叶级数的系数。

4.14 有限时宽序列的 N 点离散傅里叶变换相当于其 Z 变换在单位圆上的 N 点等间隔采样，我们希望求出 $X(z)$ 在半径为 r 的圆上的 N 点等间隔采样，即

$$\tilde{X}(k)=X(z)\big|_{z=r\mathrm{e}^{\mathrm{j}\frac{2\pi}{N}k}},\quad k=0,1,\cdots,N-1$$

试给出一种用DFT计算得到 $\tilde{X}(k)$ 的方法。

4.15 试编写MATLAB程序求习题4.4、习题4.5的结果。

第5章　快速傅里叶变换

DFT在数字信号处理中有着重要的作用。然而，直接计算DFT的运算量非常大，它与序列长度的平方成正比，因此制约了DFT的应用。快速傅里叶变换（Fast Fourier Transform，FFT）是实现DFT的一种快速算法。

5.1　直接计算DFT的问题及改进的基本途径

5.1.1　直接计算DFT的运算量

离散傅里叶变换对为

正变换　　$$X(k)=\mathrm{DFT}[x(n)]=\sum_{n=0}^{N-1}x(n)W_N^{nk},\quad n=0,1,2,\cdots,N-1 \tag{5.1}$$

反变换　　$$x(n)=\mathrm{IDFT}[X(k)]=\frac{1}{N}\sum_{k=0}^{N-1}X(k)W_N^{-nk},\quad k=0,1,2,\cdots,N-1 \tag{5.2}$$

比较两式，发现正变换与反变换的差别在于旋转因子的指数差一个负号和少一个比例因子。因此DFT与IDFT的计算量极为相似。下面以正变换为例说明直接计算DFT存在的问题。

一般情况下，序列W_N、$x(n)$及其离散频谱$X(k)$都是复序列，因此计算$X(k)$的一个值需要N次复数乘法与$N-1$次复数加法，而计算一个完整的N点$X(k)$，$k=0,1,\cdots,N-1$需要N^2次复数乘法和$N(N-1)$次复数加法。

我们知道复数运算可以由实数运算完成，因此式（5.1）可以写成

$$\begin{aligned}X(k)&=\sum_{n=0}^{N-1}x(n)W_N^{nk}=\sum_{n=0}^{N-1}\{\mathrm{Re}[x(n)]+\mathrm{j}\,\mathrm{Im}[x(n)]\}\{\mathrm{Re}[W_N^{nk}]+\mathrm{j}\,\mathrm{Im}[W_N^{nk}]\}\\&=\sum_{n=0}^{N-1}\{(\mathrm{Re}[x(n)]\mathrm{Re}[W_N^{kn}]-\mathrm{Im}[x(n)]\mathrm{Im}[W_N^{kn}]\}+\mathrm{j}(\mathrm{Re}[x(n)\mathrm{Im}[W_N^{kn}]+\mathrm{Im}[x(n)]\mathrm{Re}[W_N^{kn}])\}\end{aligned}$$

由此可见，一次复数乘法需要使用4次实数乘法和2次实数加法，一次复数加法需要用2次实数加法。因此，每运算一个$X(k)$需要$4N$次实数乘法及$2N+2(N-1)=2(2N-1)$次实数加法。因此，整个DFT运算共需要$4N^2$次实数乘法和$2(2N-1)$次实数加法。

当N很大时，有$N(N-1)\approx N^2$，因此直接计算DFT的运算量几乎与N^2成正比，随着N的增加，运算量急剧变大，即使采用计算机也很难实时处理，必须加以改进。

当然，以上分析与实际的运算量稍有出入，例如$W_N^0=1$就不需要做乘法运算，但当N很大时，这种情况对整个DFT的计算量影响很小，一般不做特别统计。

5.1.2　改进措施

FFT主要利用DFT旋转因子的周期性与对称性来减少运算量：

周期性　　$$W_N^{nk}=W_N^{(n+N)k}=W_N^{(N+k)n} \tag{5.3}$$

对称性　　$$(W_N^{nk})^*=W_N^{-nk}=W_N^{k(N-n)} \tag{5.4}$$

利用周期性与对称性，一方面可以在DFT的运算过程中把有些项合并，另一方面可以把长

序列的DFT分解成若干短序列的DFT。根据前面的分析，DFT的运算量与变换长度的平方成正比，如果能把一个长序列的DFT分解成若干短序列的DFT，那么就可以大大减少运算量。例如，对于一个长度为100的序列，直接求其DFT的运算量和10000成正比；然而，如果这个序列能够分解成两个50点的序列，再各自计算其DFT，那么每个DFT的运算量就和2500成正比，这样两个序列加起来的运算量就可以比直接计算DFT减少一半。当然，严格的数学推导要比这个例子复杂得多，但这个例子反映了FFT的基本思想。

直接计算DFT的问题与改进途径教学视频

常用的FFT算法有两大类：一类是按时间抽取的FFT算法（简称DIT-FFT），另一类是按频率抽取的FFT算法（简称DIF-FFT）。

5.2 按时间抽取的基2 FFT算法（DIT-FFT）

最早提出的基2 FFT算法使DFT的运算效率提高了1～2个数量级，从而为DFT由理论研究到实际应用创造了条件，极大地推动了数字信号处理技术的发展。

5.2.1 算法原理

按时间抽取的FFT算法的基本思想是：时域下的序列$x(n)$按序号n的奇偶分组，频域下的序列$X(k)$按序号k前后分组。有限长序列$x(n)$（设其长度$N=2^L$，L为整数）若不满足该条件，则加零补足。显然，N为偶数时，可以按序列的序号分成奇、偶两组序列，长度分别为$N/2$，如

$$x(n)=\{x(0),x(1),\cdots,x(N-1)\}$$

按n的奇偶分组，对$x(n)$重新排列，得

$$\{x(1),x(3),\cdots,x(N-1)|x(0),x(2),\cdots,x(N-2)\}$$

令

$$x(2r)=\{x(0),x(2),\cdots,x(N-2)\},\quad r=0,1,2,\cdots,N/2-1 \tag{5.5}$$

$$x(2r+1)=\{x(1),x(3),\cdots,x(N-1)\},\quad r=0,1,2,\cdots,N/2-1 \tag{5.6}$$

再令

$$x_1(n)=x(2r) \tag{5.7}$$

$$x_2(n)=x(2r+1) \tag{5.8}$$

N点序列$x(n)$的DFT为

$$\begin{aligned}X(k)=\mathrm{DFT}[x(n)]&=\sum_{n=0}^{N-1}x(n)W_N^{nk}\\&=\sum_{n\text{为偶数}}x(n)W_N^{nk}+\sum_{n\text{为奇数}}x(n)W_N^{nk}\\&=\sum_{r=0}^{N/2-1}x(2r)W_N^{2rk}+\sum_{r=0}^{N/2-1}x(2r+1)W_N^{(2r+1)k}\\&=\sum_{r=0}^{N/2-1}x_1(r)W_N^{2rk}+W_N^k\sum_{r=0}^{N/2-1}x_2(r)W_N^{2rk}\end{aligned}$$

因为

$$W_N^{2rk}=\mathrm{e}^{-\mathrm{j}\frac{2\pi}{N}2rk}=\mathrm{e}^{-\mathrm{j}\frac{2\pi}{N/2}rk}=W_{N/2}^{rk} \tag{5.9}$$

所以

$$X(k)=\sum_{r=0}^{N/2-1}x_1(r)W_{N/2}^{rk}+W_N^k\sum_{r=0}^{N/2-1}x_2(r)W_{N/2}^{rk}=X_1(k)+W_N^kX_2(k) \tag{5.10}$$

式中，$X_1(k)$ 与 $X_2(k)$ 分别是 $x_1(n)$ 与 $x_2(n)$ 的 $N/2$ 点 DFT，即

$$X_1(k)=\mathrm{DFT}[x_1(n)]=\sum_{r=0}^{N/2-1}x_1(r)W_{N/2}^{rk},\qquad k=0,1,2,\cdots,N/4-1 \tag{5.11}$$

$$X_2(k)=\mathrm{DFT}[x_2(n)]=\sum_{r=0}^{N/2-1}x_2(r)W_{N/2}^{rk},\qquad k=0,1,2,\cdots,N/4-1 \tag{5.12}$$

于是，式(5.10)就把一个 N 点 DFT 分解成了 2 个 $N/2$ 点 DFT 的组合。然而，现在的问题是 $X_1(k)$ 与 $X_2(k)$ 分别是 $x_1(n)$ 与 $x_2(n)$ 的 $N/2$ 点 DFT，r 与 k 的取值满足 $r,k=0,1,2,\cdots,N/2-1$，而 $X(k)$ 是一个 N 点 DFT，因此式（5.10）只计算 $X(k)$ 的前 $N/2$ 点的值。我们利用上节中介绍的旋转因子的周期性来计算 $X(k)$ 的后 $N/2$ 点的值。由式（5.3）得

$$W_{N/2}^{rk}=W_{N/2}^{r(k+N/2)} \tag{5.13}$$

于是，$X(k)$ 的后 $N/2$ 点的值为

$$X(k+N/2)=X_1(k+N/2)+W_N^{k+N/2}X_2(k+N/2)$$

考虑周期性

$$X_1(k+N/2)=\sum_{r=0}^{N/2-1}x_1(r)W_{N/2}^{r(k+N/2)}=\sum_{r=0}^{N/2-1}x_1(r)W_{N/2}^{rk}=X_1(k) \tag{5.14}$$

同理可得

$$X_2(k+N/2)=X_2(k) \tag{5.15}$$

式（5.14）与式（5.15）表明，$X_1(k)$ 与 $X_2(k)$ 的前 $N/2$ 点的值与后 $N/2$ 点的值相同，这实际上就是 DFT 隐含的周期性。再考虑对称性

$$W_N^{(N/2+k)}=W_N^kW_N^{N/2}=-W_N^k \tag{5.16}$$

于是有

$$\begin{aligned}X(k+N/2)&=X_1(k+N/2)+W_N^{(k+N/2)}X_2(k+N/2)\\&=X_1(k)-W_N^kX_2(k)\end{aligned} \tag{5.17}$$

这样，利用式（5.10）与式（5.17）就可把一个完整的 N 点 DFT 分解成两个 $N/2$ 点 DFT 来运算。上述讨论的运算过程可用图 5.1 所示的信号流图来表示。

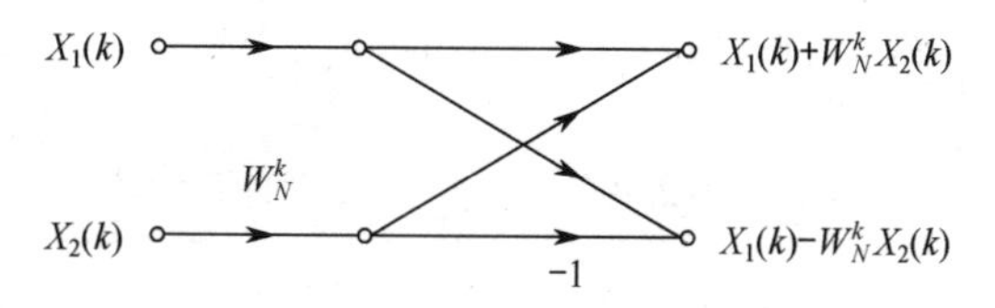

图 5.1 DIT-FFT 蝶形图

如图 5.1 所示，左边的两个点称为输入节点，右边的两个点称为输出节点，节点与节点之间的连线称为支路，因为图形的形状像展开翅膀的蝴蝶，所以我们形象地称其为蝶形图。蝶形图的运算规则是：任一支路上的值等于支路起始节点的值乘以支路传输系数，任一节点的值等于所有输入支路值的和。从图 5.1 中也可以看出每个蝶形运算需要一次复数乘法运算和两次复数加法运算。以 $N=8$ 为例，采用这种图示法时，DFT 的分解运算如图 5.2 所示，其中 $X(0)\to X(3)$ 由式（5.10）给出，$X(4)\to X(7)$ 由式（5.17）给出。

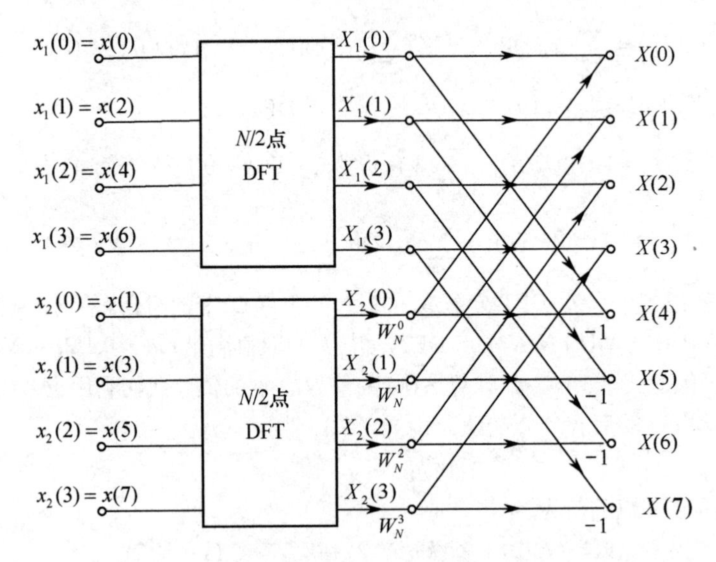

图5.2　DIT-FFT一次分解

下面分析经过一次分解后，计算DFT运算量的变化。计算一个$N/2$点DFT需要$(N/2)^2$次复数乘法和$N/2(N/2-1)$次复数加法，计算两个$N/2$点DFT需要$2(N/2)^2$次复数乘法和$N(N/2-1)$次复数加法，而两个$N/2$点DFT合成一个N点DFT需要计算$N/2$个蝶形，所以合成运算需要$N/2$次复数乘法和N次复数加法。综合两个方面，可以得出计算一个完整的N点DFT需要$2(N/2)^2+N/2\approx N^2/2$次复数乘法和$N(N/2-1)+N=N^2/2$次复数加法。可见，经过一次分解，运算量就减少了接近一半，由于$N/2$依然是偶数，因此可以将$N/2$点DFT按同样的方法分解成两个$N/4$点DFT。

DIT-FFT的运算原理1教学视频

与第一次分解相同，把$x_1(r)$按r的奇偶分解成两个$N/4$点的序列$x_3(l)$与$x_4(l)$，即

$$\left.\begin{aligned}x_1(2l)&=x_3(l)\\x_1(2l+1)&=x_4(l)\end{aligned}\right\},\quad l=0,1,2,\cdots,N/4-1 \tag{5.18}$$

代入$x_1(r)$的$N/2$点DFT表达式中有

$$\begin{aligned}X_1(k)&=\mathrm{DFT}\left[x_1(r)\right]=\sum_{r=0}^{N/2-1}x_1(r)W_{N/2}^{rk}\\&=\sum_{l=0}^{N/4-1}x_1(2l)W_{N/2}^{2lk}+\sum_{l=0}^{N/4-1}x_1(2l+1)W_{N/2}^{(2l+1)k}\\&=\sum_{l=0}^{N/4-1}x_3(l)W_{N/4}^{lk}+W_{N/2}^{k}\sum_{l=0}^{N/4-1}x_4(l)W_{N/4}^{lk}\\&=X_3(k)+W_{N/2}^{k}X_4(k)\end{aligned} \tag{5.19}$$

由对称性和周期性有

$$X_1(k+N/4)=X_3(k)-W_{N/2}^{k}X_4(k) \tag{5.20}$$

式中，

$$X_3(k)=\mathrm{DFT}[x_3(l)]=\sum_{l=0}^{N/4-1}x_3(l)W_{N/4}^{lk},\quad k=0,1,2,\cdots,N/4-1 \tag{5.21}$$

$$X_4(k)=\mathrm{DFT}[x_4(l)]=\sum_{l=0}^{N/4-1}x_4(l)W_{N/4}^{lk},\quad k=0,1,2,\cdots,N/4-1 \tag{5.22}$$

当 $N=8$ 时，一个 $N/2$ 点 DFT 分解成两个 $N/4$ 点 DFT 的运算流图如图 5.3 所示。

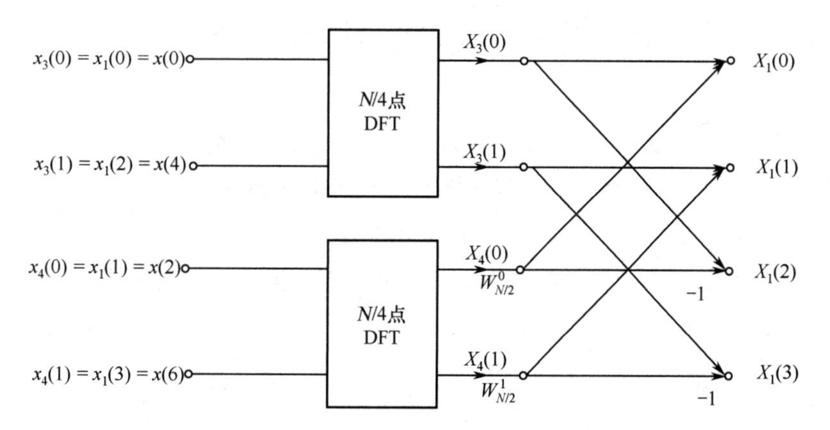

图 5.3　一个 $N/2$ 点 DFT 分解成两个 $N/4$ 点 DFT 的运算流图

同理，对 $X_2(k)$ 做同样的分解得

$$X_2(k)=X_5(k)+W_{N/2}^{k}X_6(k) \tag{5.23}$$

$$X_2(k+N/4)=X_5(k)-W_{N/2}^{k}X_6(k) \tag{5.24}$$

式中，

$$X_5(k)=\text{DFT}[x_5(l)]=\sum_{l=0}^{N/4-1}x_5(l)W_{N/4}^{lk}\,,\qquad k=0,1,2,\cdots,N/4-1 \tag{5.25}$$

$$X_6(k)=\text{DFT}[x_6(l)]=\sum_{l=0}^{N/4-1}x_6(l)W_{N/4}^{lk}\,,\qquad k=0,1,2,\cdots,N/4-1 \tag{5.26}$$

这样，就把 2 个 $N/2$ 点 DFT 分解成了 4 个 $N/4$ 点 DFT。当 $N=8$ 时，经过两次分解后的运算流图如图 5.4 所示。

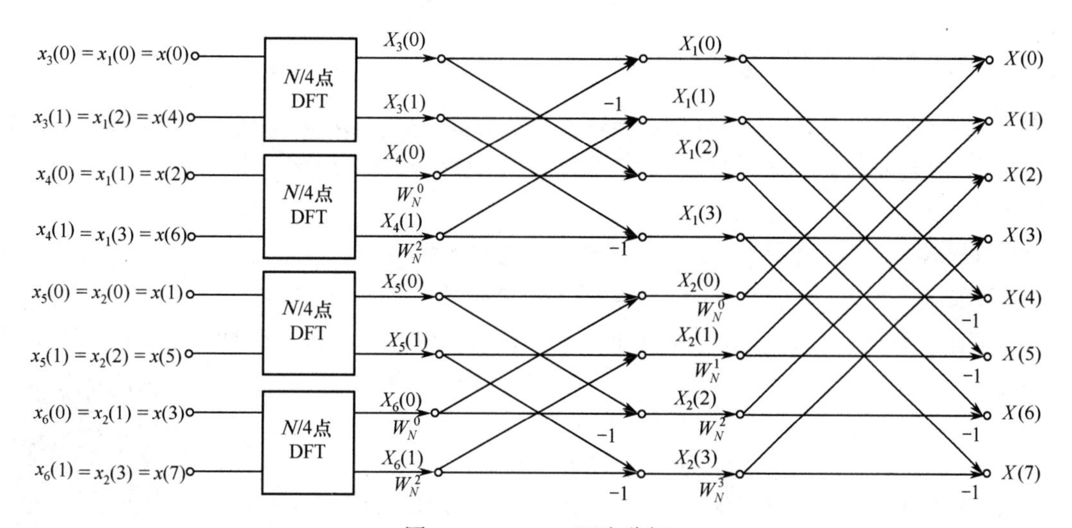

图 5.4　DIT-FFT 两次分解

由于满足 $N=2^L$，经过两次分解后 $N/4$ 仍然是偶数，可以继续分解；经过 $L-1$ 次分解后，就把一个 N 点 DFT 分解成了 $N/2$ 个 2 点 DFT。对于 $N=8$，就是 4 个 $N/2=2$ 点 DFT，其输出为 $X_3(k),X_4(k),X_5(k),X_6(k),k=0,1$，它们可由式（5.21）、式（5.22）、式（5.25）、式（5.26）算出。

例如，由式（5.21）可得

$$X_3(k)=\sum_{l=0}^{N/4-1}x_3(l)W_{N/4}^{lk}=\sum_{l=0}^{1}x_3(l)W_{N/4}^{lk},\quad k=0,1$$

即

$$\begin{cases}X_3(0)=x_3(0)W_2^0+W_2^0x_3(1)=x(0)+W_N^0x(4)\\X_3(0)=x_3(1)W_2^0+W_2^1x_3(1)=x(0)-W_N^0x(4)\end{cases}$$

注意，上式中$W_2^1=\mathrm{e}^{-\mathrm{j}\frac{2\pi}{2}\times1}=\mathrm{e}^{-\mathrm{j}\pi}=-1=-W_N^0$，因此计算上式不需要乘法。类似地，我们可以求出$X_4(k),X_5(k),X_6(k)$，这些 2 点 DFT 可以用一个蝶形图（见图 5.1）来计算。

于是，一个完整的$N=8$点 DIT-FFT 的蝶形图如图 5.5 所示。

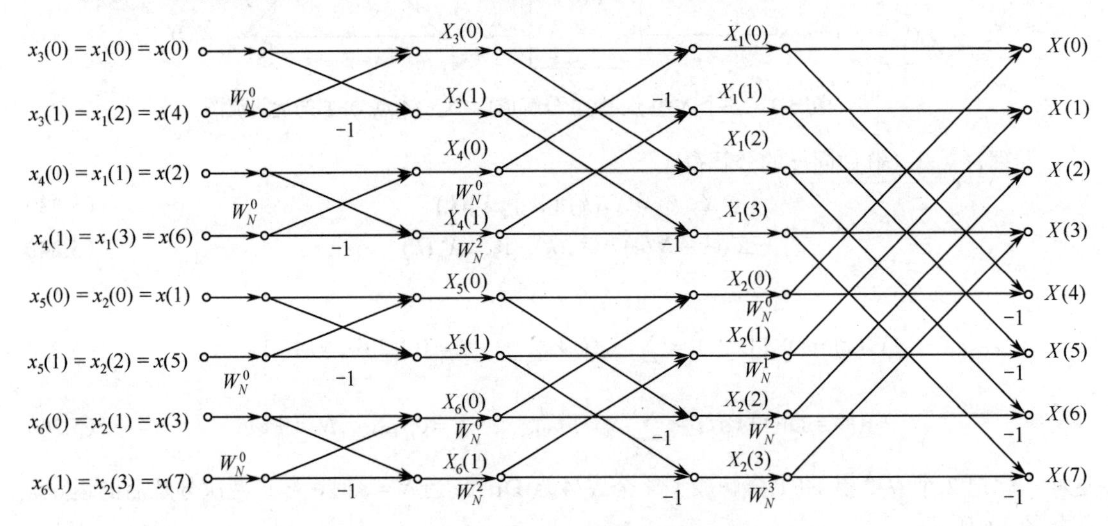

图 5.5 $N=8$ 点 DIT-FFT 的蝶形图

5.2.2 DIT-FFT 的运算量

观察图 5.5 可以发现当$N=2^L$时，经过$L-1$次分解，整个 DIT-FFT 运算有L级蝶形，每级蝶形有$N/2$个蝶形运算，每个蝶形运算有一次复数乘法和两次复数加法，所以整个运算流图的运算量如下：

复数乘法 $$m_F=L\times\frac{N}{2}\times1=\frac{N}{2}\operatorname{lb}N \tag{5.27}$$

复数加法 $$a_F=L\times\frac{N}{2}\times2=N\operatorname{lb}N \tag{5.28}$$

直接计算 DFT 需要N^2次复数乘法和$N(N-1)$次复数加法，直接计算 DFT 与 DIT-FFT 的复数乘法的运算量之比为

$$\frac{N^2}{\frac{N}{2}L}=\frac{N^2}{\frac{N}{2}\operatorname{lb}N}=\frac{2N}{\operatorname{lb}N} \tag{5.29}$$

DIT-FFT 的运算原理 2 教学视频

表 5.1 中列出了$N=2$到 2048 时，直接计算 DFT 与 DIT-FFT 的运算量比较；从表中可以看出，N越大，DIF-FFT 的运算量减少得越多，FFT 的优越性越突出。

表 5.1　直接计算 DFT 与 DIT-FFT 的运算量比较

N	N^2	$N^2/\left(\frac{N}{2}\text{lb}\,N\right)$ $\frac{N}{2}\text{lb}\,N$	$N^2/\left(\frac{N}{2}\text{lb}\,N\right)$
2	4	1	4
4	16	4	4
8	64	12	5.4
16	256	32	8
32	1024	80	12.8
64	4096	192	21.4
128	16384	448	36.6
256	65536	1024	64
512	262144	2304	113.8
1024	1048576	5120	205.8
2048	4194304	11264	372.4

5.2.3　DIT-FFT 算法的特点

1．原位运算

在 DIT-FFT 的蝶形图中，取第 m 级，以两个输入节点分别在第 k 行、第 j 行的蝶形为例，讨论 DIT-FFT 的原位运算规律，如图 5.6 所示。

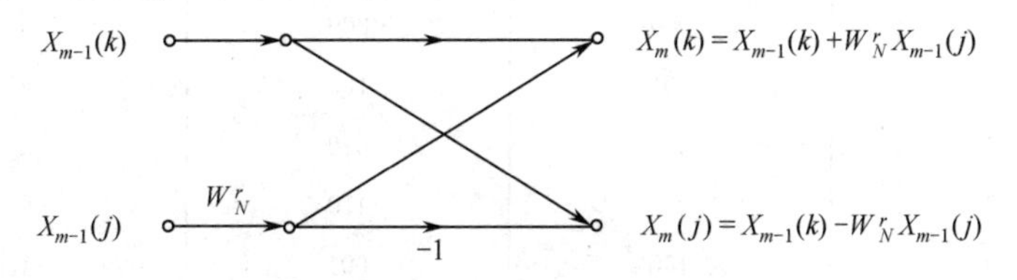

图 5.6　按时间抽取蝶形运算结构

蝶形运算的关系式可表示为

$$\begin{cases} X_m(k) = X_{m-1}(k) + W_N^r X_{m-1}(j) \\ X_m(j) = X_{m-1}(k) - W_N^r X_{m-1}(j) \end{cases} \tag{5.30}$$

从上式中可以看出，第 m 级蝶形的第 k 行与第 j 行的输出，只与第 $m-1$ 级的第 k 行和第 j 行的输出有关；换言之，第 $m-1$ 级的第 k 行和第 j 行的输出 $X_{m-1}(k)$ 与 $X_{m-1}(j)$ 在运算流图中的作用就是计算第 m 级的第 k 行与第 j 行的输出 $X_m(k)$ 和 $X_m(j)$。这样，计算完 $X_m(k)$ 与 $X_m(j)$ 后，$X_{m-1}(k)$ 与 $X_{m-1}(j)$ 在运算流图中就不再起作用，因此可把 $X_m(k)$ 与 $X_m(j)$ 直接存放到原来存放 $X_{m-1}(k)$ 与 $X_{m-1}(j)$ 的存储单元中。同理，可以把第 m 级蝶形的 N 个输出值直接存放到第 $m-1$ 级蝶形输出的 N 存储单元中；这样，从第一级的输入 $x(n)$ 开始，到最后一级输出 $X(k)$，就只需要 N 个存储单元，中间无须其他存储器。这一规律称为原位运算。原位运算大大节省了存储单元，一个完整的 N 点 FFT 运算只需要 N 个存储单元来存放原始序列，以及 $N/2$ 个存储单元来存放旋转因子 W_N^r。

2．倒序规律

从图 5.5 中看出，按原位计算时，蝶形图的输出正好是自然顺序 $X(0),X(1),\cdots,X(7)$，但输入却不是自然顺序，而是 $x(0),x(4),x(2),x(6),\cdots$。表面上看这是杂乱无序的，实际上是有规律的——倒序的排列方法。

倒序的形成原因是，FFT不断地对序列进行奇偶分组，重新排列序列的存放顺序，因此它是按码位倒置顺序排放的。例如，$n<N=2^3$ 的数可以表示为 3 位二进制数 $(n_2n_1n_0)_2$，时域按奇偶分组的过程如图5.7所示。第一次分组时，按 n_0 的0和1分成偶奇两组，$n_0=0$ 相当于偶序列，$n_0=1$ 相当于奇序列。第二次分组时，按 n_1 的0和1分成偶奇两组，以此类推，形成了如图5.7所示的树状结构。事实上，只要把二进制数 $(n_2n_1n_0)_2$ 的码位倒置就可以得到对应的二进制倒序 $(n_0n_1n_2)_2$。例如，十进制数1（二进制数为001）的倒序为4（二进制数为100）。表5.2给出了自然顺序与倒序的对应关系。

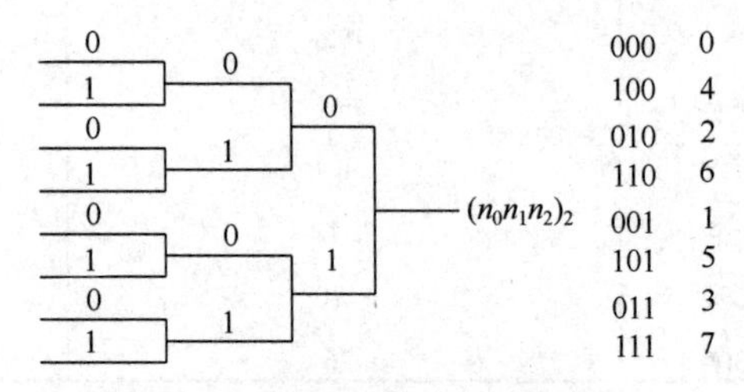

图5.7　倒序形成的树状结构

表5.2　自然顺序与倒序的对应关系

自然顺序		倒　序	
十进制数	二进制数	二进制数	十进制数
0	000	000	0
1	001	100	4
2	010	010	2
3	011	110	6
4	100	001	1
5	101	101	5
6	110	011	3
7	111	111	7

在实际运算中，不可能一开始就把输入序列按倒序存放，而往往首先按自然顺序存放，然后采用变址运算来实现倒序。例如，对于 $N=8$，序列 $x(n)$ 的8个序列值 $x(0),x(1),\cdots,x(7)$ 分别存放在 8 个存储单元 $A(1),A(2),\cdots,A(8)$ 中。经过变址运算后，原来存放 $x(1)$ 的 $A(2)$ 单元就应该存放 $x(4)$，原来存放 $x(4)$ 的 $A(5)$ 单元就应该存放 $x(1)$，也就是 $x(1)$ 与 $x(4)$ 互换存储单元。变址运算的规律如图5.8所示。

程序中是按以下方法来实现变址运算的：如果用 n 来表示自然顺序，用 $\hat{n}$ 表示 n 的倒序，那么 $n=\hat{n}$ 时不调换，$n\neq\hat{n}$ 时互换 $x(n)$ 与 $x(\hat{n})$ 的存储单元。为避免把已经调换过的数据再换回去，规定只有在 $n<\hat{n}$ 时才调换。

3．蝶形运算两节点之间的“距离”

从图5.5可以看出，第一级蝶形中每个蝶形运算两节点之间的“距离”为1，第二级蝶形中每个蝶形运算两节点之间的“距离”为2，第三级蝶形中每个蝶形运算两节点之间的“距离”为4，以此类推，对于 $N=2^L$ 的DIT-FFT，可以得出第 M 级蝶形中每个蝶形运算两节点之间的“距离”为 2^{M-1}。

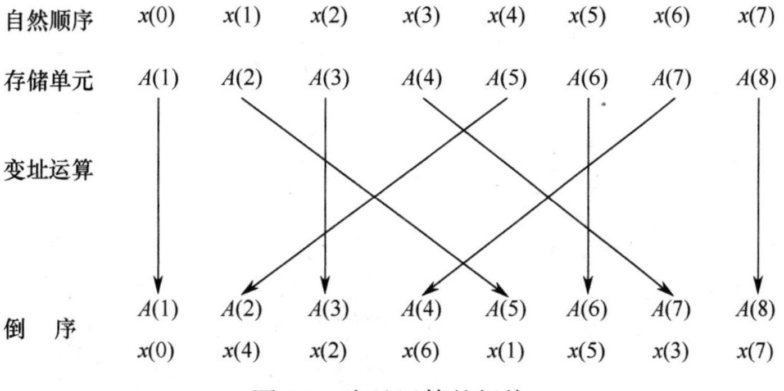

图 5.8 变址运算的规律

4．旋转因子的变化规律

对于第 M 级运算，一个 DIT 蝶形中运算两节点之间的“距离”为 2^{M-1}，于是式（5.30）的第 M 级的一个蝶形计算可写成

$$\begin{cases} X_M(k) = X_{M-1}(k) + X_{M-1}(k+2^{M-1})W_N^r \\ X_M(k+2^{M-1}) = X_{M-1}(k) - X_{M-1}(k+2^{M-1})W_N^r \end{cases}$$

以图 5.5 的 8 点 FFT 为例，每级的每个蝶形运算都要乘以一个旋转因子 W_N^r，其中 r 是旋转因子的指数，也是一个变化的量。由于编程时 r 是一个重要的控制参数，因此必须找出 r 的变化规律及其与级数 $M=0,1,\cdots,L$ 之间的关系。在第一级蝶形中，$r=0$；在第二级蝶形中，$r=0,1$；在第三级蝶形中，$r=0,1,2,3$；以此类推，在第 M 级蝶形中，旋转因子的指数为

$$r = J\cdot 2^{L-M},\qquad J=0,1,2,\cdots,2^{M-1}-1 \tag{5.31}$$

这样，就可以根据式（5.31）算出每级的旋转因子。对于 M 级的任意一个蝶形运算，其对应的旋转因子的指数可用如下方法求得：①把待求蝶形输入节点中上面节点的行标号值 k 写成 L 位二进制数；②将该二进制数乘以 2^{L-M}，即把 L 位二进制数左移 $L-M$ 位，右边的空位补零，然后从低位到高位取 L 位，即是要求的指数 r 所对应的二进制数。

从图 5.5 可以看出，W_N^r 因子的最后一列有 $N/2$ 种，顺序为 $W_N^0,W_N^1,\cdots,W_N^{(N/2-1)}$，其余可以类推。

5.3 按频率抽取的基 2 FFT 算法（DIF-FFT）

5.3.1 算法原理

设序列 $x(n)$ 的长度满足 $N=2^L$，除上节介绍的按时间抽取的 FFT 外，还有一种常用的算法，即按频率抽取的 FFT（简称 DIF-FFT），其基本思想是，在时域下对输入 $x(n)$ 前后分组，对输出 $X(k)$ 按其顺序奇偶进行分组：

$$\begin{aligned} X(k) = \mathrm{DFT}[x(n)] &= \sum_{n=0}^{N-1} x(n)W_N^{nk} = \sum_{n=0}^{N/2-1} x(n)W_N^{nk} + \sum_{n=N/2}^{N-1} x(n)W_N^{nk} \\ &= \sum_{n=0}^{N/2-1} x(n)W_N^{nk} + \sum_{n=0}^{N/2-1} x\left(n+\frac{N}{2}\right)W_N^{(n+N/2)k} \\ &= \sum_{n=0}^{N/2-1}\left[x(n)+W_N^{kN/2}x(n+N/2)\right]W_N^{kn} \end{aligned}$$

由于$W_N^{N/2}=-1$，故有

$$W_N^{kn/2}=(-1)^k=\begin{cases}1, & k\text{为偶数}\\-1, & k\text{为奇数}\end{cases} \tag{5.32}$$

所以有

$$X(k)=\sum_{n=0}^{N/2-1}\left[x(n)+(-1)^k x(n+N/2)\right]W_N^{kn} \tag{5.33}$$

按k为偶数和奇数将$X(k)$分成两部分，即

$$\left.\begin{array}{l}k=2r\\k=2r+1\end{array}\right\},\qquad r=0,1,\cdots,N/2-1 \tag{5.34}$$

代入式（5.33）得

$$X(2r)=\sum_{n=0}^{N/2-1}\left[x(n)+x(n+N/2)\right]W_N^{2rn}=\sum_{n=0}^{N/2-1}\left[x(n)+x(n+N/2)\right]W_{N/2}^{rn} \tag{5.35}$$

$$X(2r+1)=\sum_{n=0}^{N/2-1}\left[x(n)-x(n+N/2)\right]W_N^{n(2r+1)}=\sum_{n=0}^{N/2-1}\left[x(n)-x(n+N/2)\right]W_N^{n}W_{N/2}^{nr} \tag{5.36}$$

令

$$\left.\begin{array}{l}x_1(n)=x(n)+x(n+N/2)\\x_2(n)=\left[x(n)-x(n-N/2)\right]W_N^n\end{array}\right\},\quad n=0,1,2,\cdots,N/2-1 \tag{5.37}$$

把式（5.37）中的$x_1(n)$、$x_2(n)$分别代入式（5.35）与式（5.36）得

$$\left.\begin{array}{l}X(2r)=\sum\limits_{n=0}^{N/2-1}x_1(n)W_{N/2}^{rn}\\X(2r+1)=\sum\limits_{n=0}^{N/2-1}x_2(n)W_{N/2}^{rn}\end{array}\right\},\qquad r=0,1,2,\cdots,N/2-1 \tag{5.38}$$

式（5.38）中，$X(2r)$表示序列$x(n)$前$N/2$点的值与后$N/2$点的值的和的$N/2$点DFT；$X(2r+1)$表示序列$x(n)$前$N/2$点的值与后$N/2$点的值的差，再与序列W_N^n之积的$N/2$点DFT。这样，式(5.38)就把一个N点DFT分解成了两个$N/2$点DFT的组合，降低了运算量。

式（5.37）可以用图5.9所示的运算流图符号来表示，其运算规则与上节讨论的蝶形运算完全相同。$N=8$的DFT一次分解的运算流图如图5.10所示。

由于满足$N=2^L$，$N/2$仍然为偶数，所以可以继续对$N/2$点DFT进行奇、偶分组，这样就把一个$N/2$点DFT分解成了两个$N/4$点DFT。$N=8$时，采用DIF-FFT二次分解的运算流图如图5.11所示。

以此类推，$N=2^L$点DFT经过$L-1$次分解后形成2^{L-1}个两点DFT，每个两点DFT就可以用一个蝶形运算来求解，这样就形成了完整的N点DIF-FFT蝶形图。以$N=8$为例的DIF-FFT的完整蝶形图如图5.12所示。

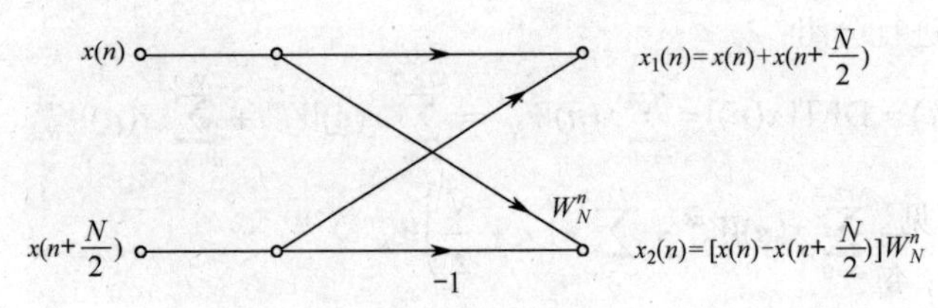

图5.9　DIF-FFT蝶形运算流图符号

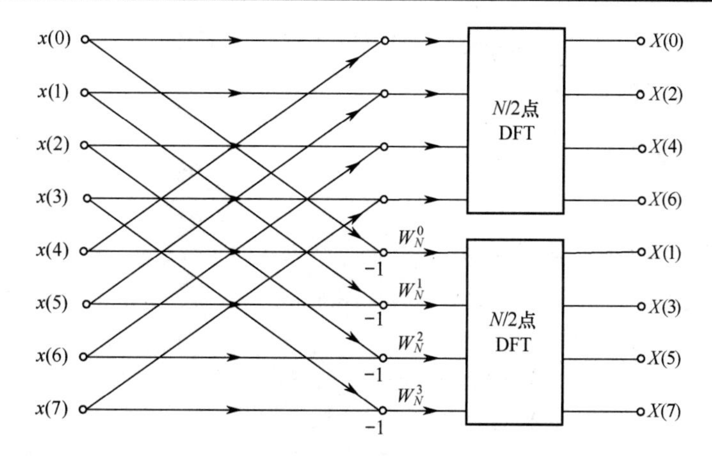

图 5.10　DIF-FFT 一次分解的运算流图

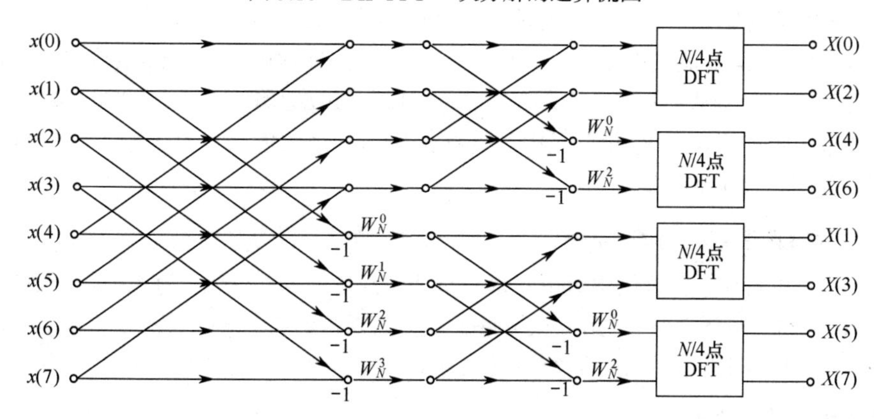

图 5.11　DIF-FFT 二次分解的运算流图

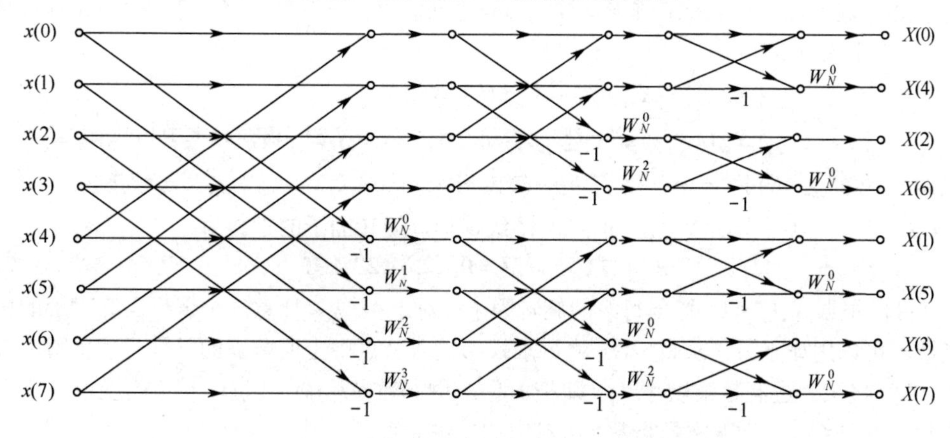

图 5.12　以 $N=8$ 为例的 DIF-FFT 的完整蝶形图

5.3.2　DIF-FFT 的运算量

观察图 5.12，可见当 $N=2^L$ 时，经过 $L-1$ 次分解，整个 DIF-FFT 运算有 L 级蝶形，每级蝶形有 $N/2$ 个蝶形运算，每个蝶形运算有一次复数乘法和两次复数加法，所以整个运算流图的运算量如下：

复数乘法
$$m_F = L\times N/2\times 1 = N/2\,\mathrm{lb}\,N \tag{5.39}$$

复数加法 $a_F = L \times N/2 \times 2 = N \operatorname{lb} N$ (5.40)

运算量与 DIT-FFT 的完全相同。

DIT-FFT 的运算原理教学视频

5.3.3 按频率抽取的 FFT 的特点

1. 原位运算

在 DIT-FFT 的蝶形图中，取第 m 级，以两输入节点分别在第 k 行、第 j 行的蝶形为例，讨论 DIT-FFT 的原位运算规律，如图 5.6 所示。蝶形运算的关系式可表示为

$$\begin{cases} X_m(k) = X_{m-1}(k) + X_{m-1}(j) \\ X_m(j) = [X_{m-1}(k) - X_{m-1}(j)]W_N^r \end{cases} \tag{5.41}$$

从式（5.41）中可以看出，第 $m-1$ 级的第 k 行与第 j 行的输出 $X_{m-1}(k)$ 与 $X_{m-1}(j)$ 在运算流图中的作用是计算第 m 级的第 k 行与第 j 行的输出 $X_m(k)$ 与 $X_m(j)$。这样，计算 $X_m(k)$ 与 $X_m(j)$ 后，$X_{m-1}(k)$ 与 $X_{m-1}(j)$ 在运算流图中就不再起作用，因此也可采用原位运算把 $X_m(k)$ 与 $X_m(j)$ 直接存放到原来存放 $X_{m-1}(k)$ 与 $X_{m-1}(j)$ 的存储单元中。同理，可以把第 m 级蝶形的 N 个输出值直接存放到第 $m-1$ 级蝶形输出的 N 存储单元中。这样，从第一级的输入 $x(n)$ 开始，到最后一级输出 $X(k)$，就只需要 N 个存储单元。

2. 蝶形运算两节点之间的“距离”

从图 5.11 可以看出，第一级中每个蝶形运算两节点之间的“距离”为 4，第二级中每个蝶形运算两节点之间的“距离”为 2，第三级中每个蝶形运算两节点之间的“距离”为 1，以此类推，对于 $N = 2^L$ 的 DIF-FFT，可以得出第 M 级中每个蝶形运算两节点之间的“距离”为 2^{L-M}。

3. 旋转因子的变化规律

对于第 m 级运算，一个 DIF 蝶形运算两节点之间的“距离”为 2^{L-M}，于是式（5.41）的第 M 级的一个蝶形计算可以写成

$$\begin{cases} X_M(k) = X_{M-1}(k) + X_{M-1}(k + N/2^M) \\ X_M(k + N/2^M) = [X_{M-1}(k) - X_{M-1}(k + N/2^M)]W_N^r \end{cases}$$

以图 5.12 的 8 点 FFT 为例，对于第一级蝶形，$r = 0,1,2,3$；对于第二级蝶形，$r = 0,2$；对于第三级蝶形，$r = 0$；以此类推，对于第 M 级蝶形，旋转因子的指数为

$$r = J \cdot 2^{M-1}, \qquad J = 0,1,2,\cdots,2^{M-1}-1 \tag{5.42}$$

这样，就可以根据式（5.42）算出每级的旋转因子。对于 M 级，任意一个蝶形运算对应的旋转因子的指数，可以用如下方法求得：① 将待求蝶形输入节点中上面节点的行标号值 k 写成 L 位二进制数；② 将该二进制数乘以 2^{M-1}，即把 L 位二进制数左移 $M-1$ 位，右边的空位补零，然后从低位到高位取 L 位，即要求的指数 r 所对应的二进制数。

5.3.4 DIT-FFT 与 DIF-FFT 的区别与联系

DIT-FFT 的运算规律实质上是在时域不断地奇、偶分组，DIF-FFT 是在频域不断地奇、偶分组，而从时域与频域的对偶性就可推断它们之间一定有联系。从蝶形图的结构上看，两种算法也很相似，具体总结为以下 4 点：

（1）DIF-FFT 的输入 $x(n)$ 是自然顺序，输出 $X(k)$ 是倒序；而 DIT-FFT 则恰好相反，即输入 $x(n)$ 是倒序，输出 $X(k)$ 是自然顺序。

（2）DIT-FFT 的蝶形运算先乘以旋转因子，后进行加减运算；DIF-FFT 蝶形运算先进行加减运算，后乘以旋转因子。

（3）DIT-FFT 与 DIF-FFT 的运算量完全相同，即需要 $m_F = L\times\frac{N}{2}\times 1 = \frac{N}{2}\operatorname{lb}N$ 次复数乘法和 $a_F = L\times\frac{N}{2}\times 2 = N\operatorname{lb}N$ 次复数加法。

（4）DIT-FFT 与 DIF-FFT 互为转置。

需要说明的是，这两种运算的蝶形图都不是唯一的，只要保证各支路传输系数不变，改变输入节点与输出节点及中间节点的排列顺序，就能得到其他变形的 FFT 蝶形图。感兴趣的读者可以查阅相关书籍。

5.4　离散傅里叶反变换的快速算法（IFFT）

前面讨论的 FFT 同样也可以用于离散傅里叶反变换（简称为 IFFT），即快速傅里叶反变换。比较 IDFT 与 DFT 的公式：

$$x(n) = \mathrm{IDFT}\left[X(k)\right] = \frac{1}{N}\sum_{k=0}^{N-1} X(k)W_N^{-nk}$$

$$X(k) = \mathrm{DFT}\left[x(n)\right] = \sum_{n=0}^{N-1} x(n)W_N^{nk}$$

可见，只要将 DFT 运算公式的旋转因子由 W_N^{nk} 变成 W_N^{-nk}，再乘以 $1/N$，就可得到 IDFT 的运算公式。因此，我们可以用前面讨论的 FFT 的算法来计算 IDFT，只不过此时蝶形图的输入是 $X(k)$，输出是 $x(n)$。因此，DIT-FFT 改为 IFFT 后应称为 DIF-IFFT，而 DIF-FFT 改为 IFFT 后应称为 DIT-FFT。在实际运算中，为了防止溢出，经常将常数 $1/N = (1/2)^L$ 分配到各级运算中，所以每级蝶形的每个输出支路都有一个系数 $1/2$。以 $N = 8$ 为例的 DIF-IFFT 与 DIT-IFFT 的运算蝶形图分别如图 5.13 与图 5.14 所示。

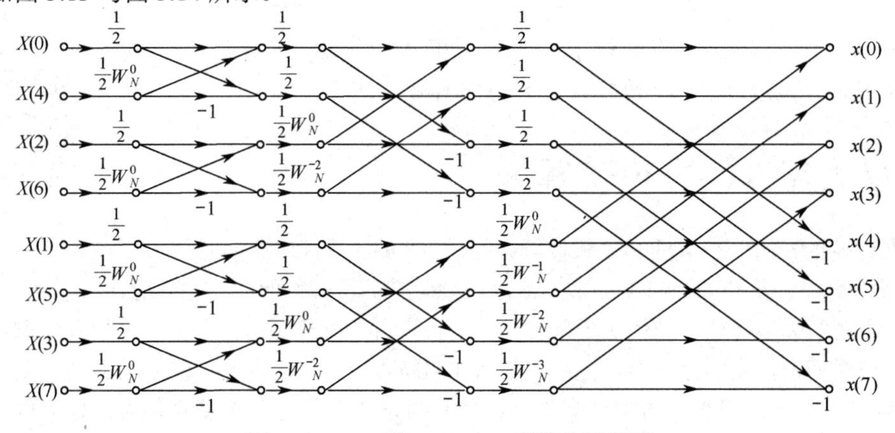

图 5.13　$N = 8$ 时 DIF-IFFT 运算的蝶形图

由以上算法可以方便地从 FFT 的运算程序改造出 IFFT 的运算程序。想要直接调用 FFT 的程序来计算 IDFT 时，可以采用以下两种方法。

1. 方法 1

由 IDFT 的定义式

$$x(n)=\frac{1}{N}\sum_{k=0}^{N-1}X(k)W_N^{-nk}=\frac{1}{N}\left[\sum_{k=0}^{N-1}X^*(k)W_N^{nk}\right]^*=\frac{1}{N}\left\{\text{DFT}[X^*(k)]\right\}^* \tag{5.43}$$

式（5.43）表明，首先对 $X(k)$ 取共轭，然后直接调用 FFT 程序，再对运算结果取共轭，并乘以常数 $1/N$，就可以得到时域下的 $x(n)$。

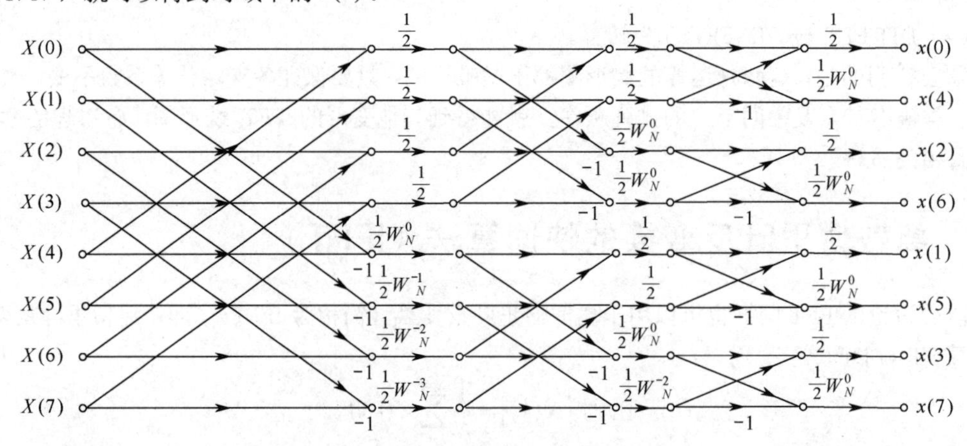

图 5.14　$N=8$ 时 DIT-IFFT 运算的蝶形图

2. 方法 2

令

$$g(n)=\text{DFT}[X(k)]=\sum_{k=0}^{N-1}X(k)W_N^{nk}$$

计算

$$x(n)=\frac{1}{N}g(N-n)=\frac{1}{N}\sum_{k=0}^{N-1}X(k)W_N^{k(N-n)}=\frac{1}{N}\sum_{k=0}^{n-1}X(k)W_N^{-nk} \tag{5.44}$$

式（5.44）表明，首先调用 FFT 程序计算 $X(k)$ 的 DFT，然后把运算结果翻褶后平移 N 位，最后再乘以常数 $1/N$，就得到 $x(n)$。

DIF-FFT 的运算特点和 IFFT 教学视频

5.5 *N* 为复合数的 FFT 算法

前面讨论的按时间抽取的FFT和按频率抽取的FFT都是以二进制数为基础的，因此都称为基 2 的 FFT 算法。这两种算法都要求序列的长度满足 $N=2^L$，而在实际中往往不满足这一条件，因此必须对序列补零。补零后的序列会使频域的采样点增加，谱线变密，实际上已经不是准确的 N 点 DFT，这样就限制了 FFT 的应用。要计算准确的 N 点 DFT，就要采用线性调频 Z 变换（CZT）的方法。N 是一个复合数时，还可以采用另一种方法，即 N 为复合数的 FFT 算法，这种算法的运算基础是整数的多基多进制表示。

5.5.1 整数的多基多进制表示

设有一个整数 $N=r_1r_2\cdots r_L$，任意一个小于 N 的整数 n 都可以用多基多进制表示，即

$$(n)_{10}=(n_{L-1}n_{L-2}\cdots n_1n_0)_{r_1r_2\cdots r_{L-1}r_L}=n_{L-1}(r_2r_3\cdots r_L)+n_{L-2}(r_3r_4\cdots r_L)+\cdots+n_1r_L+n_0 \tag{5.45}$$

其倒序可表示为

$$[\rho(n)]_{10}=(n_0n_1\cdots n_{L-1}n_L)_{r_Lr_{L-1}\cdots r_2r_1}=n_0(r_1r_2\cdots r_{L-1})+n_1(r_1r_2\cdots r_{L-2})+n_{L-2}r_1+n_{L-1} \tag{5.46}$$

式中，

$$n_i = 0,1,2,\cdots,r_{L-i}-1,\quad i=0,1,2,\cdots,L-1 \tag{5.47}$$

多基多进制是最普遍的整数表示形式，常见的单基都是多基多进制的特殊形式。例如，当 $r_1 = r_2 = \cdots = r_L = 2$ 时，就是二进制表示形式。$r_1 = r_2 = \cdots = r_L = r$ 称 r 进制表示形式。

5.5.2　*N* 为复合数的快速离散傅里叶变换

1．算法原理

这里重点讨论形如 $N = r_1 r_2$ 的复合数的算法。按照上面多基多进制的整数表示方法，时域序列的自变量 n 与频域序列的自变量 k 可分别表示为

$$n = n_1 r_2 + n_0,\quad \begin{cases} n_1 = 0,1,2,\cdots,r_1-1 \\ n_0 = 0,1,2,\cdots,r_2-1 \end{cases} \tag{5.48}$$

$$k = k_1 r_1 + k_0,\quad \begin{cases} k_1 = 0,1,2,\cdots,r_2-1 \\ k_0 = 0,1,2,\cdots,r_1-1 \end{cases} \tag{5.49}$$

式（5.48）表示 n 为 r_2 进制数，n_0 为末位，n_1 为进位；式（5.49）表示 k 为 r_1 进制数，k_0 为末位，k_1 为进位。把以上两式代入 DFT 的定义式得

$$\begin{aligned} X(k) &= X(k_1 r_1 + k_0) = X(k_1,k_0) = \mathrm{DFT}[x(n)] = \sum_{n=0}^{N-1} x(n) W_N^{nk} \\ &= \sum_{n_0=0}^{r_2-1}\sum_{n_1=0}^{r_1-1} x(n_1 r_2 + n_0) W_N^{(n_1 r_2 + n_0)(k_1 r_1 + k_0)} \\ &= \sum_{n_0=0}^{r_2-1}\sum_{n_1=0}^{r_1-1} x(n_1,n_0) W_N^{r_2 n_1 k_0} W_N^{r_1 n_0 k_1} W_N^{n_0 k_0} W_N^{r_1 r_2 n_1 k_1} \end{aligned}$$

因为

$$W_N^{r_1 r_2 n_1 k_1} = W_N^{N n_1 k_1} = 1 \tag{5.50}$$

所以有

$$\begin{aligned} X(k_1,k_0) &= \sum_{n_0=0}^{r_2-1}\sum_{n_1=0}^{r_1-1} x(n_1,n_0) W_N^{r_2 n_1 k_0} W_N^{r_1 n_0 k_1} W_N^{n_0 k_0} \\ &= \sum_{n_0=0}^{r_2-1}\left\{\left[\sum_{n_1=0}^{r_1-1} x(n_1,n_0)\ W_N^{n_1 r_2 k_0}\right] W_N^{k_0 n_0}\right\} W_N^{r_1 n_0 k_1} \\ &= \sum_{n_0=0}^{r_2-1}\left\{\left[\sum_{n_1=0}^{r_1-1} x(n_1,n_0)\ W_{r_1}^{n_1 k_0}\right] W_N^{k_0 n_0}\right\} W_{r_2}^{n_0 k_1} \\ &= \sum_{n_0=0}^{r_2-1}\left[X_1(k_0,n_0) W_N^{k_0 n_0}\right] W_{r_2}^{n_0 k_1} \\ &= \sum_{n_0=0}^{r_2-1} X_1'(k_0,n_0) W_{r_2}^{n_0 k_1} = X_2(k_0,k_1) \end{aligned} \tag{5.51}$$

式中，$x(n_1,n_0)$ 表示 $x(n)$ 的 n 为 r_2 进制顺序排列，$X(k_1,k_0)$ 表示 $X(k)$ 的 k 为 r_1 进制顺序排列，$x(n_0,n_1)$ 表示 $x(n)$ 的 n 为 r_2 进制倒序排列，$X(k_0,k_1)$ 表示 $X(k)$ 的 k 为 r_1 进制倒序排列。

下面解释运算过程中的几组变换公式：

$$X_1(k_0,n_0) = \sum_{n_1=0}^{r_1-1} x(n_1,n_0) W_{r_1}^{n_1 k_0},\quad k_0 = 0,1,2,\cdots,r_1-1 \tag{5.52}$$

表示以 n_0 为参变量、以 n_1 为自变量的输入 $x(n)$ 与以 k_0 为自变量的输出 $X_1(k_0,n_0)$ 之间的 r_1 点 DFT，共有 r_2 个（n_0 的可能取值数）。

$$X_1'(k_0,n_0)=X_1(k_0,n_0)W_N^{n_0k_0} \tag{5.53}$$

表示 $X_1(k_0,n_0)$ 乘以 $W_N^{n_0k_0}$ 形成的新序列。

$$X_2(k_0,k_1)=\sum_{n_0=0}^{r_2-1}X_1'(k_0,n_0)W_{r_2}^{n_0k_1},\quad k_1=0,1,2,\cdots,r_2-1 \tag{5.54}$$

表示以 k_0 为参变量、以 n_0 为自变量的输入 $X_1'(k_0,n_0)$ 与以 k_1 为自变量的输出 $X_2(k_0,k_1)$ 之间的 r_2 点 DFT，共有 r_1 个（k_0 的可能取值数）。

$$X(k_1,k_0)=X_2(k_0,k_1) \tag{5.55}$$

表示利用 $k=k_1r_1+k_0$ 整序恢复 $X(k)$。

2. 运算步骤

根据以上推导，复合数 $N=r_1r_2$ 的 DFT 快速算法步骤如下。

步骤1：将序列 $x(n)$ 的自变量 n 表示为 r_2 进制的顺序排列，得到 $x(n_1,n_0)$，即

$$x(n)=x(r_2n_1+n_0)=x(n_1,n_0),\quad \begin{cases}n_1=0,1,2,\cdots,r_1-1\\ n_0=0,1,2,\cdots,r_2-1\end{cases} \tag{5.56}$$

步骤2：由式（5.52），求 r_2 个 r_1 点 DFT，得到 $X_1(k_0,n_0)$。

步骤3：利用式（5.53），由 $X_1(k_0,n_0)$ 求得 $X_1'(k_0,n_0)$。

步骤4：由式（5.54），求 r_1 个 r_2 点 DFT，得到 $X_2(k_0,k_1)$。

步骤5：由式（5.55），整序出 $X(k_1,k_0)=X_2(k_0,k_1)$。

3. 运算量

N 为复合数的快速离散傅里叶变换的运算量由以下几部分组成：

（1）求 r_2 个 r_1 点 DFT：有 $m_{F_1}=r_2r_1^2$ 次复数乘法和 $a_{F_1}=r_2r_1(r_1-1)$ 次复数加法。

（2）乘以 N 个旋转因子 $W_N^{n_0k_0}$：有 $m_{F_2}=N$ 次复数乘法。

（3）求 r_1 个 r_2 点 DFT：有 $m_{F_3}=r_1r_2^2$ 次复数乘法和 $a_{F_2}=r_1r_2(r_2-1)$ 次复数加法。

总运算量如下。

复数乘法：
$$m_F=m_{F_1}+m_{F_2}+m_{F_3}=r_2r_1^2+N+r_1r_2^2=N(r_1+r_2+1) \tag{5.57}$$

复数加法：
$$a_F=a_{F_1}+a_{F_2}=r_2r_1(r_1-1)+r_1r_2(r_2-1)=N(r_1+r_2-2) \tag{5.58}$$

与直接计算 N 点 DFT 的运算量比较如下：

乘法：
$$\frac{N^2}{N(r_1+r_2+1)}=\frac{N}{r_1+r_2+1} \tag{5.59}$$

加法：
$$\frac{N(N-1)}{N(r_1+r_2-2)}=\frac{N-1}{r_1+r_2-2} \tag{5.60}$$

从式（5.59）、式（5.60）可以看出，N 越大，运算量的优越性越突出。

5.6 基4 FFT算法

5.6.1 算法原理

当混合基 FFT 算法中的 $r_1=r_2=\cdots=r_L=4$ 即 $N=4^L$ 时就是基4 FFT 算法。n 和 k 以四进制数

表示为

$$n=\sum_{i=0}^{L-1}n_i 4^i,\quad n_i=0,1,2,3 \tag{5.61a}$$

$$k=\sum_{i=0}^{L-1}k_i 4^i,\quad k_i=0,1,2,3 \tag{5.61b}$$

将以上两式代入 DFT 的表达式，可得

$$\begin{aligned}X(k)&=\sum_{n=0}^{L-1}x(n)W_N^{nk}\\&=\sum_{n_0=0}^{3}\sum_{n_1=0}^{3}\cdots\sum_{n_{L-1}=0}^{3}x(n_{L-1},n_{L-2},\cdots,n_1,n_0)W_N^{nk},\quad 0\le k\le N-1\end{aligned} \tag{5.62}$$

下面以按时间抽取法为例进行讨论。先将输入时间变量 n 加以分解，即

$$W_N^{nk}=W_N^{\left(\sum_{i=0}^{L-1}k_i 4^i\right)4^{L-1}n_{L-1}}\cdot W_N^{\left(\sum_{i=0}^{L-1}k_i 4^i\right)4^{L-2}n_{L-2}}\cdots\cdots W_N^{\left(\sum_{i=0}^{L-1}k_i 4^i\right)4n_1}\cdot W_N^{\left(\sum_{i=0}^{L-1}k_i 4^i\right)n_0} \tag{5.63}$$

由于 $N=4^L$，有

$$W_N^{nk}=W_N^{4^{L-1}k_0 n_{L-1}}\cdot W_N^{(4k_1+k_0)4^{L-2}n_{L-2}}\cdots\cdots W_N^{\left(\sum_{i=0}^{L-2}k_i 4^i\right)4n_1}\cdot W_N^{\left(\sum_{i=0}^{L-1}k_i 4^i\right)n_0} \tag{5.64}$$

把它代入式（5.62），有

$$\begin{aligned}X(k)=&\sum_{n_0=0}^{3}\sum_{n_1=0}^{3}\cdots\sum_{n_{L-1}=0}^{3}x(n_{L-1},n_{L-2},\cdots,n_1,n_0)W_N^{4^{L-1}k_0 n_{L-1}}\cdot W_N^{(4k_1+k_0)4^{L-2}n_{L-2}}\cdots\cdots\\&W_N^{\left(\sum_{i=0}^{L-2}k_i 4^i\right)4n_1}\cdot W_N^{\left(\sum_{i=0}^{L-1}k_i 4^i\right)n_0}\end{aligned} \tag{5.65}$$

因此，可由式（5.65）写出递推关系

$$\begin{aligned}X_1(k_0,n_{L-2},\cdots,n_1,n_0)&=\sum_{n_{L-1}=0}^{3}x(n_{L-1},n_{L-2},\cdots,n_1,n_0)W_N^{4^{L-1}k_0 n_{L-1}}\\&=\sum_{n_{L-1}=0}^{3}x(n_{L-1},n_{L-2},\cdots,n_1,n_0)W_4^{k_0 n_{L-1}}\end{aligned} \tag{5.66}$$

这正是输入变量为 n_{L-1}、输出变量为 k_0 的 $x(n)$ 的 4 点 DFT。同样可得

$$\begin{aligned}X_2(k_0,k_1,n_{L-3},\cdots,n_1,n_0)&=\sum_{n_{L-2}=0}^{3}X_1(k_0,n_{L-2},\cdots,n_1,n_0)W_N^{4^{L-1}k_1 n_{L-2}}\cdot W_N^{4^{L-2}k_0 n_{L-2}}\\&=\sum_{n_{L-2}=0}^{3}\left[X_1(k_0,n_{L-2},\cdots,n_1,n_0)W_N^{4^{L-2}k_0 n_{L-2}}\right]W_4^{n_{L-2}k_1}\end{aligned} \tag{5.67}$$

这是 $X_1(k_0,n_{L-2},\cdots,n_1,n_0)$ 乘以一个旋转因子 $W_N^{4^{L-2}k_0 n_{L-2}}$ 后的 4 点 DFT，其输入变量为 n_{L-2}，输出变量为 k_1。同样可得

$$\begin{aligned}&X_3(k_0,k_1,k_2,n_{L-4},\cdots,n_1,n_0)\\&=\sum_{n_{L-3}=0}^{3}\left[X_2(k_0,k_1,n_{L-3},\cdots,n_1,n_0)W_N^{4^{L-3}(4k_1+k_0)n_{L-3}}\right]W_4^{n_{L-3}k_2}\\&\qquad\cdots\end{aligned} \tag{5.68}$$

$$X_m(k_0,k_1,k_{m-1},n_{L-m-1},\cdots,n_1,n_0)$$
$$=\sum_{n_{L-m}=0}^{3}\left[X_{m-1}(k_0,k_1,\cdots,k_{m-2},n_{L-m},\cdots,n_1,n_0)W_N^{4^{L-m}\left(\sum\limits_{i=0}^{m-2}k_i 4^i\right)n_{L-m}}\right]W_4^{n_{L-m}k_{m-1}} \tag{5.69}$$

$$\vdots$$

$$X_L(k_0,k_1,\cdots,k_{L-2},k_{L-1})=\sum_{n_0=0}^{3}\left[X_{L-1}(k_0,k_1,\cdots,k_{L-2},n_0)W_N^{\left(\sum\limits_{i=0}^{L-2}k_i 4^i\right)n_0}\right]W_4^{n_0k_{L-1}} \tag{5.70}$$

可以看出，所得序列 $X_L(k_0,k_1,\cdots,k_{L-2},k_{L-1})$ 的变量中，k_0 在最前而 k_{L-1} 在最后，是倒位序的。将它按式（5.61b）加以整序，即可得到变量 k 为正常顺序的输出，

$$X(k)=X(k_{L-1},k_{L-2},\cdots,k_1,k_0)=X_L(k_0,k_1,\cdots,k_{L-2},k_{L-1})$$

这就是基 4 FFT 的全部算法。

5.6.2 运算步骤和结构流图

为直观起见，我们以 $N=16=4^2$ 为例来了解基 4 FFT 的基本运算公式和运算结构。由于 $N=16=4^2$，可知 $L=2$，有

$$n=4n_1+n_0,\quad k=4k_1+k_0 \tag{5.71}$$

于是有

$$\begin{aligned}X(k)&=\sum_{n_0=0}^{3}\sum_{n_1=0}^{3}x(n_1,n_0)W_N^{4n_1k_0}W_N^{n_0k_0}W_N^{4n_0k_1}\\&\sum_{n_0=0}^{3}X_1(k_0,n_0)W_N^{n_0k_0}W_N^{4n_0k_1}=X_2(k_0,k_1)\end{aligned} \tag{5.72}$$

式中，

$$X_1(k_0,n_0)=\sum_{n_1=0}^{3}x(n_1,n_0)W_4^{n_1k_0} \tag{5.73}$$

$$X_2(k_0,k_1)=\sum_{n_0=0}^{3}(X_1(k_0,n_0)W_N^{n_0k_0})W_4^{n_0k_1} \tag{5.74}$$

整序后得

$$X(k)=X(k_1,k_0)=X_2(k_0,k_1) \tag{5.75}$$

因此基本运算有如下三步。

步骤 1：由式（5.73），做 $x(n)$ 的 4 点 DFT（变量为 n_1,k_0），得到 $X_1(k_0,n_0)$。

步骤 2：由式（5.74），将 $X_1(k_0,n_0)$ 乘旋转因子 $W_N^{n_0k_0}$ 后，做乘积的 4 点 DFT（变量为 n_0,k_1），得到 $X_2(k_0,k_1)$。

步骤 3：由式（5.75），将变量整序后得到正常顺序输出的序列 $X(k_1,k_0)$。

接下来讨论 $N=4^2$ 的基 4 FFT 的流图。它的基本运算是 4 点 DFT。以第一级为例，根据式（5.73），我们可将 (n_1,k_0) 的 4 点 DFT 写成矩阵形式，即

$$\begin{bmatrix}X_1(0,n_0)\\X_1(1,n_0)\\X_1(2,n_0)\\X_1(3,n_0)\end{bmatrix}=\begin{bmatrix}W_4^0&W_4^0&W_4^0&W_4^0\\W_4^0&W_4^1&W_4^2&W_4^3\\W_4^0&W_4^2&W_4^0&W_4^2\\W_4^0&W_4^3&W_4^2&W_4^1\end{bmatrix}\begin{bmatrix}x(0,n_0)\\x(1,n_0)\\x(2,n_0)\\x(3,n_0)\end{bmatrix}=\begin{bmatrix}1&1&1&1\\1&-\mathrm{j}&-1&\mathrm{j}\\1&-1&1&-1\\1&\mathrm{j}&-1&-\mathrm{j}\end{bmatrix}\begin{bmatrix}x(0,n_0)\\x(1,n_0)\\x(2,n_0)\\x(3,n_0)\end{bmatrix} \tag{5.76}$$

我们知道，基 2 的同址运算在其输入与输出中必须有一个是以二进制倒位序列排列的。为了使用基 2 同址运算的流图，我们将式（5.76）的输出中已算出的变量 k_0 的四进制数（0, 1, 2, 3）按二进制倒位序排列成（0, 2, 1, 3），可得

$$\begin{bmatrix} X_1(0,n_0) \\ X_1(2,n_0) \\ X_1(1,n_0) \\ X_1(3,n_0) \end{bmatrix} = \begin{bmatrix} 1 & 1 & 1 & 1 \\ 1 & -1 & 1 & -1 \\ 1 & -\mathrm{j} & -1 & \mathrm{j} \\ 1 & \mathrm{j} & -1 & -\mathrm{j} \end{bmatrix} \begin{bmatrix} x(0,n_0) \\ x(1,n_0) \\ x(2,n_0) \\ x(3,n_0) \end{bmatrix} \tag{5.77}$$

由式（5.77）可画出图 5.15 所示的流图，这是同址运算，而且和基 2 FFT 相似，基本运算也是 2 点 DFT 的碟形结。在这个基本的基 4 FFT 流图中，完全不需要复数乘法，乘以 j（或 −j）只需要将实部与虚部交换，再加上必要的正、负号即可。例如

$$\mathrm{j}(a+\mathrm{j}b) = -b + \mathrm{j}a, \quad \mathrm{j}(a+\mathrm{j}b) = b - \mathrm{j}a$$

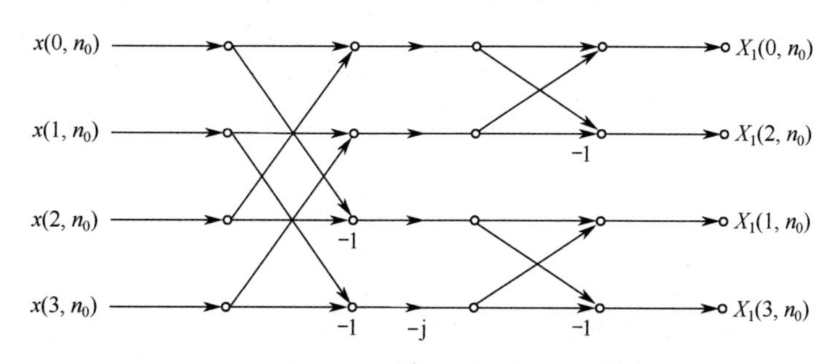

图 5.15　一个基 4 FFT 基本运算的信号流图

第二级运算见式（5.74），只需将第一级的结果乘以旋转因子，即 $X_1(k_0,n_0)W_N^{n_0k_0}$，然后再做 (n_0,k_1) 的 4 点 DFT。由式（5.74）可写成矩阵形式

$$\begin{bmatrix} X_2(k_0,0) \\ X_2(k_0,1) \\ X_2(k_0,2) \\ X_2(k_0,3) \end{bmatrix} = \begin{bmatrix} W_4^0 & W_4^0 & W_4^0 & W_4^0 \\ W_4^0 & W_4^1 & W_4^2 & W_4^3 \\ W_4^0 & W_4^2 & W_4^0 & W_4^2 \\ W_4^0 & W_4^3 & W_4^2 & W_4^1 \end{bmatrix} \begin{bmatrix} X_1(k_0,0)W_{16}^0 \\ X_1(k_0,1)W_{16}^{k_0} \\ X_1(k_0,2)W_{16}^{2k_0} \\ X_1(k_0,3)W_{16}^{3k_0} \end{bmatrix} = \begin{bmatrix} 1 & 1 & 1 & 1 \\ 1 & -\mathrm{j} & -1 & \mathrm{j} \\ 1 & -1 & 1 & -1 \\ 1 & \mathrm{j} & -1 & -\mathrm{j} \end{bmatrix} \begin{bmatrix} X_1(k_0,0)W_{16}^0 \\ X_1(k_0,1)W_{16}^{k_0} \\ X_1(k_0,2)W_{16}^{2k_0} \\ X_1(k_0,3)W_{16}^{3k_0} \end{bmatrix} \tag{5.78}$$

同样，将刚求出的四进制变量 k_1（0, 1, 2, 3）按二进制倒位序排列成（0, 2, 1, 3），以便用基 2 的同址运算蝶形结表示，这样即可得到

$$\begin{bmatrix} X_2(k_0,0) \\ X_2(k_0,2) \\ X_2(k_0,1) \\ X_2(k_0,3) \end{bmatrix} = \begin{bmatrix} 1 & 1 & 1 & 1 \\ 1 & -1 & 1 & -1 \\ 1 & -\mathrm{j} & -1 & \mathrm{j} \\ 1 & \mathrm{j} & -1 & -\mathrm{j} \end{bmatrix} \begin{bmatrix} X_1(k_0,0)W_{16}^0 \\ X_1(k_0,1)W_{16}^{k_0} \\ X_1(k_0,2)W_{16}^{2k_0} \\ X_1(k_0,3)W_{16}^{3k_0} \end{bmatrix} \tag{5.79}$$

可以看出，式（5.79）的基本流图和第一级运算时的基本流图是一样的，只不过输入数据要先乘以 $W_{16}^{n_0k_0}$。

综上所述，我们可以画出 $N=16=4^2$ 时的基 4 FFT 的按时间抽取、输入正常顺序、输出四进制倒位序的流图，如图 5.16 所示（输出数据实际上也是按二进制倒位序排列的）。

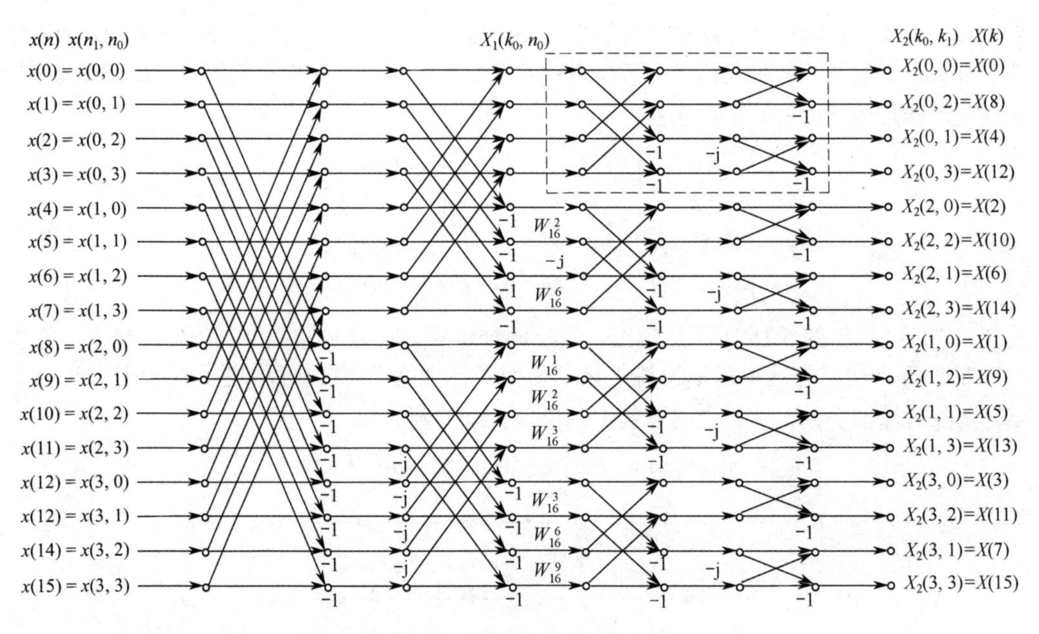

图 5.16　按时间抽取基 4 FFT 的流图

5.6.3　运算量

每个基本的 4 点 FFT 都不需要乘法，算法中只有乘以旋转因子时才有复数乘法。有一个旋转因子 $W_N^0=1$，不需要乘，因此每个 4 点 DFT 只有 3 次乘以旋转因子。每级（基 4 FFT 的一级）有 $N/4$ 个 4 点 DFT，因此每级共需要 $3\times N/4$ 次复数乘法。由于 $N=4^L$，因此共有 L 级，但由于这里第一级运算不乘以旋转因子，因此总复数乘法次数（考虑到 $N=4^L=2^{2L}$）为

$$\frac{3}{4}N(L-1)=\frac{3}{4}N(\frac{1}{2}\operatorname{lb}N-1)=\frac{3}{8}N\operatorname{lb}N,\quad L\gg 1 \tag{5.80}$$

由于基 4 FFT 所需碟形结和基 2 FFT 时一样多，因而基 4 FFT 所需附加次数和基 2 FFT 完全一样，也是 $N\log_2 N$。

5.7　分裂基 FFT 算法

5.7.1　运算原理和结构流图

观察基 2 按频域抽取算法的流图（见图 5.12）可知，偶数点的 DFT 的计算和奇数点的 DFT 的计算无关，因此我们可以采用不同的计算方法来达到减少计算次数的目的。有人在 1984 年提出了“分裂基”算法。该算法的基本思想是对偶序号使用基 2 FFT 算法，对奇序号使用基 4 FFT 算法。下面研究这一算法。

分裂基 FFT 算法和基 2 FFT 算法情况一样，要求 N 为 2 的整幂次，即 $N=2^L$（L 为正整数），此时有

$$X(k)=\sum_{n=0}^{N-1}x(n)W_N^{nk},\quad 0\le k\le N-1$$

将 $x(n)$ 分成三个子序列：

$$x_1(r)=x(2r),\quad 0\le r\le N/2-1$$

$$\left.\begin{aligned}x_2(l)=x(4l+1)\\x_3(l)=x(4l+3)\end{aligned}\right\},\quad 0\le l\le N/4-1$$

有

$$\begin{aligned}X(k)&=\sum_{r=0}^{N/2-1}x(2r)W_N^{2rk}+\sum_{l=0}^{N/4-1}x(4l+1)W_N^{(4l+1)k}+\sum_{l=0}^{N/4-1}x(4l+3)W_N^{(4l+3)k}\\&=\sum_{r=0}^{N/2-1}x_1(r)W_{N/2}^{rk}+W_N^k\sum_{l=0}^{N/4-1}x_2(l)W_{N/4}^{lk}+W_N^{3k}\sum_{l=0}^{N/4-1}x_3(l)W_{N/4}^{lk}\\&=X_1(k)+W_N^kX_2(k)+W_N^{3k}X_3(k)\end{aligned}\tag{5.81}$$

式中，

$$X_1(k)=\sum_{r=0}^{N/2-1}x_1(r)W_{N/2}^{rk}=\sum_{r=0}^{N/2-1}x(2r)W_{N/2}^{rk}\tag{5.82}$$

$$X_2(k)=\sum_{l=0}^{N/4-1}x_2(r)W_{N/4}^{lk}=\sum_{l=0}^{N/4-1}x(4l+1)W_{N/4}^{lk}\tag{5.83}$$

$$X_3(k)=\sum_{l=0}^{N/4-1}x_3(l)W_{N/4}^{lk}=\sum_{l=0}^{N/4-1}x(4l+3)W_{N/4}^{lk}\tag{5.84}$$

其中，$X_1(k)$为偶序号的$x(n)$组成的$N/2$点 DFT，$X_2(k),X_3(k)$为奇序号的$x(n)$组成的$N/4$点 DFT，而$X(k)$为N点 DFT。因此，利用周期性可将$X(k)$分成 4 段讨论：

$$\left.\begin{aligned}X(k)&=X_1(k)+W_N^kX_2(k)+W_N^{3k}X_3(k)\\X(k+N/4)&=X_1(k+N/4)-\mathrm{j}W_N^kX_2(k)+\mathrm{j}W_N^{3k}X_3(k)\\X(k+N/2)&=X_1(k)-W_N^kX_2(k)-W_N^{3k}X_3(k)\\X(k+3N/4)&=X_1(k+N/4)+\mathrm{j}W_N^kX_2(k)-\mathrm{j}W_N^{3k}X_3(k)\end{aligned}\right\},\quad 0\le k\le N/4-1\tag{5.85}$$

式（5.85）的基本关系可用图 5.17 表示，分裂基 FFT 算法的一个基本蝶形运算可用图 5.18 表示。

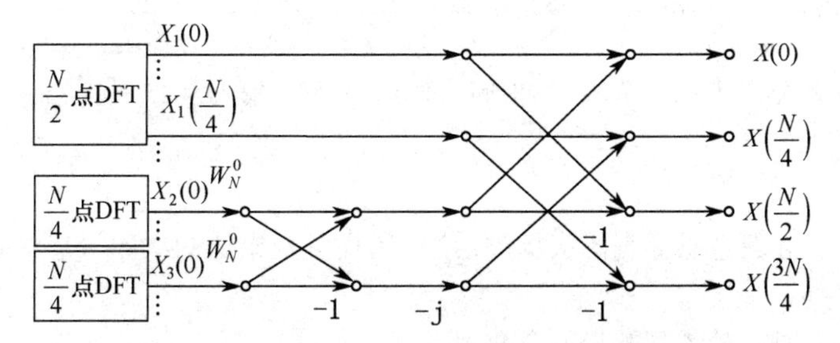

图 5.17　分裂基 FFT 时间抽取的第一级流图

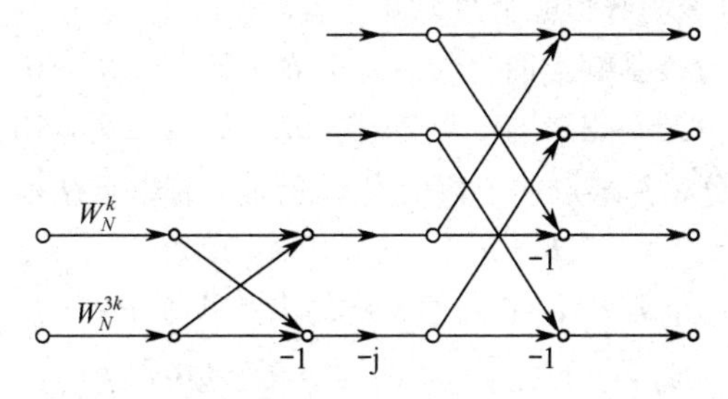

图 5.18　分裂基 FFT 算法的一个基本蝶形运算

可用同样的办法对$X_1(k),X_2(k),X_3(k)$进行分解。例如，对于$X_1(k)$的输入$x_1(r)$（$N/2$点序列），

把 r 为偶序号的 $x_1(r)$ 做 $\frac{N/2}{2}=N/4$ 点 DFT，把 r 为奇序号的 $x_1(r)$ 做 $\frac{N/2}{4}=N/8$ 点 DFT。对 $X_2(k),X_3(k)$（皆为 $N/4$ 点 DFT）做同样的处理。

以 $N=4^2=16$ 为例，$X(k)$ 的第一级分解得到 4 个分裂基，$X_1(k)$ 的第二级分解得到 2 个分裂基，一个基 4 的 4 点 DFT 和 2 个基 2 的 2 点 DFT，而 $X_2(k)$ 和 $X_3(k)$ 的第二级分解分别是基 4 的 4 点 DFT。这样，我们就可画出 $N=4^2=16$ 的分裂基 FFT 算法（按时间抽取）的流图，如图 5.19 所示。

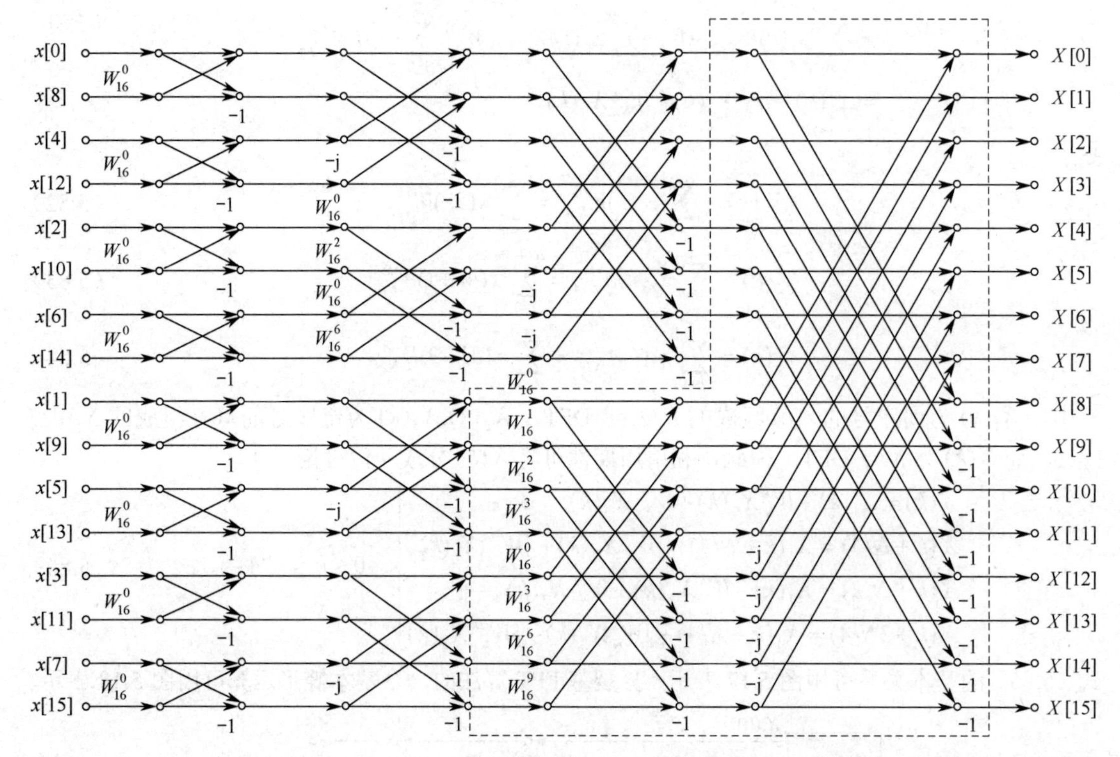

图 5.19　$N=4^2=16$ 的分裂基 FFT 算法（按时间抽取）的流图（输入为二进制倒位序，输出为正常顺序）

5.7.2　运算量

我们知道，一个分裂基蝶形有两次复数乘法，因而复数乘法的次数与基本分裂基蝶形的个数有关。

$l=2,N=2^2=4$ 时，分裂基蝶形的个数为 $B_2=0$。

$l=3,N=2^3=8$ 时，分裂基蝶形的个数为 $B_3=2$。

$l=4,N=2^4=16$ 时，分裂基蝶形的个数为 $B_4=B_3+2^{l-2}+2B_2=6$。

$l=5,N=2^5=32$ 时，分裂基蝶形的个数为 $B_5=B_4+2^{l-2}+2B_3=18$。

因此，如果 $N=2^l$，分裂基蝶形的个数用 B_l 表示时，有以下递推关系：

$$B_l=2^{l-2}+B_{l-1}+2B_{l-2} \tag{5.86a}$$

经过迭代，可得出蝶形个数 $B_l,l\geq 4$ 的更方便的表达式如下：

$$B_l=a_{l-2}2^{l-2}+a_{l-3}2^{l-3}+a_{l-4}2^{l-4}+\cdots+a_2 2^2+a_1 2^1 \tag{5.86b}$$

式中，

$$\begin{cases} a_{l-2} = 1 \\ a_{l-i} = 2a_{l-i+1} - 1, \ \ i = 3,5,7,\cdots \\ a_{l-i} = 2a_{l-i+1} + 1, \ \ i = 4,6,8,\cdots \end{cases}$$

我们知道，每个分裂基蝶形结有两次复乘，当 l 为不同值时，复乘次数 $M_l = 2B_l$，然而，真正的复乘次数要比 $2B_l$ 少，例如 $W_N^0 = 1$ 不必做乘法。

5.8　线性调频 Z 变换算法

在实际应用中，人们常常只对信号的某一频段感兴趣，即只需要计算单位圆上某一段的频段值。例如，对于窄带信号，我们希望在窄频带内频率的采样能够非常密集，以提高计算的分辨率，而带外则不予考虑。对于这种情况，如果采用 DFT 方法，那么需要在窄频带内外都增加频域取样，而窄频带外的计算量是浪费的。另外，我们有时也对非单位圆上的采样感兴趣，如在语音信号处理中，常常需要知道其 Z 变换的极点位置的复频率，极点位置离单位圆较远时，只利用单位圆上的频谱很难知道极点位置的复频率，此时就需要采样点在接近这些极点的曲线上。此外，如果 N 是大素数而不能分解，那么应如何有效地计算这种序列的 DFT 呢？从以上三个方面看，Z 变换采用螺线采样时是适合这些需要的，因为它可用 FFT 来快速计算。这种变换称为线性调频 Z 变换（Chirp-Z 变换，简称 CZT），它是适用于这种更为一般情况下由 $x(n)$ 求 $X(z_k)$ 的快速变换算法。

5.8.1　算法的基本原理

已知一个长度为 N 的序列 $x(n)$，其 Z 变换为

$$X(z) = \sum_{n=0}^{N-1} x(n) z^{-n} \tag{5.87}$$

为使 z 可以沿 z 平面上更一般的路径（不只是单位圆）取值，可以沿 z 平面上的一段螺线做等分角的采样，z 的这些采样点 z_k 表示为

$$z_k = AW^{-k}, \quad k = 0,1,\cdots,M-1 \tag{5.88}$$

式中，M 为所要分析的复频谱的点数，它不一定等于 N；A 和 W 都是任意复数，可表示为

$$A = A_0 \, \mathrm{e}^{\mathrm{j}\theta_0} \tag{5.89}$$

$$W = W_0 \, \mathrm{e}^{-\mathrm{j}\phi_0} \tag{5.90}$$

将式（5.89）与式（5.90）代入式（5.88），可得

$$z_k = A_0 \, \mathrm{e}^{\mathrm{j}\theta_0} W_0^{-k} \, \mathrm{e}^{\mathrm{j}k\phi_0} = A_0 W_0^{-k} \, \mathrm{e}^{\mathrm{j}(\theta_0 + k\phi_0)} \tag{5.91}$$

采样点 z_k 在 z 平面上所沿的周线如图 5.20 所示，可以看出：

（1）A_0 表示起始采样点 z_0 的向量半径长度，通常 $A_0 \le 1$，否则 z_0 将位于单位圆 $|z| = 1$ 之外。

（2）θ_0 表示起始采样点 z_0 的相角，它可以是正值或负值。

（3）ϕ_0 表示两个相邻采样点之间的角度差。ϕ_0 为正时，表示 z_k 的路径沿逆时针方向旋转；ϕ_0 为负时，表示 z_k 的路径沿顺时针方向旋转。

（4）W_0 表示螺线的伸展率。$W_0 > 1$ 时，随着 k 的增加螺线向内盘旋；$W_0 < 1$ 时，随着 k 的增加螺线向外盘旋；$W_0 = 1$ 表示是半径为 A_0 的一段圆弧。在 $A_0 = 1$ 时，这段圆弧是单位圆的一部分。

当 $M = N, A = A_0 \, \mathrm{e}^{\mathrm{j}\theta_0} = 1, W = W_0 \, \mathrm{e}^{-\mathrm{j}\phi_0} = \mathrm{e}^{-\mathrm{j}\frac{2\pi}{N}}$（即 $W_0 = 1, \phi_0 = \frac{2\pi}{N}$）时，各个 z_k 对均匀、等间隔地

分布在单位圆上，这就是求序列的DFT。

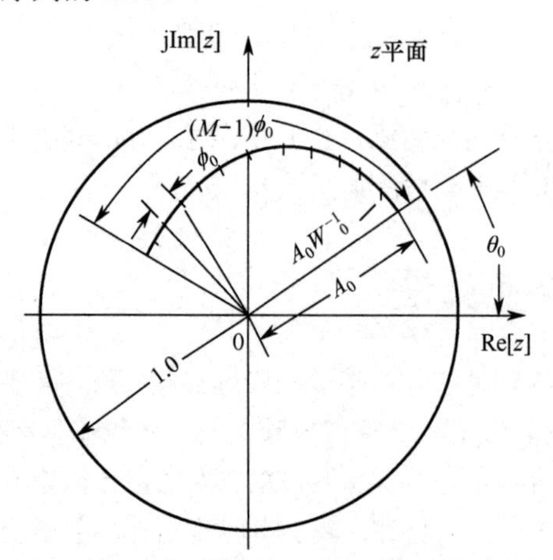

图5.20 采样点 z_k 在 z 平面上所沿的周线

将式（5.88）中的 z_k 代入 Z 变换表达式（5.87），可得

$$X(z_k)=\sum_{n=0}^{N-1}x(n)z_k^{-n}=\sum_{n=0}^{N-1}x(n)A^{-n}W^{nk},\quad 0\le k\le M-1 \tag{5.92}$$

直接计算这一公式，共算出 M 个采样点，需要 NM 次复数乘法和 $(N-1)M$ 次复数加法，这与DFT的直接计算类似。当 N,M 很大时，乘法次数和加法次数很大，因此限制了运算速度。然而，将式（5.92）中因子 W^{nk} 的幂 nk 用布鲁斯坦提出的等式做变换，可将以上运算转换为卷积和的形式，从而可以采用FFT算法，大大提高了运算速度。布鲁斯坦提出的等式为

$$nk=\tfrac{1}{2}[n^2+k^2-(k-n)^2] \tag{5.93}$$

将式（5.93）代入式（5.92），可得

$$X(z_k)=\sum_{n=0}^{N-1}x(n)A^{-n}W^{n^2/2}W^{-\frac{(k-n)^2}{2}}W^{k^2/2}=W^{k^2/2}\sum_{n=0}^{N-1}\left[x(n)A^{-n}W^{n^2/2}\right]W^{-(k-n)^2/2}$$

令

$$g(n)=x(n)A^{-nW^{n^2/2}},\quad n=0,1,\cdots,N-1 \tag{5.94}$$

$$h(n)=W^{-n^2/2} \tag{5.95}$$

有

$$X(z_k)=W^{k^2/2}\sum_{n=0}^{N-1}g(n)h(k-n),\quad k=0,1,\cdots,M-1 \tag{5.96}$$

由式（5.96）可以看出，可以通过求 $g(k)$ 与 $h(k)$（此处用变量 k 代替 n）的线性卷积，然后乘以 $W^{k^2/2}$ 得到 $X(z_k)$，即

$$X(z_k)=W^{k^2/2}[g(k)*h(k)],\quad k=0,1,\cdots,M-1 \tag{5.97}$$

式（5.97）可以用图5.21表示。

序列可以想象为频率随时间（n）成线性增长的复指数序列。在雷达系统中，这种信号称为线性调频信号（Chirp signal），线性调频 Z 变换的名称即源于此。

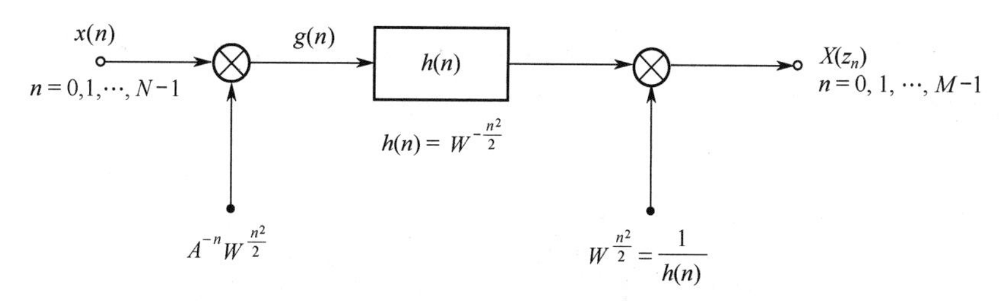

图 5.21　线性调频 Z 变换的运算流程

5.8.2　线性调频 Z 变换的实现步骤

由式（5.96）可以看出，线性系统是非因果的，当 n 的取值是从 0 到 $N-1$，k 的取值是 $0,1,\cdots,M-1$ 时，$h(n)$ 是从 $n=-(N-1)$ 到 $n=M-1$，即 $h(n)$ 是一个有限长序列，点数为 $N+M-1$，如图 5.22(a)所示。输入信号 $g(n)$ 是长度为 N 的有限长序列。$g(n)*h(n)$ 的点数为 $2N+M-2$，因此圆周卷积的点数（周期）应大于等于 $2N+M-2$，圆周卷积才能代替线性卷积且不产生混叠失真。由于我们只需要前 M 个 $X(z_k)$ 值 $(k=1,2,\cdots,M-1)$，其他值是否有混叠失真并不重要，因此圆周卷积的点数可以缩减到最小为 $N+M-1$，即 $L\geq N+M-1$。为了进行基 2 FFT 运算，圆周卷积的点数还应满足 $L=2^m$ 的最邻近值。这样，首先从 $n=M$ 到 $n=L-N$ 可对序列补 $L-(N+M-1)$ 个零值点［或补 $L-(N+M-1)$ 个任意序列值］，使点数等于 L，然后将此序列以 L 为周期进行周期延拓，再取主值序列，就可得到进行圆周卷积的一个序列，如图 5.22(b)所示。进行圆周卷积的另一个序列只需将 $g(n)$ 补零值至 L 点序列即可，如图 5.22(c)所示。

于是，我们可以列出 CZT 运算的实现步骤如下：

（1）选择满足条件 $L\geq N+M-1$ 和 $L=2^m$ 的整数 L，以便采用基 2 FFT 算法。

（2）将 $g(n)=x(n)A^{-n}W^{\frac{n^2}{2}}$ 补上零值点，变为 L 点的序列：

$$g(n)=\begin{cases}A^{-n}W^{\frac{n^2}{2}}x(n), & 0\leq n\leq N-1\\ 0, & N\leq n\leq L-1\end{cases}\tag{5.98}$$

如图 5.22(c)所示，并利用 FFT 法计算 $g(n)$ 的 L 点 DFT：

$$G(r)=\sum_{n=0}^{N-1}g(n)\mathrm{e}^{-\mathrm{j}\frac{2\pi}{L}rn},\quad 0\leq r\leq L-1\tag{5.99}$$

（3）按照下式构造 L 点序列 $h(n)$：

$$h(n)=\begin{cases}W^{-n^2/2}, & 0\leq n\leq M-1\\ 0\text{或任意值}, & M\leq n\leq L-M\\ W^{-(L-n)^2/2}, & L-N+1\leq n\leq L-1\end{cases}\tag{5.100}$$

如图 5.22(b)所示，实际上它就是图 5.22(a)中的序列以 L 为周期的周期序列的主值序列。

用 FFT 计算式（5.100）中序列 $h(n)$ 的 L 点 DFT：

$$H(r)=\sum_{n=0}^{N-1}h(n)\mathrm{e}^{-\mathrm{j}\frac{2\pi}{L}rn},\quad 0\leq r\leq L-1\tag{5.101}$$

（4）计算 $Q(r)=H(r)G(r)$，$Q(r)$ 为 L 点频域离散序列。

（5）求 $Q(r)$ 的 L 点 IFFT，得到与 $g(n)$ 的圆周卷积 $q(n)$，

$$q(n)=h(n)\odot g(n)=\frac{1}{L}\sum_{r=0}^{N-1}H(r)G(r)\mathrm{e}^{\mathrm{j}\frac{2\pi}{L}rn}\tag{5.102}$$

其中，前 M 个值等于 $h(n)$ 与 $g(n)$ 的线性卷积结果，$n \geq M$ 的值没有意义，不必去求。$q(n)$ 的前 M 个值见图 5.22(d)。

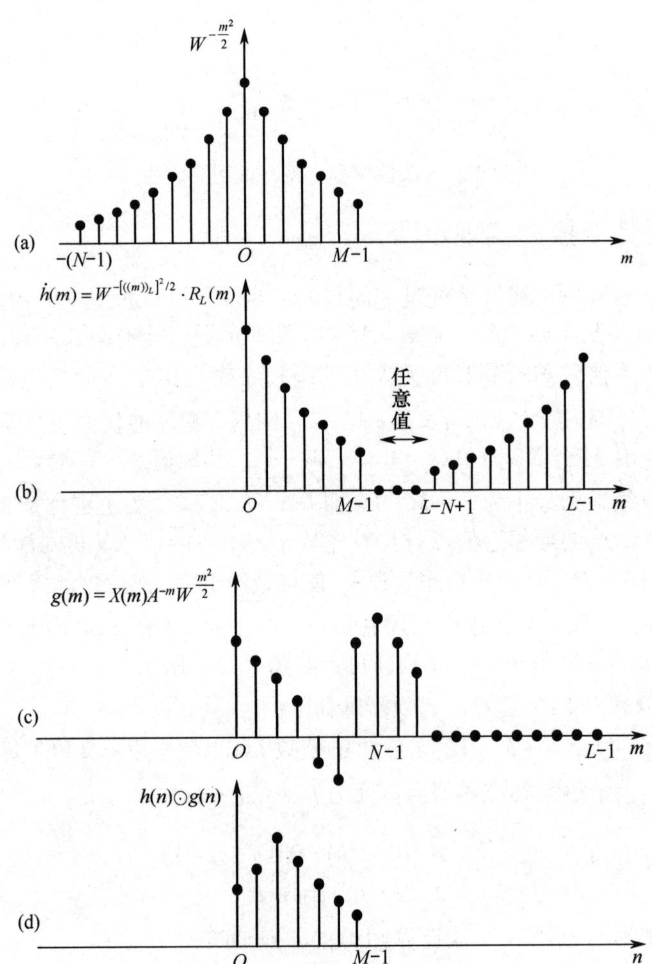

图 5.22　调频 Z 变换的圆周卷积图

（6）最后求 $X(z_k)$：

$$X(z_k)=W^{k^2/2}q(k),\ 0\leq k\leq M-1 \tag{5.103}$$

在 CZT 算法中，它的输入序列的长度 N 和输出序列的长度 M 可以不相等，并且可以为任意数，包括素数；计算 Z 变换的取样点的轨迹可以不是圆而是螺旋线；起始点可以任意选定；各取样点 z_k 间的角度间隔 ϕ_0 可以是任意的，因而分辨率可以调整。可见 CZT 算法非常灵活。

5.8.3　运算量的估算

CZT 算法所需的乘法如下：

（1）形成 L 点序列 $g(n)=(A^{-n}W^{n^2/2})x(n)$，但只有其中 N 点有序列值，需要 N 次复数乘法，而系数 $A^{-n}W^{n^2/2}$ 可以递推求得。令

$$C_n=A^{-n}W^{n^2/2} \tag{5.104}$$

$$D_n=W^nW^{\frac{1}{2}}A^{-1}=W^nD_0=WD_{n-1} \tag{5.105}$$

式中，

$$D_0 = W^{\frac{1}{2}} A^{-1} \tag{5.106}$$

有

$$C_{n+1} = A^{-(n+1)} W^{(n+1)^2/2} = (A^{-n} \cdot W^{n^2/2})(W^n W^{\frac{1}{2}} \cdot A^{-1}) = C_n D_n \tag{5.107}$$

初始条件为 $C_0 = 1$ 和 $D_0 = W^{\frac{1}{2}} A^{-1} = \frac{\sqrt{W_0}}{A_0} \mathrm{e}^{-\mathrm{j}(\phi_0/2+\theta_0)}$，所以只要预先给定 D_0 及 $W = W_0 \mathrm{e}^{-\mathrm{j}\phi_0}$，便可利用式（5.105）及式（5.107）递推求出 N 个系数 C_n。因此，这种递推运算只需要 $2N$ 次复数乘法。

（2）形成 L 点序列 $h(n)$，由于它是由 $W^{-n^2/2}$ 在 $-(N-1) \le n \le M-1$ 这一段内的序列值构成的，而 $W^{-n^2/2}$ 是偶对称序列，若设 $N > M$，则只需要求得 $0 \le n \le N-1$ 这一段内的 N 点序列值。和上面相似，$W^{-n^2/2}$ 的这些数值可以递推求得，因而只需要 $2N$ 次复数乘法。

（3）计算 $G(k), H(k), q(n)$ 需要三次 L 点 FFT（或 IFFT），共需 $\frac{3}{2} L \log_2 L$ 次复数乘法。

（4）计算 $Q(k) = G(k)H(k)$ 需要 L 次复数乘法。

（5）计算 $X(z_k) = W^{\frac{k^2}{2}} q(k), 0 \le k \le M-1$ 需要 M 次复数乘法。

综上所述，CZT 算法需要的总复数乘法次数为

$$\tfrac{3}{2} L \,\mathrm{lb}\, L + 3N + 2N + L + M = \tfrac{3}{2} L \,\mathrm{lb}\, L + 5N + L + M$$

前面说过，直接计算式（5.92）的 $X(z_k)$ 需要 NM 次复数乘法，可以看出，当 N 和 M 都较大时（如 N 和 M 都大于 50 时），CZT 的 FFT 算法比直接算法的运算量要小得多。

5.9　实序列的 FFT 算法

前面讨论的 FFT 都是基于复序列的，但在实际应用中，遇到的常是求实序列的 DFT。因此，如何快速计算实序列的 DFT 就是需要解决的问题。当然，我们可以把实序列视为虚部为零的复序列，然后借助前面的 FFT 算法运算，但这无疑会增大存储量和运算时间，是一种不经济的办法。这里给出两种用于计算实序列 FFT 的高效算法：第一种方法是根据 DFT 的共轭对称性，用一个 N 点 FFT 的程序来计算两个 N 点实序列的 DFT；第二种方法是用 N 点 FFT 计算一个 $2N$ 点实序列的 DFT。

5.9.1　用 N 点 FFT 计算两个 N 点实序列的 DFT

在第 4 章介绍 DFT 的共轭对称性时，曾简单介绍过这一方法，现做进一步分析。

设 $x_1(n)$ 与 $x_2(n)$ 都是 N 点实序列，它们的离散傅里叶变换分别为 $X_1(k)$ 与 $X_2(k)$。构造一个新的复序列

$$x(n) = x_1(n) + \mathrm{j} x_2(n) \tag{5.108}$$

然后用复序列 FFT 程序计算

$$X(k) = \mathrm{DFT}[x(n)] = \mathrm{DFT}\left[x_1(n)\right] + \mathrm{DFT}\left[\mathrm{j} x_2(n)\right] = X_1(k) + \mathrm{j} X_2(k)$$

利用 DFT 的共轭对称性得

$$X_1(k) = X_{\mathrm{ep}}(k) = \tfrac{1}{2}\left[X(k) + X^*(N-k)\right] \tag{5.109}$$

$$X_2(k) = -\mathrm{j} X_{\mathrm{op}}(k) = -\tfrac{1}{2}\mathrm{j}\left[X(k) - X^*(N-k)\right] \tag{5.110}$$

这样就可以用一次 FFT 计算出两个 N 点实序列的 DFT。

5.9.2 用 N 点 FFT 计算一个 $2N$ 点实序列的 DFT

一个 $2N$ 点的 DFT，可以用一个 N 点 FFT 运算求得，方法如下。

将一个 $2N$ 点的实序列 $x(n)$ 分解成偶数组 $x_1(n)$ 与奇数组 $x_2(n)$：

$$\left.\begin{aligned} x_1(n) &= x(2n) \\ x_2(n) &= x(2n+1) \end{aligned}\right\}, \quad n = 0,1,2,\cdots,N-1 \tag{5.111}$$

设 $x_1(n)$ 与 $x_2(n)$ 的离散傅里叶变换分别为 $X_1(k)$ 与 $X_2(k)$。由式（5.108）构造 $x(n)$，根据第一种方法可以用一次 FFT 算出 $X_1(k)$ 与 $X_2(k)$。由按时间抽取的 FFT 算法原理有

$$\begin{cases} X(k) = X_1(k) + W_{2N}^k X_2(k) \\ X(k+N) = X_1(k) - W_{2N}^k X_2(k) \end{cases}, \quad n = 0,1,2,\cdots,N-1 \tag{5.112}$$

这样，用一次 N 点 DFT 就可以算出一个 $2N$ 序列的 DFT。

5.10 快速傅里叶变换的编程思想及实现

5.2 节中详细介绍了快速傅里叶变换的运算规律，研究这些规律的主要目的是实现快速傅里叶变换。在实际应用中，FFT 的实现方法主要有硬件实现和软件实现两种，这里重点介绍 DIT-FFT 的软件实现方法。首先由 FFT 的运算规律得出 FFT 运算的流程图，然后给出 C 语言实现的源代码。

5.10.1 FFT 算法的编程思想

从 DIT-FFT 的运算规律可知，长度为 $N = 2^L$ 的序列的 FFT 共有 L 级蝶形。第 M 级蝶形两节点之间的距离是 $B = 2^{M-1}$，同一旋转因子对应于间隔为 2^M 点的 2^{L-M} 个蝶形。总结以上规律，可采用三重循环来实现。先从第一级开始，共进行 L 级运算，进行第 M 级运算时，依次求出 2^{M-1} 个不同的旋转因子，每求出一个旋转因子就计算该旋转因子对应的 2^{L-M} 个蝶形。三重循环的最里层决定某一级中同一旋转因子对应蝶形的计算，中间一层决定同一级中的不同旋转因子，最外层决定不同蝶形的级。DIT-FFT 的流程图如图 5.23 所示。

另外，DIT-FFT 算法的输出为自然顺序，输入为倒序。前面讨论了倒序形成的规律及变址运算的基本原理，这里进一步讨论变址运算的实现方法。从表 5.2 可以得出倒序与自然顺序二进制数的运算规律，但在用高级语言实现时，必须找出倒序与自然顺序十进制数的运算规律。从表 5.2 中看出，自然顺序 I 加 1，是顺序的二进制数最低位加 1 并逢 2 向左进位。而倒序则是在二进制数最高位加 1 并逢 2 向右进位。例如，$(011)_2$ 的倒序为 $(110)_2$，$(110)_2$［在 $(011)_2$ 的末位加 1］的倒序为 $(001)_2$［对 $(110)_2$ 的最高位加 1 并向右进位得到］。

对于十进制数 J，若 $N = 2^L$，则 L 位二进制数最高位的权值为 $N/2$，且从左向右二进制位的权值依次为 $N/4, N/8,\cdots, 2,1$。因此，最高位加 1 相当于十进制数运算 $J + N/2$。如果最高位为 0，那么直接由 $J + N/2$ 得下一个倒序值；若最高位为 1（对应 $J \geq N/2$），则要将最高位变为 0（对应 $J \Leftarrow J - N/2$），次高位加 1（对应 $J + N/4$）。次高位加 1 时同样也要进行 0、1 判断，若为 0 则直接加 1（对应 $J \Leftarrow J + N/4$），否则将次高位变为 0（对应 $J \Leftarrow J - N/4$），以此类推，判断下一位，直至完成最高位加 1 并逢 2 右进位的运算。倒序运算的流程框图如图 5.24 所示。

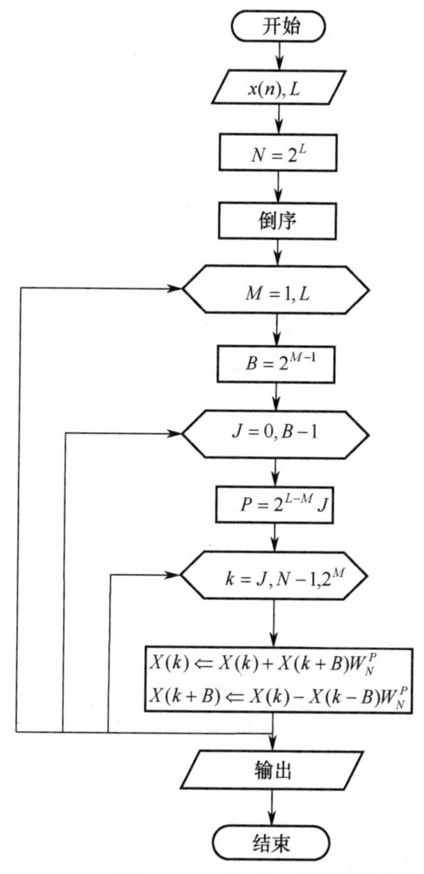

图 5.23　DIT-FFT 的流程图

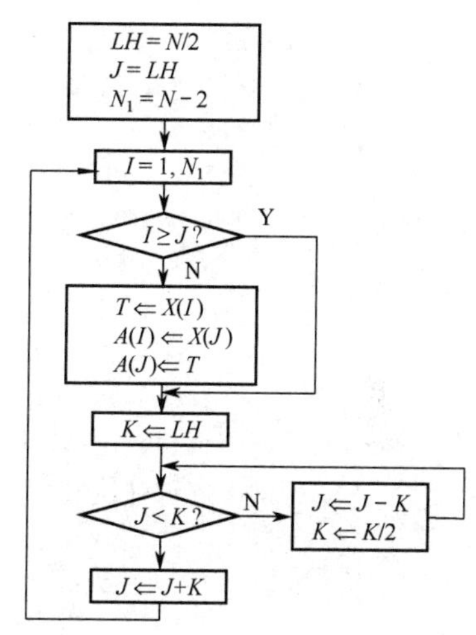

图 5.24　倒序运算的流程框图

5.10.2　DIT-FFT 实现的 C 语言代码

DIT-FFT 实现的 C 语言代码如下：

```
#include <math.h>
struct compx{float real,imag;};    /*定义一个复数结构*/
struct compx s[257];               /*FFT 输入输出：均从 s[1]开始存入*/
struct compx EE(struct compx,struct compx);    /*定义复数相乘结构*/
void FFT(struct compx *,int)      /*FFT 函数定义*/

struct compx EE(struct compx b1,struct compx b2)
{struct compx b3;
b3,real=b1.real*b2.real-b1.image*b2.imag;
b3.image=b1.real*b2.imag+b1.imag*b2.real;
return(b3);
}

/*输入：xin(实部,虚部)，输出：xin(实部,虚部)，N:FFT 点数*/
void FFT(struct compx *xin,int N)
{
    int f,m,nv2,nm1,i,k,j=1,l;
    struct compx v,w,t;
```

```
        nv2=N/2;
        f=N;
        for (m=1;(f=f/2)!=1;m++) {;}
        nm1=N-1
            /*变址运算*/
            for (i=1;i<=nm1;i++)
            {if(i<j) {t=xin[j];xin[j]=xin[i];xin[i]=t;}
            k=nv2;
            while(k<j){j=j-k;k=k/2;}
            j=j+k;
            }
            /*FFT*/
            {int le,lei,ip;
            float pi,x,y;
            for(l=1;l<=m;l++)
              {le=pow(2,1);
               lei=le/2;
               pi=3.14159265;
              v.real=1.0;v.imag=0.0;
               w.real=cos(pi/lei);w.imag=-sin(pi/lei);
               for(j=1;j<=lei;j++)
                  {for(i=j;i<=N;i=i+le)
                      {ip=i+lei;
                      t=EE(xin[ip],v);
                       xin[ip].real=xin[i].real-t.real;
                      xin[ip].imag=xin[i].imag-t.imag;
                      xin[i].real=xin[i].real+t.real;
                      xin[i].imag=xin[i].imag+t.imag;
                      }
                    v=EE(v,w);
                  }
                }
            }
}
```

5.11 快速傅里叶变换的应用

DFT 主要有两方面的应用，一是进行卷积和相关运算，二是对连续信号进行谱分析。由于 FFT 是 DFT 的快速算法，因此可以把 FFT 应用到卷积和连续信号的谱分析中。

5.11.1 快速卷积运算

1. 运算原理

在信号处理中，许多具体的应用是以线性卷积为基础的。第 4 章讨论了圆周卷积与线性卷积之间的关系，满足一定条件时，可以用圆周卷积来计算线性卷积。由圆周卷积定理可知，圆周卷积可借助 DFT 来运算，因此 DFT 的快速算法 FFT 可以用来计算线性卷积。

设 $x_1(n)$ 与 $x_2(n)$ 分别是长度为 N 与 M 的有限长序列，它们的线性卷积为 $y_1(n)$，L 点的圆周卷积为 $y_c(n)$，得 $y_1(n)$ 与 $y_c(n)$ 的关系为

$$y_c(n)=\sum_{r=-\infty}^{+\infty} y_1(n+rL)R_L(n) \tag{5.113}$$

由式（5.113）可见圆周卷积是线性卷积以 L 为周期进行延拓后，再取主值序列的结果。满足 $L \geq M+N-1$ 时，周期延拓不发生混叠，可以用圆周卷积来计算线性卷积。由圆周卷积的定义可知，可以用 FFT 分别求出 $x_1(n)$ 与 $x_2(n)$ 的 L 点 DFT $X_1(k)$ 与 $X_2(k)$，即

$$X_1(k)=\mathrm{DFT}\left[x_1(n)\right],\quad 0 \leq n,k \leq L-1 \tag{5.114a}$$

$$X_2(k)=\mathrm{DFT}\left[x_2(n)\right],\quad 0 \leq n,k \leq L-1 \tag{5.114b}$$

再用 IFFT 计算 $X_1(k)X_2(k)$ 的 L 点 IDFT 得 $y_c(n)$，也就是 $x_1(n)$ 与 $x_2(n)$ 的线性卷积 $y_l(n)$，即

$$y_l(n)=y_c(n)=\mathrm{IDFT}\left[X_1(k)\cdot X_2(k)\right] \tag{5.115}$$

图 5.25 给出了上述过程的示意图。

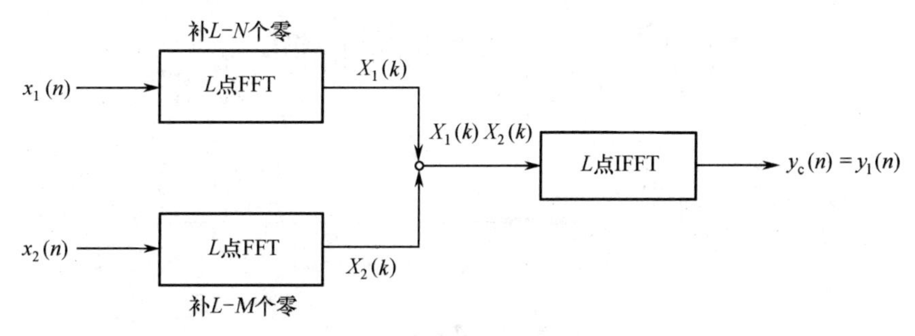

图 5.25　用 FFT 计算线性卷积的示意图

在实际应用中，常常遇到的问题是参与卷积运算的两个序列的长度相差较大，这样长度小的序列就需补很多的零点从而需要较大的存储量，运算时间也会变长。常用的解决方法有两种，一种是重叠相加法，另一种是重叠保留法。

2．重叠相加法

设序列 $x(n)$ 为很长的序列，序列 $h(n)$ 是长度为 M 的序列，我们将分解为很多段，每段为 L 点，L 选择成和 M 的数量级相同，$x_i(n)$ 表示 $x(n)$ 的第 i 段：

$$x_i(n)=\begin{cases} x(n), & i\mathrm{L} \leq n \leq (i+1)L-1 \\ 0, & \text{其他} \end{cases} \qquad i=0,1,\cdots \tag{5.116}$$

因此有

$$x(n)=\sum_{i=0}^{+\infty} x_i(n) \tag{5.117}$$

将式（5.117）代入卷积公式有

$$y(n)=x(n)*h(n)=\sum_{i=0}^{+\infty} x_i(n)*h(n)=\sum_{i=0}^{+\infty} y_i(n) \tag{5.118}$$

式中，

$$y_i(n)=h(n)*x_i(n) \tag{5.119}$$

每个 $h(n)*x_i(n)$ 都可以用上面讨论的快速卷积方法来运算，由于 $h(n)*x_i(n)$ 为 $L+M-1$，故对

$h(n)$和$x_i(n)$补零到N点，然后做圆周卷积$y_i(n)=h(n)\odot x_i(n)$，为了便于利用基 2 FFT，一般取$N=2^m \geq L+M-1$。

式（5.118）表明，计算$x(n)$与$h(n)$的线性卷积$y(n)$时，可以首先分段计算$y_i(n)$，然后叠加即可。因为$y_i(n)$的长度为$L+M-1$，$y_i(n)$的后$M-1$个值与$y_{i+1}(n)$的前$M-1$个值重叠，必须把$y_i(n)$的后$M-1$个值与$y_{i+1}(n)$的前$M-1$个值相加，因此称为重叠相加法。重叠相加法示意图如图 5.26 所示。可见这种方法不需要大的存储容量，而且运算与延迟也减少了。

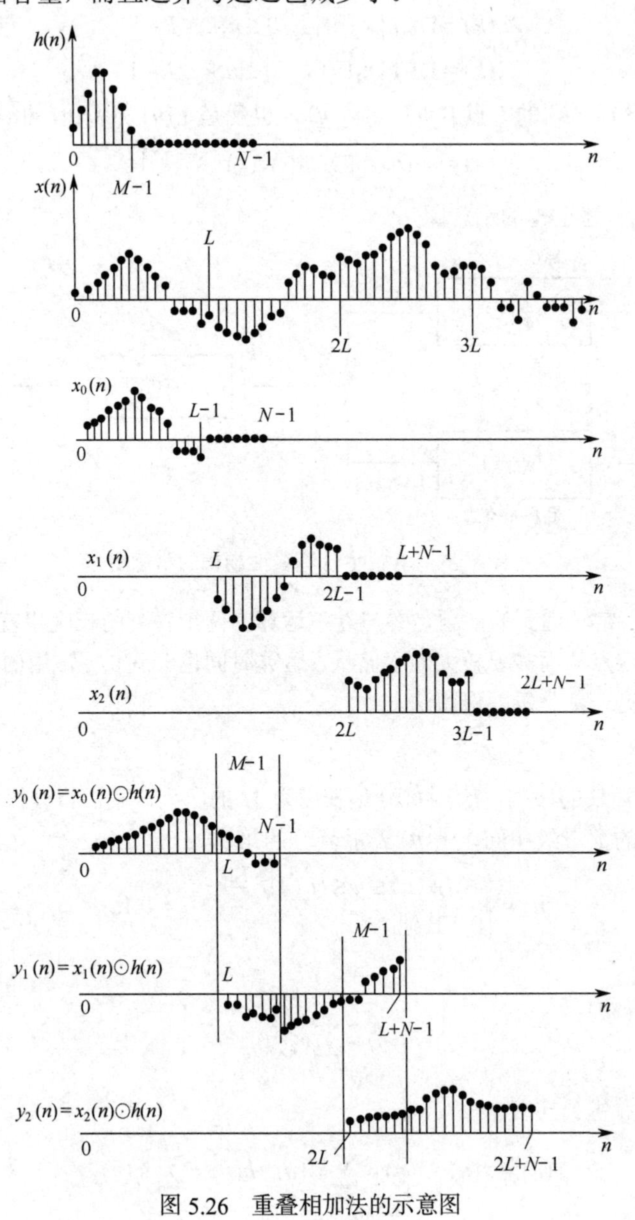

图 5.26　重叠相加法的示意图

3．重叠保留法

为了克服重叠相加法中分段卷积后仍然需要相加的缺点，人们提出了重叠保留法。与重叠相加法不同的是，在对长序列$x(n)$进行分段时，前一分段$x_i(n)$的后$M-1$个采样值与后一分段$x_{i+1}(n)$

的前 $M-1$ 个采样值相同，且分段的长度选圆周卷积的长度 N，这样形成的分段序列为

$$x_i(n)=\begin{cases}x[n+i(N-M+1)],\ 0\le n\le N-1\\0,\ 其他\end{cases}\tag{5.120}$$

然后计算 $h(n)$ 与各分段 $x_i(n)$ 之间的卷积：

$$y_i'(n)=h(n)*x_i(n)\tag{5.121}$$

显然，$y_i'(n)$ 的前 $M-1$ 个值发生了混叠，不等于 $h(n)$ 与 $x_i(n)$ 的线性卷积。把 $y_i'(n)$ 的前 $M-1$ 个值舍去，保留 $y_i'(n)$ 没有发生混叠的后 L 个值，形成序列

$$y_i(n)=\begin{cases}y_i'(n),\ M-1\le n\le N-1\\0,\ 其他n\end{cases}\tag{5.122}$$

最后输出序列

$$y(n)=\sum_{i=0}^{+\infty}y_i[n-i(N-M+1)]\tag{5.123}$$

图 5.27 是重叠保留法的示意图。

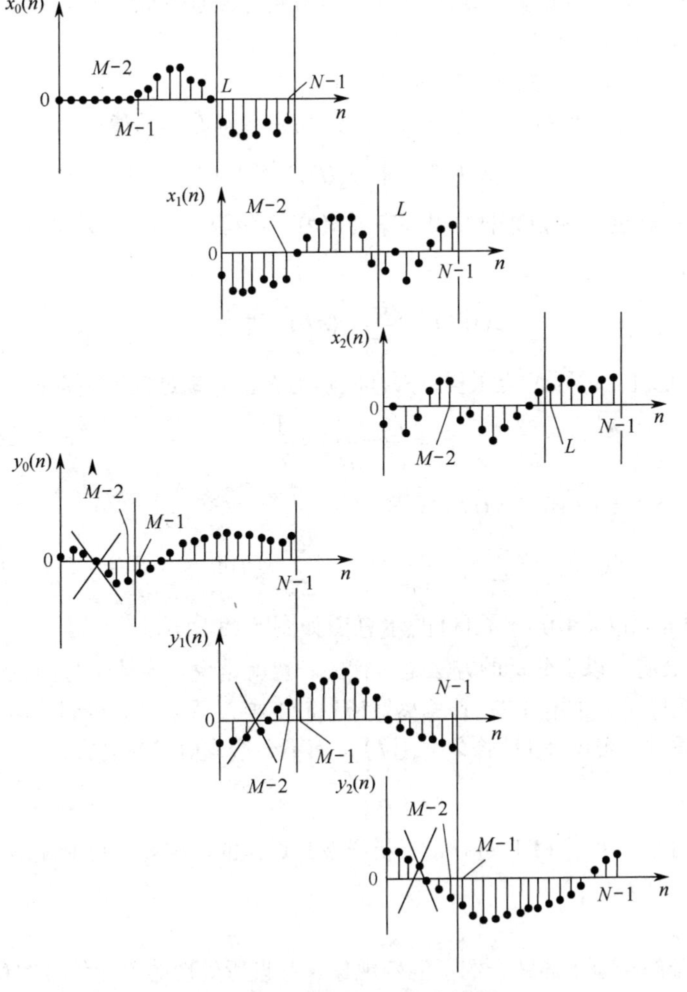

图 5.27　重叠保留法的示意图

5.11.2 使用 DFT 对连续时间信号进行谱分析

DFT 的快速算法 FFT 给频谱分析提供了快速分析方法。所谓谱分析，是指求信号的傅里叶变换。在很多情况下，需要分析连续时间信号的频谱，但连续信号的频谱一般不便于直接在计算机上进行计算。为了能在数字计算机上计算傅里叶变换，我们常用 DFT 来逼近连续时间信号的傅里叶变换。

1. 谱分析的原理

如果 $x_a(t)$ 是连续函数，那么其傅里叶变换 $X_a(\mathrm{j}f)$ 也是连续函数。要利用 FFT 进行谱分析，就必须先对 $x_a(t)$ 进行采样，得到 $x(n)=x(nT)$，再用 FFT 得到 $x(n)$ 的离散傅里叶变换 $X(k)$，$X(k)$ 为 $x(n)$ 的傅里叶变换 $X(\mathrm{e}^{\mathrm{j}\omega})$ 在区间 $[0,2\pi]$ 上的 N 点等间隔采样。$x(n)$ 与 $X(k)$ 都为有限长序列，严格来说，这种限时、限带的信号是不存在的。因为根据傅里叶变换理论，若信号持续时间有限长，则频带无限宽；若频带有限宽，则持续的时间无限长。在实际应用中采用如下处理方法：对频带很宽的信号，可以滤除其高频成分，使其最高频率小于折叠频率；对于持续时间很长的信号，截取有限点进行 FFT 运算。因此，用 FFT 进行谱分析必然是近似的，会产生一定的误差，但从工程的角度来看这种误差是允许的。

下面从数学上讨论使用 FFT 进行谱分析的可行性。

设连续时间信号 $x_a(t)$ 的持续时间为 T_p，其最高频率为 f_c，其傅里叶变换为

$$X_a(\mathrm{j}f)=\int_{-\infty}^{+\infty}x_a(t)\mathrm{e}^{-\mathrm{j}2\pi ft}\,\mathrm{d}t \tag{5.124}$$

以采样频率 f_s 对 $x_a(t)$ 进行 N 点采样，得到序列 $x(n)=x(nT)$（$T=1/f_s$），并对 $X_a(\mathrm{j}f)$ 进行零阶近似（$t=nT$，$\mathrm{d}t=T$）得

$$X(\mathrm{j}f)=T\sum_{n=0}^{N-1}x_a(nT)\mathrm{e}^{-\mathrm{j}2\pi fnT} \tag{5.125}$$

对 $X(\mathrm{j}f)$ 在区间 $[0,f_s]$ 上进行 N 点采样，采样间隔为 F，它满足以下关系式：

$$F=\frac{f_s}{N}=\frac{1}{NT}=\frac{1}{T_p} \tag{5.126}$$

将 $f=kF$ 代入式（5.125），得到 $X(\mathrm{j}f)$ 采样

$$X_a(k)=X(\mathrm{j}kF)=T\sum_{n=0}^{N-1}x_a(nT)\mathrm{e}^{-\mathrm{j}\frac{2\pi}{N}kn}=T\sum_{n=0}^{N-1}x(n)\mathrm{e}^{-\mathrm{j}\frac{2\pi}{N}kn}=T\cdot\mathrm{DFT}\left[x(n)\right] \tag{5.127}$$

$x_a(t),X_a(\mathrm{j}f),x(nT),X(\mathrm{j}f),x(n)$ 与 $X_a(k)$ 的示意图如图 5.28 所示。

式（5.127）表明，以上分析的方法是可行的。也就是说，连续信号的频谱特性可以通过先对连续信号进行采样，并采用 FFT 计算离散傅里叶变换，再乘以 T 得到。由采样定理可知，采样频率选择得合适时，可由 $X_a(k)$ 恢复 $X_a(\mathrm{j}f)$，而不会造成信息的丢失。

2. 误差分析

由以上分析可知，采用 FFT 进行谱分析必然是近似的，因此不可避免地要产生误差，误差主要有以下几个方面。

（1）混叠现象

关于采样定理的一节中详细介绍了混叠现象。假设所处理的模拟信号的最高频率为 f_h，为了不产生混叠，采样频率 f_s 应该满足

$$f_s\geq 2f_h \tag{5.128}$$

从而采样周期应该满足

$$T = \frac{1}{f_s} \le \frac{1}{2f_h} \tag{5.129}$$

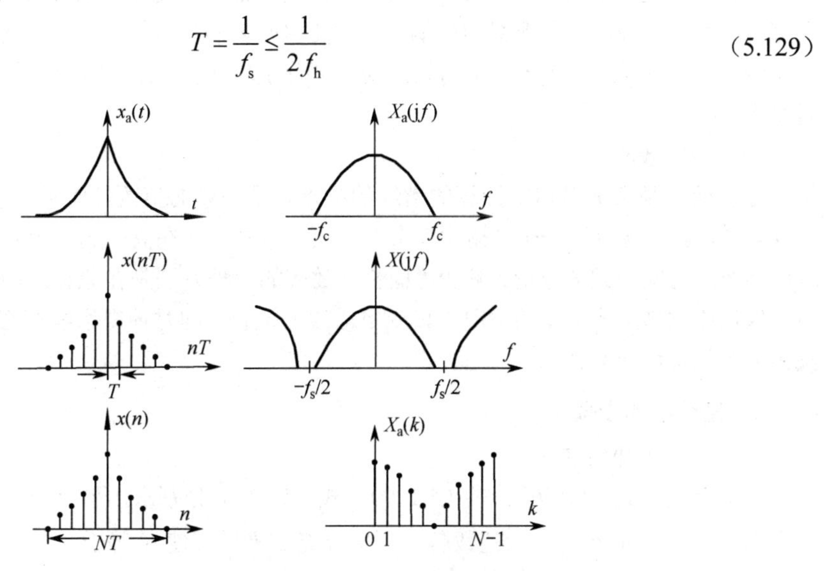

图 5.28　用 FFT 进行谱分析的原理图

频域下的采样间隔 F 称为频率分辨率。由式（5.126）可以看出，采样点数一定时，信号的最高频率与分辨率是互相矛盾的。增加 f_h，f_s 随之增加，必须引起 F 增加，从而使分辨率下降。反之，要提高分辨率（F 减小），就要增加 T_p，从而引起 T 增加，因而会减小最高频率 f_h。

在最高频率与分辨率之间，保持其中一个量不变而增加另一个量的唯一办法是，增加采样点数。若 f_h 与 F 都给定，则 N 必须满足

$$N \ge \frac{2f_h}{F} \tag{5.130}$$

（2）频谱泄漏

在实际应用中，如果采样点数很多，那么数据的处理量就会很大，所以往往只截取序列 $x(n)$ 的一段进行处理。这一过程相当于对序列进行加窗处理。例如，窗函数是矩形窗时，会造成数据项截断，窗内的数据值并不发生变化，如图 5.29 所示。时域下序列与窗函数进行乘积，相当于序列的频谱与窗函数的频谱进行卷积。这一卷积过程将造成序列频谱的失真，称为频谱泄漏。

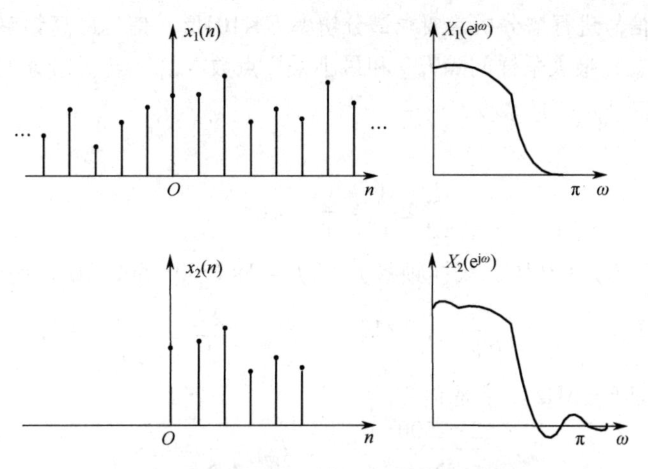

图 5.29　序列截断后产生的频谱泄漏现象

频谱泄漏是无法避免的，因为时域的截断是必然的，实际中无法取无限个数据。在实际应用中可以尽可能地降低频谱泄漏的影响，如改变窗函数的形状等。同时，频谱泄漏不能完全与混叠现象分开，因为频谱泄漏会使序列频谱的高频分量增加，从而可能使有些频率分量超过折叠频率而造成混叠。

（3）栏栅效应

栅栏效应是由采用FFT计算的谱线的频点只是基频的整数倍而不是连续函数造成的。用FFT计算频谱，就好像透过一个“栅栏”来看外面的景物，只在离散的点上是真实的景象，而无法检测出离散点之间的频谱分量。减少“栅栏”效应的一种方法是在原记录的后面增加一些零值，从而在保持原频谱形式不变的情况下，变更谱线的位置，同时使得谱线变密。这样，原来看不到的频谱分量就有可能看到。

3．谱分析的步骤

谱分析的步骤如下。

（1）首先由式（5.126）、式（5.129）、式（5.130）分别求出最小记录长度 t_p、采样周期 T 和采样点数 N。若 N 不是 2 的整数幂，则应补充零采样值使 N 等于 2 的整数幂。在记录长度中对待分析的任意长连续时间信号 $x_a(t)$ 进行 N 点采样，得

$$x(n)=x_a(nt),\ 0\le n\le N-1$$

（2）用FFT计算信号 $x(n)$ 的频谱 $X(k)$：

$$X(k)=\mathrm{DFT}[x(n)]=\sum_{n=0}^{N-1}x(n)W_N^{nk}=X_R(k)+\mathrm{j}X_I(k)$$

（3）计算幅度谱 $|X(k)|$、相位谱 $\theta(k)$ 和功率谱 $S(k)$：

$$|X(k)|=\sqrt{X_R^2(k)+X_I^2(k)} \tag{5.131}$$

$$\theta(k)=\arctan\left(\frac{X_R(k)}{X_I(k)}\right) \tag{5.132}$$

$$S(k)=|X(k)|^2 \tag{5.133}$$

5.12　快速傅里叶变换综合举例与MATLAB实现

【例5.1】对实信号进行谱分析，要求谱分辨率 $F\le 10\,\mathrm{Hz}$，信号最高频率 $f_c=2.5\,\mathrm{kHz}$，试确定最小记录时间 T_{pmin}、最大采样间隔 $T_{\max}$ 和最小采样点数 $N_{\min}$。若 f_c 要求分辨率提高一倍，最小采样点数和最小记录时间是多少？

解：

$$T_p\ge\frac{1}{F}=\frac{1}{10}=0.1\mathrm{s}$$

因此，最小记录时间 $T_{\mathrm{pmin}}=0.1\mathrm{s}$。采样频率 $f_s\ge 2f_c=2\times2500=5000\,\mathrm{Hz}$，所以

$$T_{\max}=\frac{1}{2f_c}=\frac{1}{5000}=0.2\times10^{-3}\,\mathrm{s},\quad N_{\min}=\frac{2f_c}{F}=\frac{5000}{10}=500$$

分辨率提高一倍，即 $F=5\,\mathrm{Hz}$，于是有

$$N_{\min}=\frac{2\times2500}{5}=1000,\quad T_{\mathrm{pmin}}=\frac{1}{5}=0.2\,\mathrm{s}$$

为了使用 FFT 算法，采样点数应符合 2 的整数次幂，因此选择 $N=2^{10}=1024$。

【例 5.2】 已知 $x(n)=\{1\quad 1\quad 3\quad 2\}$。

（1）试用 FFT 求频域 $X(k)$，并作出蝶形图。

（2）试进行谱分析，即求出振幅谱、相位谱和功率谱。

解：（1）利用 DIT-FFT，可画出蝶形图如图 5.30 所示。

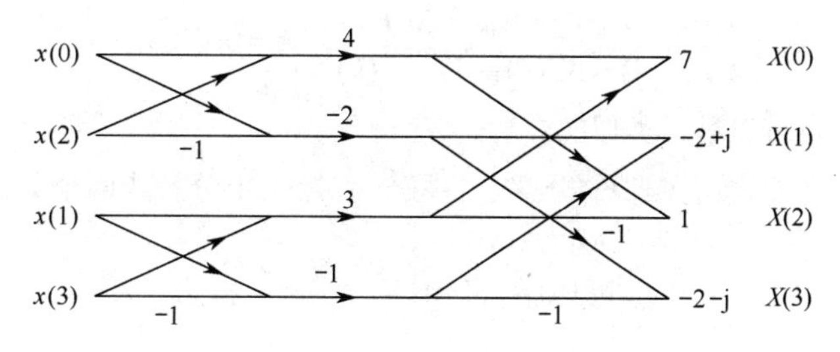

图 5.30　例 5.2 蝶形图

所以 $X(k)=\{7,-2+\mathrm{j},1,-2-\mathrm{j}\}$。

（2）振幅谱为 $A(k)=|X(k)|=\{7,\sqrt{5},1,\sqrt{5}\}$，相位谱为 $\theta(k)=\{0,\pi-\arctan\frac{1}{2},0,\pi+\arctan\frac{1}{2}\}$，功率谱为 $S(k)=A(k)^2=\{49,5,1,5\}$。

【例 5.3】 导出 $N=16$ 时基 2 按时间抽取和按频率抽取的算法，并画出流图。

解：（1）N=16 时的基 2 按时间抽取算法（DIT）

先将序列 $x(n)$ 奇偶分组得

$$\left.\begin{aligned}x_1(r)&=x(2r)\\x_2(r)&=x(2r+1)\end{aligned}\right\},\quad r=0,1,2,\cdots,7$$

将 DFT 运算也分为两组：

$$\begin{aligned}X(k)&=\mathrm{DFT}[x(n)]=\sum_{n=0}^{N-1}x(n)W_N^{nk}=\sum_{n\text{为偶数}}x(n)W_N^{nk}+\sum_{n\text{为奇数}}x(n)W_N^{nk}\\&=\sum_{r=0}^{N/2-1}x(2r)W_N^{2rk}+\sum_{r=0}^{N/2-1}x(2r+1)W_N^{(2r+1)k}=\sum_{r=0}^{7}x_1(r)W_8^{rk}+W_{16}^k\sum_{r=0}^{7}x_2(r)W_8^{rk}\\&=X_1(k)+W_{16}^kX_2(k)\end{aligned}$$

式中，$X_1(k)$ 与 $X_2(k)$ 分别是 $x_1(n)$ 与 $x_2(n)$ 的 8 点 DFT，即

$$X_1(k)=\mathrm{DFT}[x_1(n)]=\sum_{r=0}^{7}x_1(r)W_8^{rk},\qquad k=0,1,2,\cdots,7$$

$$X_2(k)=\mathrm{DFT}[x_2(n)]=\sum_{r=0}^{7}x_2(r)W_8^{rk},\qquad k=0,1,2,\cdots,7$$

这样，一个 16 点 DFT 就被分解为两个 8 点 DFT，即

$$\left.\begin{aligned}X(k)&=X_1(k)+W_{16}^kX_2(k)\\X(k+8)&=X_1(k)-W_{16}^kX_2(k)\end{aligned}\right\},\quad k=0,1,\cdots,7$$

对两个 8 点 DFT 分别做进一步的分解，将每个 8 点 DFT 分解成两个 4 点 DFT，即

$$\left.\begin{aligned}x_1(2l)&=x_3(l)\\x_1(2l+1)&=x_4(l)\end{aligned}\right\},\quad l=0,1,2,3$$

于是有

$$X_1(k)=\mathrm{DFT}\left[x_1(r)\right]=\sum_{r=0}^{N/2-1}x_1(r)W_{N/2}^{rk}=\sum_{l=0}^{N/4-1}x_1(2l)W_{N/2}^{2lk}+\sum_{l=0}^{N/4-1}x_1(2l+1)W_{N/2}^{(2l+1)k}$$

$$=\sum_{l=0}^{3}x_3(l)W_4^{lk}+W_{N/2}^{k}\sum_{l=0}^{3}x_4(l)W_4^{lk}=X_3(k)+W_8^kX_4(k),\qquad k=0,1,2,3$$

这样，一个 8 点 DFT 就被分解成两个 4 点 DFT，即

$$\begin{cases}X_1(k)=X_3(k)+W_{16}^{2k}X_4(k)\\ X_1(k+4)=X_3(k)-W_{16}^{2k}X_4(k)\end{cases},\quad k=0,1,2,3$$

同样，对 $X_2(k)$ 也可以进行类似的分解。

对 4 个 4 点 DFT 分别做进一步的分解，将每个 4 点 DFT 分解成两个 2 点 DFT，即

$$\left.\begin{aligned}x_3(2m)=x_5(m)\\ x_3(2m+1)=x_6(m)\end{aligned}\right\},\qquad m=0,1$$

于是有

$$X_3(k)=\sum_{m=0}^{N/8-1}x_3(2m)W_{N/4}^{2mk}+\sum_{m=0}^{N/8-1}x_3(2m+1)W_{N/4}^{(2m+1)k}$$

$$=\sum_{m=0}^{1}x_5(m)W_2^{mk}+W_4^k\sum_{m=0}^{1}x_6(m)W_2^{mk}=X_5(k)+W_4^kX_6(k),\qquad k=0,1$$

这样，一个 4 点 DFT 就被分解成两个 2 点 DFT，即

$$\left.\begin{aligned}X_3(k)=X_5(k)+W_{16}^{4k}X_6(k)\\ X_3(k+2)=X_5(k)-W_{16}^{4k}X_6(k)\end{aligned}\right\},\quad k=0,1$$

2 点 DFT 的运算可用蝶形符号表示，按时间抽取的基 2 FFT 的完整流图如图 5.31 所示。

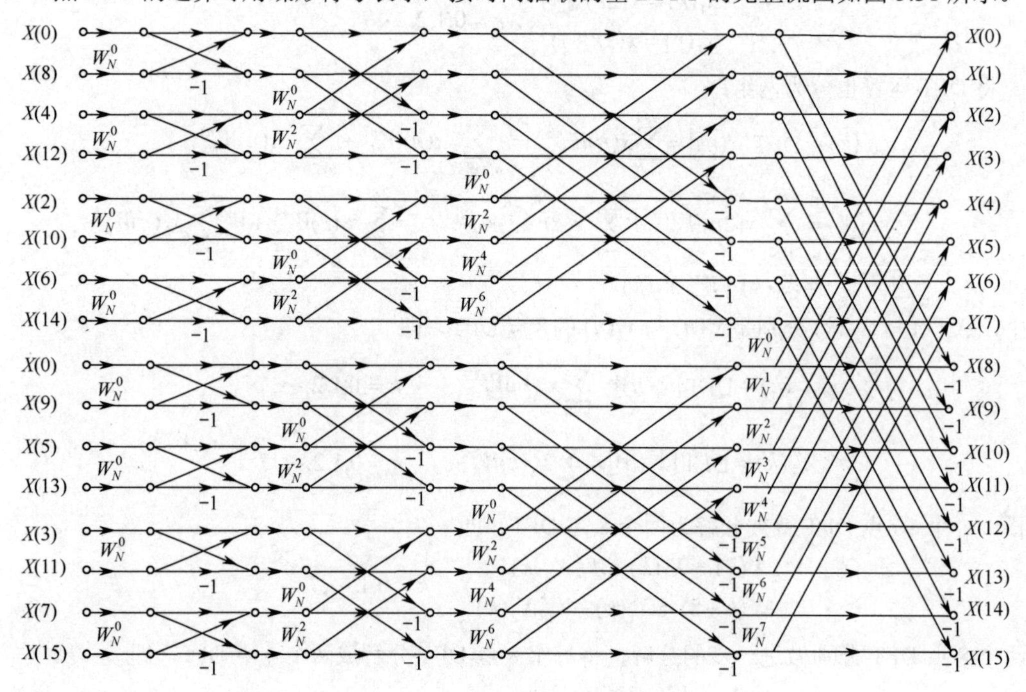

图 5.31　$N=16$ 的 FFT 蝶形图

（2）$N=16$ 时基 2 按频率抽取算法（DFT）

先将序列 $x(n)$ 前后分组，得其 N 点 DFT 为

$$X(k) = \text{DFT}[x(n)] = \sum_{n=0}^{N-1} x(n)W_N^{nk} = \sum_{n=0}^{N/2-1} x(n)W_N^{nk} + \sum_{n=N/2}^{N-1} x(n)W_N^{nk}$$

$$= \sum_{n=0}^{7} x(n)W_{16}^{nk} + \sum_{n=0}^{7} x(n+8)W_{16}^{(n+8)k} = \sum_{n=0}^{7}\left[x(n) + W_{16}^{8k}x(n+8)\right]W_{16}^{kn}$$

将 $X(k)$ 按 k 的奇偶进行分组有

$$X(k) = \sum_{n=0}^{7}\left[x(n) + (-1)^k x(n+8)\right]W_{16}^{kn}$$

$$X(2r) = \sum_{n=0}^{7}\left[x(n) + x(n+8)\right]W_{16}^{2rn} = \sum_{n=0}^{7}\left[x(n) + x(n+8)\right]W_8^{rn}$$

$$X(2r+1) = \sum_{n=0}^{7}\left[x(n) - x(n+8)\right]W_{16}^{n(2r+1)} = \sum_{n=0}^{7}\left[x(n) - x(n+8)\right]W_{16}^{n}W_8^{nr}$$

令

$$\left.\begin{aligned} x_1(n) &= x(n) + x(n+8) \\ x_2(n) &= [x(n) - x(n+8)]W_{16}^{n} \end{aligned}\right\}, \quad n = 0,1,2,\cdots,7$$

$$\left.\begin{aligned} X(2r) &= \sum_{n=0}^{7} x_1(n)W_8^{rn} \\ X(2r+1) &= \sum_{n=0}^{7} x_2(n)W_8^{rn} \end{aligned}\right\}, \quad r = 0,1,2,\cdots,7$$

这样，一个 16 点 DFT 就分解成两个 8 点 DFT。然后将每个 8 点 DFT 分解成两个 4 点 DFT，如

$$X_1(k) = \sum_{n=0}^{3}\left[x_1(n) + (-1)^k x_1(n+4)\right]W_8^{kn}$$

$$X(2r) = \sum_{n=0}^{3}\left[x_1(n) + x_1(n+4)\right]W_8^{2ln} = \sum_{n=0}^{3}\left[x_1(n) + x_1(n+4)\right]W_4^{ln}$$

$$X(2l+1) = \sum_{n=0}^{3}\left[x_1(n) - x_1(n+4)\right]W_8^{n(2l+1)} = \sum_{n=0}^{3}\left[x_1(n) - x_1(n+4)\right]W_8^{n}W_4^{nl}$$

令

$$\left.\begin{aligned} x_3(n) &= x_1(n) + x_1(n+4) \\ x_4(n) &= \left[x_1(n) - x_1(n+4)\right]W_{16}^{2n} \end{aligned}\right\}, \quad n = 0,1,2,3$$

$$\left.\begin{aligned} X(2l) &= \sum_{n=0}^{3} x_3(n)W_4^{ln} \\ X(2l+1) &= \sum_{n=0}^{3} x_4(n)W_4^{ln} \end{aligned}\right\}, \quad n = 0,1,2,3$$

再将每个 4 点 DFT 分解成两个 2 点 DFT，即

$$X_3(k) = \sum_{n=0}^{1}\left[x_3(n) + (-1)^k x_3(n+2)\right]W_4^{kn}$$

$$X(2m) = \sum_{n=0}^{3}\left[x_3(n) + x_3(n+2)\right]W_4^{2mn} = \sum_{n=0}^{1}\left[x_3(n) + x_3(n+2)\right]W_2^{mn}$$

$$X(2m+1) = \sum_{n=0}^{1}\left[x_3(n) - x_3(n+2)\right]W_4^{n(2m+1)} = \sum_{n=0}^{1}\left[x_3(n) - x_3(n+2)\right]W_4^{n}W_2^{nm}$$

令

$$\left.\begin{aligned}x_5(n)&=x_3(n)+x_3(n+4)\\x_6(n)&=\left[x_3(n)-x_3(n+4)\right]W_{16}^{4n}\end{aligned}\right\},\quad n=0,1$$

有

$$\left.\begin{aligned}X(2m)&=\sum_{n=0}^{1}x_5(n)W_2^{mn}\\X(2m+1)&=\sum_{n=0}^{1}x_6(n)W_2^{mn}\end{aligned}\right\},\qquad n=0,1$$

2 点 DFT 的运算可用蝶形符号表示，按频率抽取的基 2 FFT 蝶形图为按时间抽取的基础 FFT 蝶形图的转置，原因请读者思考。

【例 5.4】 分别用直接卷积和快速卷积两种方法求下面两个序列的卷积：

$$x(n)=0.2n*R_{19}(n)\ ,\quad h(n)=(0.8)^n*R_{15}(n)$$

解： 利用快速卷积原理，MATLAB 编程如下：

```
xn=0.2*(1:20);              %序列 x(n)
hn=0.8.^(1:16);             %序列 h(n)
tic;                        %获取直接计算卷积的时间
yn=conv(xn,hn);             %直接计算 x(n) 和 h(n) 的卷积
toc;
L=pow2(nextpow2(16+20-1));        %取快速卷积的长度 L≥M+N−1 并为 2 的整数次幂
tic;                    %获取快速卷积的计算时间
Xk=fft(xn,L);           %用 fft 计算 x(n) 的离散傅里叶变换
Hk=fft(hn,L);           %用 fft 计算 h(n) 的离散傅里叶变换
Yk=Xk.*Hk;              %求 Y(k)
yn=ifft(Yk,L);          %求 Y(k) 的离散傅里叶变换 y(n)
toc;
subplot(221),stem(xn,'.');ylabel('x(n)'); %绘 x(n) 的波形图
subplot(222),stem(hn,'.');ylabel('h(n)'); %绘 h(n) 的波形图
subplot(212),ny=1:L;stem(real(yn),'.');ylabel('y(n)'); %绘 y(n) 的波形图
```

程序的运行结果如图 5.32 所示。

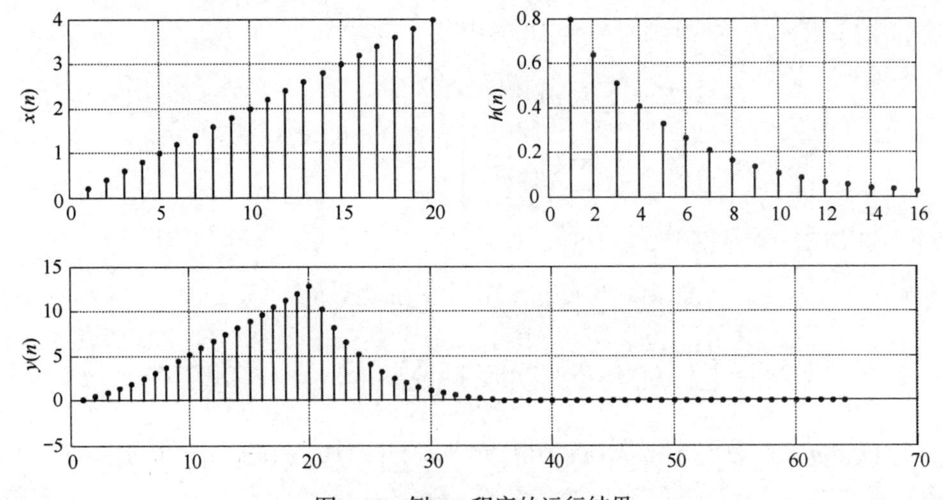

图 5.32　例 5.4 程序的运行结果

【例 5.5】用 FFT 计算如下两个序列的互相关函数 $r_{xy}(m)$：

$x(n)=\{-4\ \ -3\ \ -2\ \ -1\ \ 0\ \ 1\ \ 2\ \ 2\}$，　$y(n)=\{4\ \ 2\ \ -2\ \ -1\ \ 0\ \ 2\ \ 2\ \ -3\}$。

解：用 MATLAB 编程如下：

```
xn=[-4 -3 -2 -1 0 1 2 2];
yn=[4 2 -2 -1 0 2 2 -3];
k=length(xn);
xk=fft(xn,2*k);
yk=fft(yn,2*k);
rm=real(ifft(conj(xk).*yk));
rm=[rm(k+2:2*k) rm(1:k)];
m=(-k+1):(k-1);
stem(m,rm)
xlabel('m'); ylabel('幅度');
```

程序的运行结果如图 5.33 所示。

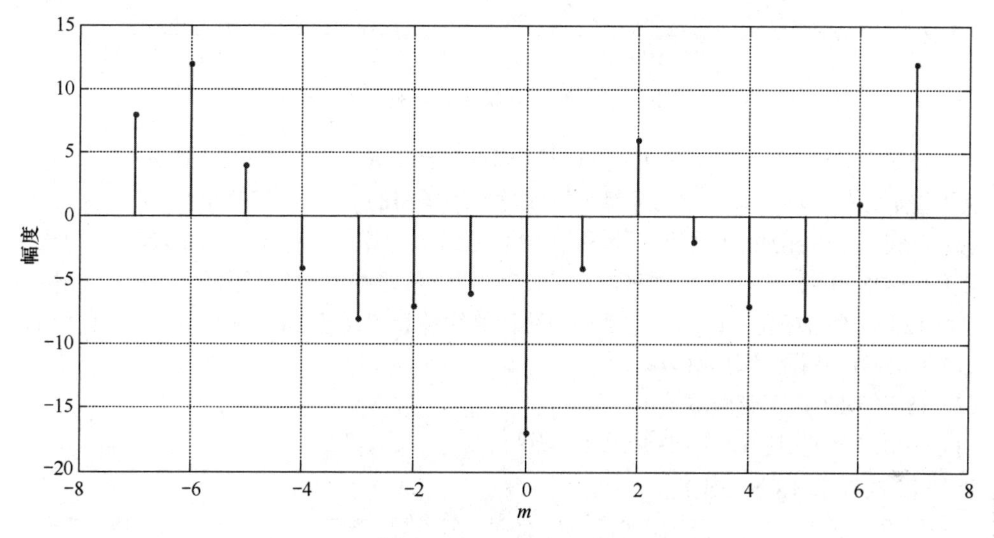

图 5.33　例 5.5 程序的运行结果

【例 5.6】已知 $x(n)=\{1\ \ 1\ \ 3\ \ 2\}$。试用基 4 FFT 求 $X(k)$，并画出蝶形图。

解：利用基 4 FFT 有如图 5.34 所示的蝶形图。

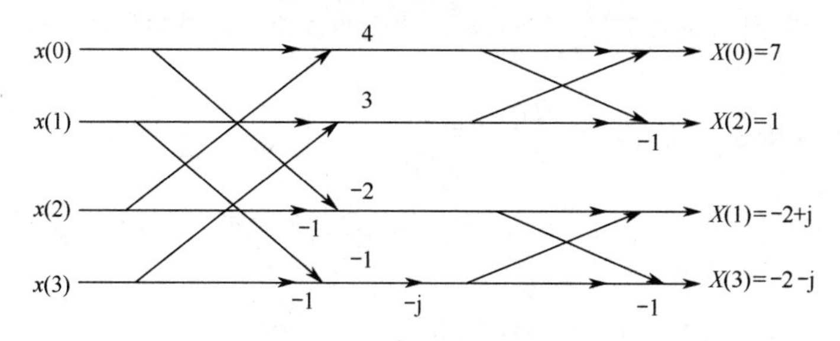

图 5.34　例 5.6 的蝶形图

故有 $X(k)=\{7,-2+\mathrm{j},1,-2-\mathrm{j}\}$。

【例 5.7】试画出 8 点分裂基 FFT 算法的 L 形蝶形图。

解：根据分裂基 FFT 基本运算公式：

$$X(k)=\sum_{n=0}^{N-1}x(n)W_N^{nk},\quad 0\le k\le N-1$$

可以画出 8 点分裂基 FFT 蝶形图如图 5.35 所示。

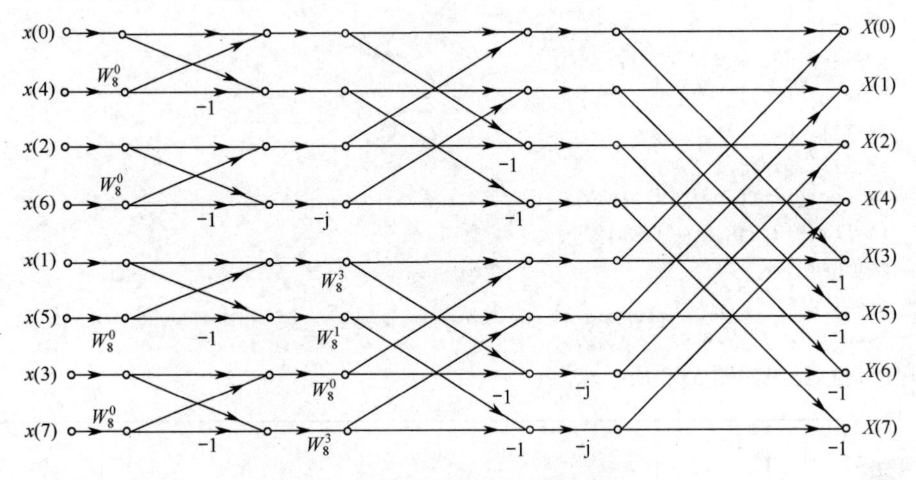

图 5.35　8 点分裂基 FFT 蝶形图

【例 5.8】利用 128 点 DFT 和 IDFT 计算一个 60 点序列和一个 1200 点序列的线性卷积。试确定利用重叠相加法和重叠保留法计算上述线性卷积所需的最少的 DFT 和 IDFT 次数。

解：在利用重叠相加法时，为充分利用 128 点 DFT 计算线性卷积，可将 1200 点的长序列的每段分为 $l=128+1-60=69$ 点，共可得 18 段。这样，每段 69 点序列与 60 点序列的线性卷积恰好可以由 128 点的循环卷积计算。重叠相加法计算线性卷积需要 DFT 和 IDFT 的次数如下：

（1）1 次 DFT 用于计算 $H(k)$。

（2）18 次 DFT 用于计算 $X_i(k)$。

（3）18 次 IDFT 用于计算 $Y_i(k)=X_i(k)H(k)$。

共需要 19 次 DFT 和 18 次 IDFT。

在利用重叠保留法时，每段序列直接与 60 点序列进行循环卷积，为充分利用 128 点 DFT，可将 1200 点的长序列每段分为 128 点。由于相邻段存在 $60-1=59$ 点的重叠保留，且考虑第一段数据没有前一段数据的保留，所以在数据前必须补 59 个零，以免丢失数据。因此，每段从 1200 点的序列中分解到$128-59=69$个数值，共可得到 19 段［$(1200+59)/69=18$余17］。最后一段只有 59 + 17 = 76 个有效数据，其余 52 个点为补充的零值点。所以，重叠保留法最少需要 20 次 DFT 和 19 次 IDFT。

【例 5.9】已知一个 8 点序列 $x(n)=\begin{cases}1, & 0\le n\le 7\\ 0, & \text{其他}\end{cases}$，试用 CZT 法求其前 10 点的复频谱 $X(z_k)$。

已知 z 平面上的路径为 $A_0=0.8$, $\theta_0=\frac{\pi}{3}$, $w_0=1.2$, $\phi_0=\frac{2\pi}{20}$，画出 z_k 的路径及 CZT 实现示意图。

解：

$$g(n)=x(n)A^{-n}w^{n^2/2}=0.8^{-n}1.2^{n^2/2}\,\mathrm{e}^{-\mathrm{j}(\frac{\pi}{3}n+\frac{\pi n^2}{20})},\quad 0\le n\le 7$$

$$h(n)=w^{-n^2/2}=1.2^{-n^2/2}\,\mathrm{e}^{\mathrm{j}\frac{\pi n^2}{20}},\quad 0\le n\le 9$$

（1）$L=N+M-1=8+10-1=17$点，由于采用基 2 FFT，所以取 $L=2^5=32$点。

（2）将 $g(n)$和$h(n)$补零加长至 32 点有

$$g(n)=\begin{cases}0.8^{-n}1.2^{n^2/2}\,\mathrm{e}^{-\mathrm{j}(\frac{\pi}{3}n+\frac{\pi\cdot n^2}{20})}, & 0\le n\le 7\\ 0, & 8\le n\le 31\end{cases}$$

$$h(n)=\begin{cases}1.2^{-\frac{n^2}{2}}\,\mathrm{e}^{\mathrm{j}\frac{\pi\cdot n^2}{20}}, & 0\le n\le 9\\ 0, & 10\le n\le 24\\ 1.2^{-\frac{(32-n)^2}{2}}\,\mathrm{e}^{\mathrm{j}\frac{\pi(32-n)^2}{20}}, & 25\le n\le 31\end{cases}$$

（3）求出 $G(r),H(r)$。

（4）求出 $Q(r)=G(r)H(r)$。

（5）求出 $q(k)=\mathrm{IFFT}[Q(r)]$。

（6）$X(z_k)=w^{k^2/2}q(k),\ 0\le k\le 9$。

所以 $X(z_k)=\sum_{n=0}^{7}x(n)A^{-n}w^{nk}=\sum_{n=0}^{7}(0.8)^{-n}(1.2)^{nk}\,\mathrm{e}^{-\mathrm{j}\left(\frac{\pi}{3}n+\frac{\pi}{10}nk\right)}$。$z_k$ 的路径示意图如图 5.36 所示，实现过程示意图如图 5.37 所示。

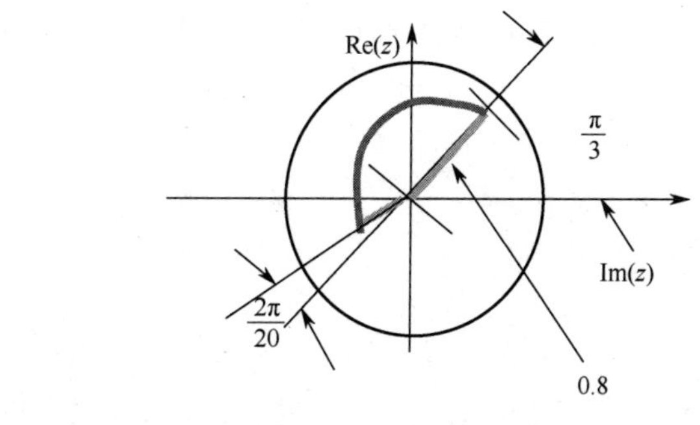

图 5.36　z_k 的路径示意图

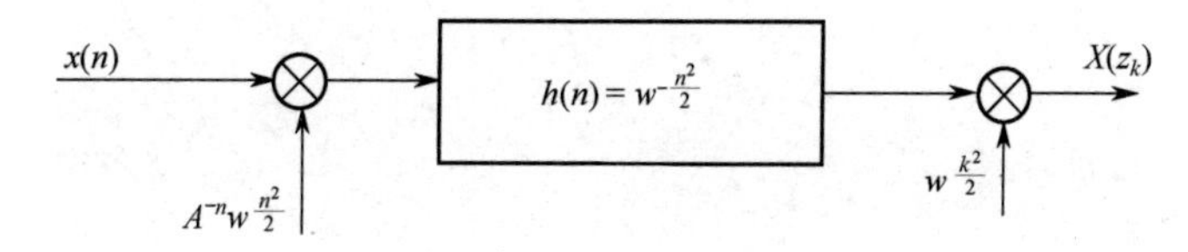

图 5.37　实现过程示意图

习题

5.1　一台通用计算机的速度为：平均每次复数乘法需要 100μs，每次复数加法需要 20μs，今用来计算 $N=1024$ 点的 $\mathrm{DFT}[x(n)]$。问直接运算需要多少时间？用 FFT 运算需要多少时间？

5.2　一个线性非移变系统的单位取样响应为 $h(n)=\begin{cases}1, n=0,1\\ 0,\text{其他}\end{cases}$，已知输入信号为 $x(n)=\begin{cases}2^{-n}, n=0,1\\ 0,\text{其他}\end{cases}$，请用 FFT 方法求 $y(n)$，要求画出详细的运算流图，并写出计算步骤。

5.3　试画出 N 为复合数时用 FFT 算法求 $N=12$ 的结果（采用基 3×4）。

5.4　已知 $X(k)$ 是一个 $2N$ 点实序列 $x(n)$ 的 DFT，现在要用 $X(k)$ 求 $x(n)$，为提高运算效率，试设计一个 N 点 IFFT 运算一次完成。

5.5　一个长度为 $N=8192$ 的复序列 $x(n)$ 与一个长度为 $L=512$ 的复序列 $h(n)$ 卷积。（1）求直接进行卷积所需的（复）乘法次数。（2）若用 1024 点基 2 按时间抽取 FFT 重叠相加法计算卷积，重做问题（1）。

5.6 设 $x(n)$ 是一个长度为 N 的序列，且

$$x(n) = -x(n + N/2), \quad n = 0,1,2,\cdots,N/2-1$$

其中 N 为偶数。（1）证明 $x(n)$ 的 N 点 DFT 仅有奇次谐波，即 $X(k)=0$，其中 k 为偶数；（2）证明如何由一个经过适当调整的序列的 $N/2$ 的 DFT 求 $x(n)$ 的 N 点 DFT。

5.7 已知以 1s 为周期均匀采样得到 $x(n)=\{1,2,-1,3\}$。（1）试求频谱 $X(k)$，并作出蝶形图。（2）试进行谱分析，即求出振幅谱、相位谱和功率谱。

5.8 用微处理机对实序列进行谱分析，要求谱分辨率 $F \le 1\text{Hz}$，信号的最高频率为 1kHz，试确定以下参数：（1）最小记录时间 T_{pmin}；（2）最大取样间隔 T_{max}；（3）最少采样点数 N_{min}；（4）在频带宽度不变的情况下，将频率分辨率提高一倍的 N 值。

5.9 用重叠相加法计算一个长度为 1000 点的序列 $x(n)$ 与一个长度为 64 点的序列 $h(n)$ 的线性卷积时，共需要多少 $N=128$ 点 DFT 变换与 DFT 反变换？用重叠保留法呢？

5.10 用 MATLAB 编程计算习题 5.2。

5.11 用 MATLAB 编程计算习题 5.7，并画出各序列的波形图。

第 6 章　数字滤波器的基本网络结构

数字滤波器（Digital Filter，DF）和快速傅里叶变换一样，是数字信号处理学科的重要组成部分，其应用非常广泛。数字滤波器通常是指一种算法或一种数字处理设备，其功能是将一组输入的数字序列经过一定的运算后，变换为另一组输出的数字序列。因此，也可以说数字滤波器本身是一台给定运算的数字信号处理器。

数字滤波器是在模拟滤波器（Analog Filter，AF）的基础上发展起来的，但它们之间存在着一些重要的差别。与模拟滤波器相比，数字滤波器具有精度高、稳定性好、设计灵活、不存在阻抗匹配、便于大规模集成和可以实现多维滤波等优点。在一般情况下，数字滤波器是一个线性非移变系统。从频域特性上看，数字滤波器与模拟滤波器一样，有低通、高通、带通和带阻之分。但在时域的实现方法与方式上，它们是完全不同的两类系统。

从结构上来看，数字滤波器可以分为递归型（IIR）与非递归型（FIR）两大类。研究这两大类数字滤波器的实现方法或算法结构时，不仅可以利用它们的差分方程、单位冲激响应和系统函数来表示，而且可以利用一种更有效的表示方法，即信号流图表示法。利用信号流图表示滤波器的结构，可以一目了然地得到系统的运算步骤、乘法运算和加法运算的次数以及所用存储单元的数量等。

本章重点研究各种数字滤波器的基本网络结构。在讨论这些结构之前，先简要介绍数字滤波器结构的表示方法。

6.1　数字滤波器结构的表示方法

第 2 章中讨论过，一个数字滤波器可用描述输入/输出关系的常系数线性差分方程来表示：

$$y(n)=\sum_{k=1}^{N}a_k y(n-k)+\sum_{k=0}^{M}b_k x(n-k) \tag{6.1}$$

对初始状态为零的情况，差分方程描述的系统是线性非移变（LSI）系统。对上式两边取 Z 变换，得到该系统的系统函数为

$$H(z)=\frac{Y(z)}{X(z)}=\frac{\sum_{k=0}^{M}b_k z^{-k}}{1-\sum_{k=1}^{N}a_k z^{-k}} \tag{6.2}$$

LSI 系统的很多特性都是通过 $H(z)$ 反映出来的。

由式（6.1）可以看出，实现一个数字滤波器需要三个基本的运算单元——加法器、单位延迟器和常数乘法器。这些基本单元有两种表示法——方框图法和信号流图法，因而一个数字滤波器的运算情况（网络结构）也有这样两种表示法，如图 6.1 所示。

线性信号流图本质上与方框图表示法等效，只是符号上有差异。用方框图表示较为明显、直观，而用信号流图表示更加简单、方便。例如，二阶数字滤波器

$$y(n)=a_1 y(n-1)+a_2 y(n-2)+b_0 x(n)$$

的方框图表示如图 6.2(a)所示，等效的信号流图表示如图 6.2(b)所示。

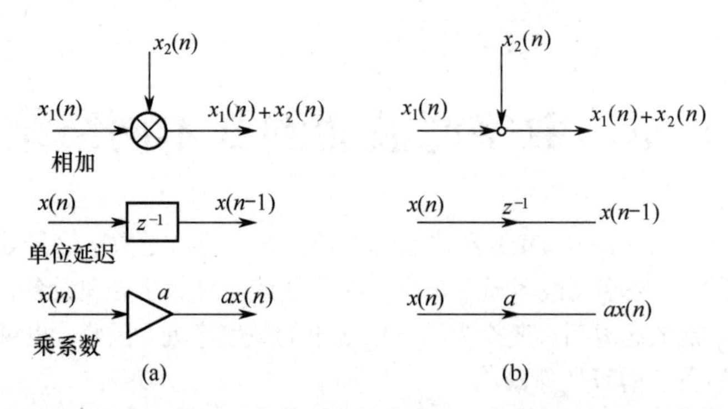

图 6.1　基本运算的方框图表示和信号流图表示：(a)方框图表示；(b)信号流图表示

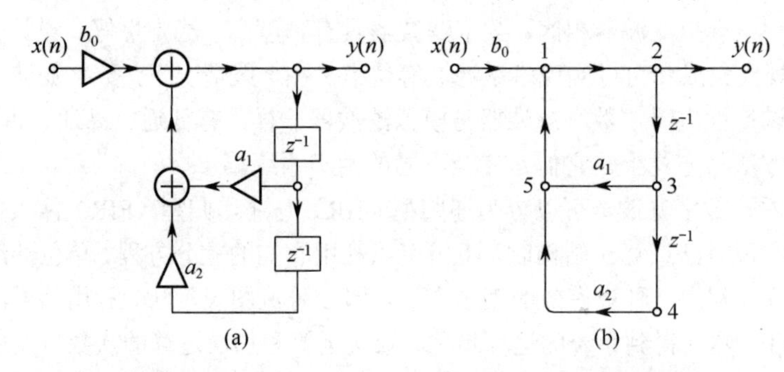

图 6.2　二阶数字滤波器的方框图表示和信号流图表示：(a)方框图表示；(b)信号流图表示

图中，节点 1、2、3、4、5 称为网络节点，$x(n)$ 处为输入节点或称源节点，表示外部输入或信号源，$y(n)$ 处为输出节点或称吸收节点。节点之间用有向支路连接，任意一个节点的值等于它的所有输入支路的信号之和。输入支路的信号值等于这一支路起点处节点的信号值乘以支路增益（传输系数）。如果支路箭头旁边未标增益符号，那么认为支路增益为 1；延迟支路用延迟算子 z^{-1} 表示，它表示单位延迟。这样，我们就能清楚地看出该滤波器的运算步骤和运算结构。本章均采用信号流图法来分析数字滤波器的结构，第 5 章中已采用信号流图法分析了快速傅里叶变换的运算过程。

运算结构的分析是一个非常重要的问题。一个系统的系统函数的数学表达式可以写成多种不同的形式，对应不同的形式有不同的信号流图结构。不同信号流图结构所需的存储单元和乘法次数是不同的，前者影响复杂性，后者影响运算速度。此外，在有限精度（有限字长）情况下，不同运算结构的误差、稳定性是不同的。

无限长单位冲激响应（IIR）滤波器与有限长单位冲激响应（FIR）滤波器在结构上具有不同的特点，下面分别讨论它们。

6.2　无限长冲激响应滤波器的基本网络结构

IIR 滤波器的主要特点是系统含有反馈支路，结构上是递归型的，其单位冲激响应无限长，对同样的滤波器过渡带要求，其实现的阶数可以比较低，因而减少了延迟单元和乘法器。它的缺点是系统存在稳定性问题，设计不当时，会使一个稳定的系统由于系数量化的影响导致不稳定而无法工作。它的基本网络结构有直接 I 型、直接 II 型、级联型和并联型 4 种。

6.2.1　直接 I 型

一个 IIR 滤波器的系统函数为

$$H(z)=\frac{Y(z)}{X(z)}=\frac{\sum_{k=0}^{M}b_k z^{-k}}{1-\sum_{k=1}^{N}a_k z^{-k}} \tag{6.3}$$

其对应的差分方程为

$$y(n)=\sum_{k=1}^{N}a_k y(n-k)+\sum_{k=0}^{M}b_k x(n-k) \tag{6.4}$$

对应结构的信号流图如图 6.3 所示，它是 IIR 滤波器的直接 I 型结构。为便于讨论，图中假设 $M=N$，当 $M<N$ 时，只要令式（6.4）中的系数 $b_{M+i}, i=1,2,\cdots,N-M$ 等于零即可。

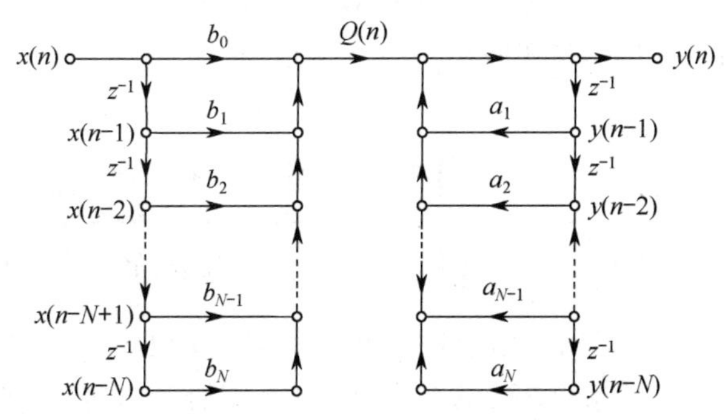

图 6.3　N 阶 IIR 系统直接 I 型结构的信号流图

图 6.3 所示的网络可视为两个子系统的级联：第一级实现的是系统对应的各个零点，第二级实现的是系统对应的各个极点。从图中还可以看出，直接 I 型结构需要 $2N$ 个延迟器和 $2N$ 个乘法器。

6.2.2　直接 II 型

直接 II 型结构又称典范型结构。前文讨论的直接 I 型结构的系统函数可视为两个独立的系统函数的乘积，结构上为两个子系统的级联。对于一个 LSI 系统，若交换其级联子系统的次序，则系统函数是不变的，即总的输入/输出关系不变。对于图 6.3，若把零、极点实现的次序对换一下，即先实现极点再实现零点，且把多个延迟单元合并成一个公用的延迟单元，则构成图 6.4 所示的结构形式，称之为直接 II 型结构。

直接 I 型转直接 II 型演示动画

这种结构对于 N 阶差分方程只需要 N 个延迟单元（一般 $N\geq M$），因而比直接 I 型结构的延迟单元要少，这也是 N 阶滤波器所需的最少延迟单元，因而又称典范型结构。直接 I 型和直接 II 型都是直接型的实现方法，其共同的缺点是系数 a_k,b_k 对滤波器的性能控制作用不明显，因为它们与系统函数的零、极点关系不明显，因而调整困难。此外，直接型结构中极点对系数的变化过于灵敏，导致系统频率响应对系数的变化过于灵敏，即对有限精度（有限字长）运算过于灵敏，容易出现不稳定或产生较大误差的情况。

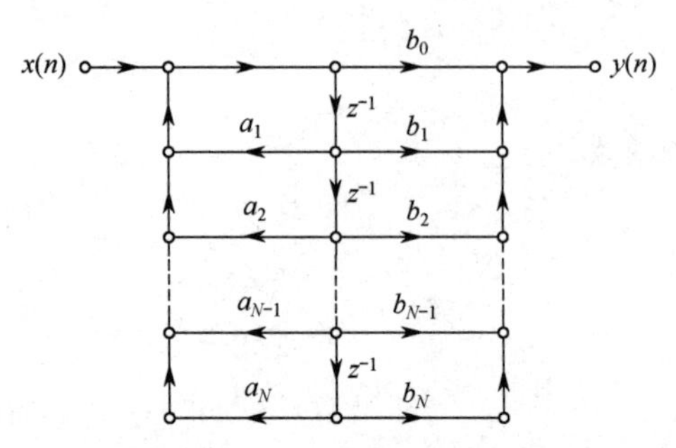

图 6.4　N 阶 IIR 系统直接 II 型结构的信号流图

6.2.3　级联型

若将 N 阶 IIR 系统函数分解成二阶因式的连乘积，则可得到级联结构：

$$H(z)=H_1(z)\cdot H_2(z)\cdots H_M(z)$$

这样，整个系统将由 M 个二阶系统级联构成。具体地，将式（6.3）的分子和分母都进行因式分解，得到

$$H(z)=\frac{\sum_{k=0}^{M}b_k z^{-k}}{1-\sum_{k=1}^{N}a_k z^{-k}}=A\frac{\prod_{k=1}^{M_1}(1-g_k z^{-1})\prod_{k=1}^{M_2}(1-h_k z^{-1})(1-h_k^* z^{-1})}{\prod_{k=1}^{N_1}(1-c_k z^{-1})\prod_{k=1}^{N_2}(1-d_k z^{-1})(1-d_k^* z^{-1})} \tag{6.5}$$

式中，$M=M_1+2M_2, N=N_1+2N_2$。由于 $H(z)$ 的系数都为实数，所以其零点和极点均为实数或共轭复数。若将式（6.5）中具有共轭复根的两个一阶因式合并，则各子系统可以表示为具有实系数的二阶系统的形式，即

$$H(z)=A\frac{\prod_{k=1}^{M_1}(1-g_k z^{-1})\prod_{k=1}^{M_2}(1+\beta_{1k}z^{-1}+\beta_{2k}z^{-2})}{\prod_{k=1}^{N_1}(1-c_k z^{-1})\prod_{k=1}^{N_2}(1-\alpha_{1k}z^{-1}-\alpha_{2k}z^{-2})}$$

为了简化表达形式，把上式分子、分母中的一阶子系统视为 α_{2k} 和 β_{2k} 为零的二阶子系统的特例，于是可将 $H(z)$ 视为全部由实系数二阶子系统的级联形式构成，即

$$H(z)=A\prod_{k=1}^{N_3}\frac{1+\beta_{1k}z^{-1}+\beta_{2k}z^{-2}}{1-\alpha_{1k}z^{-1}-\alpha_{2k}z^{-2}}=A\prod_{k=1}^{N_3}H_k(z) \tag{6.6}$$

式中，N_3 表示 $(N+1)/2$ 的最大整数，且

$$H_k(z)=\frac{1+\beta_{1k}z^{-1}+\beta_{2k}z^{-2}}{1-\alpha_{1k}z^{-1}-\alpha_{2k}z^{-2}}$$

称为滤波器的二阶基本节。

式（6.6）表示 $H(z)$ 的级联分解形式，其中每个子系统均为二阶基本节，若用图 6.5 所示的直接 II 型来实现二阶子系统，则整个系统就变为具有最少存储单元的级联结构形式。

级联结构形式的主要优点是存储单元少，用硬件实现时一个二阶基本节可以分时使用，这种时分复用能使硬件结构简化。另一个重要优点是二阶基本节搭配灵活，可以按实际需要调换二阶节的次序，还可以直接控制系统的零点和极点。因为每个二阶基本节都是互相独立的，而且各自代表了一对零点和极点，于是调整系数 α_{1k},α_{2k} 和 β_{1k} 及 β_{2k} 就可以单独调整第 k 对零点和极点，

而不影响其他零、极点的分布，因而滤波器的性能可以通过分别调整单独的零、极点的分布而得到控制。

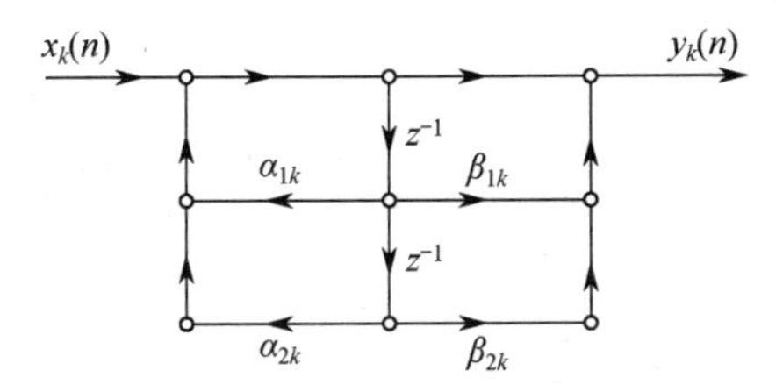

图 6.5　二阶子系统的直接 II 型实现

这种结构在 $M = N$ 时，分子、分母中二阶因子组合成的基本二阶节有 $([\frac{N+1}{2}])!$ 种，各个二阶基本节的排列也有 $([\frac{N+1}{2}])!$ 种，它们都代表同一个系统函数 $H(z)$ 。

级联形式中另一个需要考虑的问题是有限字长的影响。理论上，各个系统的前后次序排列可以任意组合，但对有限精度运算来说，不同的组合有不同的量化效应，其运算误差的差别较大；此外，各级之间电平大小的搭配会影响输出信号的精度，太大的电平会产生溢出，太小的电平则会影响输出的信噪比，因而在具体考虑时需要分不同的情况具体对待。

6.2.4　并联型

IIR 滤波器的并联结构形式是基于对 $H(z)$ 的部分分式展开实现的。对式（6.5）的 $H(z)$ 进行部分分式展开，有

$$H(z)=\sum_{k=1}^{N_1}\frac{A_k}{1-c_k z^{-1}}+\sum_{k=1}^{N_2}\frac{B_k(1-e_k z^{-1})}{(1-d_k z^{-1})(1-d_k^* z^{-1})}+\sum_{k=0}^{M-N}C_k z^{-k} \tag{6.7}$$

式中，$N_1+2N_2=N$ 。若 $M<N$ ，则上式中不包含 $\sum_{k=0}^{M-N}C_k z^{-k}$ 项；若 $M=N$ ，则该项变为常数 C_0 。由于 $H(z)$ 的分子、分母系数都为实数，因此上式中的 A_k,B_k,c_k,e_k 全部是实数。通常 $M\le N$ ，若把式中的共轭极点项合并成具有实系数的二阶子系统，则 $H(z)$ 的部分分式展开为

$$H(z)=C_0+\sum_{k=1}^{N_1}\frac{A_k}{1-c_k z^{-1}}+\sum_{k=1}^{N_2}\frac{\gamma_{0k}+\gamma_{1k}z^{-1}}{1-\alpha_{1k}z^{-1}-\alpha_{2k}z^{-2}} \tag{6.8}$$

由此可见，滤波器可由 N_1 个一阶网络、N_2 个二阶网络和 1 个常数支路并联构成，其结构如图 6.6 所示。

并联结构形式的主要优点是有较高的运算精度，而且由于采用部分分式展开，因而极点可以控制，但零点却不像级联形式那样可以单独调整，所以当系统要求有准确的零点时就不能采用并联结构。该系统的另一个优点是各子系统的误差互不影响，因此由有限精度引起的量化效应要比级联形式的小。

以上 4 种结构是 IIR 滤波器是最基本、最常用的递归型结构形式，滤波器的格型结构形式将在 6.5 节讨论。还有其他的结构形式，如串并混联结构形式、展开成连分式的梯形结构、最少乘法结构等，在此不做详细讨论。各种结构形式的存在，取决于线性信号流图理论中的多种运算处理方法。当然，各种流图都保持输入到输出的传输关系不变，即 $H(z)$ 不变。其中的一种方法称为流图的转置，它利用的是流图的转置定理。

IIR 滤波器（级联型、并联型）教学视频

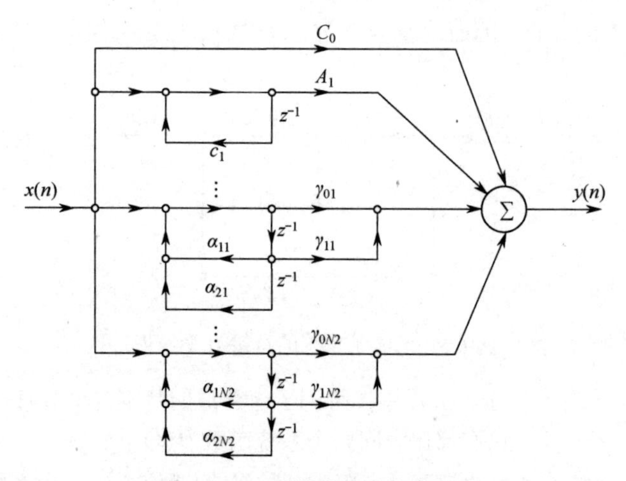

图 6.6 IIR 系统的并联结构形式

6.2.5 转置定理

若将原网络中所有支路的方向加以反转，支路增益保持不变，并将输入 $x(n)$ 和输出 $y(n)$ 相互交换，则网络的系统函数不变。

利用网络的转置定理，可以将以上讨论的各种结构进行转置处理，得到各种新的网络结构。例如，将图 6.4 所示的直接 II 型结构转置后得到如图 6.7 所示的结构，画成输入在左、输出在右的习惯形式后如图 6.8 所示。

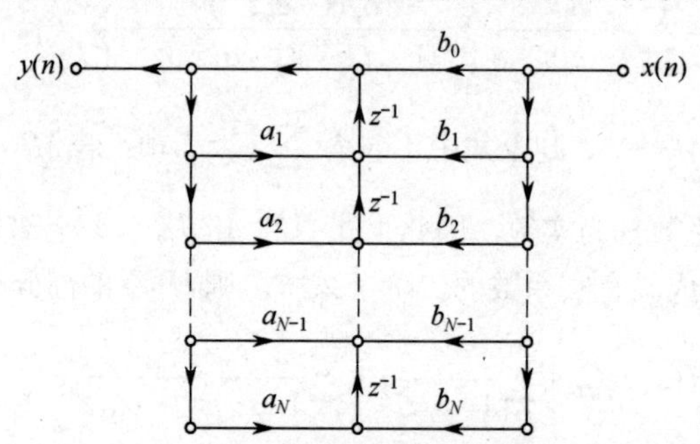

图 6.7 直接 II 型结构的转置

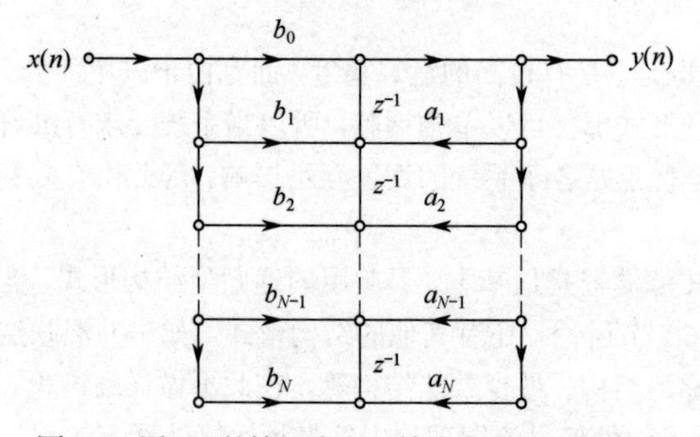

图 6.8 图 6.7 的输入在左、输出在右的习惯形式

6.3　有限长冲激响应（FIR）滤波器的基本网络结构

FIR 数字滤波器是一种非递归系统，其冲激响应$h(n)$是有限长序列，其系统函数的一般形式为

$$H(z)=\sum_{k=0}^{N-1}h(k)z^{-k} \tag{6.9}$$

式中，$h(k)$为因果序列，$H(z)$是z^{-1}的$N-1$次多项式，它的$N-1$个极点全部位于$z=0$处，所以一个 FIR 系统始终是稳定的。它的零点可以位于有限z平面内的任何位置，当全部零点都位于单位圆内部时，就成为最小相位系统。由于$h(n)$是有限时宽序列，因而还可以用 DFT 技术来实现滤波。FIR 系统的最大特点是能够实现严格的线性相位，这在图像处理等应用领域中非常重要。

本节讨论实现 FIR 系统的基本网络结构，它同样有直接型、级联型结构，但没有并联结构形式；本节还将重点讨论 FIR 系统的线性相位结构和频率采样型结构。

6.3.1　直接型

式（6.9）对应的 FIR 系统的差分方程为

$$y(n)=\sum_{k=0}^{N-1}h(k)x(n-k) \tag{6.10}$$

由上式可以画出 FIR 系统的直接型结构形式，如图 6.9 所示。很明显，式（6.10）就是 LSI 系统的卷积和公式，所以直接型结构又称卷积型结构，有时还称横截滤波器结构。将转置定理用于图 6.9，可得到图 6.10 所示的直接型转置结构形式。

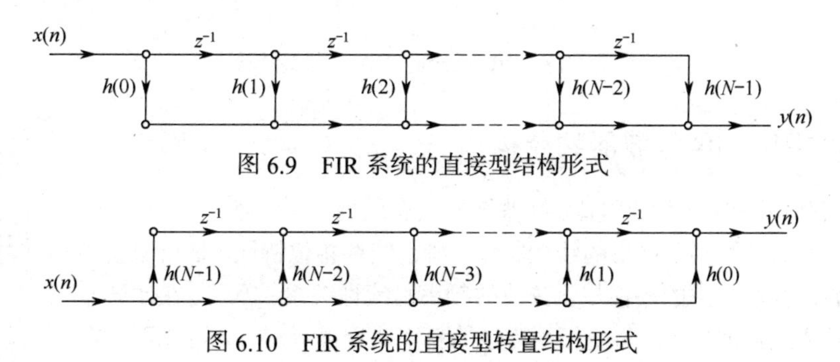

图 6.9　FIR 系统的直接型结构形式

图 6.10　FIR 系统的直接型转置结构形式

6.3.2　级联型

若将$H(z)$分解成二阶因子的乘积，则得到 FIR 系统的级联结构为

$$H(z)=\sum_{k=0}^{N-1}h(k)z^{-k}=\prod_{k=1}^{M}(\beta_{0k}+\beta_{1k}z^{-1}+\beta_{2k}z^{-2}) \tag{6.11}$$

对应式（6.11）的信号流图如图 6.11 所示。级联结构的主要特点是零点可以分别控制，每个基本节控制一对（或一个）零点，因而在需要精确控制传输零点时可以使用这种结构。级联型所用的系数乘法次数要比直接型的多，运算时间要比直接型的长。

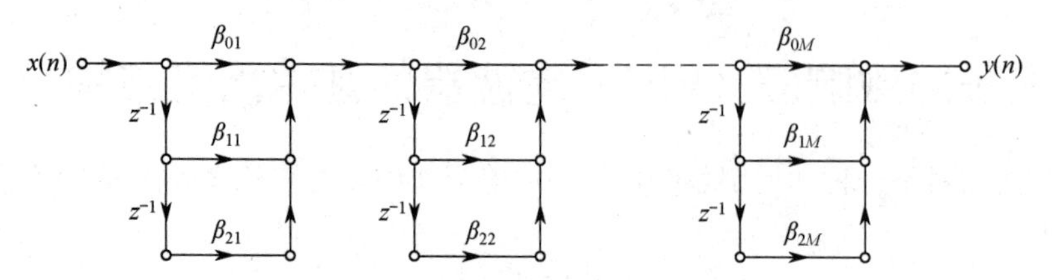

图 6.11　FIR 系统的信号流图

6.3.3　快速卷积型

上面提到 FIR 系统的 $h(n)$ 是有限时宽序列，因而还可以用 DFT 技术来实现快速卷积。式(6.10)表示 FIR 滤波器的输出 $y(n)$ 是输入 $x(n)$ 和冲激响应 $h(n)$ 的线性卷积。因此，可以通过增添零取样值的方法将序列 $x(n)$ 和 $h(n)$ 延长，然后计算它们的循环（圆周）卷积，得到系统的输出 $y(n)$。而循环卷积的计算可以应用快速傅里叶变换（FFT）来实现，于是可以得到图 6.12 所示的快速卷积型结构。具体实现方法如下：设 $h(n)$ 的长度为 N_1，$x(n)$ 的长度为 N_2，则 FFT 的点数应取 $L \ge N_1 + N_2 - 1$，于是有

$$y(n) = \mathrm{IFFT}[X(k) \cdot H(k)]$$

式中，$H(k) = \mathrm{FFT}[h(n)]$，$X(k) = \mathrm{FFT}[x(n)]$，且 $0 \le k \le L-1$。这种结构利用了 FFT 技术，因而适合于要求实时高速信号处理的场合。

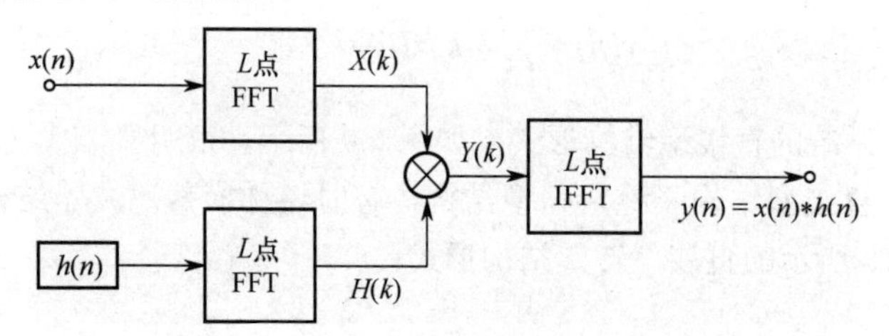

图 6.12　FIR 系统的快速卷积型结构

6.3.4　线性相位 FIR 滤波器的结构

FIR 滤波器（直接型、级联型、快速卷积型）教学视频

在许多实际应用中，我们希望数字滤波器具有线性相位，而 FIR 系统的最大特点之一就是能够实现严格的线性相位。所谓线性相位特性，是指滤波器对不同频率的正弦波产生的相移与正弦波的频率呈线性关系。因此，在滤波器通带内的信号通过滤波器后，除由相频特性的斜率决定的延迟外，可以不失真地保留通带内的全部信号。

若 FIR 滤波器的单位冲激响应 $h(n)$ 为实数，$0 \le n \le N-1$，且满足以下条件：

偶对称：
$$h(n) = h(N-1-n) \tag{6.12a}$$

奇对称：
$$h(n) = -h(N-1-n) \tag{6.12b}$$

即 $h(n)$ 的对称中心在 $n = (N-1)/2$ 处，则这种 FIR 滤波器具有严格线性相位。下面分 N 为奇数和 N 为偶数两种情况讨论滤波器的结构。

（1）N 为奇数

$$H(z) = \sum_{n=0}^{N-1} h(n) z^{-n} = \sum_{n=0}^{\frac{N-1}{2}-1} h(n) z^{-n} + h(\tfrac{N-1}{2}) z^{-\frac{N-1}{2}} + \sum_{n=\frac{N-1}{2}+1}^{N-1} h(n) z^{-n}$$

在第二个Σ式中，先令 $n = N-1-m$，再将 m 换成 n，可得

$$H(z)=\sum_{n=0}^{\frac{N-1}{2}-1}h(n)z^{-n}+h(\tfrac{N-1}{2})z^{-\frac{N-1}{2}}+\sum_{n=0}^{\frac{N-1}{2}-1}h(N-1-n)z^{-(N-1-n)}$$

代入线性相位奇偶对称条件 $h(n)=\pm h(N-1-n)$，可得

$$H(z)=\sum_{n=0}^{\frac{N-1}{2}-1}h(n)\left[z^{-n}\pm z^{-(N-1-n)}\right]+h(\tfrac{N-1}{2})z^{-\frac{N-1}{2}} \tag{6.13}$$

式中，方括号内的“+”号表示 $h(n)$ 是偶对称的，“−”号表示 $h(n)$ 是奇对称的。当 $h(n)$ 奇对称时，由式（6.12b）得 $h[(N-1)/2]=0$，结合式（6.13）可画出 N 为奇数时，线性相位 FIR 滤波器的直接型结构流图如图 6.13 所示。图中 $h(n)$ 偶对称时±1 取+1，$h(n)$ 奇对称时±1 取−1，此时 $h[(N-1)/2]$ 处的连线应断开。

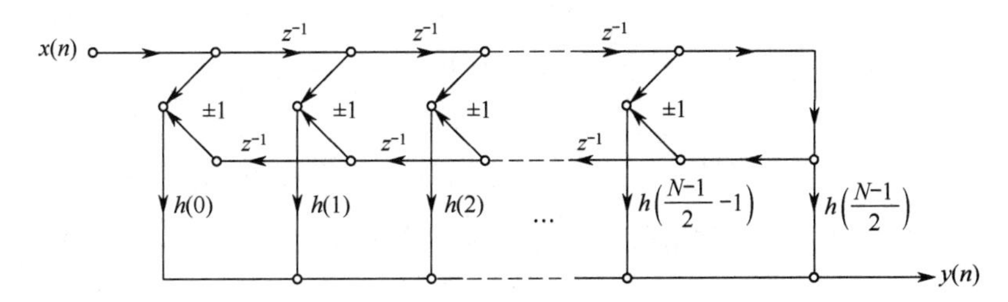

图 6.13　N 为奇数时线性相位 FIR 滤波器的直接型结构

（2）N 为偶数

FIR 滤波器（线性相位和频率采样型）1 教学视频

$$H(z)=\sum_{n=0}^{N-1}h(n)z^{-n}=\sum_{n=0}^{\frac{N}{2}-1}h(n)z^{-n}+\sum_{n=N/2}^{N-1}h(n)z^{-n}$$

在第二个∑式中，先令 $n=N-1-m$，再将 m 换成 n，可得

$$H(z)=\sum_{n=0}^{\frac{N}{2}-1}h(n)z^{-n}+\sum_{n=0}^{\frac{N}{2}-1}h(N-1-n)z^{-(N-1-n)}$$

代入线性相位奇偶对称条件 $h(n)=\pm h(N-1-n)$，可得

$$H(z)=\sum_{n=0}^{\frac{N}{2}-1}h(n)\left[z^{-n}\pm z^{-(N-1-n)}\right] \tag{6.14}$$

式中，方括号内的“+”号表示 $h(n)$ 是偶对称的，“−”号表示 $h(n)$ 是奇对称的。由式（6.14）可以画出 N 为偶数时，线性相位 FIR 滤波器的直接型结构流图如图 6.14 所示。图中 $h(n)$ 偶对称时±1 取+1，$h(n)$ 奇对称时±1 取−1。

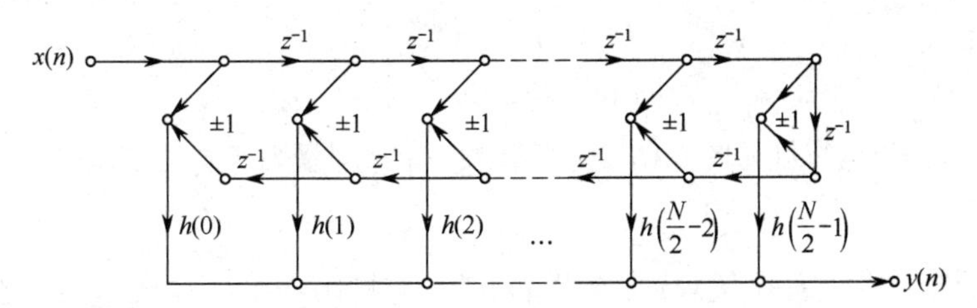

图 6.14　N 为偶数时线性相位 FIR 滤波器的直接型结构

由以上流图可以看出，线性相位 FIR 滤波器结构与一般的直接型结构相比，可节省一半数量的乘法次数。

线性相位 FIR 滤波器的级联结构将在第 8 章的 8.2 节讨论。

6.3.5 频率采样型结构

FIR 滤波器（线性相位与频率采样型）2 教学视频

频率采样型结构形式是 FIR 系统所特有的，它使用单位圆上的频率采样值来描述系统函数并构造对应的结构。

第 4 章中讨论过，对一个 N 点有限长序列 $h(n)$ 的 Z 变换 $H(z)$ 在单位圆上做 N 等分采样，就得到周期序列 $\tilde{H}(k)$，其主值序列等于 $h(n)$ 的离散傅里叶变换 $H(k)$。这样，$H(z)$ 就可以唯一地用单位圆上的取样值 $H(k)$ 来表示。设

$$H(k)=\sum_{n=0}^{N-1}h(n)W_N^{nk}$$

则有

$$\begin{aligned}H(z)&=\sum_{n=0}^{N-1}h(n)z^{-n}=\sum_{n=0}^{N-1}\left(\frac{1}{N}\sum_{k=0}^{N-1}H(k)W_N^{-nk}\right)z^{-n}\\&=\frac{1}{N}\sum_{k=0}^{N-1}H(k)\sum_{n=0}^{N-1}(W_N^{-k}z^{-1})^n=\frac{1}{N}(1-z^{-N})\sum_{k=0}^{N-1}\frac{H(k)}{1-W_N^{-k}z^{-1}}\end{aligned}\tag{6.15}$$

上式为实现 FIR 系统提供了另一种结构，这种结构由两个子系统级联而成。具体来说，将式（6.15）表示成

$$H(z)=\frac{1}{N}H_1(z)\sum_{k=0}^{N-1}H_k(z)\tag{6.16}$$

式中，$H_1(z)=1-z^{-N}$，$H_k(z)=\dfrac{H(k)}{1-W_N^{-k}z^{-1}}$，其级联结构框图如图 6.15 所示。

图 6.15 式（6.16）所示网络的级联结构框图

级联网络的第一个子系统 $H_1(z)$ 由 N 个延迟单元组成，其差分方程为

$$y_1(n)=x(n)+x(n-N)$$

$H_1(z)$ 在单位圆上有 N 个等分零点 z_{0k}，即

$$z_{0k}=\mathrm{e}^{\mathrm{j}\frac{2\pi}{N}k},\ k=0,1,\cdots,N-1$$

$H_1(z)$ 的频率响应为

$$H_1(\mathrm{e}^{\mathrm{j}\omega})=1-\mathrm{e}^{\mathrm{j}\omega N}$$

$$\left|H_1(\mathrm{e}^{\mathrm{j}\omega})\right|=2\left|\sin(\tfrac{N\omega}{2})\right|$$

$H_1(z)$ 的流图结构和幅度特性如图 6.16 所示，其频率响应呈现梳齿状的谐振特性，因而也称梳状滤波器。

级联网络的第二个子系统 $H_2(z)$ 是一组并联的一阶网络，即 $H_2(z)=\sum_{k=0}^{N-1}H_k(z)$，其中，每个一阶网络 $H_k(z)$ 都是一个谐振器，它们在单位圆上各有一个极点 $z_{\mathrm{p}k}$，即

$$z_{\mathrm{p}k}=W_N^{-k}=\mathrm{e}^{\mathrm{j}\frac{2\pi}{N}k},\ k=0,1,\cdots,N-1$$

因此，$H_2(z)$ 是有 N 个极点的谐振网络，这些极点正好与梳状滤波器 $H_1(z)$ 的零点相抵消，从而使 $H(z)$ 在这些频率上的响应等于 $H(k)$。

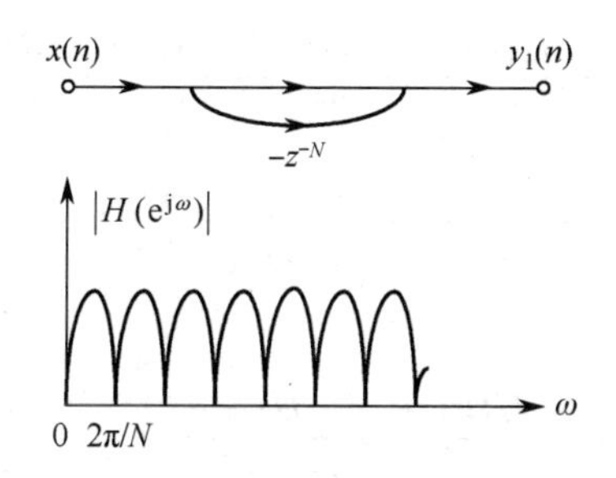

图 6.16 梳状滤波器的流图结构和幅度特性

由以上分析可得 FIR 滤波器的频率采样型结构如图 6.17 所示。这种结构由一个简单的 FIR 系统和一个 IIR 系统级联而成，对应 $H_1(z)$ 和 $H_2(z)$。它的主要优点是，并联谐振网络的系数 $H(k)$ 就是 FIR 滤波器在 $\omega=\frac{2\pi}{N}k$ 处的响应，因此可以直接控制滤波器的响应。它的主要缺点是，所有系数 $H(k)$ 和 W_N^{-k} 都是复数，而复数相乘运算较麻烦；此外，所有谐振网络的极点都在单位圆上，若滤波器的系数稍有误差，极点就可能移到单位圆外，因此系统不容易稳定。

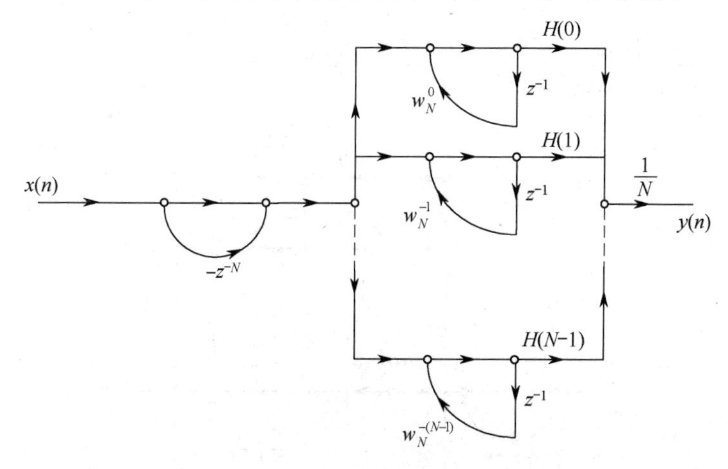

图 6.17 FIR 滤波器的频率采样型结构

为了克服上述缺点，可以采用如下两种方法：（1）使谐振网络的极点从单位圆上向内收缩到半径为 r 的圆上，这里 r 略小于 1。这种情况下的 $H(z)$ 为

$$H(z)\approx\frac{(1-r^N z^{-N})}{N}\cdot\sum_{k=0}^{N-1}\frac{H_r(z)}{1-rW_N^{-k}z^{-1}} \tag{6.17}$$

梳状滤波器的零点也要同时移到半径为 r 的圆上。（2）用实系数的二阶网络实现复系数的一阶网络，使系数的复数乘法运算变成实数乘法运算。具体来说，就是利用实序列 $h(n)$ 的离散傅里叶变换 $H(k)$ 的对称性质，即

$$\begin{cases}|H(k)|=|H(N-k)|\\ \theta(k)=-\theta(N-k)\end{cases}\quad k=0,1,\cdots,N-1 \tag{6.18}$$

把复系数的一阶网络按复共轭对来分组，在 N 为偶数时，式（6.17）可表示为

$$H(z)\approx\frac{1-r^N z^{-N}}{N}\left[\sum_{k=1}^{N/2-1}\frac{H_r(k)}{1-rW_N^{-k}z^{-1}}+\sum_{k=N/2+1}^{N-1}\frac{H_r(k)}{1-rW_N^{-k}z^{-1}}+\frac{H_r(0)}{1-rz^{-1}}+\frac{H_r(N/2)}{1+rz^{-1}}\right]$$

因为 $H_r(k)\approx H(k)$，所以有

$$H(z)\approx\frac{1-r^N z^{-N}}{N}\left[\sum_{k=1}^{N/2-1}\frac{H(k)}{1-rW_N^{-k}z^{-1}}+\sum_{k=N/2+1}^{N-1}\frac{H(k)}{1-rW_N^{-k}z^{-1}}+\frac{H_r(0)}{1-rz^{-1}}+\frac{H_r(N/2)}{1+rz^{-1}}\right]$$

$$=\frac{1-r^N z^{-N}}{N}\left[\sum_{k=1}^{N/2-1}\left(\frac{H(k)}{1-rW_N^{-k}z^{-1}}+\frac{H(N-k)}{1-rW_N^{-(N-k)}z^{-1}}\right)+\frac{H_r(0)}{1-rz^{-1}}+\frac{H_r(N/2)}{1+rz^{-1}}\right]$$

考虑到 $(W_N^{-k})^*=W_N^{-(N-k)}$，上式变成

$$H(z)\approx\frac{1-r^N z^{-N}}{N}\left[\sum_{k=1}^{N/2-1}\left(\frac{H(k)}{1-rW_N^{-k}z^{-1}}+\frac{H(N-k)}{1-r(W_N^{-k})^*z^{-1}}\right)+\frac{H_r(0)}{1-rz^{-1}}+\frac{H_r(N/2)}{1+rz^{-1}}\right] \tag{6.19}$$

又根据式（6.18）得到

$$\frac{H(k)}{1-rW_N^{-k}z^{-1}}+\frac{H(N-k)}{1-r(W_N^{-k})^*z^{-1}}=2|H(k)|\frac{\cos[\theta(k)]-rz^{-1}\cos[\theta(k)-2\pi k/N]}{1-2rz^{-1}\cos(2\pi k/N)+r^2z^{-2}}$$

将上式代入式（6.19）得到

$$H(z)=(1-r^N z^{-N})\left[\sum_{k=1}^{N/2-1}\frac{2|H(k)|}{N}H_k(z)+\frac{H(0)/N}{1-rz^{-1}}+\frac{H(N/2)/N}{1+rz^{-1}}\right] \tag{6.20}$$

式中，$H_k(z)=\dfrac{\cos[\theta(k)]-rz^{-1}\cos[\theta(k)-2\pi k/N]}{1-2rz^{-1}\cos(2\pi k/N)+r^2z^{-2}}$，描述式（6.20）的信号流图如图 6.18 所示。

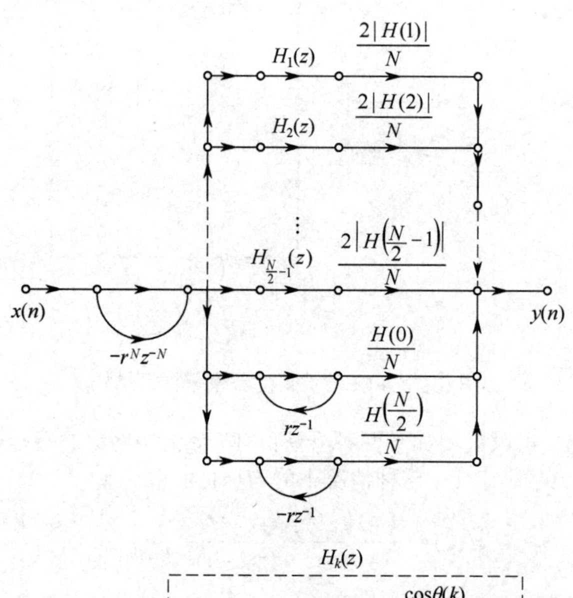

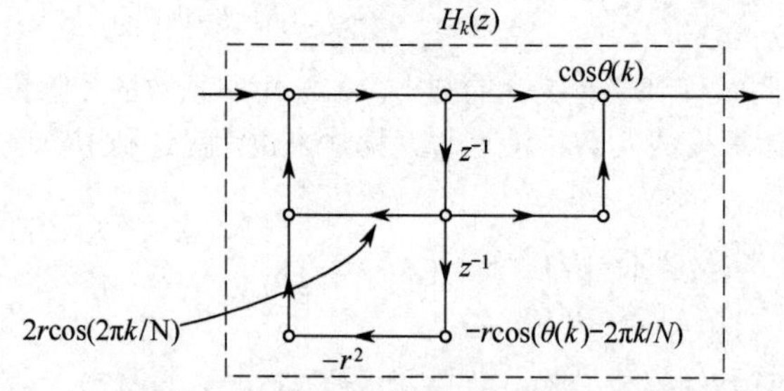

图 6.18　用实系数实现的频率采样型结构

当 N 为奇数时，$k=N/2$ 的频率样本不存在，因此包含 $H(N/2)$ 的项应从式（6.20）和图 6.18 中去掉。

在一般情况下，图 6.18 所示的频率采样型结构比较复杂，所用的存储单元和乘法器要比直接型的多。但它也有如下优点：

（1）各二阶系统输出端的乘法器都与 $H(k)$ 成比例。若滤波器（如窄带低通或窄带带通滤波器）的多数取样值 $H(k)$ 为零，则频率采样型结构要比直接型少用一些乘法器，但存储器还是要比直接型多用一些。

（2）需要同时用几个长度都为 N 的具有不同冲激响应的一组 FIR 滤波器来对信号进行处理时（如在频谱分析中，要求同时将信号的各个频率分量滤出来），这种 FIR 滤波器组便可以使用频率采样型结构。这组滤波器可共用一个梳状滤波器和一组并联谐振网络，只需对谐振网络的输出进行适当加权就可组成各种不同的滤波器。在实际应用中，这种结构是很经济的，同时这种结构的高度模块化性质适合对二阶系统进行时分复用。

6.4　数字滤波器的格型结构

前文讨论了 IIR 滤波器和 FIR 滤波器的各种网络结构，下面讨论一种新的结构形式，即格型（Lattice）结构。在数字信号处理中，格型网络起着非常重要的作用，它的模块化结构便于实现高速并行处理，而且它对有限字长的舍入误差不灵敏。这些优点使得这种结构在功率谱估计、语音信号处理、自适应滤波和线性预测等方面得到了广泛应用。本节分别讨论全零点格型网络结构和全极点格型网络结构。

6.4.1　全零点系统（FIR 系统）的格型结构

一个 M 阶 FIR 滤波器的横向结构的系统函数 $H(z)$ 可以写成

$$H(z)=B(z)=\sum_{i=0}^{M}h(i)z^{-i}=1+\sum_{i=1}^{M}b_i^{(M)}z^{-i} \tag{6.21}$$

式中，系数 $b_i^{(M)}$ 表示 M 阶 FIR 系统的第 i 个系数，其中假定 $H(z)$ 的首项系数 $h(0)=1$，得到的全零点 FIR 系统的格型结构如图 6.19 所示。

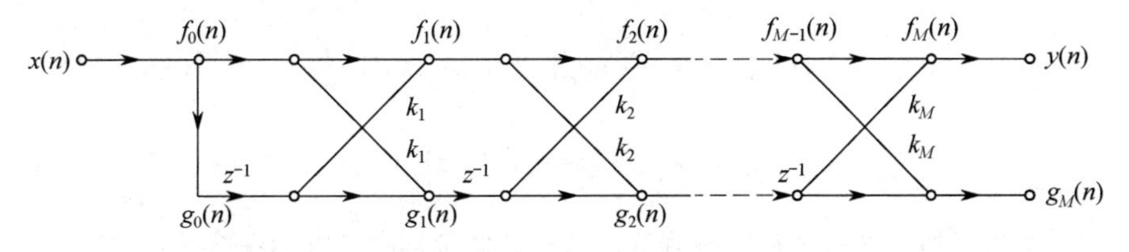

图 6.19　全零点 FIR 系统的格型结构

在 FIR 的横向结构中有 M 个参数 $b_i^{(M)}$［或 $h(i)$］，$i=1,2,\cdots,M$，共需要 M 次乘法和 M 次延迟；在 FIR 格型结构中也有 M 个参数 k_i（称为反射系数），$i=1,2,\cdots,M$，共需要 $2M$ 次乘法和 M 次延迟。

这个横向结构的信号只有正馈通路而没有反馈通路，因此是一个典型的 FIR 系统。

全零点 FIR 系统格型滤波器结构中的基本传输单元如图 6.20 所示，其表达式为

$$f_m(n)=f_{m-1}(n)+k_m g_{m-1}(n-1),\ m=1,2,\cdots,M \tag{6.22}$$

$$g_m(n)=k_m f_{m-1}(n)+g_{m-1}(n-1),\ m=1,2,\cdots,M \tag{6.23}$$

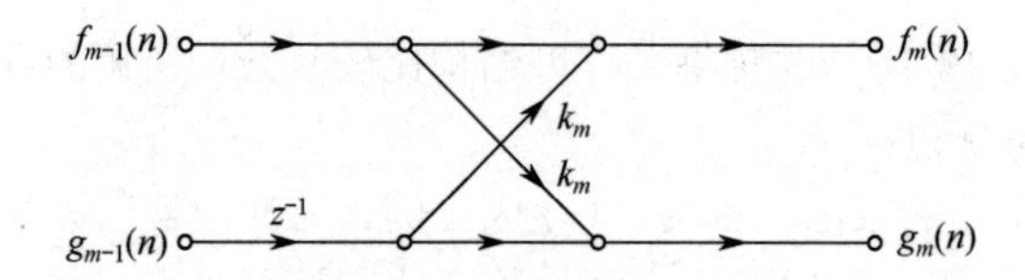

图 6.20 全零点 FIR 系统格型滤波器结构中的基本传输单元

对照图 6.19 和图 6.20，有

$$f_0(n) = g_0(n) = x(n) \tag{6.24}$$

$$f_M(n) = y(n) \tag{6.25}$$

若定义 $B_m(z)$ 和 $\overline{B}_m(z)$ 分别是由输入端到第 m 个基本传输单元上端和下端对应的系统函数：

$$B_m(z) = \frac{F_m(z)}{F_o(z)} = 1 + \sum_{i=1}^{m} b_i^{(m)} z^{-1}, \quad m = 1,2,\cdots,M \tag{6.26a}$$

$$\overline{B}_m(z) = \frac{G_m(z)}{G_0(z)}, \quad m = 1,2,\cdots,M \tag{6.26b}$$

则可以看出 $m = M$ 时有 $B_M(z) = \overline{B}(z)$；同理，$m-1$ 级的 $B_{m-1}(z)$ 与图 6.20 中的基本单元级联可得到 m 级的 $B_m(z)$，因此格型结构有着模块化的结构形式。

（1）递推关系的建立

首先，我们来看从高阶的 $B_m(z)$ 到低一阶的 $B_{m-1}(z)$ 及从 $B_{m-1}(z)$ 到 $B_m(z)$ 的递推关系，即隐含了格型结构反射系数 $k_i, i = 1,2,\cdots,M$ 和横向结构各系数 $b_i^{(m)}, i = 1,2,\cdots,m; m = 1,2,\cdots,M$ 的递推关系。取式（6.22）和式（6.23）的 Z 变换可得

$$F_m(z) = F_{m-1}(z) + k_m z^{-1} G_{m-1}(z) \tag{6.27}$$

$$G_m(z) = k_m F_{m-1}(z) + z^{-1} G_{m-1}(z) \tag{6.28}$$

将式（6.27）除以 $F_0(z)$，将式（6.28）除以 $G_0(z)$，并结合式（6.26）的表示方法，可得

$$B_m(z) = B_{m-1}(z) + k_m z^{-1} \overline{B}_{m-1}(z) \tag{6.29}$$

$$\overline{B}_m(z) = k_m B_{m-1}(z) + z^{-1} \overline{B}_{m-1}(z) \tag{6.30}$$

反之得到

$$B_{m-1}(z) = \frac{1}{1-k_m^2}[B_m(z) - k_m \overline{B}_m(z)] \tag{6.31}$$

$$\overline{B}_{m-1}(z) = \frac{1}{1-k_m^2}[-zk_m B_m(z) + z\overline{B}_m(z)] \tag{6.32}$$

以上 4 个式子给出了格型结构中从高阶到低一阶或从低阶到高一阶的系统函数的递推关系。

再将这 4 个关系式加以推导，即可得出 $B_m(z)$ 与 $B_{m-1}(z)$ 的互相递推关系。由式（6.26）可知

$$B_0(z) = \overline{B}_0(z) = 1 \tag{6.33}$$

将此式代入式（6.29）和式（6.30），并令 $m = 1$，可得

$$B_1(z) = B_0(z) + k_1 z^{-1} \overline{B}_0(z) = 1 + k_1 z^{-1}$$

$$\overline{B}_1(z) = k_1 B_0(z) + z^{-1} \overline{B}_0(z) = k_1 + z^{-1}$$

即满足

$$\overline{B}_1(z) = z^{-1} B_1(z^{-1}) \tag{6.34}$$

同样，令 $m = 2,3,\cdots,M$，并代入式（6.29）和式（6.30），不难推出

$$B_m(z) = z^{-m} B_m(z^{-1}) \tag{6.35}$$

将上式分别代入式（6.29）和式（6.31），可得

$$B_m(z)=B_{m-1}(z)+k_m z^{-m}B_{m-1}(z^{-1}) \tag{6.36}$$

$$\overline{B}_{m-1}(z)=\frac{1}{1-k_m^2}[B_m(z)-k_m z^{-m}B_m(z^{-1})] \tag{6.37}$$

这是两个重要的从低阶到高阶或从高阶到低阶的递推关系。

（2）系数关系

下面直接给出格型结构的反射系数与横向型滤波器各系数之间的关系。将式（6.26）代入式（6.36）及式（6.37），利用待定系数法可分别得到如下两组递推关系：

$$\left.\begin{aligned}&b_m^{(m)}=k_m\\&b_i^{(m)}=b_i^{(m-1)}+k_m b_{m-i}^{(m-1)}\end{aligned}\right\} \tag{6.38}$$

$$\left.\begin{aligned}&k_m=b_m^{(m)}\\&b_i^{(m-1)}=\frac{1}{1-k_m^2}\left[b_i^{(m)}-k_m b_{m-i}^{(m)}\right]\end{aligned}\right\} \tag{6.39}$$

以上两式中，$i=1,2,\cdots,m-1$，$m=2,3,\cdots,M$。

（3）求解步骤

综上所述，当给出 $H(z)=B(z)=B_M(z)$ 时，可按以下步骤求出 $k_1,k_2,\cdots,k_M$。

① 由式（6.38）求出 $k_M=b_M^{(M)}$。

② 根据式（6.39），由 k_M 和系数 $b_1^{(M)},b_2^{(M)},\cdots,b_M^{(M)}$ 求出 $B_{m-1}(z)$ 的系数 $b_1^{(M-1)},b_2^{(M-1)},\cdots,b_{M-1}^{(M-1)}=k_{M-1}$，或由式（6.37）直接求出 $B_{M-1}(z)$，得到 $k_{M-1}=b_{M-1}^{(M-1)}$。

③ 重复步骤②，求出全部 $k_M,k_{M-1},\cdots,k_1$，$B_{M-1}(z),B_{M-2}(z),\cdots,B_1(z)$。

6.4.2 全极点系统（IIR 系统）的格型结构

全极点 IIR 滤波器的系统函数 $H(z)$ 可表示为（递归结构）

$$H(z)=\frac{1}{A(z)}=\frac{1}{1+\sum_{i=1}^{M}a_i^{(M)}z^{-i}} \tag{6.40}$$

式中，$a_i^{(M)}$ 表示 M 阶全极点系统的第 i 个系数。下面讨论格型结构和 $a_i^{(M)}$ 的关系。

将式（6.22）加以变化后，得到式（6.22）和式（6.23）的另一种形式：

$$f_{m-1}(n)=f_m(n)-k_m g_{m-1}(n-1),\quad m=1,2,\cdots,M \tag{6.41}$$

$$g_m(n)=k_m f_{m-1}(n)+g_{m-1}(n-1),\quad m=1,2,\cdots,M \tag{6.42}$$

这就是全极点 IIR 系统格型结构的基本传输单元，可用图 6.21 表示。

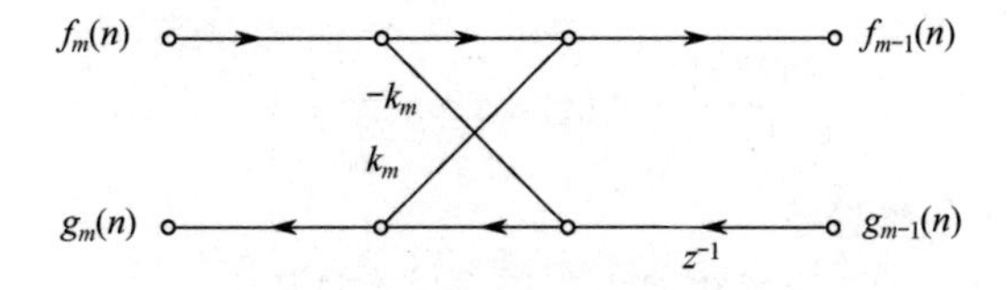

图 6.21　全极点 IIR 系统格型结构的基本传输单元

图 6.21 中，$f_m(n)$ 是上支路的输入信号，$f_{m-1}(n)$ 是上支路的输出信号，$g_{m-1}(n)$ 是下支路的输入信号，$g_m(n)$ 是下支路的输出信号。假定所给系统是 M 阶系统，并令 $x(n)=f_M(n)$，

$f_0(n)=g_0(n)=y(n)$，由图 6.21 作为基本单元所构成的全极点 IIR 系统的格型结构如图 6.22 所示。

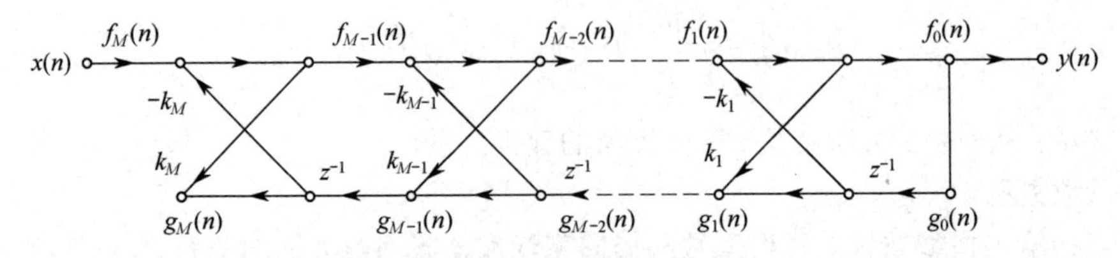

图 6.22 全极点 IIR 系统的格型结构

下面利用与推导全零点格型滤波器类似的方法，导出图 6.21 所示的全极点格型滤波器的系统函数，并利用 IIR 滤波器的递归结构的系数 $a_i^{(M)}$ 求得参数 $k_1,k_2,\cdots,k_M$。注意，以下采用递推法来推导。

（1）一阶系统的推导

在图 6.21 中令 $M=1$，即对应于一阶的全极点格型结构，由式（6.41）及式（6.42）（$m=M=1$）可知

$$f_0(n)=f_1(n)-k_1g_0(n-1) \tag{6.43}$$

$$g_1(n)=k_1f_0(n)+g_0(n-1) \tag{6.44}$$

由于一阶情况下（$M=1$）有

$$f_0(n)=g_0(n)=y(n)$$
$$f_1(n)=x(n)$$

于是式（6.43）及式（6.44）可写成

$$y(n)=f_1(n)-k_1y(n-1)=x(n)-k_1y(n-1) \tag{6.45}$$

$$g_1(n)=k_1y(n)+y(n-1) \tag{6.46}$$

可以看出，式（6.45）表示 $x(n)$ 为输入、$y(n)$ 为输出的一阶 IIR 系统，式（6.46）表示 $y(n)$ [$g_0(n)$] 为输入、$g_1(n)$ 为输出的一阶 FIR 系统，取式（6.45）的 Z 变换得

$$\frac{Y(z)}{F_1(z)}=\frac{1}{1+k_1z^{-1}}$$

令 $1+k_1z^{-1}=A_1(z)$，则有

$$\frac{Y(z)}{F_1(z)}=\frac{1}{1+k_1z^{-1}}=\frac{1}{A_1(z)}$$

同样，取式（6.46）的 Z 变换得

$$\frac{G_1(z)}{Y(z)}=k_1+z^{-1}=z^{-1}(1+k_1z)=z^{-1}A_1(z^{-1})$$

令 $z^{-1}A_1(z^{-1})=\overline{A}_1(z)$，则有

$$\frac{G_1(z)}{Y(z)}=\overline{A}_1(z)=z^{-1}A_1(z^{-1})$$

（2）二阶及高阶系统的推导

在图 6.21 中令 $M=2$，同理可导出对二阶极点格型结构有

$$\frac{G_2(z)}{Y(z)}=\overline{A}_2(z)=z^{-2}A_2(z^{-1})$$

以此类推，若定义

$$\frac{Y(z)}{F_m(z)}=\frac{1}{A_m(z)},\qquad \frac{G_m(z)}{Y(z)}=\overline{A}_m(z) \tag{6.47}$$

则有

$$\overline{A}_m(z)=z^{-m}A_m(z^{-1}) \tag{6.48}$$

和

$$H(z)=\frac{Y(z)}{X(z)}=\frac{Y(z)}{F_M(z)}=\frac{1}{A_M(z)}=\frac{1}{1+\sum_{i=1}^{M}a_i^{(M)}z^{-i}} \tag{6.49}$$

由此看出，图 6.22 对应的是一个全极点 IIR 的格型结构，与全零点 FIR 系统的格型结构（见图 6.19）比较发现，由于两个结构的基本差分方程相同，所以系数 $k_1,k_2,\cdots,k_M$ 及 $a_i^{(m)}$ 与 FIR 系统的格型结构的计算方法相同，不同之处是此处全极点系统的系数 $a_i^{(m)}$ 代替了全零点系统的系数 $b_i^{(m)}$ 。

6.4.3　零-极点系统（IIR 系统）的格型结构

在有限 z 平面（$0<|z|<\infty$），一个既有极点又有零点的 IIR 系统的系统函数 $H(z)$ 可表示为

$$H(z)=\frac{B(z)}{A(z)}=\frac{\sum_{i=0}^{N}b_i^{(N)}z^{-i}}{1+\sum_{k=1}^{N}a_k^{(N)}z^{-k}} \tag{6.50}$$

这一系统的格型结构如图 6.23 所示。

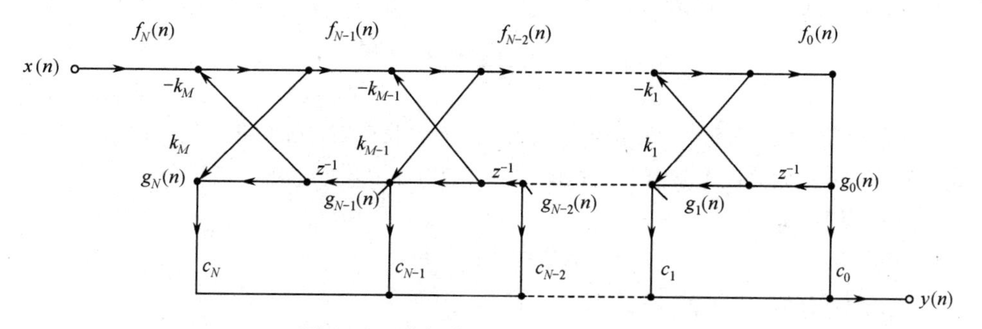

图 6.23　零-极点 IIR 系统的格型结构

由图 6.23 可以看出：

（1）若 $k_1=k_2=\cdots=k_N=0$ ，即所有乘以 $\pm k_i$ 处的连线全断开，则图 6.23 就变成一个 N 阶 FIR 系统的横向结构。

（2）若 $c_1=c_2=\cdots=c_N=0$ ，即含 $c_1,c_2,\cdots,c_N$ 的连线都断开， $c_0=1$ ，则图 6.23 就变成全极点 IIR 格型滤波器结构（此时，若 $M=N$ ，则图 6.23 和图 6.22 完全相同）。

因此，图 6.23 的上半部分对应于全极点系统 $\frac{1}{A(z)}=\frac{F_0(z)}{X(z)}$，下半部分对应于全零点系统 $B(z)$，但下半部分无任何反馈，所以参数 $k_1,k_2,\cdots,k_N$ 仍然可以按全极点系统的方法求出。但上半部分对下半部分有影响，所以这里的 c_i 和全零点系统的 b_i 不会相同，我们的任务是想办法求出各个 $c_i,i=0,1,\cdots,N$ 。

由式（6.47）有 $\overline{A}_m(z)=\frac{G_m(z)}{G_0(z)}$ ［注意，式（6.47）中的 $Y(z)$ 相当于式（6.26）中的 $G_0(z)$ ］，

所以

$$G_m(z)=G_0(z)\bar{A}_m(z),\quad m=1,2,\cdots,N \tag{6.51}$$

$\bar{A}_m(z)$ 是由 $g_0(n)$ 至 $g_m(n)$ 的系统函数，令 $\bar{H}_m(z)$ 是由 $x(n)$ 至 $g_m(n)$ 的系统函数，由式(6.51)得

$$\bar{H}_m(z)=\frac{G_m(z)}{X(z)}=\frac{G_0(z)\bar{A}_m(z)}{X(z)} \tag{6.52}$$

因为

$$\frac{F_0(z)}{X(z)}=\frac{G_0(z)}{X(z)}=\frac{1}{A(z)} \tag{6.53}$$

将式（6.53）代入式（6.52），可得

$$\bar{H}_m(z)=\frac{\bar{A}_m(z)}{A(z)} \tag{6.54}$$

从图 6.23 可以看出，整个系统的系统函数 $H(z)=\dfrac{B(z)}{A(z)}$ 应是 $\bar{H}_0(z),\bar{H}_1(z),\cdots,\bar{H}_N(z)$ 分别用 $c_0,c_1,\cdots,c_N$ 加权后的相加（并联），即

$$H(z)=\sum_{m=0}^{N}c_m\bar{H}_m(z)=\sum_{m=0}^{N}\frac{c_m\bar{A}_m(z)}{A(z)} \tag{6.55}$$

将式（6.48）代入式（6.55）得

$$H(z)=\sum_{m=0}^{N}\frac{c_m z^{-m}A_m(z^{-1})}{A(z)}=\frac{B(z)}{A(z)} \tag{6.56}$$

由式（6.55）和式（6.56），在求解 $k_0,k_1,\cdots,k_N$ 时，将同时产生 $A_m(z)$ 和 $\bar{A}_m(z)$。

式（6.56）给我们提供了求解参数 $c_0,c_1,\cdots,c_N$ 的方法。

以 $N=2$ 为例，有

$$B(z)=b_0^{(2)}+b_1^{(2)}z^{-1}+b_2^{(2)}z^{-2}$$

考虑到式（6.56），代入 $N=2$，有

$$B(z)=c_0A_0(z^{-1})+c_1z^{-1}A_1(z^{-1})+c_2z^{-2}A_2(z^{-2}) \tag{6.57}$$

式中，

$$A_0(z^{-1})=1,A_1(z^{-1})=1+a_1^{(1)}z,A_2(z^{-1})=1+a_1^{(2)}z+a_2^{(2)}z^2$$

令式（6.57）两边的同次幂的系数相等，可得

$$c_0+c_1a_1^{(1)}+c_2a_2^{(2)}=b_0^{(2)}$$
$$c_1+c_2a_1^{(2)}=b_1^{(2)}$$
$$c_2=b_2^{(2)}$$

因此，由下到上可依次求得 c_2,c_1,c_0。因为 $N=3,4,\cdots$，递推可得到一般情况下（任意 N 时）的 c_k 为

$$\begin{cases}c_k=b_k^{(N)}-\displaystyle\sum_{m=k+1}^{N}c_m a_{m-k}^{(m)},\ k=0,1,\cdots,N-1\\ c_N=b_N^{(N)}\end{cases} \tag{6.58}$$

首先求出 c_N，然后顺次求出 $c_{N-1},c_{N-2},\cdots,c_0$。

6.5　数字信号处理中的有限字长效应

前面讨论的数字信号与系统都没有涉及精度的问题，而认为数字是无限精度的。然而，实际上任何一个数字信号处理系统的系统参数及信号序列的各个值，总是存储在有限字长的存储单元中的，即数字系统中参与运算的每个数总是用有限位长的二进制数来表示的。这种有限字长的数的精度必然是有限的，因此不管是用软件还是用硬件实现数字信号处理，实际设计的系统相对于原设计的系统总会出现误差，有时这种误差会使得实际系统的性能达不到设计的要求。

6.5.1　量化误差

量化误差是一个与信号序列完全不相关的白噪声序列，也称量化噪声，它与信号是相加性的。数字信号处理系统中通常有 3 种量化引起的误差：A/D 转换中的量化误差、系统参数的不精确性产生的量化误差和数字运算过程中的有限字长量化误差。这些误差与系统的结构、所用的运算方法及字长的选择有关。若选择的字长足够长，则运算的精度就可以足够高；而增加字长会增加信号处理的成本，所以应在能满足精度要求的情况下尽可能选择较短的字长。

把二进制数限制到规定的字长有“截尾”和“舍入”两种方法。设原二进制数为 b_1+1 位（包括小数点左边的符号位），若要求限制到 $b+1$ 位（由寄存器的长度决定），则截尾方法是去掉最右边的 b_1-b 位。舍入方法为：① 最右边的 $b_1-b>2^{-(b+1)}$ 时，在舍去最右边的 b_1-b 位的同时，在剩下数的末位（位权值是 2^{-b}）加 1；② 最右边的 $b_1-b<2^{-(b+1)}$ 时，则舍去。

6.5.2　量化误差的统计方法

上面简要分析了量化误差的范围，但很难精确地确定误差大小。一般情况下，只要知道量化误差的平均效应即可，并以此作为设计的依据，如 A/D 转换器量化误差决定 A/D 所需的字长。

为了进行统计分析，对量化误差信号 $e(n)$ 的统计特性做以下假设：① $e(n)$ 是平稳随机序列；② $e(n)$ 与取样序列 $x(n)$ 不相关；③ $e(n)$ 本身的任意两个值之间不相关；④ $e(n)$ 在误差范围内均匀分布。

1. 截尾误差与舍入误差的概率密度函数

截尾误差的概率密度函数有两种情况：一种是正数与负数补码截尾误差，另一种是负数原码与负数反码截尾误差，它们的概密度函数分别如图 6.24 和图 6.25 所示；舍入误差的概率密度函数如图 6.26 所示。正数和负数原码、补码、反码的量化误差如表 6.1 所示。

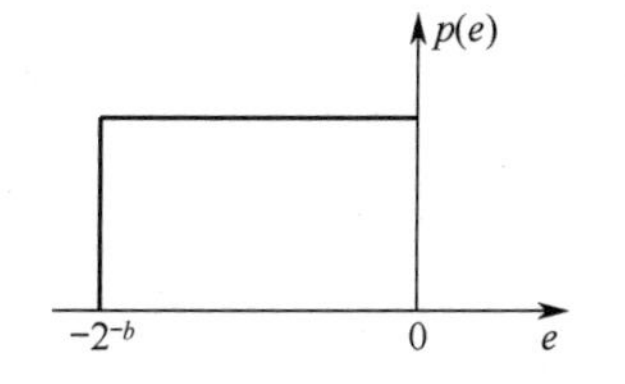

图 6.24　正数与负数补码截尾误差

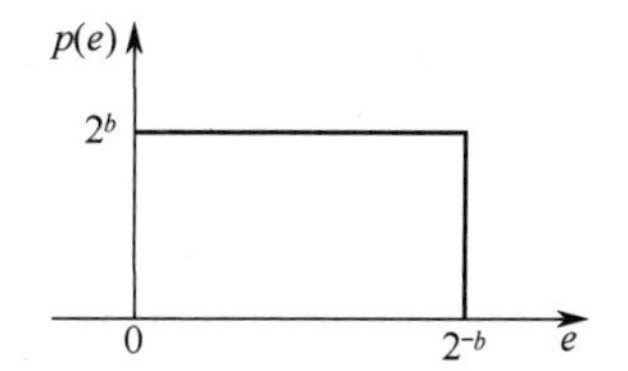

图 6.25　负数原码与负数反码截尾误差

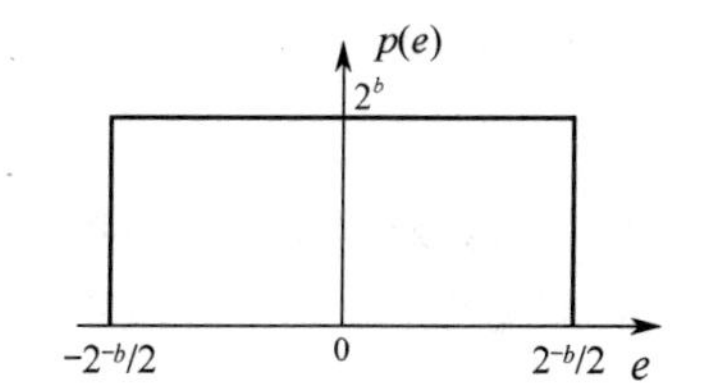

图 6.26　舍入误差的概率密度函数

表 6.1　正数和负数原码、补码、反码的量化误差（$q = 2^{-b}$）

		截尾误差	舍入误差
正　数		$-q < E_T \le 0$	$-\frac{q}{2} \le E_R \le \frac{q}{2}$
负数	原码	$0 \le E_T < q$	
	补码	$-q < E_T \le 0$	
	反码	$0 \le E_T < q$	

2. 量化误差信号 $e(n)$ 的均值 m_e 与方差 σ_e^2

量化误差信号 $e(n)$ 的均值定义为

$$m_e = E[e(n)] = \int_{-\infty}^{+\infty} e(n)p[e(n)]\,\mathrm{d}e(n) = \int_{-\infty}^{+\infty} ep(e)\,\mathrm{d}e \tag{6.59}$$

式中，$p(e)$ 是量化误差信号 $e(n)$ 的概率密度函数。

量化误差信号 $e(n)$ 的方差定义为

$$\sigma_e^2 = E\{[e(n)-m_e]^2\} = \int_{-\infty}^{+\infty}(e-m_e)^2 p(e)\,\mathrm{d}e \tag{6.60}$$

下面分别对舍入误差及截尾误差的均值和方差进行分析。

（1）舍入误差

误差噪声的概率密度函数为

$$p(e) = \begin{cases} 1/q, & -q/2 \le e(n) \le q/2 \\ 0, & 其他 \end{cases} \tag{6.61}$$

均值为

$$m_e = \int_{-q/2}^{q/2} ep(e)\,\mathrm{d}e = \frac{1}{q}\int_{-q/2}^{q/2} e\,\mathrm{d}e = 0 \tag{6.62}$$

方差为

$$\sigma_e^2 = \int_{-q/2}^{q/2}(e-m_e)^2 p(e)\,\mathrm{d}e = \frac{1}{3q}\left[(\tfrac{q}{2})^3 - (-\tfrac{q}{2})^3\right] = \frac{q^2}{12} \tag{6.63}$$

（2）正数及负数补码截尾误差

误差噪声的概率密度函数为

$$p(e) = \begin{cases} 1/q, & -q \le e(n) \le 0 \\ 0, & 其他 \end{cases} \tag{6.64}$$

均值为

$$m_e = \int_{-q}^{0} ep(e)\,\mathrm{d}e = -\frac{q}{2} \tag{6.65}$$

方差为

$$\sigma_e^2 = \int_{-q}^{0}(e-m_e)^2 p(e)\,\mathrm{d}e = \int_{-q}^{0}(e+\tfrac{q}{2})^2 \tfrac{1}{q}\,\mathrm{d}e = \frac{q^2}{12} \tag{6.66}$$

（3）负数原码及反码的截尾误差

误差噪声的概率密度函数为

$$p(e) = \begin{cases} 1/q, & 0 \le e(n) \le q \\ 0, & 其他 \end{cases} \tag{6.67}$$

均值为

$$m_e = \int_0^q ep(e)\,\mathrm{d}e = -\frac{q}{2} \tag{6.68}$$

方差为

$$\sigma_e^2 = \int_0^q (e-m_e)^2 p(e)\mathrm{d}e = \int_0^q (e-\tfrac{q}{2})^2 \tfrac{1}{q}\,\mathrm{d}e = \frac{q^2}{3} \tag{6.69}$$

从上分析可以看出，量化噪声的方差与字长直接相关。字长越长，q 越小，量化噪声越小；字长越短，q 越大，量化噪声越大。

由于在采样模拟信号的数字处理中可把量化噪声视为相加性噪声序列，把量化过程视为无限精度的信号和量化噪声的叠加，因此信噪比是一个衡量量化效应的重要指标。

对于舍入处理，设信号 $x(n)$ 的功率为 σ_x^2，则信号功率与噪声功率之比为

$$\frac{\sigma_x^2}{\sigma_e^2} = \frac{\sigma_x^2}{\frac{1}{12}q^2} = \frac{12}{q^2}\sigma_x^2$$

表示成分贝数为

$$\frac{S}{N} = 10\lg\left(\tfrac{12}{q^2}\sigma_x^2\right) = 10\lg 12 + 10\lg\left(\tfrac{\sigma_x^2}{q^2}\right),\ \text{将} q = 2^{-b}\text{代入}$$

$$= 10\lg 12 + 20b\lg 2 + 10\lg\sigma_x^2 = 10.79 + 6.02b + 10\lg\sigma_x^2(\mathrm{dB})$$

可以看出：（1）信号功率 σ_x^2 越大，信噪比越高，但受 A/D 变换器动态范围的限制。（2）随着字长 b 的增加，信噪比增大，字长每增加 1 位，信噪比增加约 6dB。

6.5.3　乘积的舍入误差

乘积项的有限字长效应与滤波器的结构密切相关。假设二阶 IIR 数字滤波器的系统函数为

$$H(z) = \frac{1}{(1-0.9z^{-1})(1-0.8z^{-1})} = \frac{1}{1-1.7z^{-1}+0.72z^{-2}}$$

现用 b 位（不含符号位）定点运算、舍入量化的方法来实现该滤波器。采用直接型、级联型和并联型 3 种不同的结构时，可分别得到滤波器输出端的方差值。

（1）直接型结构如图 6.27 所示。

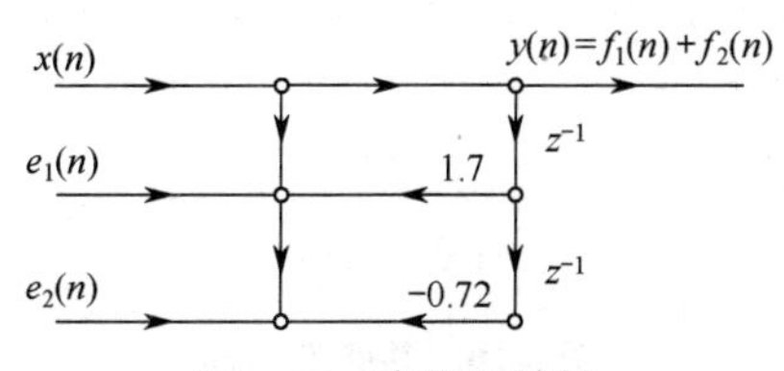

图 6.27　直接型结构

图 6.27 中滤波器系数由 $H(z)$ 的表达式给出，$f_1(n)$ 与 $f_2(n)$ 分别是舍入量化噪声 $e_1(n)$ 与 $e_2(n)$ 在滤波器输出端产生的响应。可以看出，$e_1(n)$ 与 $e_2(n)$ 实际上作用于同一个节点，由该节点到滤波器输出端的系统函数就是 $H(z)$，其对应的单位冲激响应为 $h(n)$。滤波器输出端的噪声方差为

$$\sigma_f^2 = \sigma_{f_1}^2 + \sigma_{f_2}^2 = (\sigma_{e_1}^2 + \sigma_{e_2}^2)\frac{1}{2\pi \mathrm{j}}\oint_c H(z)H(z^{-1})z^{-1}\,\mathrm{d}z \tag{6.70}$$

式中，$\sigma_{e_1}^2 = \sigma_{e_2}^2 = \frac{q^2}{12} = \frac{2^{-2b}}{12}$，积分式可用留数定理计算，最后得到 $\delta_f^2 = 14.97\times 2^{-2b}$。

（2）级联型结构如图 6.28 所示。

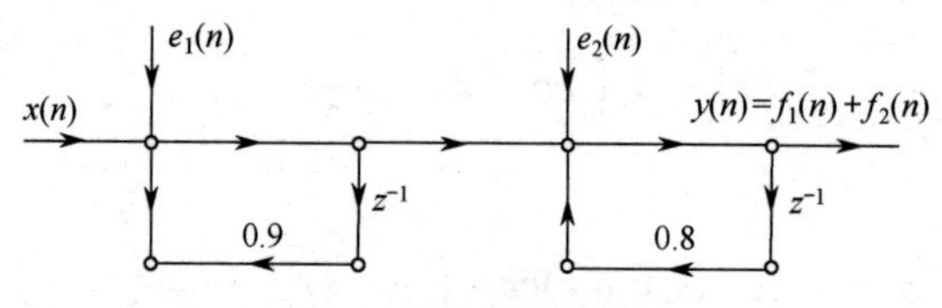

图 6.28　级联型结构

$e_1(n)$ 的作用点到输出端的系统单位冲激响应为

$$h_1(n) = h(n) = (9\times 0.9^n - 8\times 0.8^n)u(n)$$

因此有

$$\sum_{n=-\infty}^{+\infty} h_1^{\ 2}(n) = \sum_{n=0}^{+\infty}(81\times 0.81^n + 64\times 0.64^n - 144\times 0.72^n) = 89.808$$

$e_2(n)$ 的作用点到输出端的系统单位冲激响应为

$$h_2(n) = 0.8^n u(n)$$

因此有

$$\sum_{n=-\infty}^{+\infty} h_2^{\ 2}(n) = \sum_{n=0}^{+\infty} 0.64^n = 2.778$$

$e_1(n)$ 与 $e_2(n)$ 的方差相等，即 $\sigma_{e_1}^2 = \sigma_{e_2}^2 = \dfrac{q^2}{12} = \dfrac{2^{-2b}}{12} = \sigma_e^2$，所以滤波器输出端的噪声方差为

$$\sigma_f^2 = \sigma_{f_1}^2 + \sigma_{f_2}^2 = \sigma_{e_1}^2 \sum_{n=-\infty}^{+\infty} h_1^2(n) + \sigma_{e_2}^2 \sum_{n=-\infty}^{+\infty} h_2^2(n) = 7.715\times 2^{-2b}$$

（3）并联型结构如图 6.29 所示。

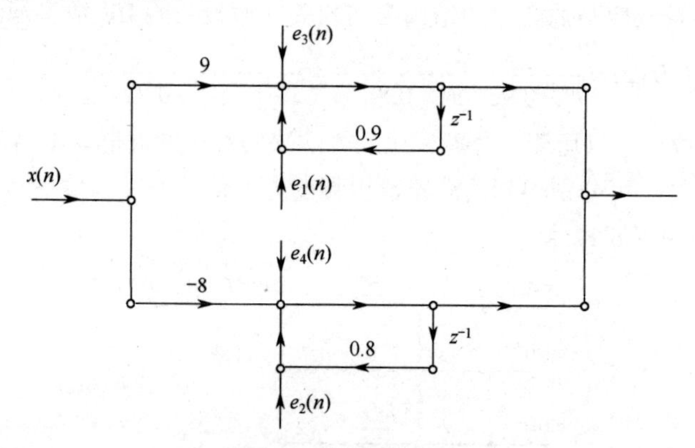

图 6.29　并联型结构

系统的系统函数可写为

$$H(z) = \frac{9}{1-0.9z^{-1}} + \frac{-8}{1-0.8z^{-1}}$$

图 6.29 中有 4 个舍入量化噪声，分别由 4 个定点乘法运算引入，且 4 个定点乘法运算分别对应于乘以系数 0.9、0.8、9 和 8，而 $e_1(n)$ 和 $e_3(n)$ 仅通过上面一个并联支路到达输出端，$e_2(n)$ 和 $e_4(n)$ 仅通过下面一个并联支路到达输出端。因此，输出噪声方差为

$$\begin{aligned}\sigma_f^2 = (\sigma_{e_1}^2 + \sigma_{e_3}^2)\frac{1}{2\pi \mathrm{j}}\oint_c \frac{1}{(1-0.9z^{-1})(1-0.9z)} z^{-1}\,\mathrm{d}z + \\ (\sigma_{e_2}^2 + \sigma_{e_4}^2)\frac{1}{2\pi \mathrm{j}}\oint_c \frac{1}{(1-0.8z^{-1})(1-0.8z)} z^{-1}\,\mathrm{d}z\end{aligned} \tag{6.71}$$

式中，$\sigma_{e_1}^2=\sigma_{e_2}^2=\sigma_{e_3}^2=\sigma_{e_4}^2=\sigma_e^2=\frac{2^{-2b}}{12}$。因此，滤波器输出端的噪声方差为

$$\sigma_f^2=\frac{2^{-2b}}{6}\frac{1}{2\pi\mathrm{j}}\oint_c\frac{1}{(1-0.9z^{-1})(1-0.9z)}+\frac{1}{(1-0.8z^{-1})(1-0.8z)}\frac{\mathrm{d}z}{z}=1.34\times2^{-2b}$$

从以上分析讨论可知，输出噪声方差的大小依次为$\sigma_{f并}^2<\sigma_{f级}^2<\sigma_{f直}^2$，且级联型结构的输出噪声方差的大小又与各级的排列次序有关。

随着数字计算机技术的飞速发展，计算机的字长位数不断提高，尤其是专用数字信号处理芯片发展更加迅速，不仅处理速度快，而且位数也在提高，量化误差大大减少。因此，对于一般的数字信号处理实现，量化效应可不予考虑；但要求高精度的数字信号处实现时，量化误差分析仍然是非常重要的问题。

6.6　数字滤波器网络结构综合举例与 MATLAB 实现

【例 6.1】设 FIR 系统函数 $H(z)$ 表示为 $H(z)=1+0.1z^{-1}+0.3z^{-3}+0.1z^{-5}+z^{-6}$。

（1）画出 $H(z)$ 的直接型结构图。

（2）求出该系统的单位冲激响应 $h(n)$，并判断是否具有线性相位特性；若具有线性相位特性，试画出线性相位结构。

解：（1）画出 $H(\mathrm{z})$ 的直接型结构图，如图 6.30 所示。

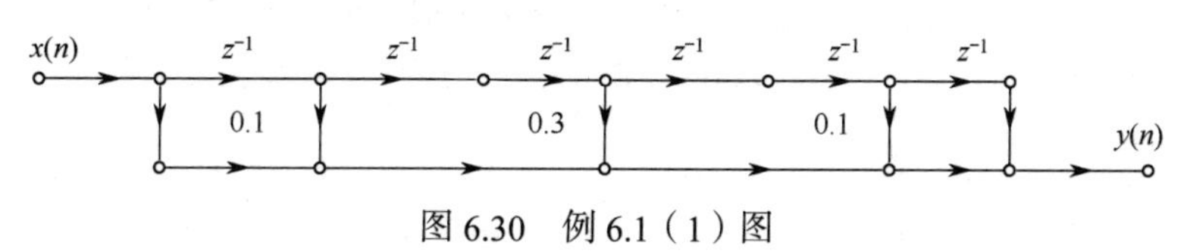

图 6.30　例 6.1（1）图

（2）因为 $h(n)=\delta(n)+0.1\delta(n-1)+0.3\delta(n-3)+0.1\delta(n-5)+\delta(n-6)$，即 $h(n)$ 是偶对称的，所以该系统具有线性相位特性，其线性相位结构如图 6.31 所示。

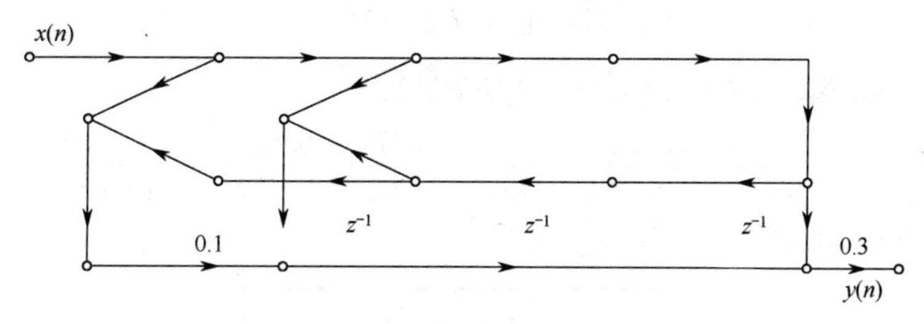

图 6.31　例 6.1（2）图

【例 6.2】已知一个因果线性时不变滤波器的系统函数为

$$H(z)=\frac{1+0.875z^{-1}}{(1+0.2z^{-1}+0.9z^{-2})(1-0.7z^{-1})}$$

试画出该系统以下形式的信号流图：（1）直接 I 型；（2）直接 II 型；（3）用直接 II 型实现的一阶与二阶系统的级联；（4）用直接 I 型实现的一阶与二阶系统的并联。

解：（1）将系统函数表示成 z^{-1} 的多项式之比的形式为

$$H(z)=\frac{1+0.875z^{-1}}{1-0.5z^{-1}+0.76z^{-2}-0.63z^{-3}}$$

由此得到 $H(z)$ 的直接 I 型实现方式如图 6.32 所示。

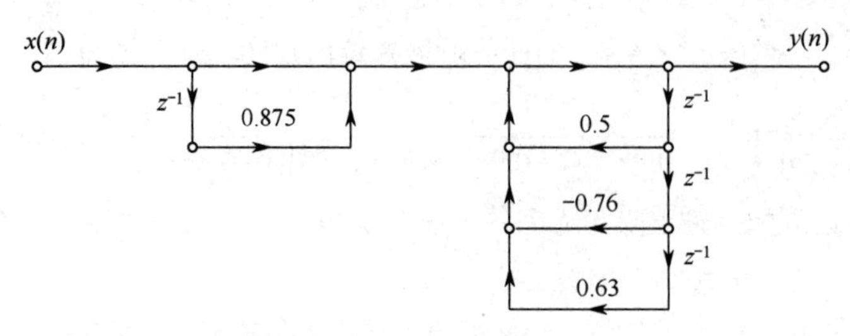

图 6.32 例 6.2（1）图

（2）$H(z)$ 的直接 II 型实现方式如图 6.33 所示。

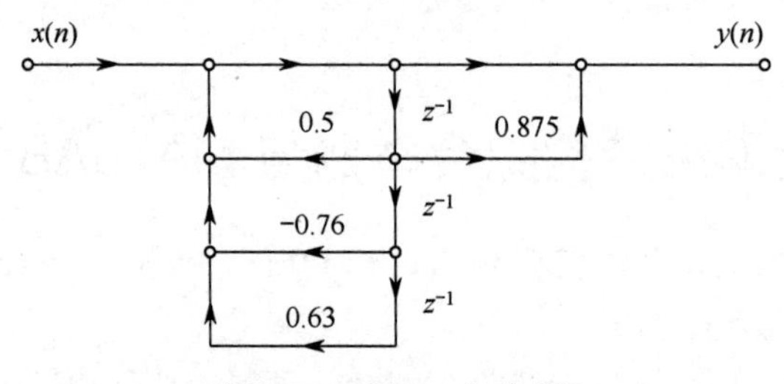

图 6.33 例 6.2（2）图

（3）用直接 II 型实现的一阶与二阶系统的级联，可以选择零点与分母中的一阶因子配对或与二阶因子配对。虽然从计算的角度来看没有什么区别，但因为与 $z = 0.7$ 处的极点相比，零点与一对共轭极点更接近，所以将零点与二阶因子配对，此时 $H(z)$ 的实现方式如图 6.34 所示。

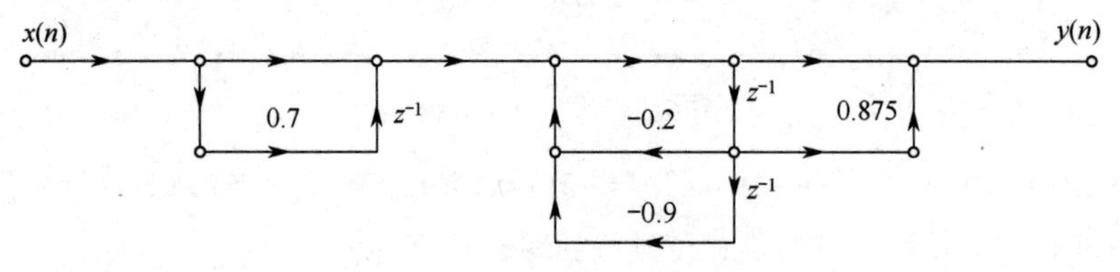

图 6.34 例 6.2（3）图

（4）对于并联结构，将 $H(z)$ 用部分分式法展开为

$$H(z)=\frac{1+0.875z^{-1}}{(1+0.2z^{-1}+0.9z^{-2})(1-0.7z^{-1})}=\frac{0.2794+0.9265z^{-1}}{1+0.2z^{-1}+0.9z^{-2}}+\frac{0.7206}{1-0.7z^{-1}}$$

所以 $H(z)$ 的并联结构如图 6.35 所示。

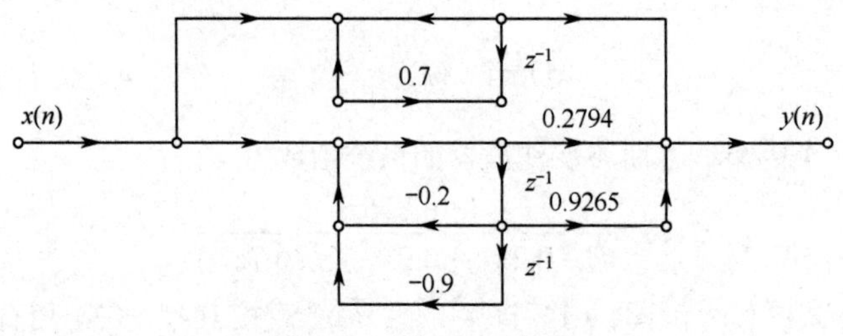

图 6.35 例 6.2（4）图

【例 6.3】 已知 FIR 滤波器的单位冲激响应为

$$h(n)=\delta(n)+0.3\delta(n-1)+0.72\delta(n-2)+0.11\delta(n-3)+0.12\delta(n-4)$$

试画出其级联型结构实现。

解：根据 $H(z)=\sum_{n=0}^{N-1}h(n)z^{-n}$ 得

$$H(z)=1+0.3z^{-1}+0.72z^{-2}+0.11z^{-3}+0.12z^{-4}=(1+0.2z^{-1}+0.3z^{-2})\times(1+0.1z^{-1}+0.4z^{-2})$$

而 FIR 级联型结构的模型公式为

$$H(z)=\prod_{k=1}^{[N/2]}(\beta_{0k}+\beta_{1k}z^{-1}+\beta_{2k}z^{-2})$$

对照上式可得此题的参数为 $\beta_{01}=1,\ \beta_{02}=1,\ \beta_{11}=0.2,\ \beta_{12}=0.1,\ \beta_{21}=0.3,\ \beta_{22}=0.4$。因此，根据上面的讨论可以画出 FIR 级联型结构，如图 6.36 所示。

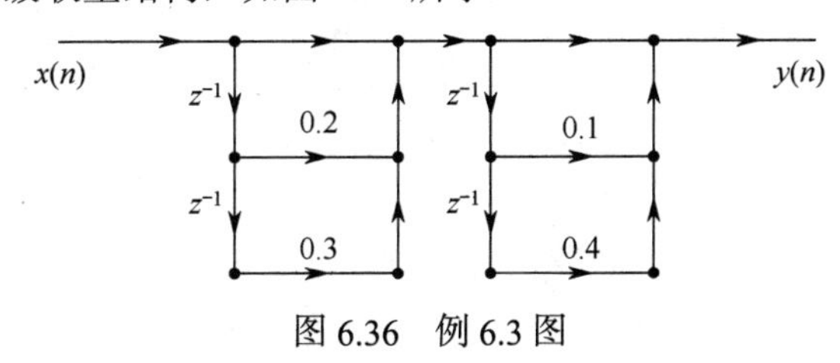

图 6.36　例 6.3 图

【**例 6.4**】已知 FIR 滤波器的单位冲激响应为 $h(n)=\delta(n)+2\delta(n-1)-3\delta(n-3)$，用频率采样型结构实现该滤波器，采样点数 $N=5$。画出频率采样网络结构图，写出滤波器的参数计算公式。

解：频率采样公式为

$$H(z)=(1-z^{-N})\frac{1}{N}\sum_{k=0}^{N-1}\frac{H(k)}{1-W_N^{-k}z^{-1}}$$

由于采样点数 $N=5$，所以有 $W_N^{-k}=\mathrm{e}^{-\mathrm{j}\frac{2\pi}{5}k}$，且

$$H(k)=\mathrm{DFT}[h(n)]=\sum_{n=0}^{N-1}h(n)W_N^{nk}$$

$$=\sum_{n=0}^{4}[\delta(n)+2\delta(n-1)-3\delta(n-3)]W_N^{nk}=1+2\mathrm{e}^{-\mathrm{j}\frac{2\pi}{5}k}-3\mathrm{e}^{-\mathrm{j}\frac{6\pi}{5}k},\ k=0,1,\cdots,4$$

$$H(0)=0,\ H(1)=4.05-3.67\mathrm{j},\ H(2)=-1.55+1.68\mathrm{j}$$

$$H(3)=-1.55-1.68\mathrm{j},\ H(4)=4.05+3.67\mathrm{j}$$

频率采样型结构如图 6.37 所示。

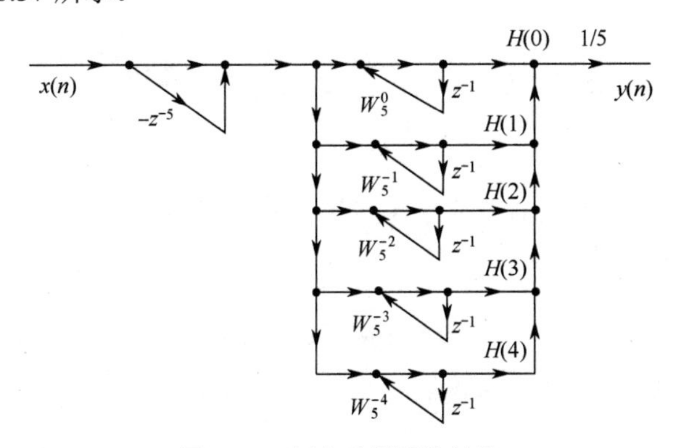

图 6.37　频率采样网络结构

【**例 6.5**】考虑图 6.38 中由两个一阶全极点滤波器级联的系统。

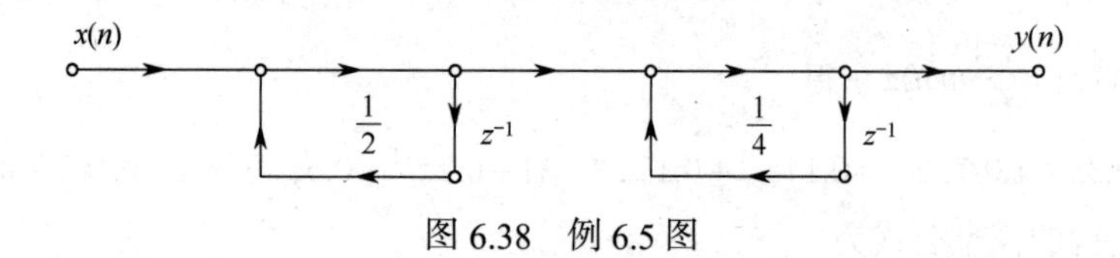

图6.38　例6.5图

（1）求级联输出的舍入噪声方差，采用8位处理器舍入处理。

（2）颠倒级联的次序，重复（1）的求解。

解：（1）对应的舍入噪声模型如图6.39所示。

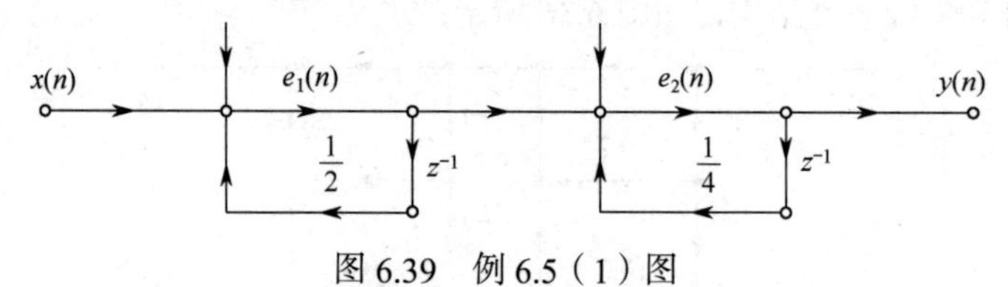

图6.39　例6.5（1）图

图中，每个噪声的方差为$\sigma_e^2 = 2^{-2B}/12$，滤波器的系统函数为

$$H(z) = \frac{1}{1-\frac{1}{2}z^{-1}} \cdot \frac{1}{1-\frac{1}{4}z^{-1}} = \frac{2}{1-\frac{1}{2}z^{-1}} - \frac{1}{1-\frac{1}{4}z^{-1}}$$

因此单位冲激响应为

$$h(n) = 2\left(\tfrac{1}{2}\right)^n u(n) - \left(\tfrac{1}{4}\right)^n u(n)$$

由于$e_1(n)$经过$h(n)$，$e_2(n)$仅通过级联中的第二个滤波器，其单位采样响应为$h_2(n) = \left(\tfrac{1}{4}\right)u(n)$，对应输出噪声$f(n)$为

$$f(n) = e_1(n) * h(n) + e_2(n) * h_2(n)$$

所以$f(n)$的方差为

$$\sigma_f^2 = \sigma_e^2 \sum_{n=-\infty}^{\infty} \left|h(n)\right|^2 + \sigma_e^2 \sum_{n=-\infty}^{\infty} \left|h_2(n)\right|^2$$

由于

$$\left|h(n)\right|^2 = \left[2\left(\tfrac{1}{2}\right)^n - \left(\tfrac{1}{4}\right)^n\right]^2 = 4\left(\tfrac{1}{2}\right)^{2n} + \left(\tfrac{1}{4}\right)^{2n} - 4\left(\tfrac{1}{4}\right)^n$$

因此有

$$\sum_{n=-\infty}^{\infty} \left|h(n)\right|^2 = \frac{4}{1-\frac{1}{4}} + \frac{1}{1-\frac{1}{16}} - \frac{4}{1-\frac{1}{8}} = 1.8286$$

和

$$\sum_{n=-\infty}^{\infty} \left|h_2(n)\right|^2 = \sum_{n=-\infty}^{\infty} \left(\tfrac{1}{4}\right)^{2n} = \frac{1}{1-\frac{1}{16}} = 1.0667$$

所以滤波器输出端的舍入噪声方差为

$$\sigma_f^2 = 1.8286\sigma_e^2 + 1.0667\sigma_e^2 = 2.8953\sigma_e^2$$

对于一个8位处理器（$B=7$），其方差为

$$\sigma_f^2 = 2.8953 \times \frac{2^{-2B}}{12} = 0.2413 \times 2^{-14} = 1.4726 \times 10^{-5}$$

（2）如果颠倒级联次序，那么得到图6.40所示的网络。

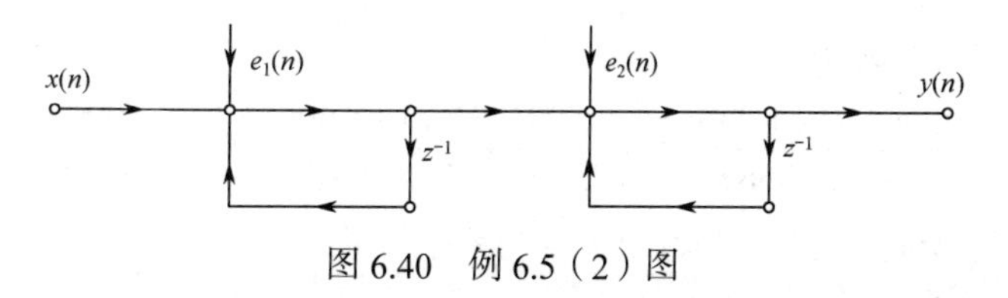

图 6.40　例 6.5（2）图

$e_1(n)$ 的舍入噪声方差与问题（1）中的相同，但级联中第二个系统的单位冲激响应为 $h_2(n)=\left(\frac{1}{2}\right)^n u(n)$，于是 $e_2(u)$ 的噪声方差为

$$\sigma_e^2\sum_{n=-\infty}^{\infty}\left|h_2(n)\right|^2=\sigma_e^2\sum_{n=-\infty}^{\infty}\left(\tfrac{1}{2}\right)^{2n}=\sigma_e^2\cdot\frac{1}{1-\frac{1}{4}}=1.3333\sigma_e^2$$

所以滤波器输出端的舍入噪声方差为

$$\sigma_f^2=1.8286\sigma_e^2+1.3333\sigma_e^2=3.1619\sigma_e^2$$

对于 8 位处理器，其方差为

$$\sigma_f^2=3.1619\times 2^{-2B}/12=0.2635\times 2^{-14}=1.6082\times 10^{-5}$$

显然，采用这种结构时，舍入噪声要略大一些。

【例 6.6】 分别用直接型、级联型和并联型实现系统函数为

$$H(z)=\frac{1-2z^{-1}+30z^{-2}+14z^{-3}+5z^{-4}}{1+5z^{-1}+4z^{-2}+4z^{-3}-2z^{-4}-z^{-5}}$$

的 IIR 数字滤波器，并求出系统的单位冲激响应和单位阶跃信号的输出。

解：（1）求直接型单位冲激响应和输出信号的程序如下：

```
b=[1,-2,30,14,5];a=[5,4,4,-2,-1];
N=25;delta=impseq(0,0,N);
h=filter(b,a,delta);                          %直接型单位冲激响应
x=[ones(1,5),zeros(1,N-5)];                   %单位阶跃响应
y=filter(b,a,x);                              %直接型输出信号
subplot(2,1,1);stem(h,'.');title('直接型 h(n)');grid on;
subplot(2,1,2);stem(y,'.');title('直接型 y(n)');grid on;
```

上述程序的运行结果如图 6.41 所示。

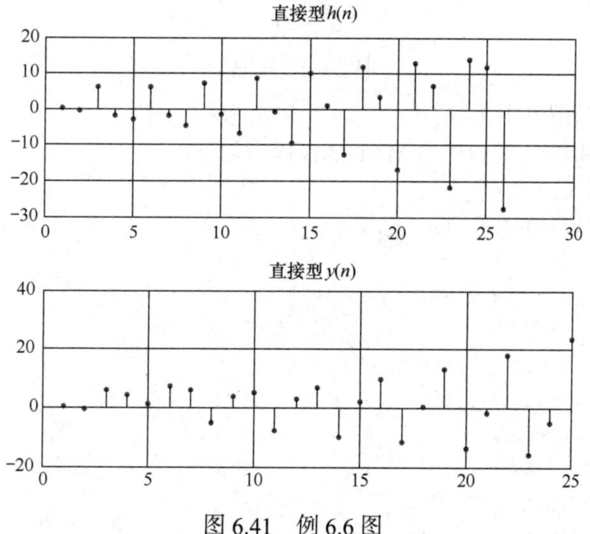

图 6.41　例 6.6 图

（2）级联型的系统函数为

$$H(z)=\frac{0.0625(1+1.7366z^{-1}+0.9869z^{-2})(1+1.0000z^{-1}+0.5000z^{-2})}{(1-4.7366z^{-1}+18.2390z^{-2})(1-0.2500z^{-1}-0.1250z^{-2})}$$

可得求解级联型单位冲激响应和输出信号的程序如下：

```
N=25;delta=impseq(0,0,N);
b=[1,-2,30,14,5];a=[5,4,4,-2,-1];
[b0,B,A]=dir2cas(b,a);                    %直接型转化成级联型
h=casfiltr(bo,B,A,delta);                 %级联型单位冲激
x=[ones(1,5),zeros(1,N-5)];
y=casfiltr(b0,B,A,x);                     %级联型输出信号
subplot(2,1,1);stem(h,'.');title('级联型 h(n)');grid on;
subplot(2,1,2);stem(y,'.');title('级联型 y(n)');grid on;
```

运行上述程序，并观察所得结果，会发现图 6.41 所示的波形是一致的，即直接型和级联型的单位冲激响应、输出信号是一样的。此外，若给定系统函数为级联形式，也可由扩展函数 cas2dir 将其转化为直接形式，再由 filter 直接形式实现。

（3）并联型的系统函数为

$$H(z)=\frac{0.75+1.45z^{-1}}{1+z^{-1}+0.5z^{-2}}+\frac{17.3125-5.2625z^{-1}}{1-0.2500z^{-1}-0.1250z^{-2}}-18$$

可得求解并联型单位冲激响应和输出信号的程序如下：

```
b=[1,-2,30,14,5];a=[5,4,4,-2,-1];
N=25;delta=impseq(0,0,N);
[C,B,A]=dir2par(b,a);
h=parfiltr(C,B,A,delta);
x=[ones(1,5),zeros(1,N-5)];
y=parfiltr(C,B,A,x);
subplot(2,1,1);stem(h);title(‘并联型 h(n)’);
subplot(2,1,2);stem(y);title(‘并联型 y(n)’);
```

运行上述程序，会得到与（1）或（2）相同的结果。

【例 6.7】 FIR 滤波器的系统函数为

$$h(n)=\begin{cases}0.5^n, & 0\le n\le 5\\ 0, & 其他\end{cases}$$

试用直接型和级联型分别实现。

解： 实现直接型和级联型 FIR 的 MATLAB 程序如下：

```
n=0:5;b=0.5.^n;
N=30;delta=impseq(0,0,N);
h=filter(b,1,delta);                      %直接型
x=[ones(1,5),zeros(2,N-5)];
y=filter(b,1,x);                          %直接型
subplot(2,2,1);stem(h);title(‘直接型 h(n)’);
subplot(2,2,2);stem(y);title(‘直接型 y(n)’);
[b0,B,A]=dir2cas(b,1)
h=casfiltr(b0,B,A,delta);                 %级联型
y=casfiltr(b0,B,A,x);                     %级联型
subplot(2,2,3);stem(h);title(‘级联型 h(n)’);
```

```
subplot(2,2,4);stem(y);title('级联型 y(n)');
```

程序运行后得到图 6.42 所示的结果，说明直接型和级联型的结果是一致的。

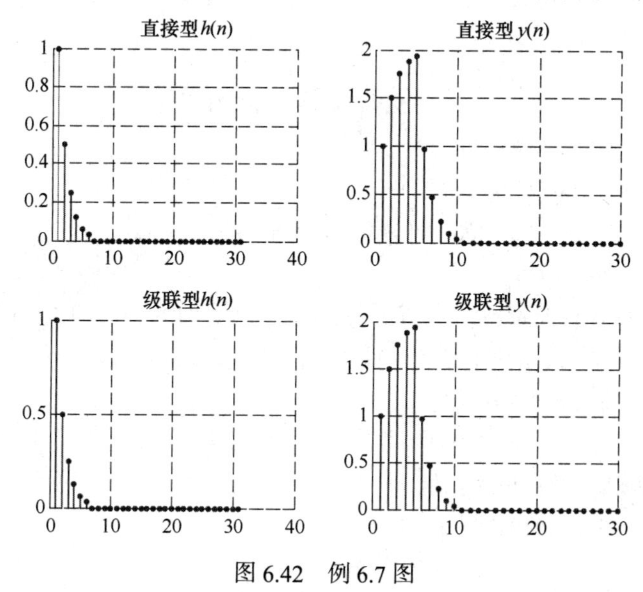

图 6.42　例 6.7 图

习题

6.1　已知一个离散时间系统由下列差分方程表示：

$$y(n)-\frac{3}{4}y(n-1)+\frac{1}{8}y(n-2)=x(n)$$

（1）画出实现该系统的框图。

（2）画出实现该系统的信号流图。

6.2　试求图 P6.2 所示的两个网络的系统函数，并证明它们具有相同的极点。

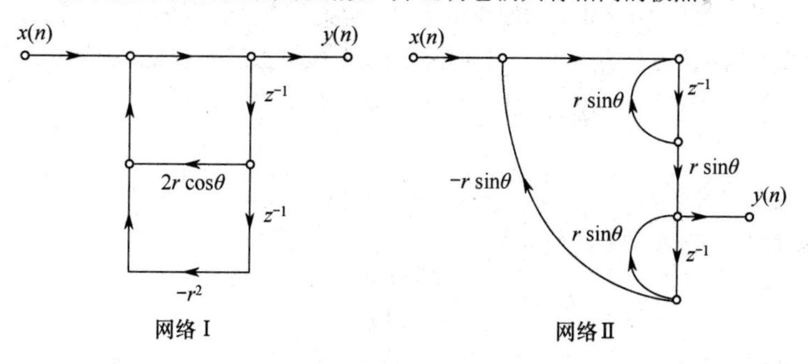

图 P6.2

6.3　已知系统函数为

$$H(z)=\frac{3+3.6z^{-1}+0.6z^{-2}}{1+0.1z^{-1}-0.2z^{-2}}$$

按下列形式画出实现这个系统的信号流图：（1）直接 I 型；（2）直接 II 型；（3）级联型；（4）并联型。

6.4　已知一个时域离散线性非移变因果系统由下列差分方程描述：

$$y(n)-\frac{3}{4}y(n-1)+\frac{1}{8}y(n-2)=x(n)+\frac{1}{3}x(n-1)$$

试画出下列形式的信号流图（对级联和并联形式只用一阶节）：（1）直接I型；（2）直接II型；（3）级联型；（4）并联型。

6.5 设系统的系统函数为

$$H(z)=\frac{4(1+z^{-1})(1-1.414z^{-1}+z^{-2})}{(1-0.5z^{-1})(1+0.9z^{-1}+0.81z^{-2})}$$

试画出各种可能的级联型结构。

6.6 已知FIR滤波器的单位冲激响应为

$$h(n)=\left(\tfrac{1}{2}\right)^n[u(n)-u(n-5)]$$

求该滤波器的直接型结构。

6.7 已知 FIR 滤波器的单位冲激响应为 $h(0)=0$，$h(1)=1$，$h(2)=-1.5$，$h(3)=2.75$，$h(4)=2.75$，$h(5)=-1.5$，$h(6)=1$，试求该滤波器的零点分布和级联型结构流图。

6.8 设某FIR数字滤波器的系统函数为

$$H(z)=\tfrac{1}{5}(1+3z^{-1}+5z^{-2}+3z^{-3}+z^{-4})$$

试画出此滤波器的线性相位结构。

6.9 已知FIR数字滤波器的单位冲激响应为

$$h(n)=\delta(n)-\delta(n-1)+\delta(n-4)$$

试画出实现该滤波器的频率采样型结构（设取样点数为 $N=5$）。

6.10 一个FIR系统的系统函数为

$$H(z)=(1-0.8\mathrm{e}^{\mathrm{j}\frac{\pi}{4}}z^{-1})(1-0.8\mathrm{e}^{-\mathrm{j}\frac{\pi}{4}}z^{-1})(1-0.7z^{-1})$$

试求其格型结构。

6.11 已知

$$H(z)=\frac{1-0.5z^{-1}+0.2z^{-2}+0.7z^{-3}}{1-1.8313708z^{-1}+1.4319595z^{-2}-0.448z^{-3}}$$

试求这个零-极点IIR滤波器的格型结构。

6.12 分别以原码、反码和补码形式表示小数 $\frac{7}{32}$ 和 $-\frac{7}{32}$，均取字长为6。

6.13 设滤波器的输入是方差为 σ_e^2 的白噪声序列 $e(n)$，而滤波器的系数函数为

$$H(z)=\frac{(1+2z^{-2})(1+3z^{-1})(1+z^{-1})}{\left(1+\frac{1}{2}z^{-2}\right)\left(1+\frac{1}{3}z^{-1}\right)}$$

试求输出序列的方差。

6.14 一个线性非移变系统的系统函数为

$$H(z)=\frac{1-0.4z^{-1}}{(1-0.6z^{-1})(1-0.8z^{-1})}$$

设该系统用一个16位定点处理器实现，在量化之前先对乘积之和进行累加，且 σ_e^2 是舍入噪声的方差。

（1）采用直接II型结构实现该系统，求滤波器输出端舍入噪声的方差。

（2）采用并联型结构实现该系统，重复问题（1）。

6.15 试用MATLAB实现习题6.3中4种结构的IIR滤波器。

6.16 试用MATLAB实现习题6.6中直接型结构的FIR数字滤波器。

6.17 试用MATLAB实现习题6.8中线性相位结构的FIR数字滤波器的信号流图。

第 7 章　无限长冲激响应滤波器的设计方法

数字滤波器是指输入和输出均为数字信号，并且通过一定运算关系来改变输入信号所含频率成分的相对比例或滤除某些频率成分的软件或器件。第 6 章讨论了 IIR 和 FIR 数字滤波器的基本网络结构，本章及第 8 章分别介绍 IIR 数字滤波器和 FIR 数字滤波器的设计方法。下面首先介绍有关数字滤波器的分类、技术要求及设计方法等方面的一些基本概念。

7.1　一般数字滤波器的设计方法概述

7.1.1　数字滤波器的分类

数字滤波器按照不同的分类方法可分为许多种类，但总体来讲可以分成两大类。一类称为经典滤波器，也称选频滤波器，其特点是输入信号中有用的频率成分和希望滤除的频率成分各自占有不同的频带，通过合适的频率选择达到滤波的目的。例如，当输入信号中含有干扰时，干扰信号往往呈现出高频特性，原始有用信号呈现低频特性，若信号和干扰的频带互不重叠，则可设计一个截止频率适当的低通滤波器来滤除干扰，得到想要的信号。

若输入信号中有用信号和干扰的频带互相重叠，则经典滤波器不能完成对干扰的有效滤除，这时需要使用另一类所谓的现代滤波器，如维纳滤波器、卡尔曼滤波器、自适应滤波器等最佳滤波器；这些滤波器可按照随机信号内部的一些统计分布规律，从干扰中最佳地提取信号。本书仅介绍经典滤波器的设计。

按频率选择的功能分类，经典数字滤波器可以分为低通、高通、带通、带阻和全通等滤波器，它们的理想幅频响应如图 7.1 所示。这些理想滤波器均是物理上不可能实现的，因为它们的单位冲激响应均是非因果的、无限长的，设计者只能按照某些准则设计物理上可实现的滤波器，使之尽可能逼近理想滤波器，因此图 7.1 所示的理想滤波器可作为逼近的标准。另外，需要注意的是，数字滤波器的传输函数 $H(\mathrm{e}^{\mathrm{j}\omega})$ 都是以 2π 为周期的，滤波器的低通频带位于 2π 的整数倍处，而高频频带位于 π 的奇数倍附近。

由第 6 章的介绍可知，数字滤波器按实现的网络结构或单位冲激响应分类，可以分成无限长单位冲激响应（IIR）滤波器和有限长单位冲激响应（FIR）滤波器。它们的系统函数分别表示为

$$H(z)=\frac{Y(z)}{X(z)}=\sum_{n=0}^{M}b_k z^{-n}\Bigg/1-\sum_{n=1}^{N}a_k z^{-n} \tag{7.1}$$

$$H(z)=\sum_{n=0}^{N-1}h(n)z^{-n} \tag{7.2}$$

式（7.1）中，一般满足 $M\le N$，这类系统称为 N 阶 IIR 系统；当 $M\ge N$ 时，$H(z)$ 可视为一个 N 阶 IIR 子系统与一个 $M-N$ 阶 FIR 子系统（多项式）的级联。式（7.2）所示的系统称为 $N-1$ 阶 FIR 系统。这两种类型的滤波器的设计方法有很大区别，因此分别在本章及第 8 章介绍。

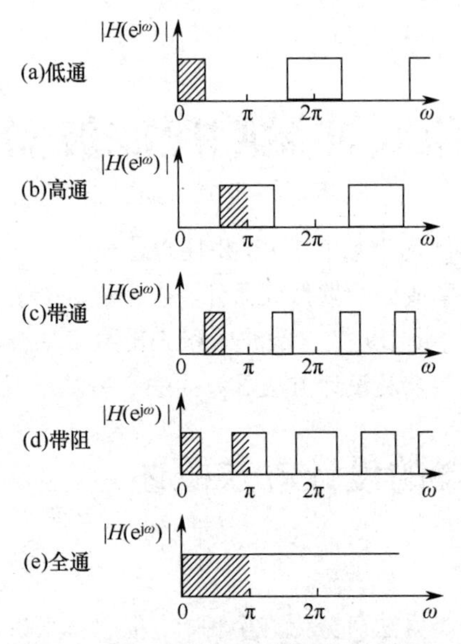

图 7.1 各种数字滤波器的理想幅频响应

7.1.2 数字滤波器的技术要求

实际中通常使用的数字滤波器一般属于选频滤波器。假设数字滤波器的频率响应 $H(e^{j\omega})$ 表示如下：

$$H(e^{j\omega}) = \left|H(e^{j\omega})\right| e^{j\theta(\omega)}$$

式中，$\left|H(e^{j\omega})\right|$ 称为幅频特性，$\theta(\omega)$ 称为相频特性。幅频特性表示信号通过滤波器后各频率成分的衰减情况，而相频特性反映各频率成分通过滤波器后在时间上的延迟情况。因此，即使两个滤波器的幅频特性相同，而相频特性不同，对相同的输入，滤波器输出的信号波形也是不同的。一般选频滤波器的技术要求由幅频特性给出，而对相频特性不做要求，但若对输出波形有要求，则需要考虑相频特性的技术指标，如语音合成、波形传输、图像信号处理等。本章主要研究由幅频特性提出指标的选频滤波器的设计；若对输出波形有严格要求，则需要设计成线性相位数字滤波器，这部分内容将在第 8 章介绍。

对于图 7.1 所示的各种理想滤波器，必须设计对应的因果系统来实现，在实际应用中，同时要考虑系统的复杂性与成本问题。因此，在一般情况下，滤波器的性能要求往往以频率响应的幅度特性的允许误差来表征，即实用中通带和阻带中都允许有一定的误差容限。以低通滤波器为例，如图 7.2 所示，频率响应有通带、过渡带和阻带三个范围（而不是理想滤波器的锐截止的通带、阻带两个范围）。

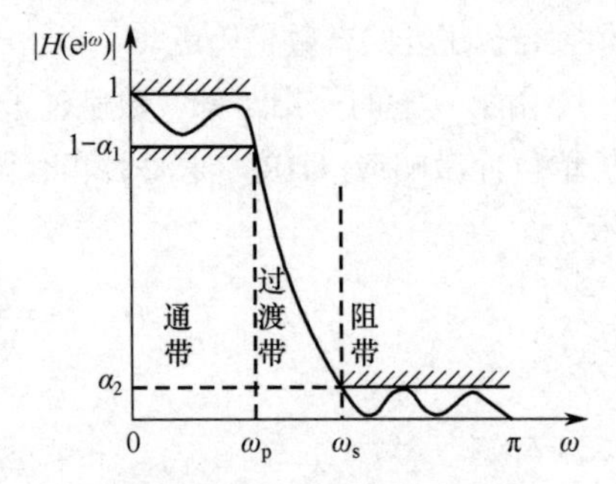

图 7.2 理想低通滤波器逼近的误差容限

在图 7.2 中，ω_p 和 ω_s 分别称为通带截止频率和阻带截止频率，它们都是数字域频率。在通带内，幅度响应以误差 α_1 逼近于 1，即

$$1-\alpha_1 \le \left|H(e^{j\omega})\right| \le 1, \quad 0 \le \omega \le \omega_p \tag{7.3}$$

在阻带中，幅度响应以误差小于 a_2 而逼近于 0，即

$$\left|H(\mathrm{e}^{\mathrm{j}\omega})\right| \leq \alpha_2, \quad \omega_s \leq \omega \leq \pi \tag{7.4}$$

从 ω_p 到 ω_s 称为过渡带，在非零宽度（$\omega_s - \omega_p$）的过渡带内，频率响应平滑地从通带下降到阻带。

通带内和阻带内允许的衰减一般用 dB 数表示，通带内允许的最大衰减用 σ_1 表示，阻带内允许的最小衰减用 σ_2 表示，σ_1 和 σ_2 分别定义为

$$\sigma_1 = 20\lg\frac{\left|H(\mathrm{e}^{\mathrm{j}\omega_0})\right|}{\left|H(\mathrm{e}^{\mathrm{j}\omega_p})\right|} \quad \mathrm{dB} \tag{7.5}$$

$$\sigma_2 = 20\lg\frac{\left|H(\mathrm{e}^{\mathrm{j}\omega_0})\right|}{\left|H(\mathrm{e}^{\mathrm{j}\omega_s})\right|} \quad \mathrm{dB} \tag{7.6}$$

对于低通滤波器，若将 $\left|H(\mathrm{e}^{\mathrm{j}0})\right|$ 归一化为 1，则式（7.5）和式（7.6）可以分别表示成

$$\sigma_1 = -20\lg\left|H(\mathrm{e}^{\mathrm{j}\omega_p})\right| \quad \mathrm{dB} \tag{7.7}$$

$$\sigma_2 = -20\lg\left|H(\mathrm{e}^{\mathrm{j}\omega_s})\right| \quad \mathrm{dB} \tag{7.8}$$

在图 7.2 中，当幅度下降到 $\sqrt{2}/2 \approx 0.707$ 时，$\omega = \omega_c$，此时 σ_1=3 dB，称 ω_c 为 3dB 通带截止频率。有时 ω_p，ω_s 和 ω_c 统称为边界频率。特别需要指出的是，在实际滤波器设计中，通带截止频率 ω_p 与 3dB 通带截止频率 ω_c 不一定是同一频点。

以上讨论的误差容限图，在数字滤波器设计中非常重要。此外，除幅度逼近要求外，也可给出相位的逼近或时域冲激响应的逼近要求等。

7.1.3　数字滤波器的设计方法概述

实际中的数字滤波器设计都是用有限精度算法实现的线性非移变系统。一般的设计内容和步骤包括：

（1）根据实际需要确定数字滤波器的技术指标。例如，通带内允许的最大衰减 α_p、阻带内允许的最小衰减 α_s、通带截止频率 ω_p 和阻带截止频率 ω_s。

（2）用一个因果、稳定的线性非移变离散时间系统去逼近这些性能指标。具体来说，就是用这些指标寻找离散系统的系统函数 $H(z)$。

（3）利用有限精度算法实现这个系统函数。具体包括选择运算结构、进行量化误差分析和选择合适的字长等。

（4）采用实际的数字滤波器实现技术，包括采用通用的计算机软件或专用的数字滤波器硬件来实现，或采用通用或专用的数字信号处理器（DSP）来实现。

第（1）项内容与实际应用有关，第（3）项内容已在第 6 章讨论，第（4）项内容的软件仿真实现方法已在相关章节中分析并讨论。本章及第 8 章将讨论第（2）项内容，即逼近性能指标要求的系统函数的设计问题。

IIR 滤波器和 FIR 滤波器的设计方法是非常不相同的。IIR 滤波器的设计方法有两类，常用的第一类设计方法是借助于模拟滤波器的设计方法来进行，其设计步骤是，首先设计模拟原型滤波器，得到其传输函数 $H_a(s)$，然后将 $H_a(s)$ 按某种方式转换成数字滤波器的系统函数 $H(z)$。这一类方法相对容易，因为模拟滤波器设计方法已经非常成熟，不仅有完整的设计公式，而且有完善的图表可供查阅，并且还有一些典型的滤波器类型可供设计者使用。另一类设计方法是直接在

频域或时域中进行设计，由于要解联立方程，设计时需要使用计算机进行辅助设计。FIR 滤波器不能采用先设计模拟滤波器后转换为数字滤波器的方法，常用的设计方法是窗函数法和频率取样法，还有一种比较有效的方法是切比雪夫等纹波逼近法，需要通过计算机辅助设计来完成。关于 FIR 滤波器的设计问题将在第 8 章中详细讨论。

本章介绍无限长单位冲激响应数字滤波器（简称 IIR 滤波器）的设计方法。首先简要介绍模拟滤波器的设计方法，然后讨论模拟滤波器到数字滤波器的映射方法，如冲激响应不变法和双线性变换法，最后讨论频率转换设计法并给出 IIR 滤波器的设计举例。

7.2 模拟滤波器的设计方法简介

要从模拟滤波器出发设计 IIR 数字滤波器，必须首先把数字滤波器的指标转换成模拟滤波器的指标，然后设计一个满足技术指标的模拟滤波器，最后把模拟滤波器映射成数字滤波器，因此必须首先设计对应的模拟原型滤波器。模拟滤波器的设计（或逼近）不属于本书的研究范围，但为了读者学习方便，本节将简单介绍几种最常用的模拟滤波器设计方法。

模拟滤波器的理论和设计方法已发展得相当成熟，且有若干典型的模拟低通滤波器供设计者选择，如巴特沃斯滤波器、切比雪夫滤波器、椭圆滤波器、贝塞尔滤波器等。这些典型的模拟滤波器各有特点。需要指出的是，模拟低通滤波器的设计是最基本的，带通、带阻、高通滤波器可以利用频率变换方法由低通滤波器映射得到，这部分内容将在 IIR 滤波器的频率变换设计法中介绍。

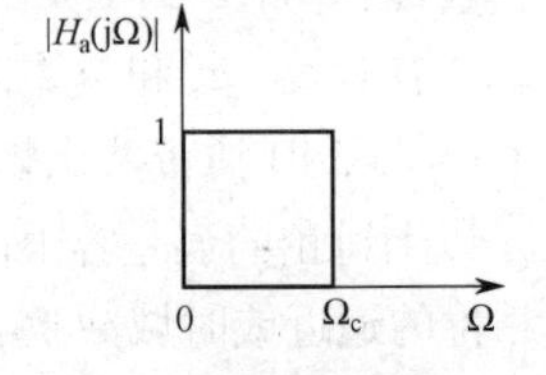

图 7.3 理想模拟低通滤波器的幅度特性

设计模拟滤波器是指根据一组设计规范来设计模拟系统函数 $H_{\rm a}(s)$，使其逼近某个理想滤波器的特性，例如逼近图 7.3 所示的低通滤波器的幅度特性，这是根据幅度平方函数来逼近的。

7.2.1 由幅度平方函数确定系统函数

模拟低通滤波器的幅度响应采用振幅平方函数 $|H_{\rm a}({\rm j}\Omega)|^2$ 表示：

$$|H_{\rm a}({\rm j}\Omega)|^2 = H_{\rm a}({\rm j}\Omega)H_{\rm a}^*({\rm j}\Omega)$$

由于一般情况下滤波器冲激响应 $h_{\rm a}(t)$ 是实函数，因而 $H_{\rm a}({\rm j}\Omega)$ 满足

$$H_{\rm a}^*({\rm j}\Omega) = H_{\rm a}(-{\rm j}\Omega)$$

所以

$$|H_{\rm a}({\rm j}\Omega)|^2 = H_{\rm a}({\rm j}\Omega)H_{\rm a}(-{\rm j}\Omega) = H_{\rm a}(s)H_{\rm a}(-s)|_{s={\rm j}\Omega} \tag{7.9}$$

式中，$H_{\rm a}(s)$ 是模拟滤波器的系统函数，它是 s 的有理函数；$H_{\rm a}({\rm j}\Omega)$ 是滤波器的稳态响应即频率特性，而 $|H_{\rm a}({\rm j}\Omega)|$ 是滤波器的稳态幅度特性。

将模拟滤波器变换为数字滤波器是从 $H_{\rm a}(s)$ 开始的，现在的问题是要由已知的 $|H_{\rm a}({\rm j}\Omega)|^2$ 求得 $H_{\rm a}(s)$。在式（7.9）中，设 $H_{\rm a}(s)$ 有一个极点（或零点）位于 $s = s_0$，由于冲激响应 $h_{\rm a}(t)$ 为实函数，极点（或零点）必定以共轭对的形式出现，因此 $s = s_0^*$ 处也一定有一个极点（或零点），所以与之对应的 $H_{\rm a}(-s)$ 在 $s = -s_0$ 和 $s = -s_0^*$ 处必有极点（或零点）。由于稳定系统在虚轴上没有极点，临界稳定情况时才会出现虚轴上的极点，而且虚轴上的零点（或极点）一定是二阶的。因此，$H_{\rm a}(s)H_{\rm a}(-s)$ 的极、零点分布如图 7.4 所示，得到的对称形式称为象限对称的，在 $\rm j\Omega$ 轴上零点处

所标的数字表示零点的阶数是二阶的。

由于任何实际可实现的滤波器都是稳定的，因此其系统函数 $H_a(s)$ 的极点一定落在 s 的左半平面，所以落在左半平面的极点一定属于 $H_a(s)$，落在右半平面的极点一定属于 $H_a(-s)$。

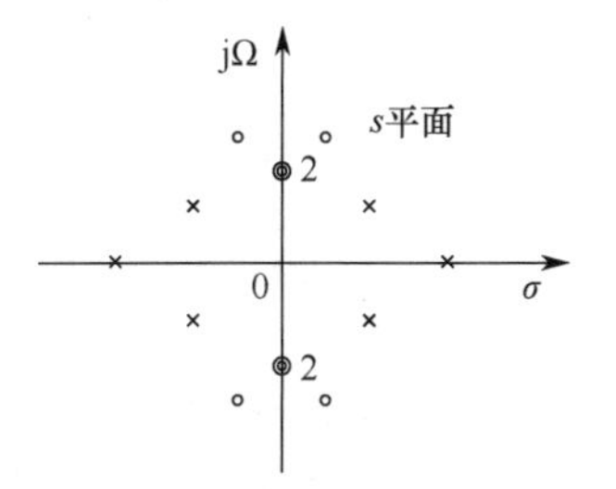

图 7.4　$H_a(s)H_a(-s)$ 的极、零点分布

零点的分布无此限制，它只与滤波器的相位特性有关。若要求最小相位延迟特性，则 $H_a(s)$ 应取左半平面的零点。若要求具有特殊相位的滤波器，则可以根据要求，按照不同的组合来分配左半平面和右半平面内的零点。

综上所述，由 $|H_a(\mathrm{j}\Omega)|^2$ 确定 $H_a(s)$ 的方法如下。

（1）将 $\Omega^2=-s^2$ 代入 $|H_a(\mathrm{j}\Omega)|^2=H_a(\mathrm{j}\Omega)H_a(-\mathrm{j}\Omega)=H_a(s)H_a(-s)$ 得到象限对称的 s 平面函数。

（2）将 $H_a(s)H_a(-s)$ 因式分解，得到各个零点和极点。将左半平面的极点归于 $H_a(s)$；无特殊要求时，可取 $H_a(s)H_a(-s)$ 以虚轴为对称的零点的任一半作为 $H_a(s)$ 的零点；若要求是最小相位延迟滤波器，则应取左半平面的零点作为 $H_a(s)$ 的零点；虚轴上的零点或极点都是偶次的，其中一半属于 $H_a(s)$。

（3）按照 $H_a(\mathrm{j}\Omega)$ 与 $H_a(s)$ 的低频或高频特性确定其增益常数。

（4）由求出的零点、极点及增益常数，完全确定系统函数 $H_a(s)$。

下面介绍两种最常用的模拟滤波器的设计方法。

【例 7.1】 已知幅度平方函数

$$|H_a(\mathrm{j}\Omega)|^2=\frac{16(25-\Omega^2)^2}{(49+\Omega^2)(36+\Omega^2)}$$

求系统函数 $H_a(s)$

解：

$$H_a(s)H_a(-s)=|H_a(\mathrm{j}\Omega)|^2_{\Omega^2=-s^2}=\frac{16(25+s^2)^2}{(49-s^2)(36-s^2)}$$

幅度平方函数的极点为 $s=\pm6, s=\pm7$，零点为 $s=\pm5\mathrm{j}$（二阶），因此 $H_a(s)$ 的极点可取为 $s=-6, s=-7$，零点可取为 $s=\pm5\mathrm{j}$。

设系统函数的增益常数为 K，则系统函数的表达式可写为

$$H_a(s)=\frac{K(s^2+25)}{(s+7)(s+6)}$$

由 $H_a(s)|_{s=0}=H_a(\mathrm{j}\Omega)|_{\Omega=0}=\dfrac{4\times25}{7\times6}$，得 $K=4$，因此

$$H_a(s)=\frac{4(s^2+25)}{(s+7)(s+6)}=\frac{4s^2+100}{s^2+12s+42}$$

滤波器的性能指标与幅度平方函数教学视频

7.2.2　巴特沃斯滤波器

巴特沃斯滤波器的特点是具有通带内最大平坦的幅度特性，而且随着频率的升高而单调下降。它的幅度平方函数可以写成

$$|H_a(\mathrm{j}\Omega)|^2=\frac{1}{1+(\mathrm{j}\Omega/\mathrm{j}\Omega_c)^{2N}} \tag{7.10}$$

式中，N 为整数，称为滤波器的阶数。N 值越大，通带和阻带的近似性越好，过渡带也越陡。因为函数表达式的分母中带有高阶项，在通带内 $\Omega/\Omega_c<1$，所以有 $(\Omega/\Omega_c)^{2N}$ 小到可使函数 $|H_a(j\Omega)|$ 接近于 1，但在过渡带和阻带内 $\Omega/\Omega_c>1$，有 $(\Omega/\Omega_c)^{2N}\gg 1$，从而使函数值骤然下降。图 7.5 给出了巴特沃斯滤波器的幅度特性随阶数 N 的变化关系曲线。可以证明，阶数 N 增加时，通带内的响应会变得更为平坦，阻带内的衰减会更大；在截止频率 Ω_c 处，幅度平方响应等于直流时的1/2，这相当于幅度响应的 $1/\sqrt{2}$，此时 $-20\lg\frac{1}{\sqrt{2}}\approx 3$，因此 Ω_c 亦称 3dB 截止频率。

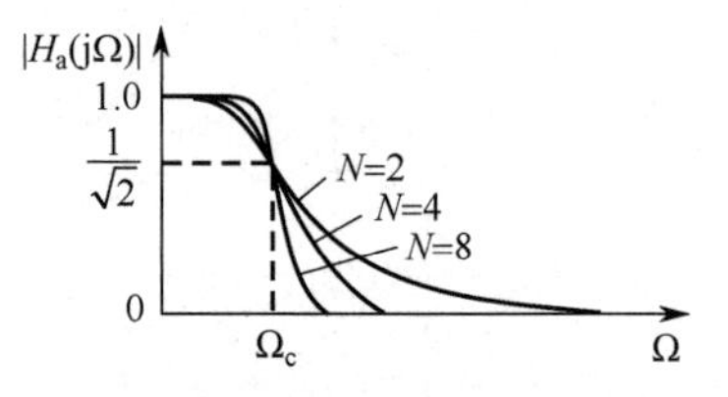

图 7.5　巴特沃斯滤波器幅度特性随阶数 N 的变化关系曲线

巴特沃斯低通原型的幅度平方函数也可写成

$$H_a(-s)H_a(s)=\frac{1}{1+(s/j\Omega_c)^{2N}} \tag{7.11}$$

所以巴特沃斯滤波器的零点全部在 $s=\infty$ 处，在有限的 s 平面只有极点，因而属于“全极点型”滤波器。幅度平方函数的各个极点为

$$s_k=(-1)^{\frac{1}{2N}}(j\Omega_c)=\Omega_c e^{j\left[\frac{1}{2}+\frac{2k-1}{2N}\right]\pi}, \qquad k=1,2,\cdots,2N \tag{7.12}$$

因此，巴特沃斯滤波器的振幅平方函数有 $2N$ 个极点，它们等角度地分布在 s 平面半径为 Ω_c 的圆周（称为巴特沃斯圆）上，极点间的角度间隔为 π/N 弧度。图 7.6 给出了 $N=3$ 和 $N=4$ 时的巴特沃斯滤波器的极点分布。极点关于虚轴是对称的，并且不会落在虚轴上。当 N 为奇数时，实轴上有极点；当 N 为偶数时，实轴上没有极点。

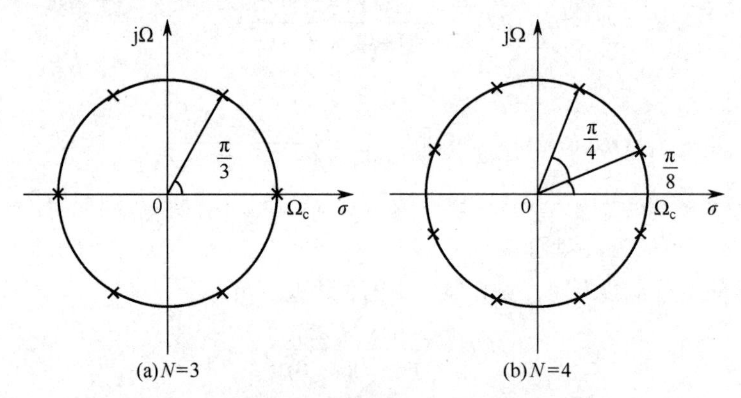

图 7.6　巴特沃斯滤波器在 s 平面上的极点位置

$H_a(s)H_a(-s)$ 在左半平面的极点即为 $H_a(s)$ 的极点，因而

$$H_a(s)=\frac{\Omega_c^N}{\prod_{k=1}^{N}(s-s_k)} \tag{7.13}$$

式中，分子的系数为 Ω_c^N，它可由 $H_a(s)$ 的低频特性决定。s 平面左半平面的极点可表示为

$$s_k=\Omega_c e^{j\left[\frac{1}{2}+\frac{2k-1}{2N}\right]\pi}, \qquad k=1,2,\cdots,N \tag{7.14}$$

在一般设计中，通常将巴特沃斯滤波器的极点分布及相应的系统函数 $H_a(s)$、分母多项式的系数等制成表格以供查阅，如表 7.1 所示。

表 7.1　不同阶数巴特沃斯滤波器的系统函数

阶　数	系统函数 $H_a(s)$
1	$\Omega_c/(s+\Omega_c)$
2	$\Omega_c^2/(s^2+\sqrt{2}\Omega_c s+\Omega_c^2)$
3	$\Omega_c^3/(s^3+2\Omega_c s^2+2\Omega_c^2 s+\Omega_c^3)$
4	$\Omega_c^4/(s^4+2.613\Omega_c s^3+3.414\Omega_c^2 s^2+2.613\Omega_c^3 s+\Omega_c^4)$
5	$\Omega_c^5/(s^5+3.236\Omega_c s^4+5.236\Omega_c^2 s^3+5.236\Omega_c^3 s^2+3.263\Omega_c^4 s+\Omega_c^5)$
6	$\Omega_c^6/(s^6+3.863\Omega_c s^5+7.464\Omega_c^2 s^4+9.141\Omega_c^3 s^3+7.464\Omega_c^4 s^2+3.863\Omega_c^5 s+\Omega_c^6)$

由式（7.10）可知，设计巴特沃斯滤波器时必须获取阶数 N 和 3dB 截止频率 Ω_c。下面讨论已知低通滤波器的通带截止频率 Ω_p、阻带截止频率 Ω_s 时如何计算 N 和 Ω_c。

由式（7.5）和式（7.6），可类似地得到模拟滤波器通带内允许的最大衰减 σ_1、阻带内允许的最小衰减用 σ_2 为

$$\sigma_1 = 20\lg\frac{|H(e^{j\Omega_0})|}{|H(e^{j\Omega_p})|}\text{dB},\quad \sigma_2 = 20\lg\frac{|H(e^{j\Omega_0})|}{|H(e^{j\Omega_s})|}\text{dB}$$

将式（7.10）代入上式，可得

$$1+(\Omega_p/\Omega_c)^{2N}=10^{0.1\sigma_1},\qquad 1+(\Omega_s/\Omega_c)^{2N}=10^{0.1\sigma_2}$$

从而有

$$(\Omega_p/\Omega_c)^N=\sqrt{\frac{10^{0.1\sigma_1}-1}{10^{0.1\sigma_2}-1}}$$

令 $k_{sp}=\dfrac{\sqrt{10^{0.1\sigma_1}-1}}{\sqrt{10^{0.1\sigma_2}-1}}$ 和 $\lambda_{sp}=\dfrac{\lambda_s}{\lambda_p}$，有

$$N=\frac{\lg k_{sp}}{\lg \lambda_{sp}}$$

3dB 截止频率 Ω_c 可由下式求出：

$$\Omega_c=\Omega_p(10^{0.1\sigma_1}-1)^{-\frac{1}{2N}}\quad\text{或}\quad \Omega_c=\Omega_s(10^{0.1\sigma_s}-1)^{-\frac{1}{2N}}$$

由 N 的取值，可以首先查表 7.1 求出归一化模拟低通滤波器的系统函数 $H_{an}(s)$，然后利用 3dB 截止频率 Ω_c 去归一化，得到满足性能指标的模拟低通滤波器的系统函数为

$$H_a(s)=H_{an}(s/\Omega_c)$$

只要巴特沃斯滤波器的频率特性曲线在通带和阻带内都是频率的单调函数，那么通带的边缘处满足指标要求时，通带内肯定会有富余量，即会超过指标的要求，因而并不经济。因此，更有效的设计方法是将指标的精度要求均匀地分布在通带或阻带内，或者同时分布在通带与阻带内，这样就可以设计出阶数较低的滤波器。这种精度均匀分布的办法可通过选择具有等纹波特性的逼近函数来完成。

巴特沃斯滤波器的设计方法教学视频

7.2.3　切比雪夫滤波器

切比雪夫滤波器是具有等纹波特性的滤波器模型。它有两种形式：一种是在通带内为等纹波的，在阻带内是单调的，称为切比雪夫 I 型滤波器；另一种是在通带内为单调的，在阻带内是等

纹波的，称为切比雪夫 II 型滤波器。在实际应用中，可根据具体要求确定采用何种形式的切比雪夫滤波器。切比雪夫滤波器的阶数 N 可以是偶数也可以是奇数，因此在实际应用中有 4 种形式的切比雪夫滤波器。图 7.7 和图 7.8 分别给出了 N 为奇数和 N 为偶数时的切比雪夫 I 型、II 型滤波器的幅度特性。

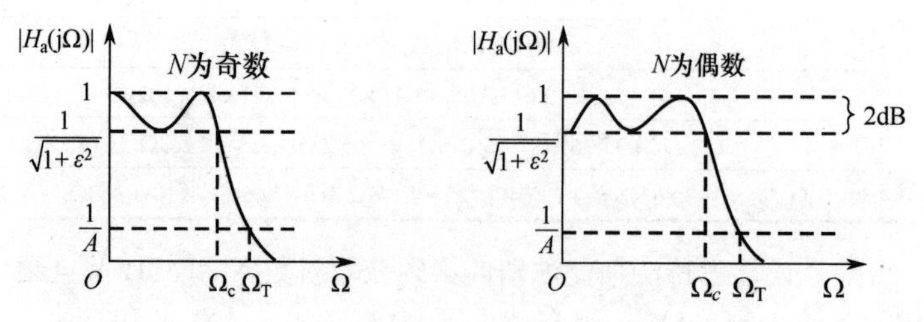

图 7.7 切比雪夫 I 型滤波器的幅度特性（通带纹波为 2dB）

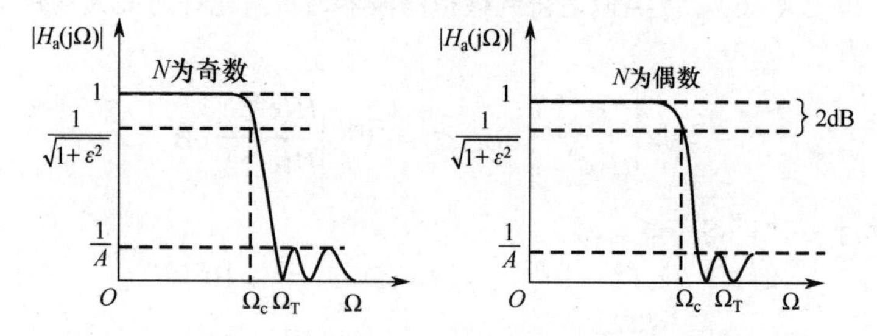

图 7.8 切比雪夫 II 型滤波器的幅度特性（通带纹波为 2dB）

下面主要以切比雪夫 I 型滤波器为例讨论模拟低通滤波器的设计，其幅度平方函数为

$$A^2(\Omega)=\left|H_{\mathrm{a}}(\mathrm{j}\Omega)\right|^2=\frac{1}{1+\varepsilon^2 C_N^2(\Omega/\Omega_{\mathrm{c}})} \tag{7.15}$$

式中，参数 ε 为小于 1 的正数，它与通带波动程度有关，ε 值越大表示通带波动越大；Ω_{c} 为通带截止频率；$\Omega/\Omega_{\mathrm{c}}$ 为 Ω 相对于频率 Ω_{c} 的归一化频率。$C_N(x)$ 是 N 阶切比雪夫多项式，定义为

$$C_N(x)=\begin{cases}\cos(N\arccos x),\ 0<x\le 1\\ \cosh(N\operatorname{arcosh} x),\ x>1\end{cases} \tag{7.16}$$

式（7.16）可展开成多项式，如表 7.2 所示。从表 7.2 可归纳出高阶切比雪夫多项式的递推公式为

$$C_{N+1}(x)=2xC_N(x)-C_{N-1}(x) \tag{7.17}$$

表 7.2 切比雪夫多项式

N	$C_N(x)$
0	1
1	x
2	$2x^2-1$
3	$4x^3-3x$
4	$8x^4-8x^2+1$
5	$16x^5-20x^3+5x$
6	$32x^6-48x^4+18x^2-1$

图 7.9 画出了 $N=0,1,2,3,4,5$ 时的切比雪夫多项式曲线，由图可知：

（1）切比雪夫多项式的零值点在区间 $0<x<1$ 内。

（2）$|x|\le 1$ 时，$C_N(x)$ 是余弦函数，$|C_N(x)|\le 1$，且该多项式在 $|x|\le 1$ 内有等纹波幅度特性。

（3）在 $|x|>1$ 的区域内，$C_N(x)$ 是双曲余弦函数，它随 x 的增加而单调地增加。

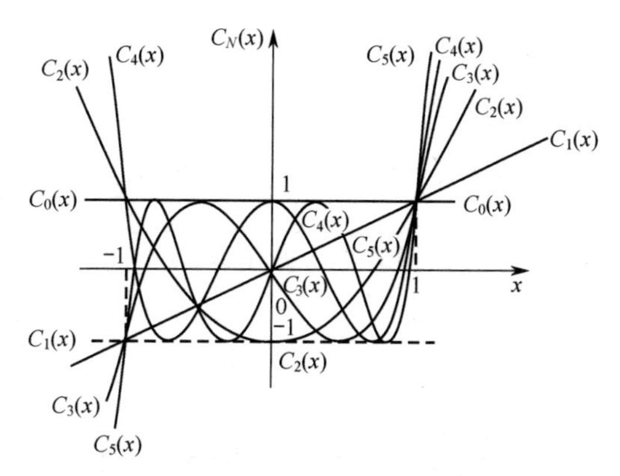

图 7.9　$N=0, 1, 2, 3, 4, 5$ 时的切比雪夫多项式曲线

由以上切比雪夫多项式特性的分析，结合图 7.7、图 7.8 及式（7.15），得到切比雪夫滤波器幅度函数 $|H_a(j\Omega)|$ 的特点如下：

（1）当 $\Omega=0$，N 为偶数时，$H(j0)=1/\sqrt{1+\varepsilon^2}$；当 N 为奇数时，$H(j0)=1$。

（2）当 $\Omega=\Omega_c$ 时，$H(j\Omega)=1/\sqrt{1+\varepsilon^2}$，即所有幅度函数曲线都经过 $1/\sqrt{1+\varepsilon^2}$ 点，所以把 Ω_c 定义为切比雪夫滤波器的截止频率。与巴特沃斯滤波器不同，在这个截止频率下，幅度函数不一定下降 3dB，而可以下降到其他分贝值（如 1dB 等）。

（3）在通带内，即当 $\Omega<\Omega_c$ 时，有 $\Omega/\Omega_c<1$，$|H_a(j\Omega)|$ 在 $1\sim 1/\sqrt{1+\varepsilon^2}$ 之间等纹波地起伏。

（4）在通带之外，即当 $\Omega>\Omega_c$ 时，随着 Ω 的增大，$\varepsilon^2 C_N^2(\Omega/\Omega_c)\gg 1$，使得 $|H_a(j\Omega)|$ 迅速单调地趋近于零。

由式（7.15）可知，切比雪夫滤波器有三个基本参数，即 ε, Ω_c 和 N。下面分别讨论如何根据滤波器的性能指标要求确定这三个参数。

① ε 是与通带纹波有关的一个参数，通带纹波 δ_1 表示成

$$\delta_1=10\lg\frac{|H_a(j\Omega)|_{\max}^2}{|H_a(j\Omega)|_{\min}^2}=20\lg\frac{|H_a(j\Omega)|_{\max}}{|H_a(j\Omega)|_{\min}}\ (\text{dB}) \tag{7.18}$$

式中，$|H_a(j\Omega)|_{\max}=1$，表示通带幅度响应的最大值，$|H_a(j\Omega)|_{\min}$ 表示通带幅度响应的最小值。于是有 $|H_a(j\Omega)|_{\min}=1/\sqrt{1+\varepsilon^2}$，易得

$$\delta_1=10\lg(1+\varepsilon^2)$$

所以有

$$\varepsilon^2=10^{\delta_1/10}-1 \tag{7.19}$$

可以看出，给定通带纹波值 δ_1(dB)后，就能求得 ε^2。这里应特别注意，通带纹波值不一定是 3dB，它也可以是其他值，如 0.1dB 等。

② 滤波器阶数 N 对滤波特性有极大的影响，N 越大，逼近特性越好，但相应的滤波器结构也越复杂。一般情况下，N 等于通带内最大值和最小值个数的总和。N 的值可根据阻带衰减来

确定。设阻带起始点频率为Ω_T，此时阻带幅度平方函数的值满足

$$|H_a(j\Omega_T)|^2 \le 1/A^2$$

式中，A是常数（见图7.7）。若用误差的分贝数δ_2表示，则有

$$\delta_2 = 20\lg\frac{1}{1/A} = 20\lg A$$

所以有

$$A = 10^{\delta_2/20} = 10^{0.05\delta_2} \tag{7.20}$$

设Ω_T为阻带截止频率，即当$\Omega = \Omega_T$时，结合式（7.15）可得

$$|H_a(j\Omega_T)|^2 = \frac{1}{1+\varepsilon^2 C_N^2(\Omega_T/\Omega_c)} \le \frac{1}{A^2} \tag{7.21}$$

由此得出

$$C_N(\Omega_T/\Omega_c) \ge \tfrac{1}{\varepsilon}\sqrt{A^2-1} \tag{7.22}$$

由于$\Omega/\Omega_c > 1$，所以按式（7.16）的第二式有

$$C_N(\Omega_{st}/\Omega_c) = \cosh[N\,\mathrm{arcosh}(\Omega_{st}/\Omega_c)]$$

再将式（7.22）代入，可得

$$C_N(\Omega_T/\Omega_c) = \cosh[N\,\mathrm{arcosh}(\Omega_T/\Omega_c)] \ge \tfrac{1}{\varepsilon}\sqrt{A^2-1}$$

由此，并考虑式（7.20），可得

$$N \ge \frac{\mathrm{arcosh}\left[\frac{1}{\varepsilon}\sqrt{A^2-1}\right]}{\mathrm{arcosh}(\Omega_T/\Omega_c)} = \frac{\mathrm{arcosh}\left[\frac{1}{\varepsilon}\sqrt{10^{0.05\delta_2}-1}\right]}{\mathrm{arcosh}(\Omega_T/\Omega_c)} \tag{7.23}$$

或者对Ω_T求解得

$$\Omega_T = \Omega_c\cosh\left\{\tfrac{1}{N}\mathrm{arcosh}\left[\tfrac{1}{\varepsilon}\sqrt{A^2-1}\right]\right\} = \Omega_c\cosh\left\{\tfrac{1}{N}\mathrm{arcosh}\left[\tfrac{1}{\varepsilon}\sqrt{10^{0.05\delta_2}-1}\right]\right\} \tag{7.24}$$

如果要求阻带边界频率上衰减越大（即A越大），即过渡带内幅度特性越陡，那么所需的滤波器阶数N越高。

③ Ω_c是切比雪夫滤波器的通带宽度，但不是3dB带宽，它一般是预先给定的。3dB带宽Ω_{3dB}可由式（7.25）来确定（$A=\sqrt{2}$）：

$$\Omega_{3dB} = \Omega_c\cosh\left[\tfrac{1}{N}\mathrm{arcosh}\left(\tfrac{1}{\varepsilon}\right)\right] \tag{7.25}$$

注意，只有当$\Omega_c < \Omega_{3dB}$时，才能用上式来计算（因为满足$\Omega_{3dB}/\Omega_c > 1$）。

ε, N和Ω_c的数值确定后，就可求出滤波器的极点，即可求得滤波器系统函数$H_a(s)$，读者可查阅有关模拟滤波器的设计手册。下面仅介绍一些有用的结果。

滤波器的系统函数$H_a(s)$的极点可采用幅度平方函数来求解。将$\Omega = s/j$代入式（7.15），可得

$$|H_a(j\Omega)|^2\Big|_{\Omega=s/j} = H_a(s)H_a(-s) = \frac{1}{1+\varepsilon^2 C_N^2(s/j\Omega_c)}$$

现在假设$H_a(s)$的极点形式为$s_k = \sigma_k + j\Omega_k$，可以证明

$$\sigma_k = -\Omega_c a\sin\left[\tfrac{\pi}{2N}(2k-1)\right],\quad k=1,2,\cdots,2N \tag{7.26a}$$

$$\Omega_k = \Omega_c b\cos\left[\tfrac{\pi}{2N}(2k-1)\right],\quad k=1,2,\cdots,2N \tag{7.26b}$$

$$a = \sinh\left[\tfrac{1}{N}\mathrm{arch}\left(\tfrac{1}{\varepsilon}\right)\right] = \tfrac{1}{2}(\alpha^{\frac{1}{N}} - \alpha^{-\frac{1}{N}}) \tag{7.27a}$$

$$b = \cosh\left[\tfrac{1}{N}\mathrm{arch}\left(\tfrac{1}{\varepsilon}\right)\right] = \tfrac{1}{2}(\alpha^{\frac{1}{N}} + \alpha^{-\frac{1}{N}}) \tag{7.27b}$$

$$\alpha = \exp\left[\operatorname{arch}\left(\frac{1}{N}\right)\right] = \frac{1}{\varepsilon} + \sqrt{\frac{1}{\varepsilon^2} + 1} \tag{7.28}$$

求出幅度平方函数的极点后，$H_a(s)$ 的极点就是 s 平面左半平面的诸极点 s_i，从而得到切比雪夫滤波器的系统函数为

$$H_a(s) = \frac{K}{\prod_{i=1}^{N}(s - s_i)} \tag{7.29}$$

式中，增益常数 K 可由 $A(\Omega)$ 和 $H_a(s)$ 的低频或高频特性对比求得。

切比雪夫 I 型滤波器的极点可用几何法在 s 平面上求解。若对式（7.26a）、式（7.26b）分别取平方再简化，可得 $H_a(s)H_a(-s)$ 在 s 平面的极点分布满足的关系式为

$$\frac{\sigma_k^2}{\Omega_c^2 a^2} + \frac{\Omega_k^2}{\Omega_c^2 b^2} = 1 \tag{7.30}$$

这是一个椭圆方程，由于双曲余弦 $\cosh(x)$ 大于双曲正弦 $\sinh(x)$，所以椭圆长轴为 $\Omega_c b$（在虚轴上），椭圆短轴为 $\Omega_c a$（在实轴上）。图 7.10 显示了如何用几何法求解切比雪夫滤波器的极点。先求出大圆（半径为 $\Omega_c b$）和小圆（半径为 $\Omega_c a$）上按等间隔角 π/N 均匀分布的各个点，这些点是虚轴对称的，且一定都不落在虚轴上。N 为奇数时，这些点之一落在实轴上，N 为偶数时，则实轴上也没有这些点。幅度平方函数的极点（在椭圆上）的位置是这样确定的：其垂直坐标由落在大圆上的各等间隔点规定，其水平坐标由落在小圆上的各等间隔点规定。

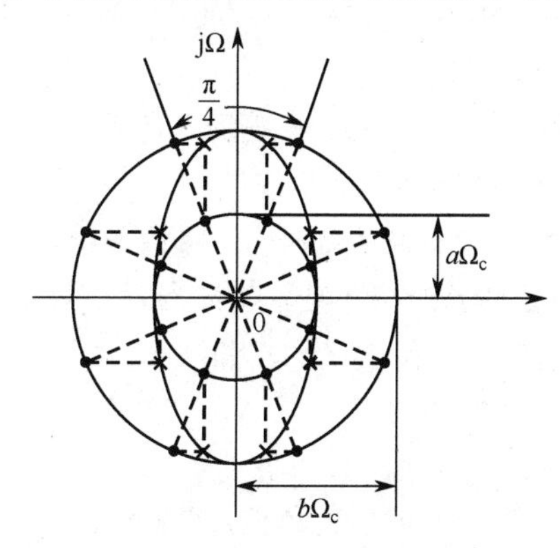

图 7.10　$N = 4$ 时模拟切比雪夫 I 型滤波器的极点位置图

关于切比雪夫 II 滤波器的特性，限于篇幅，这里不做介绍。还有一种在通带和阻带内都具有“等纹波”幅度特性的滤波器，由于其幅度特性是由雅可比椭圆函数（Jacobi Elliptic Function）决定的，所以称为“椭圆滤波器”或考尔滤波器。椭圆滤波器的幅度平方函数可表示为

$$\left|H_a(j\Omega)\right|^2 = \frac{1}{1 + \varepsilon^2 J_N^2(\Omega/\Omega_c)} \tag{7.31}$$

式中，$J_N(x)$ 为 N 阶雅可比椭圆函数。

与切比雪夫滤波器类似，若已知技术指标 ε, N, Ω_c 和 Ω_T，则阶次可由下式求出：

$$N = \frac{K(k)K\left(\sqrt{1 - k_1^2}\right)}{K(k_1)K\left(\sqrt{1 - k^2}\right)} \tag{7.32}$$

式中，$k = \Omega_c/\Omega_T$，$k_1 = \dfrac{\varepsilon}{\sqrt{A^2 - 1}}$。$K(x)$ 为第一类椭圆积分函数，可表示为

$$K(x)=\int_0^{\pi/2}\frac{\mathrm{d}\theta}{\sqrt{1-x^2\sin^2\theta}} \tag{7.33}$$

切比雪夫滤波器设计方法教学视频1

从Ω_{c}到Ω_{T}间的过渡带的陡峭角度来看，切比雪夫滤波器要比巴特沃斯滤波器的过渡带陡，而椭圆滤波器又要比切比雪夫滤波器的过渡带陡。换言之，若对过渡带的特性要求相同，则选择椭圆滤波器时所要求的阶数N最低，切比雪夫滤波器次之，选用巴特沃斯滤波器时所要求的阶数最高。不过从设计的复杂性和对参数的灵敏度要求来看，情况恰好相反。选用何种滤波器应视实际用途和指标要求而定。

切比雪夫滤波器设计方法教学视频2

7.3　用冲激响应不变法设计IIR数字低通滤波器

利用模拟滤波器成熟的理论和设计方法来设计IIR数字滤波器是最常用的方法。其设计过程如下：首先按照技术要求设计一个模拟低通滤波器，得到模拟低通滤波器的传输函数$H_{\mathrm{a}}(s)$，然后按照一定的转换关系将$H_{\mathrm{a}}(s)$转换成数字低通滤波器的系统函数$H(z)$。这一设计的关键是确定这种转换关系，将s平面上的$H_{\mathrm{a}}(s)$映射到z平面上的$H(z)$。为了保证转换后的$H(z)$稳定且满足技术要求，这种由复变量s到复变量z之间的映射变换关系必须满足以下两个基本条件：

（1）因果稳定的$H_{\mathrm{a}}(s)$应能映射成因果稳定的$H(z)$，即s平面的左半平面（$\mathrm{Re}[s]<0$）必须映射到z平面单位圆的内部（$|z|<1$）。

（2）$H(z)$的频率响应要能模仿$H_{\mathrm{a}}(s)$的频率响应，即s平面的虚轴$\mathrm{j}\Omega$必须映射到z平面的单位圆上，频率轴要对应，使相应的频率之间呈线性关系。

7.2节讨论了“模拟原型”滤波器的设计方法，而将传输函数$H_{\mathrm{a}}(s)$从s平面映射到z平面的方法有多种，如冲激响应不变法、阶跃响应不变法和双线性变换法等，其中工程上常用的冲激响应不变法和双线性变换法将分别在本节和7.4节中讨论。

7.3.1　变换原理

冲激响应不变法的原理是用数字滤波器的单位冲激响应序列$h(n)$模仿模拟滤波器的单位冲激响应$h_{\mathrm{a}}(t)$，也就是对模拟滤波器的单位冲激响应加以等间隔地采样，使$h(n)$正好等于$h_{\mathrm{a}}(t)$的采样值，即满足

$$h(n)=h_{\mathrm{a}}(nT) \tag{7.34}$$

式中，T为采样周期。

若令$H_{\mathrm{a}}(s)$是$h_{\mathrm{a}}(t)$的拉普拉斯变换，$H(z)$为$h(n)$的z变换，则利用第3章中采样序列的Z变换与模拟信号的拉普拉斯变换的关系，可得

$$H(z)\big|_{z=\mathrm{e}^{sT}}=\frac{1}{T}\sum_{k=-\infty}^{\infty}H_{\mathrm{a}}\left(s-\mathrm{j}\frac{2\pi}{T}k\right) \tag{7.35}$$

由上式看出，冲激响应不变法将模拟滤波器的s平面变换成数字滤波器的z平面，这个从s到z的变换$z=\mathrm{e}^{sT}$正是第3章中已经讨论的从s平面变换到z平面的变换关系式。从式（7.35）可以看出，要从s平面映射到z平面，需要首先将模拟滤波器的系统函数$H_{\mathrm{a}}(s)$以$2\pi/T$为周期进行延拓，然后以$z=\mathrm{e}^{sT}$进行映射。

如图7.11所示，s平面上每条宽度为$2\pi/T$的水平带都将重叠地映射到整个z平面上，每个

水平带的左半边映射到 z 平面的单位圆内，右半边映射到 z 平面的单位圆外，s 平面的虚轴（ $\mathrm{j}\Omega$ 轴）映射到 z 平面的单位圆上，虚轴上每段长为 $2\pi/T$ 的线段都映射到 z 平面单位圆上的一周。由于 s 平面上的每个水平带都要重叠地映射到 z 平面上，这正好反映了 $H(z)$ 和 $H_{\mathrm{a}}(s)$ 的周期延拓之间的变换关系，因此冲激响应不变法从 s 平面到 z 平面的映射不是简单的单值映射关系，而是多对一的映射，这正是采用该方法设计的数字滤波器频率响应产生混叠失真的根本原因。

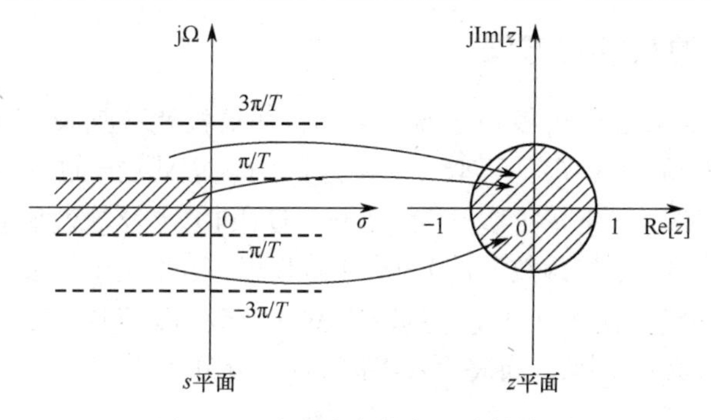

图 7.11　冲激响应不变法映射关系

7.3.2　混叠失真

现在讨论用冲激响应不变法得到的数字滤波器频率响应和模拟滤波器的频率响应间的关系。令 $z=\mathrm{e}^{\mathrm{j}\omega}$ 和 $s=\mathrm{j}\Omega$ ，并代入式（7.35），得

$$H(\mathrm{e}^{\mathrm{j}\omega})\Big|_{\omega=\Omega T}=\frac{1}{T}\sum_{k=-\infty}^{\infty}H_{\mathrm{a}}\left(\mathrm{j}\tfrac{\omega}{T}-\mathrm{j}\tfrac{2\pi}{T}k\right) \tag{7.36}$$

上式表明，数字滤波器的频率响应是模拟滤波器频率响应的周期延拓。如果模拟滤波器的频率响应带宽被限制在折叠频率以内，即

$$H_{\mathrm{a}}(\mathrm{j}\Omega)=0,\qquad |\Omega|\geq\pi/T$$

那么数字滤波器的频率响应能够重现模拟滤波器的频率响应，而不产生混叠失真，即

$$H(\mathrm{e}^{\mathrm{j}\omega})=\tfrac{1}{T}H_{\mathrm{a}}\left(\mathrm{j}\tfrac{\omega}{T}\right),\qquad |\omega|<\pi$$

但是，任何一个实际的模拟滤波器频率响应都不是严格限带的，变换后会产生周期延拓分量的频谱交叠，因此数字滤波器的频谱必然产生混叠失真，如图 7.12 所示。这样，数字滤波器的频率响应就与模拟滤波器的不同，即产生了失真。但是，如果模拟滤波器在折叠频率以上的频率响应衰减越大、越快，那么这种混叠失真就越小，采用冲激响应不变法设计的数字滤波器才能满足精度的要求，此时有

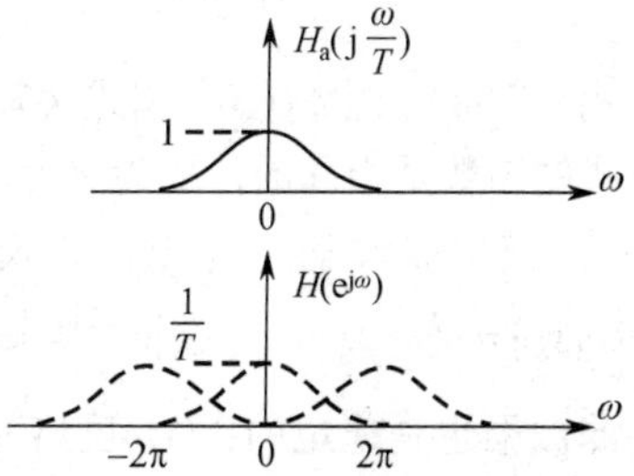

图 7.12　冲激响应不变法设计中频谱混叠效应

$$H(\mathrm{e}^{\mathrm{j}\omega})\approx\frac{1}{T}H_{\mathrm{a}}\left(\mathrm{j}\tfrac{\omega}{T}\right),\quad |\omega|<\pi \tag{7.37}$$

对某一频率响应的系统由单位冲激响应进行采样，采样频率为 f_{s}，若使 f_{s} 增加，即令采样时间间隔（ $T=1/f_{\mathrm{s}}$ ）减小，则系统频率响应各周期延拓分母之间相距更远，因而可减小频率响应的混叠效应。但应注意到，在冲激响应不变法设计中，当滤波器的指标用数字域频率 ω 给定时，若 ω_{c} 不变，则用减小 T 的方法不能解决混叠问题。例如，设计某一截止频率为 ω_{c} 的低通滤波器时，要求与之对应的模拟滤波器的截止频率为 $\Omega_{\mathrm{c}}=\omega_{\mathrm{c}}/T$ ，因此模拟折叠角频率 Ω 的带域是

$[-\pi/T,\pi/T]$，随着 T 的减小，Ω_c 增加。而为了使 ω_c 不变，T 减小时 Ω_c 应增加，所以如果原来 $H_a(s)$ 的截止频率 $\Omega_c > \pi/T$，即在 $[-\pi/T,\pi/T]$ 带域外 $H_a(s)$ 的值不为零，那么不论如何减小 T，由于要求 Ω_c 与 T 有同样倍数的变化（以使 ω_c 不变），总有 $\Omega_c > \pi/T$，因而不能解决混叠问题。所以，如果用数字域频率 ω 来规定数字滤波器的指标，那么在冲激响应不变法设计中 T 是一个无关紧要的参数，因此为方便起见，常取 $T=1$。

7.3.3 模拟滤波器的数字化方法

冲激响应不变法要求首先用模拟系统函数 $H_a(s)$ 求拉普拉斯反变换得到模拟冲激响应 $h_a(t)$，然后采样得到 $h(n)=h_a(nT)$，再取 Z 变换得 $H(z)$，因此这一过程比较复杂。冲激响应不变法最适合于可以用部分分式表示的模拟系统函数。设计 IIR 数字滤波器的具体步骤如下：

（1）假设模拟滤波器的系统函数 $H_a(s)$ 只有 1 阶极点（若不是 1 阶极点，则求拉普拉斯反变换要复杂一些），且分母的阶次 N 大于分子的阶次 M（一般都满足这一要求，因为只有这样才相当于一个稳定的模拟系统）。因此，可将 $H_a(s)$ 展开成部分分式

$$H_a(s)=\sum_{k=1}^{N}\frac{A_k}{s-s_k} \tag{7.38}$$

式中，s_k 为极点，A_k 为待定系数。对 $H_a(s)$ 求拉普拉斯反变换得

$$h_a(t)=\sum_{k=1}^{N}A_k e^{s_k t}u(t) \tag{7.39}$$

式中，$u(t)$ 是连续时间的单位阶跃函数。

（2）使用冲激响应不变法求数字滤波器的单位冲激响应 $h(n)$，即令 $t=nT$，并代入式（7.39）得

$$h(n)=h_a(nT)=\sum_{k=1}^{N}A_k e^{s_k nT}u(n) \tag{7.40}$$

（3）对 $h(n)$ 求 Z 变换，即得数字滤波器的系统函数

$$H(z)=\sum_{n=-\infty}^{\infty}h(n)z^{-n}=\sum_{n=0}^{\infty}\sum_{k=1}^{N}A_k(e^{s_k T}z^{-1})^n=\sum_{k=1}^{N}\frac{A_k}{1-e^{s_k T}z^{-1}} \tag{7.41}$$

将式（7.38）中的 $H_a(s)$ 和式（7.41）中的 $H(z)$ 加以比较，可以看出：① $H_a(s)$ 与 $H(z)$ 的部分分式的系数是相同的，均为 A_k；② s 平面的单极点 $s=s_k$ 变换到 z 平面上 $z=e^{s_k T}$ 处的单极点；③ 若模拟滤波器是稳定的，则所有极点 s_k 位于 s 平面的左半平面，即极点的实部小于零（$\mathrm{Re}[s_k]=\sigma_k<0$），那么 $\left|e^{s_k T}\right|=\left|e^{\sigma_k T}\right|<1$，这样变换后的 $H(z)$ 的全部极点都在单位圆内，因此数字滤波器也是稳定的；④ 虽然冲激响应不变法能够保证 s 平面的极点与 z 平面的极点有这种代数对应关系，但并不等于整个 s 平面与 z 平面有这种代数对应关系，特别是数字滤波器的零点位置与模拟滤波器的零点位置就没有这种代数对应关系，而随 $H_a(s)$ 的极点 s_k 和系数 A_k 两者变化。

从式（7.37）可以看出，数字滤波器的频率响应还与采样间隔 T 成反比，若采样频率很高，即 T 很小，则数字滤波器具有不希望的高增益，因而希望数字滤波器的频率响应不随采样频率而变化，所以做以下简单修正。令

$$h(n)=Th_a(nT)$$

则有

$$H(z)=\sum_{k=1}^{N}\frac{TA_k}{1-e^{s_k T}z^{-1}} \tag{7.42}$$

这时，

$$H(e^{j\omega}) = \sum_{k=-\infty}^{\infty} H_a\left(j\frac{\omega}{T} - j\frac{2\pi}{T}k\right) \approx H_a\left(j\frac{\omega}{T}\right), \qquad |\omega| < \pi \tag{7.43}$$

此外，当 $h_a(t)$ 是实函数时，$H_a(s)$ 的极点必以共轭对存在，若 $s = s_k$ 为极点，其留数为 A_k，则 $s = s_k^*$ 也必为极点，且其留数为 A_k^*。对于这样的一对共轭极点，其 $H_a(s)$ 变换成 $H(z)$ 的关系为

$$\frac{A_k}{s - s_k} \to \frac{A_k}{1 - z^{-1}e^{s_k T}}, \qquad \frac{A_k^*}{s - s_k^*} \to \frac{A_k^*}{1 - z^{-1}e^{s_k^* T}}$$

7.3.4　优缺点分析

从以上讨论可以看出，冲激响应不变法使得数字滤波器的 $h(n)$ 能够完全模仿模拟滤波器的 $h_a(t)$，即时域逼近良好；而且模拟频率 Ω 和数字频率 ω 之间呈线性关系，即 $\omega = \Omega T$，因此频率之间不存在失真，所以一个线性相位的模拟滤波器（如贝塞尔滤波器）可以映射成一个线性相位的数字滤波器。但是，由于映射 $z = e^{sT}$ 不是简单的代数映射，使得所设计的数字滤波器的幅频响应产生失真，所以冲激响应不变法仅适用于基本上是限带的低通或带通滤波器；对于高通或带阻滤波器不宜采用冲激响应不变法，否则要加保护滤波器，滤掉高于折叠频率以上的频率，以避免混叠失真；对于低通和带通滤波器，需充分限带，当阻带衰减越大时，混叠失真越小。

冲激响应不变法
教学视频

冲激响应不变法（或阶跃响应不变法）仅适合于基本上是限带的低通或带通滤波器。显然，该方法主要用于设计某些要求在时域上能模仿模拟滤波器功能（如控制冲激响应或阶跃响应）的数字滤波器，以便把模拟滤波器时域特性的许多优点在相应的数字滤波器中保留下来。在其他情况下设计 IIR 数字滤波器时，一般采用下面介绍的双线性变换法。

7.4　用双线性变换法设计 IIR 数字低通滤波器

用冲激响应法设计数字滤波器时，可以使得数字滤波器与模拟滤波器的时域逼近良好，但可能会产生频谱混叠效应。为了克服这一缺点，必须寻找新的有效变换，这就是双线性变换法。双线性变换法从原理上克服了混叠效应，使得模拟滤波器映射成数字滤波器时是一一对应的关系，同时保持了原有滤波器的通带性能。然而，双线性变换法本质上是一种非线性变换，因此滤波器的频率特性的形状有一些失真。

7.4.1　变换原理

双线性变换法是使得数字滤波器的频率响应与模拟滤波器的频率响应相似的一种变换方法，为了克服多值映射这一缺点，首先把整个 s 平面压缩变换为某个中介 s_1 平面的一条横带（宽度为 $2\pi/T$，即从 $-\pi/T$ 到 π/T），然后通过上面讨论过的标准变换关系 $z = e^{s_1 T}$ 将该横带变换到整个 z 平面上，使得 s 平面与 z 平面是一一对应的关系，这样就消除了多值变换性，进而从根本上消除了频谱混叠现象。双线性变换法的映射关系如图 7.13 所示。

将 s 平面整个 $j\Omega$ 轴压缩变换到 s_1 平面 $j\Omega$ 轴上的 $-\pi/T$ 到 π/T 段时，可以采用以下变换关系：

$$\Omega = \tan(\Omega_1 T/2) \tag{7.44}$$

这样，$\Omega = \pm\infty$ 变换到 $\Omega_1 = \pm\pi/T$，$\Omega = 0$ 变换到 $\Omega_1 = 0$，于是可将式（7.44）写成

$$\mathrm{j}\Omega = \frac{\mathrm{e}^{\mathrm{j}\Omega_1 T/2} - \mathrm{e}^{-\mathrm{j}\Omega_1 T/2}}{\mathrm{e}^{\mathrm{j}\Omega_1 T/2} + \mathrm{e}^{-\mathrm{j}\Omega_1 T/2}}$$

令 $\mathrm{j}\Omega = s$, $\mathrm{j}\Omega_1 = s_1$ ，解析延拓到整个 s 平面和 s_1 平面，可得

$$s = \frac{\mathrm{e}^{s_1 T/2} - \mathrm{e}^{-s_1 T/2}}{\mathrm{e}^{s_1 T/2} + \mathrm{e}^{-s_1 T/2}} = \frac{1 - \mathrm{e}^{-s_1 T}}{1 + \mathrm{e}^{-s_1 T}} \tag{7.45}$$

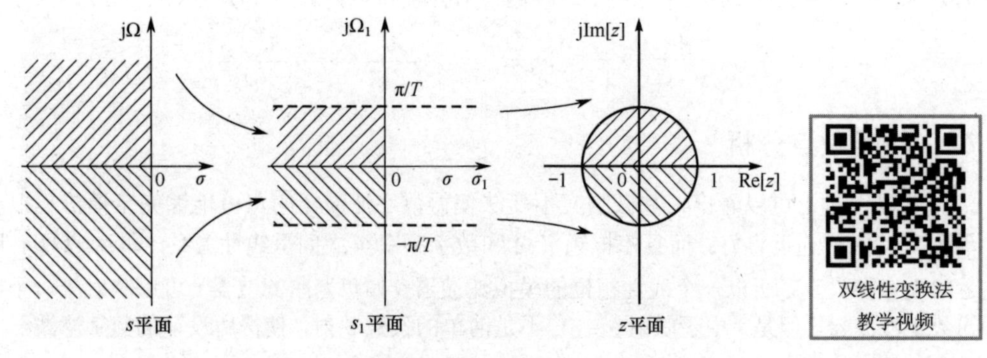

图 7.13 双线性变换法的映射关系

再将 s_1 平面通过以下标准变换关系映射到 z 平面：

$$z = \mathrm{e}^{s_1 T} \tag{7.46}$$

得到 s 平面和 z 平面的单值映射关系为

$$s = \frac{1 - z^{-1}}{1 + z^{-1}} \tag{7.47}$$

$$z = \frac{1 + s}{1 - s} \tag{7.48}$$

一般来说，为了使模拟滤波器的某一频率与数字滤波器的任一频率有对应关系，可引入待定常数 c，使式（7.44）和式（7.45）变成

$$\Omega = c\tan(\Omega_1 T/2) \tag{7.49}$$

$$s = c \cdot \frac{1 - \mathrm{e}^{-s_1 T}}{1 + \mathrm{e}^{-s_1 T}} \tag{7.50}$$

仍将 $z = \mathrm{e}^{s_1 T}$ 代入式（7.50），可得

$$s = c \cdot \frac{1 - z^{-1}}{1 + z^{-1}} \tag{7.51}$$

$$z = \frac{c + s}{c - s} \tag{7.52}$$

上述两式就是 s 平面与 z 平面之间的单值映射关系，这种变换就称为双线性变换。

7.4.2 变换常数的选择

用不同的方法选择 c 可使模拟滤波器的频率特性与数字滤波器的频率特性在不同频率处有相应的对应关系，即可以调节频带间的对应关系。选择常数 c 的方法有以下两种。

（1）采用模拟滤波器与数字滤波器在低频处的确切对应关系，即在低频处有 $\Omega \approx \Omega_1$ 。当 Ω_1 较小时，有

$$\tan\left(\Omega_1 T/2\right) \approx \Omega_1 T/2$$

由式（7.44）及 $\Omega \approx \Omega_1$ 可得

$$\Omega \approx \Omega_1 \approx c \cdot \frac{\Omega_1 T}{2}$$

因而得到

$$c = 2/T \tag{7.53}$$

此时，模拟原型滤波器的低频特性近似等于数字滤波器的低频特性，s 平面与 z 平面之间的映射关系变为

$$s = \frac{2}{T} \cdot \frac{1-z^{-1}}{1+z^{-1}} \tag{7.54}$$

$$\omega = 2\arctan(\Omega T/2) \tag{7.55}$$

以上两式就是采用双线性变换法设计数字低通滤波器的常用关系式。

（2）采用数字滤波器的某些特定频率（如截止频率 $\omega_c = \Omega_c T$ ）与模拟原型滤波器的一个特定频率 Ω_c 的严格对应关系，即

$$\Omega_c = c\tan\left(\Omega_{1c} T/2\right) = c\tan\left(\omega_c/2\right) \tag{7.56}$$

$$c = \Omega_c \cot(\omega_c/2)$$

这一方法的主要优点是在特定的模拟频率和特定的数字频率处，频率响应是严格相等的，因而可以较准确地控制截止频率的位置。

7.4.3　逼近情况分析

式（7.51）和式（7.52）的双线性变换讨论的复变量 s 到复变量 z 之间的映射变换关系，必须满足在 7.3 节的引论中提出的两个基本条件，现分析如下。

（1）首先把 $z = e^{j\omega}$ 代入式（7.51），可得

$$s = c \cdot \frac{1-e^{-j\omega}}{1+e^{-j\omega}} = jc\tan\left(\omega/2\right) = j\Omega \tag{7.57}$$

即 s 平面的虚轴确实与 z 平面的单位圆相对应。

（2）将 $s = \sigma + j\Omega$ 代入式（7.49），得

$$z = \frac{c+s}{c-s} = \frac{(c+\sigma)+j\Omega}{(c-\sigma)-j\Omega}$$

因此有

$$|z| = \frac{\sqrt{(c+\sigma)^2+\Omega^2}}{\sqrt{(c-\sigma)^2+\Omega^2}}$$

由此看出，当 $\sigma<0$ 时，$|z|<1$；当 $\sigma>0$ 时，$|z|>1$；当 $\sigma=0$ 时，$|z|=1$。即 s 平面的左半平面映射到 z 平面的单位圆内，s 平面的右半平面映射到 z 平面的单位圆外，s 平面的虚轴映射到 z 平面的单位圆上。因此，稳定的模拟滤波器经双线性变换后所得的数字滤波器也一定是稳定的。

7.4.4　优缺点分析

由以上分析可以看出，双线性变换法的最大优点是避免了频率响应的混叠失真。现在进一步分析如下。式（7.54）或式（7.55）给出了模拟角频率 Ω 与数字角频率 ω 之间的变换关系，它表明 s 平面与 z 平面是单值的一一对应关系，s 平面的整个 $j\Omega$ 轴单值对应于 z 平面单位圆的一周，即频率轴是单值变换关系，如图 7.14 所示。

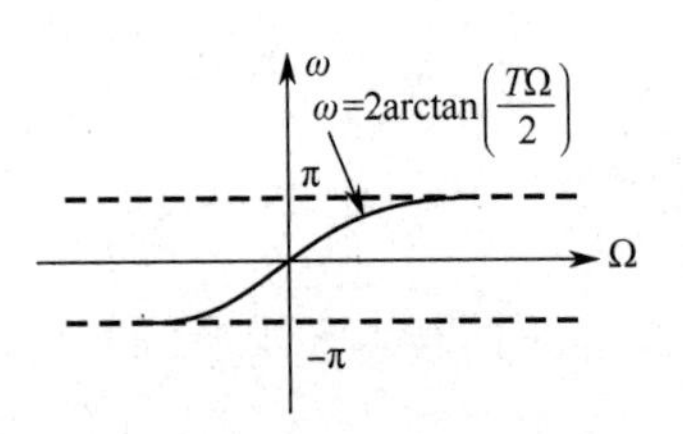

图 7.14 双线性变换法的模拟频率与数字频率关系

由图 7.14 可以看出，s 平面的正、负虚轴分别映射成 z 平面单位圆的上半部分（辐角 ω 为正）和下半部分（辐角 ω 为负），数字域频率 ω 与模拟域频率 Ω 之间呈非线性关系，当 Ω 从 0 变到 $+\infty$ 时，ω 从 0 变到 π。这就意味着模拟滤波器的全部频率特性被压缩成数字滤波器在 $0<\omega<\pi$ 频率范围内的特性，从根本上避免了冲激响应不变法的频率响应混叠现象。

以上这种频率标度之间的非线性在高频段较为严重，而在低频段接近于线性，所以按式（7.54）和式（7.55）设计的低通数字滤波器的频率特性能够较好地逼近模拟滤波器的频率特性。

双线性变换的频率标度之间的非线性失真引出了新的问题。首先，一个线性相位的模拟滤波器经双线性变换后得到非线性相位的数字滤波器，不再保持原有的线性相位；其次，这种非线性关系要求模拟滤波器的幅频响应必须是分段常数型的，即某一频率段的幅频响应近似等于某一常数（这正是典型的低通、高通、带通、带阻型滤波器的相应特性），否则变换后产生的数字滤波器幅频响应相对于原模拟滤波器的幅频响应会有畸变。

分段常数的滤波器经双线性变换后，得到的仍是幅频特性为分段常数的滤波器，但各个分段边缘的临界频率点产生了畸变，这种频率的畸变可以用如图 7.15 所示的预畸变方法来补偿。设所求数字滤波器的通带和阻带截止频率分别为 ω_{P} 和 ω_{T}，可按式（7.55）进行频率变换求出对应的模拟滤波器的截止频率 Ω_{P} 和 Ω_{T}：

$$\begin{cases}\Omega_{\mathrm{P}}=\frac{2}{T}\tan(\omega_{\mathrm{P}}/2)\\ \Omega_{\mathrm{T}}=\frac{2}{T}\tan(\omega_{\mathrm{T}}/2)\end{cases}\tag{7.58}$$

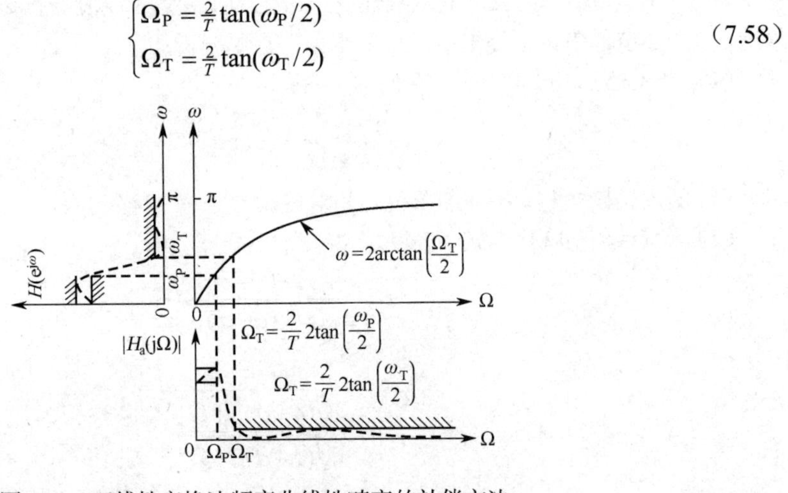

图 7.15 双线性变换法频率非线性畸变的补偿方法

若模拟滤波器按这两个预畸变后的频率 Ω_{P} 和 Ω_{T} 来设计，则用双线性变换得到的数字滤波器便具有所希望的截止频率特性。

7.4.5 滤波器的数字化方法

由于双线性变换法中，s 平面到 z 平面之间的变换是简单的代数映射，因此可由模拟系统函数通过代数置换的方式（通常取 $c=2/T$）直接得到数字滤波器的系统函数，即

$$H(z)=H_{\mathrm{a}}(s)\big|_{s=\frac{2}{T}\cdot\frac{1-z^{-1}}{1+z^{-1}}}=H_{\mathrm{a}}\left(\frac{2}{T}\cdot\frac{1-z^{-1}}{1+z^{-1}}\right)\tag{7.59}$$

频率响应也可直接置换得到：

$$H(\mathrm{e}^{\mathrm{j}\omega}) = H_{\mathrm{a}}(\mathrm{j}\Omega)\Big|_{\Omega=\frac{2}{T}\tan\left(\frac{\omega}{2}\right)} = H_{\mathrm{a}}\left[\mathrm{j}\frac{2}{T}\tan\left(\frac{\omega}{2}\right)\right] \tag{7.60}$$

可在进行双线性变换之前首先将模拟系统函数分解成并联或串联的子系统函数，使每个子系统函数都变成低阶（如一阶、二阶）的，然后对每个子系统分别采用双线性变换。也就是说，所有的分解都可以根据模拟滤波器系统函数来进行，因为模拟滤波器已有大量的图表可以利用，分解起来比较方便。应该注意的是，对于冲激响应不变法和阶跃响应不变法，不能将模拟系统函数先分解成级联型子系统，因为 s 平面到 z 平面之间是超越函数的变换关系，即 $z = \mathrm{e}^{sT}$。

双线性变换设计滤波器的滤波过程动画

此外，式（7.56）的变换在概念上是很清楚的，但在实际应用时可能比较复杂。因此，可以预先求出双线性变换法中离散系统函数 $H(z)$ 的系数与模拟系统函数 $H_{\mathrm{a}}(s)$ 的系数之间的关系式（通常取 $c = 2/T$），并且列成表格，以便利用表格来进行设计。关于 $H_{\mathrm{a}}(s)$ 与 $H(z)$ 系数之间的对应关系，读者可参阅相关资料。

7.5　IIR 数字滤波器的模拟频率变换设计方法

前几节讨论了低通 IIR 数字滤波器的设计方法，给定性能指标后，设计高通、带通、带阻等 IIR 数字滤波器通常可归纳为如图 7.16 所示的两种常用设计方法。

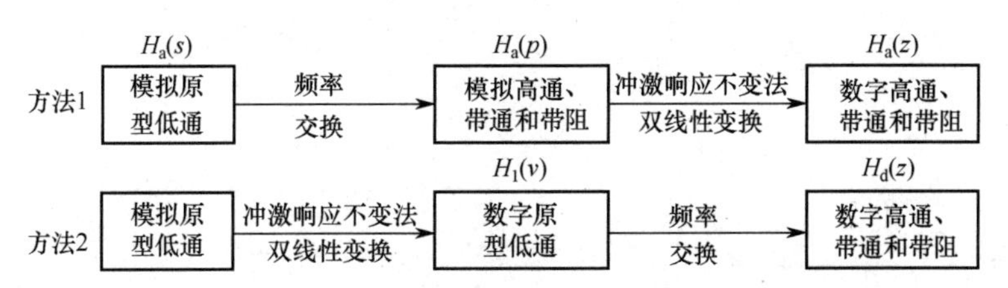

图 7.16　设计高通、带通和带阻等 IIR 数字滤波器的两种常用设计方法

方法 1 首先设计一个模拟原型低通滤波器，然后频率变换成所需的模拟高通、带通或带阻滤波器，最后使用冲激不变法或双线性变换法变换成相应的数字高通、带通或带阻滤波器。方法 2 首先设计一个模拟原型低通滤波器，然后采用冲激响应不变法或双线性变换法将它转换成数字原型低通滤波器，最后通过频率变换把数字原型低通滤波器变换成所需的数字高通、带通或带阻滤波器。上述两种方法的根本区别是，方法 1 在模拟域进行频率变换，方法 2 在数字域进行频率变换。本节首先介绍方法 1。

采用模拟域频率变换法设计 IIR 数字滤波器的基本思路如下：首先采用 7.2 节的方法设计一个满足性能指标的巴特沃斯或切比雪夫模拟低通原型滤波器，然后在模拟域进行频率变换，把模拟低通原型转换模拟滤波器，最后采用双线性变换法把模拟滤波器映射成数字滤波器。7.4 节介绍了采用双线性变换把模拟低通映射成数字低通的原理，本节从模拟低通滤波器出发，介绍如何设计满足性能指标的数字带通、带阻和高通滤波器，重点介绍由模拟低通滤波器转换为模拟带通、带阻和高通滤波器的方法。为了叙述方便，本节假设 s 是模拟低通拉普拉斯变量，$s = \sigma + \mathrm{j}\Omega$，$p$ 是模拟滤波器的拉普拉斯变量，$p = \delta + \mathrm{j}\bar{\Omega}$。

7.5.1　模拟滤波器变换成数字带通滤波器

模拟低通到模拟带通的变换为

$$s=\frac{p^2+\bar{\Omega}_0^2}{s} \tag{7.61}$$

式中，$\bar{\Omega}_2$ 是模拟带通的几何中心频率，令 $p=\mathrm{j}\bar{\Omega}$ 并代入式（7.61），得

$$\Omega=\frac{\bar{\Omega}^2-\bar{\Omega}_0^2}{\bar{\Omega}} \tag{7.62}$$

式（7.62）给出的 $\bar{\Omega}$ 和 Ω 的关系如图 7.17 所示。从图中可以看出，映射前后 $\bar{\Omega}$ 和 Ω 的对应关系为

$$\Omega=0\to\bar{\Omega}=\bar{\Omega}_0,\Omega=\Omega_c\to\bar{\Omega}=\bar{\Omega}_2,\Omega=-\Omega_c\to\bar{\Omega}=\bar{\Omega}_1$$

式中，$\pm\Omega_c$ 为低通通带截止频率，$\bar{\Omega}_1$ 和 $\bar{\Omega}_2$ 为带通通带截止频率，可见式（7.61）将低通通带映射到了带通通带之间，映射过程如图 7.18 所示。把上面的映射结果代入式（7.62），可以得到以下两个重要的关系式：

$$\bar{\Omega}_0=\sqrt{\bar{\Omega}_1\bar{\Omega}_2} \tag{7.63}$$

$$B=\bar{\Omega}_2-\bar{\Omega}_1=\Omega_c \tag{7.64}$$

式中，$\bar{\Omega}_1$ 与 $\bar{\Omega}_2$ 为模拟带通滤波器的通带截止频率，通常为给定的性能指标；由式（7.63）可以求出变换公式中必需的几何中心频率 $\bar{\Omega}_0$，由式（7.64）可以求出低通滤波器的通带截止频率 Ω_c。由 7.2 节可知 Ω_c 为设计模拟低通滤波器的重要参数，此时它在数值上等于带通滤波器的带宽 B。

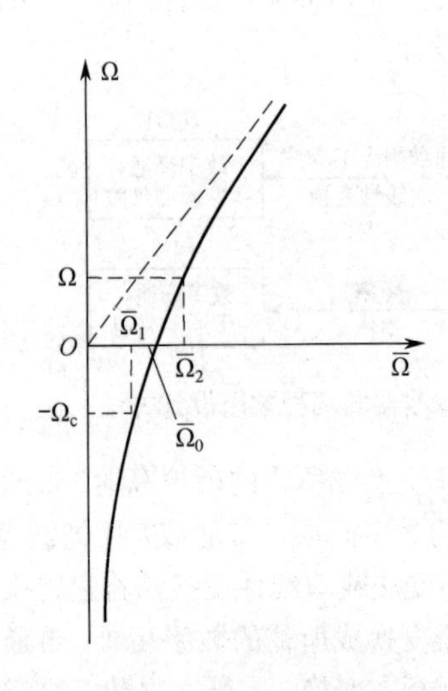

图 7.17 模拟低通滤波器到模拟带通滤波器的频率变换关系

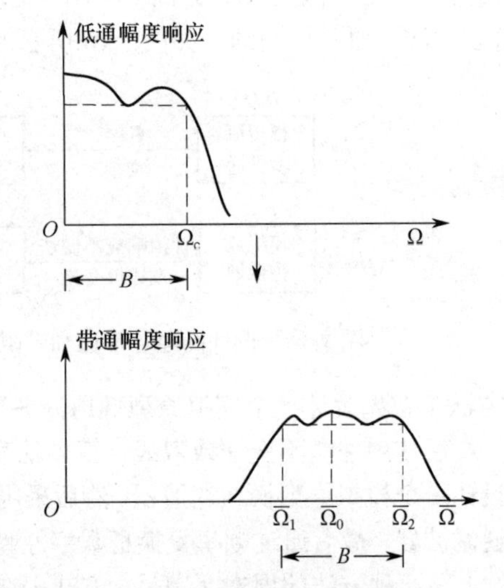

图 7.18 低通幅度响应到带通幅度响应的变换

因此，由模拟低通滤波器确定数字带通滤波器的步骤如下：

（1）已知数字带通滤波器的性能指标 $\omega_1,\omega_2,\omega_{s1},\omega_{s1},\sigma_p,\sigma_s$，利用双线性变换法的频率变换公式 $\Omega=\frac{2}{T}\tan\left(\frac{\omega}{2}\right)$ 获取模拟带通滤波器的性能指标 $\bar{\Omega}_1$，$\bar{\Omega}_2$，$\bar{\Omega}_{s1}$，$\bar{\Omega}_{s2}$，σ_p，σ_s，通带带宽 $B=\bar{\Omega}_1-\bar{\Omega}_2$，几何中心 $\bar{\Omega}_0=\sqrt{\bar{\Omega}_1\bar{\Omega}_2}$。

（2）以上边界频率相对于带宽 B 进行归一化，得到模拟带通滤波器的归一化边界频率 $\eta_1,\eta_2,\eta_{s1},\eta_{s2}$ 和几何中心频率 η_0。

（3）利用式（7.62）将模拟带通滤波器的性能指标转换成模拟低通滤波器的性能指标，由于在步骤（2）已归一化了模拟带通滤波器的边界频率，因此式（7.62）的归一化形式为

$$\lambda = \frac{\eta^2 - \eta_0^2}{\eta^2}$$

显然，归一化模拟低通滤波器的通带截止频率 $\lambda_p = 1$，归一化阻带截止频率 λ_s 为

$$\lambda_{s1} = \frac{\eta_{s1}^2 - \eta_0^2}{\eta_{s1}^2}, \qquad \lambda_{s2} = \frac{\eta_{s2}^2 - \eta_0^2}{\eta_{s2}^2}$$

可根据设计要求对 λ_{s1} 和 λ_{s2} 进行取舍。

（4）将 $\lambda_p, \lambda_s, \sigma_p, \sigma_s$ 作为归一化模拟低通滤波器的性能指标，采用 7.2 节给出的模拟滤波器设计方法，得出低通系统函数 $H_{LP}(s)$。

（5）采用式（7.61）将 $H_{LP}(s)$ 转换成模拟带通滤波器，得到带通滤波器的系统函数

$$H_{BP}(p) = H_{LP}(s)\Big|_{s=\frac{p^2+\bar{\Omega}_0^2}{p}}$$

（6）利用双线性变换法，即

$$p = c \cdot \frac{1 - z^{-1}}{1 + z^{-1}} \tag{7.65}$$

将模拟带通滤波器映射成数字带通滤波器 $H(z)$。

在实际工程应用中，可以结合式（7.61）的变换与式（7.65）的变换，得到直接从模拟低通原型变换成数字带通的表达式，即 s 与 z 之间的直接变换公式：

$$s = D \cdot \frac{z^{-1} - Ez^{-1} + 1}{1 - z^{-1}} \tag{7.66}$$

式中，

$$D = \Omega_c \cot\left(\frac{\omega_2 - \omega_1}{2}\right) \tag{7.67}$$

$$E = 2\frac{\cos[(\omega_2 + \omega_1)/2]}{\cos[(\omega_2 - \omega_1)/2]} = 2\frac{\sin(\omega_1 + \omega_2)}{\sin\omega_1 + \sin\omega_2} = 2\cos\omega_0 \tag{7.68}$$

式中，ω_1 与 ω_2 为数字带通滤波器的通带上限截止频率和通带下限截止频率，是给定的技术指标，$\omega_0 = \sqrt{\omega_1\omega_2}$ 为数字带通滤波器的几何中心频率。

由 7.2 节可知，设计模拟低通滤波器需要已知阻带截止频率，那么如何从数字带通滤波器的阻带截止频率直接获取模拟低通滤波器的阻带截止频率呢？令

$$s = \mathrm{j}\Omega,\ z = \mathrm{e}^{\mathrm{j}\omega}$$

代入式（7.66）得

$$\Omega = D \cdot \frac{\cos\omega_0 - \cos\omega}{\sin\omega} \tag{7.69}$$

这就是数字带通与模拟通低之间的频率对应公式，变换关系曲线如图 7.19 所示。显然，若已知数字带通滤波器的阻带截止频率 ω_s，则将其代入上式即可得到模拟低通滤波器的阻带截止频率 Ω_s。

【例 7.2】设计一个数字带通滤波器，通带范围为 0.3π rad 到 0.4π rad，通带内的最大衰减为 3dB，0.2π rad 以下和 0.5π rad 以上为阻带，阻带内的最小衰减为 18dB。采用巴特沃斯模拟低通滤波器、双线性变换法。

解：（1）确定数字带通滤波器的技术指标。

通带上限、下限截止频率为 $\omega_1 = 0.3\pi$ 和 $\omega_2 = 0.4\pi$；通带内的最大衰减为 $\delta_1 = 3\text{dB}$；阻带上限、下限截止频率为 $\omega_1 = 0.2\pi$ 和 $\omega_2 = 0.5\pi$；通带内的最大衰减为 $\delta_2 = 18\text{dB}$。

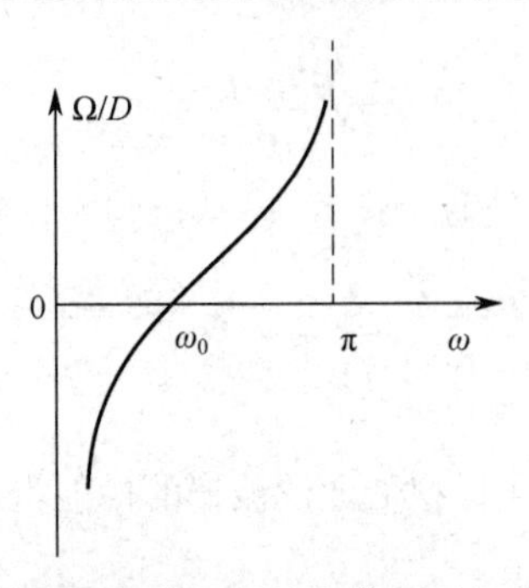

图 7.19 从模拟低通变换到数字带通时的频率关系曲线

（2）转换为模拟带通滤波器的技术指标：

$$\bar{\Omega}_1=\frac{2}{T}\tan\frac{\omega_1}{2}=1.019\ \text{rad/s},\ \ \bar{\Omega}_2=\frac{2}{T}\tan\frac{\omega_2}{2}=1.453\ \text{rad/s}$$

$$\bar{\Omega}_{s1}=\frac{2}{T}\tan\frac{\omega_{s1}}{2}=0.65\ \text{rad/s},\ \ \bar{\Omega}_{s2}=\frac{2}{T}\tan\frac{\omega_{s2}}{2}=2\ \text{rad/s}$$

$$\bar{\Omega}_0=\sqrt{\bar{\Omega}_1\bar{\Omega}_2}=1.217\ \text{rad/s},\ \ B=\bar{\Omega}_2-\bar{\Omega}_1=0.434\ \text{rad/s}$$

归一化后的指标如下：

$$\eta_1=\bar{\Omega}_1/B=2.348\text{，}\ \eta_2=\bar{\Omega}_2/B=3.348$$

$$\eta_{s1}=\bar{\Omega}_{s1}/B=1.498\text{，}\ \eta_{s2}=\bar{\Omega}_{s2}/B=4.608$$

$$\eta_0=\sqrt{\eta_1\eta_2}=\bar{\Omega}_0/B=2.804$$

（3）归一化模拟低通滤波器的技术指标：

$$\lambda_s=\frac{\eta_{s2}^2-\eta_0^2}{\eta_{s2}^2}=2.902\text{，}\ -\lambda_s=\frac{\eta_{s1}^2-\eta_0^2}{\eta_{s1}^2}=-3.7506$$

取小者，即 $\lambda_s=2.902$；又有 $\lambda_p=1$，$\delta_1=3\text{dB}$，$\delta_2=18\text{dB}$。

（4）设计归一化模拟低通滤波器：

$$k_{sp}=\frac{\sqrt{10^{0.1\sigma_1}-1}}{\sqrt{10^{0.1\sigma_2}-1}}=0.252\text{，}\ \lambda_{sp}=\frac{\lambda_s}{\lambda_p}=2.902\text{，}\ N=\frac{\lg k_{sp}}{\lg \lambda_{sp}}=1.293$$

取 $N=2$，查表得 $H_a(s)=\dfrac{1}{s^2+\sqrt{2}s+1}$。

（5）将归一化模拟低通滤波器转换成模拟带通滤波器：

$$\bar{H}_a(p)=H_a(s)\Big|_{s=\frac{p^2+\bar{\Omega}_0^2}{pB}}$$

（6）通过双线性变换法将模拟带通滤波器转换成数字带通滤波器：

$$H(z)=\bar{H}_a(p)\Big|_{p=\frac{2}{T}\frac{1-z^{-1}}{1+z^{-1}}}=H_a(s)\Big|_{s=\frac{4(1-z^{-1})^2+\bar{\Omega}_0^2(1+z^{-1})^2}{2(1-z^{-2})B}}$$

$$=\frac{0.021(1-2z^{-2}+z^{-4})}{1-1.491z^{-1}+2.848z^{-2}-1.68z^{-3}+1.273z^{-4}}$$

7.5.2 模拟低通滤波器变换成数字带阻滤波器

模拟低通到模拟带阻的变换关系式为

$$s=\frac{\bar{\Omega}_0^2 p}{p^2+\bar{\Omega}_0^2} \tag{7.70}$$

式中，$\bar{\Omega}_2$ 是模拟带阻的几何中心频率。令 $p=\text{j}\bar{\Omega}$ 和 $s=\text{j}\Omega$ 并代入式（7.70），消去 j 可得

$$\Omega=\frac{\bar{\Omega}_0^2\bar{\Omega}}{\bar{\Omega}_0^2-\bar{\Omega}} \tag{7.71}$$

式（7.59）表示的 $\bar{\Omega}$ 和 Ω 的关系如图 7.20 所示。从图中可以看出，映射前后 $\bar{\Omega}$ 和 Ω 的对应关系为

$$\Omega=0\to\bar{\Omega}=0,\bar{\Omega}=\infty,\ \ \Omega=\Omega_c\to\bar{\Omega}=\bar{\Omega}_1$$

$$\bar{\Omega}=\pm\infty\to\bar{\Omega}=\bar{\Omega}_0,\ \ \bar{\Omega}=-\Omega_c\to\bar{\Omega}=\bar{\Omega}_2$$

式中，$\pm\Omega_c$ 为低通通带截止频率，$\bar{\Omega}_1$ 和 $\bar{\Omega}_2$ 为带阻阻带截止频率，因此低通通带映射到带阻的阻带 $\bar{\Omega}_1$ 到 $\bar{\Omega}_2$ 之间，如图 7.21 所示。

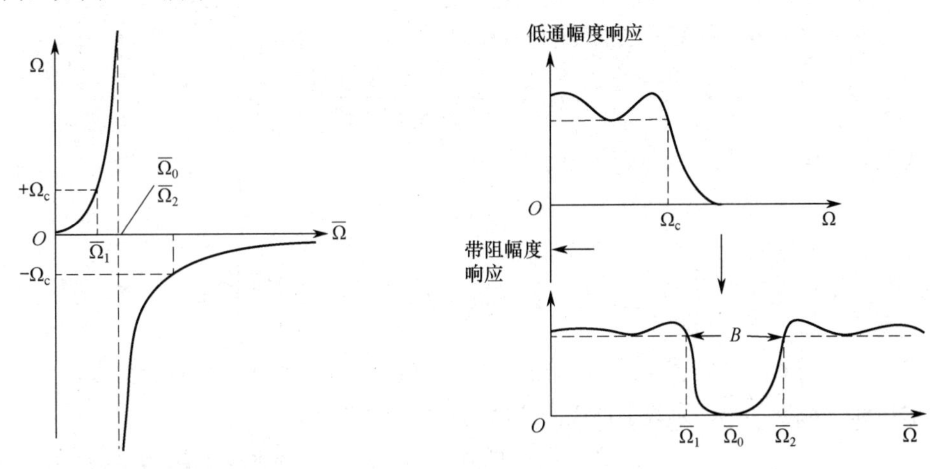

图 7.20　模拟低通滤波器到模拟带阻滤波器频率的变换关系　图 7.21　低通幅度响应到带阻幅度响应的变换

把上面的映射结果代入式（7.71），可得到以下两个重要的关系式：

$$\bar{\Omega}_0=\sqrt{\bar{\Omega}_1\bar{\Omega}_2} \tag{7.72}$$

$$B=\bar{\Omega}_2-\bar{\Omega}_1=\frac{\bar{\Omega}_0^2}{\Omega_c}=\frac{\bar{\Omega}_1\bar{\Omega}_2}{\Omega_c} \tag{7.73}$$

式中，B 称为带阻滤波器的阻带带宽。

与带通滤波器设计过程类似，由模拟低通滤波器确定模拟带阻滤波器的步骤如下：

（1）已知数字带阻滤波器的性能指标 $\omega_1,\omega_2,\omega_{s1},\omega_{s1},\sigma_p,\sigma_s$，利用双线性变换法的频率变换公式 $\Omega=\frac{2}{T}\tan\left(\frac{\omega}{2}\right)$ 获取模拟带阻滤波器的性能指标 $\bar{\Omega}_1,\bar{\Omega}_2,\bar{\Omega}_{s1},\bar{\Omega}_{s2},\sigma_p,\sigma_s$，通带带宽 $B=\bar{\Omega}_1-\bar{\Omega}_2$ 和几何中心频率 $\bar{\Omega}_0=\sqrt{\bar{\Omega}_1\bar{\Omega}_2}$，转换成模拟低通滤波器的性能指标， 截止频率 Ω_c 可由式（7.73）求得。

（2）以上边界频率相对于带宽 B 归一化，得到模拟带通滤波器的归一化边界频率 $\eta_1,\eta_2,\eta_{s1},\eta_{s2}$ 和几何中心频率 η_0。

（3）将模拟带阻滤波器的性能指标转换成模拟低通滤波器的性能指标。显然，归一化模拟低通滤波器的通带截止频率 $\lambda_p=1$，归一化阻带截止频率 λ_s 为

$$\lambda_{s1}=\frac{\eta_{s1}}{\eta_{s1}^2-\eta_0^2},\ \ \lambda_{s2}=\frac{\eta_{s2}}{\eta_{s2}^2-\eta_0^2}$$

可根据设计要求对 λ_{s1} 和 λ_{s2} 进行取舍。

（4）把 $\lambda_p,\lambda_s,\sigma_p,\sigma_s$ 作为归一化模拟低通滤波器的性能指标，采用 7.2 节中介绍的模拟滤器的设计方法，得出低通系统函数 $H_{LP}(s)$。

（5）在 $H_{LP}(s)$ 中代入式（7.67）的变换关系，得到带阻系数函数：

$$H_{\mathrm{BR}}(p)=H_{\mathrm{LP}}(s)\Big|_{s=\frac{\bar{\Omega}_0^2 p}{p^2+\bar{\Omega}_0^2}} \tag{7.74}$$

（6）利用双线性变换法，即

$$p=c\cdot\frac{1-z^{-1}}{1+z^{-1}} \tag{7.75}$$

将模拟带通滤波器映射成数字带通滤波器 $H(z)$。

与带通滤波器类似，可以结合式（7.70）的变换与式（7.75）的变换，得到直接从模拟低通原型变换成数字带通的表达式，也就是 s 与 z 之间的直接变换公式。

将式（7.70）和式（7.75）结合有

$$s=\frac{D_1(1-z^{-2})}{1-E_1z^{-1}+z^{-2}} \tag{7.76}$$

式中，

$$D_1=\Omega_{\mathrm{c}}\tan\left(\frac{\omega_2-\omega_1}{2}\right) \tag{7.77}$$

$$E_1=2\cos\omega_0=2\frac{\cos\left[(\omega_2+\omega_1)/2\right]}{\cos\left[(\omega_2-\omega_1)/2\right]} \tag{7.78}$$

式中，ω_1 与 ω_2 为数字带阻滤波器的通带上限截止频率和通带下限截止频率，它通常为给定的技术指标，$\omega_0=\sqrt{\omega_1\omega_2}$ 为数字带通滤波器的几何中心频率。

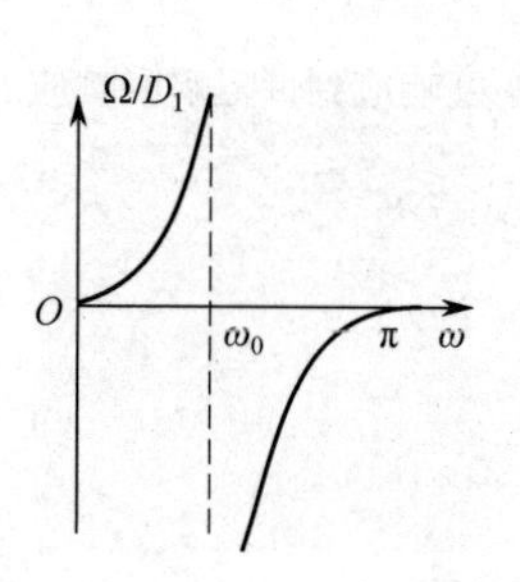

图 7.22 从模拟低通变换到数字带阻时的频率关系曲线

同样，设计模拟低通滤波器需要已知阻带截止频率，那么如何从数字带阻滤波器的阻带截止频率直接获取模拟低通滤波器的阻带截止频率呢？令

$$s=\mathrm{j}\Omega,\ z=\mathrm{e}^{\mathrm{j}\omega}$$

代入式（7.73），经推导后得

$$\Omega=D_1\cdot\frac{\sin\omega}{\cos\omega-\cos\omega_0} \tag{7.79}$$

这就是数字带通与模拟通低之间的频率对应公式，变换关系曲线如图 7.22 所示。显然，若已知数字带阻滤波器的阻带截止频率 ω_{s}，则代入上式即可得到模拟低通滤波器的阻带截止频率 Ω_{s}。

7.5.3 模拟低通滤波器变换成数字高通滤波器

1. 由模拟低通滤波器到模拟高通滤波器的变换

变换关系为

$$s=\frac{\Omega_{\mathrm{c}}\bar{\Omega}_{\mathrm{c}}}{p} \tag{7.80}$$

式中，Ω_{c} 是与 s 相对应的低通通带截止频率，$\bar{\Omega}_{\mathrm{c}}$ 是与原型中 Ω_{c} 相对应的高通滤波器的截止频率。令 $s=\mathrm{j}\Omega$，$p=\mathrm{j}\bar{\Omega}$，得

$$\Omega=-\frac{\Omega_{\mathrm{c}}\bar{\Omega}_{\mathrm{c}}}{\bar{\Omega}}\quad 或\quad \frac{\Omega}{\Omega_{\mathrm{c}}}=-\frac{\bar{\Omega}_{\mathrm{c}}}{\bar{\Omega}} \tag{7.81}$$

按式（7.78）画出 $\bar{\Omega}_{\mathrm{c}}$ 与 Ω_{c} 的关系曲线，如图 7.23 所示。结合式（7.78）与图 7.23 看出对应频率间的关系为

$$\Omega=0\rightarrow\bar{\Omega}=\infty,\ \Omega=\infty\rightarrow\bar{\Omega}=0,\ \Omega=\Omega_c\rightarrow\bar{\Omega}=-\bar{\Omega}_c$$

上式给出的对应关系表明，低通原型的通带对应于高通的通带，如图 7.24 所示。若取 $\Omega_c=\bar{\Omega}_c$，则低通的通带带宽就等于高通的阻带宽度。

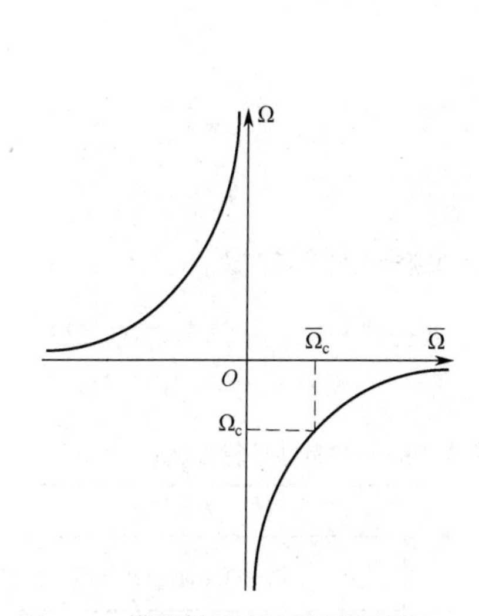

图 7.23　模拟低通滤波器到模拟高通滤波器的频率变换关系

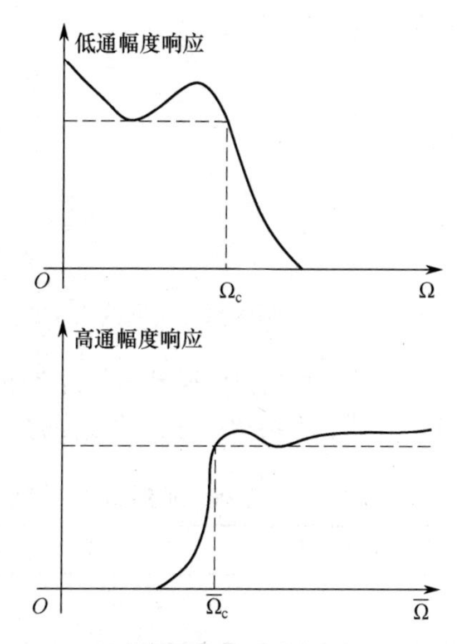

图 7.24　低通幅度响应到高通幅度响应的变换

由模拟低通滤波器系统函数确定模拟高通滤波器系统函数的方法如下：

（1）已知数字高通滤波器的性能指标 $\omega_p,\omega_s,\sigma_p,\sigma_s$，利用双线性变换法的频率变换公式 $\Omega=\frac{2}{T}\tan\left(\frac{\omega}{2}\right)$ 获取模拟带阻滤波器的性能指标 $\bar{\Omega}_p,\bar{\Omega}_s,\sigma_p,\sigma_s$。

（2）以上边界频率相对于带宽 $\bar{\Omega}_p$ 归一化，得到模拟带通滤波器的归一化边界频率 η_p 和 η_s。

（3）将模拟高通滤波器的性能指标转换成模拟低通滤波器的性能指标。显然，归一化模拟低通滤波器的通带截止频率为 $\lambda_p=1$，归一化阻带截止频率为 $\lambda_s=1/\eta_s$。

（4）将 $\lambda_p,\lambda_s,\sigma_p,\sigma_s$ 作为归一化模拟低通滤波器的性能指标，采用 7.2 节介绍的模拟滤器的设计方法，得出低通系统函数 $H_{LP}(s)$。

（5）在得到的 $H_{LP}(s)$ 中代入变化关系式（7.77），得到高通系统函数：

$$H_{HP}(p)=H_{LP}(s)\big|_{s=\frac{\Omega_c\bar{\Omega}_c}{p}} \tag{7.82}$$

（6）利用双线性变换法，将模拟高通滤波器 $H_{HP}(p)$ 映射成数字带通滤波器 $H(z)$。

同理，可以得到直接从模拟低通原型变换成数字高通滤波器的表达式，即直接联系 s 与 z 之间的变换公式：

$$s=C_1\cdot\frac{1+z^{-1}}{1-z^{-1}} \tag{7.83}$$

由此得到数字高通系统函数为

$$H(z)=H_{LP}(s)\big|_{s=C_1\frac{1+z^{-1}}{1-z^{-1}}} \tag{7.84}$$

式中，

$$C_1=\Omega_c\tan(\omega_c/2) \tag{7.85}$$

令 $s = \mathrm{j}\Omega$ 和 $z = \mathrm{e}^{\mathrm{j}\omega}$ 并代入式（7.83），可得模拟低通滤波器和数字高通滤波器的频率之间的关系为

$$\Omega = -C_1 \cot(\omega/2) \tag{7.86}$$

频率变换关系曲线如图 7.25 所示。

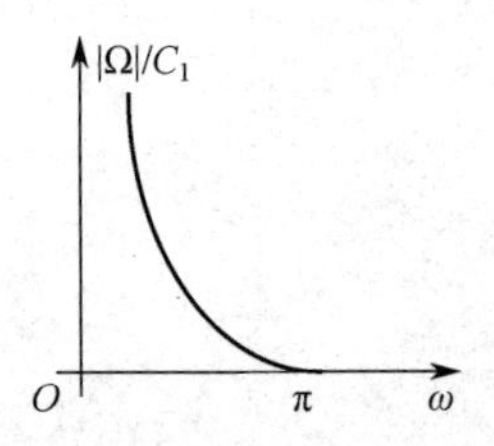

图 7.25 从模拟低通变换到数字高通时的频率变换关系曲线

表 7.3 总结了从模拟低通到各种数字滤波器的频率变换公式和参数计算表达式，这些变换适用于级联、并联、直接型等结构的模拟滤波器。

表 7.3 从模拟低通到各种数字滤波器的频率变换公式和参数计算表达式

数字滤波器类型	频率变换公式	参数计算表达式
高通	$s = C_1 \dfrac{1+z^{-1}}{1-z^{-1}}$，$\Omega = C_1 \cot(\omega/2)$	$C_1 = \Omega_c \tan(\omega_c/2)$
带通	$s = D\left[\dfrac{1-Ez^{-1}+z^{-2}}{1-z^{-2}}\right]$，$\Omega = D\dfrac{\cos\omega_0 - \cos\omega}{\sin\omega}$	$D = \Omega_c \cot\left(\dfrac{\omega_2-\omega_1}{2}\right)$ $E = \dfrac{2\cos[(\omega_2+\omega_1)/2]}{\cos[(\omega_2-\omega_1)/2]} = 2\cos\omega_0$
带阻	$s = D_1 \dfrac{1-z^{-2}}{1-E_1z^{-1}+z^{-2}}$，$\Omega = D_1 \dfrac{\sin\omega}{\cos\omega - \cos\omega_0}$	$D_1 = \Omega_c \tan\left(\dfrac{\omega_2-\omega_1}{2}\right)$ $E_1 = \dfrac{2\cos[(\omega_2+\omega_1)/2]}{\cos[(\omega_2-\omega_1)/2]} = 2\cos\omega_0$

7.6 IIR 数字滤波器的数字频率变换设计方法

从数字原型低通滤波器变换到数字高通、带通或带阻滤波器的设计过程，类似于双线性变换法。设 $H_1(v)$ 是数字原型低通滤波器的系统函数，$H_\mathrm{d}(z)$ 是所要求的滤波器的系统函数。从 v 平面到 z 平面的映射定义为

$$v^{-1} = F(z^{-1}) \tag{7.87}$$

式中，$F(x)$ 为变换函数，则所要求的系统函数为

$$H_\mathrm{d}(z) = H_1(v^{-1})\Big|_{v^{-1}=F(z^{-1})} \tag{7.88}$$

因此，如果 $H_1(v)$ 是稳定和因果的低通滤波器的有理函数，那么变换后得到的 $H_\mathrm{d}(z)$ 仍然是稳定和因果的数字滤波器的有理系统函数。为此，必须满足下面两个基本要求：

（1）$F(z^{-1})$ 必须是 z^{-1} 的有理函数。

（2）v 平面的单位圆内部映射到 z 平面的单位圆内部。

设 θ 和 ω 分别表示 v 平面和 z 平面的频率变量，即 $v = \mathrm{e}^{\mathrm{j}\theta}$，$z = \mathrm{e}^{\mathrm{j}\omega}$，则有

$$\mathrm{e}^{-\mathrm{j}\theta} = \left|F(\mathrm{e}^{-\mathrm{j}\omega})\right| \mathrm{e}^{\mathrm{j}\arg[F(\mathrm{e}^{-\mathrm{j}\omega})]}$$

因而要求

$$\left|F(\mathrm{e}^{-\mathrm{j}\omega})\right| = 1 \tag{7.89a}$$

和

$$\theta = -\arg[F(\mathrm{e}^{-\mathrm{j}\omega})] \tag{7.89b}$$

式（7.89a）表明函数 $F(z^{-1})$ 在单位圆上的幅度必须恒等于 1，这样的函数就是全通函数。任何全通函数都可表示为

$$F(z^{-1}) = \pm\prod_{k=1}^{N}\frac{z^{-1}-\alpha_k}{1-\alpha_k z^{-1}} \tag{7.90}$$

式中，α_k 是 $F(z^{-1})$ 的极点。为了满足稳定性的要求，必须有 $|\alpha_k|<1$。这样，通过选择适当的 N 值和 α_k 值，就可以得出各种各样的映射关系。

最简单的映射是把一个低通滤波器变换成另一个低通滤波器的映射，此时有

$$v^{-1} = F(z^{-1}) = \frac{z^{-1}-\alpha}{1-\alpha z^{-1}} \tag{7.91}$$

将 $z=\mathrm{e}^{\mathrm{j}\omega}$ 和 $v=\mathrm{e}^{\mathrm{j}\theta}$ 代入上式得

$$\mathrm{e}^{-\mathrm{j}\omega} = \frac{\alpha+\mathrm{e}^{-\mathrm{j}\theta}}{1+\alpha\mathrm{e}^{-\mathrm{j}\theta}}$$

因此有

$$\omega = \arctan\left[\frac{(1-\alpha^2)\sin\theta}{2a+(1+\alpha^2)\cos\theta}\right] \tag{7.92}$$

对于不同的 α 值，ω 与 θ 之间的关系如图 7.26 所示。由图可见，除 $\alpha=0$ 外，频率标度存在明显的扭曲。但对低通滤波器来说，只利用曲线的下部，因此，如果原始系统的低通滤波器特性是分段恒定的，且截止频率为 θ_{P}，那么变换后的系统将具有类似的低通特性，其截止频率 ω_{P} 可以通过选择 α 来确定。通过式（7.92）解出 α 得

$$\alpha = \frac{\sin[(\theta_{\mathrm{P}}-\omega_{\mathrm{P}})/2]}{\sin[(\theta_{\mathrm{P}}+\omega_{\mathrm{P}})/2]}$$

由此得到所要求的低通滤波器的系统函数为

$$H_{\mathrm{d}}(z) = H_{\mathrm{l}}(v)\Big|_{v^{-1}=(z^{-1}-\alpha)/(1-\alpha z^{-1})}$$

用类似的方法可导出从低通滤波器得到高通、带通或带阻滤波器的其他变换公式和有关设计公式，如表 7.4 所示。

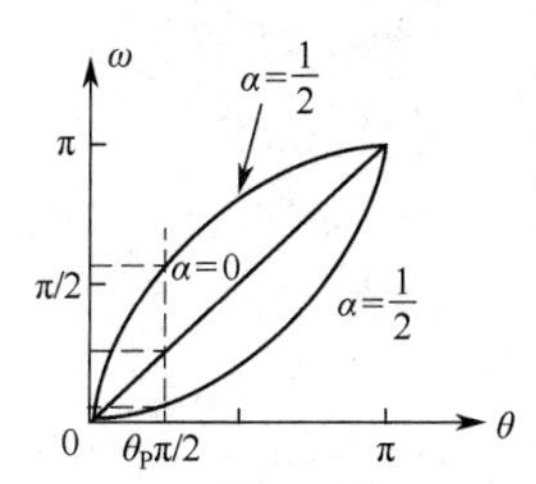

图 7.26　低通-低通变换的频率标度畸变

表 7.4　从低通滤波器得到高通、带通、带阻滤波器的变换公式

滤波器原型	变换公式	有关设计公式
低通	$v^{-1}=\dfrac{z^{-1}-\alpha}{1-\alpha z^{-1}}$	$\alpha=\dfrac{\sin[(\theta_{\mathrm{P}}-\omega_{\mathrm{P}})/2]}{\sin[(\theta_{\mathrm{P}}+\omega_{\mathrm{P}})/2]}$，$\omega_{\mathrm{P}}$ 为要求的截止频率

（续表）

滤波器原型	变换公式	有关设计公式
高通	$v^{-1}=-\dfrac{z^{-1}+\alpha}{1-\alpha z^{-1}}$	$\alpha=-\dfrac{\cos[(\theta_P+\omega_P)/2]}{\cos[(\theta_P-\omega_P)/2]}$，$\omega_P$ 为要求的截止频率
带通	$v^{-1}=-\dfrac{z^{-2}-\dfrac{2\alpha k}{k+1}z^{-1}+\dfrac{k-1}{k+1}}{\dfrac{k-1}{k+1}z^{-2}-\dfrac{2\alpha k}{k+1}z^{-1}+1}$	$\alpha=\dfrac{\cos[(\omega_2+\omega_1)/2]}{\cos[(\omega_2-\omega_1)/2]}$，$k=\cot[(\omega_2-\omega_1)/2]\tan(\theta_P/2)$，$\omega_2,\omega_1$ 为要求的上、下截止频率
带阻	$v^{-1}=-\dfrac{z^{-2}-\dfrac{2\alpha}{1+k}z^{-1}+\dfrac{1-k}{1+k}}{\dfrac{1-k}{1+k}z^{-2}-\dfrac{2\alpha}{1+k}z^{-1}+1}$	$\alpha=\dfrac{\cos[(\omega_2+\omega_1)/2]}{\cos[(\omega_2-\omega_1)/2]}$，$k=\tan[(\omega_2-\omega_1)/2]\tan(\theta_P/2)$，$\omega_2,\omega_1$ 为要求的上、下截止频率

7.7 IIR 数字滤波器设计综合举例与 MATLAB 实现

【例 7.3】 设模拟滤被器的系统函数为

$$H_a(s)=\frac{2}{s^2+4s+3}=\frac{1}{s+1}-\frac{1}{s+3}$$

试利用冲激响应不变法求数字滤波器的系统函数。

解： 直接利用式（7.41）可得到数字滤波器的系统函数为

$$H(z)=\frac{T}{1-z^{-1}e^{-T}}-\frac{T}{1-z^{-1}e^{-3T}}=\frac{Tz^{-1}(e^{-T}-e^{-3T})}{1-z^{-1}(e^{-T}+e^{-3T})+z^{-2}e^{-4T}}$$

设 $T=1$，有

$$H(z)=\frac{0.318z^{-1}}{1-0.4177z^{-1}+0.01831z^{-2}}$$

其模拟滤波器的频率响应 $H_a(j\Omega)$ 及数字滤波器的频率响应 $H(e^{j\omega})$ 分别为

$$H_a(j\Omega)=\frac{2}{(3-\Omega^2)+j4\Omega},\quad H(e^{j\omega})=\frac{0.318e^{-j\omega}}{1-0.4177e^{-j\omega}+0.01831e^{-j2\omega}}$$

由上面两式得到模拟滤波器的幅度响应 $|H_a(j\Omega)|$ 和数字滤波器的幅度响应 $|H(e^{j\omega})|$ 如图 7.27 所示。可以看出，由于 $H_a(j\Omega)$ 不是充分限带的，所以 $H(e^{j\omega})$ 在高频段产生了很大的频谱混叠失真，而在低频段很接近模拟滤波器的幅度响应。

【例 7.4】 用冲激不变法设计一个数字巴特沃斯低通滤波器，在通带截止频率 $\omega_P=0.2\pi$ 处的衰减不大于 1dB，在阻带截止频率 $\omega_T=0.3\pi$ 处的衰减不小于 15dB。

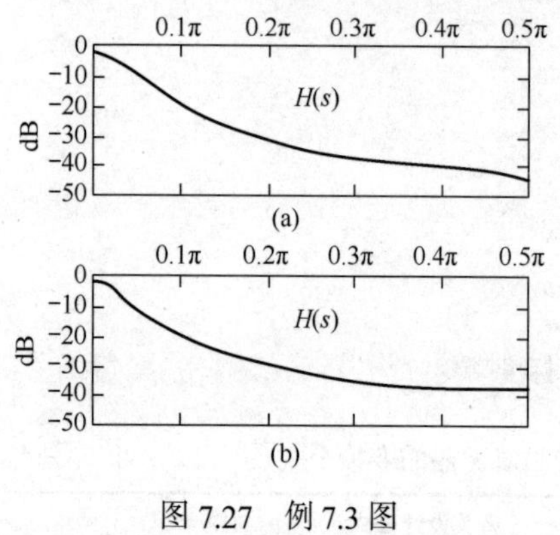

图 7.27 例 7.3 图

解：（1）根据式（7.5）和式（7.6），由滤波器的指标得

$$\begin{cases}20\lg\left|H(e^{j0.2\pi})\right|\geq -1\\20\lg\left|H(e^{j0.3\pi})\right|\leq -15\end{cases}$$

设 $T=1$，将数字域指标转换成模拟域指标得

$$\begin{cases}20\lg\left|H_a(j0.2\pi)\right|\geq -1\\20\lg\left|H_a(j0.3\pi)\right|\leq -15\end{cases}$$

将巴特沃斯低通滤波器的幅度平方函数

$$|H_a(j\Omega)|^2 = \frac{1}{1+(\Omega/\Omega_c)^{2N}}$$

代入以上两式得

$$1+\left(\frac{0.2\pi}{\Omega_c}\right)^{2N} = 10^{0.1}, \quad 1+\left(\frac{0.3\pi}{\Omega_c}\right)^{2N} = 10^{1.5}$$

解这两个方程得 $N = 5.8858$，取整数 $N = 6$，且 $\Omega_c = 0.7032$。显然，按上述值设计的滤波器满足通带指标要求，且阻带指标将超过给定值。

（2）把 $N = 6$ 和 $\Omega_c = 0.7032$ 代入式（7.13），求得 s 平面左半平面的 3 对极点分别为

极点对 1：$-0.1820 \pm j0.6792$

极点对 2：$-0.4972 \pm j0.4972$

极点对 3：$-0.6792 \pm j0.1820$

由这 3 对极点构成的滤波器的传递函数为

$$H_a(s) = \frac{\Omega_c^N}{\prod_{k=1}^{N/2}(s-s_k)(s-s_k^*)}$$

$$= \frac{0.129\,3}{(s^2+0.3640s+0.4945)(s^2+0.9945s+0.9945)(s^2+1.3585s+0.4945)}$$

（3）将 $H_a(s)$ 用部分分式展开，用冲激不变法设计式（7.41）求得数字滤波器的系统函数为

$$H(z) = \frac{0.2871-0.4466z^{-1}}{1-0.1297z^{-1}+0.6949z^{-2}} + \frac{-2.1428+1.1454z^{-1}}{1-1.0691z^{-1}+0.3699z^{-2}} + \frac{1.8558-0.6304z^{-1}}{1-0.9972z^{-1}+0.2570z^{-2}}$$

显然，根据冲激不变法设计的系统函数可以直接用并联型实现。若要求用级联型或直接型实现，则各个 2 阶项需以恰当的方式加以合并。

（4）验证得到的数字滤波器是否达到设计指标。将 $z = e^{j\omega}$ 代入系统函数 $H(z)$ 的表达式，计算幅频响应 $|H(e^{j\omega})|$ 和相频响应 $\arg[H(e^{j\omega})]$，如图 7.28 所示。由图可以看出，设计的滤波器完全满足规定的技术指标，因为高阶模拟巴特沃斯滤波器是充分限带的，所以不会有很大的混叠失真。如果得到的滤波器不满足技术指标，那么可以试用更高阶的滤波器；如果想保持阶数 N 不变，那么可适当调整滤波器的系数加以解决。

【例 7.5】 采用冲激响应不变法设计一个数字切比雪夫低通滤波器，要求在通带截止频率 $\omega_P = 0.2\pi$ 处的衰减不大于 1dB，在阻带截止频率 $\omega_T = 0.3\pi$ 处的衰减 $\beta \geq 15$dB。

解：（1）根据滤波器的指标求 ε，Ω_c 和 N

设 $T = 1$，有 $\Omega_P = \omega_P/T = 0.2\pi$，$\Omega_T = \omega_T/T = 0.3\pi$，且有效通带截止频率 $\Omega_c = 0.2\pi$，

$$\varepsilon = (10^{\alpha/10}-1)^{1/2} = (10^{1/10}-1)^{1/2} = 0.50885$$

$$N \geq \frac{\operatorname{arcosh}[(A-1)^{1/2}/\varepsilon]}{\operatorname{arcosh}(\Omega_T/\Omega_c)} = \frac{\operatorname{arcosh}[(10^{15/10}-1)^{1/2}/0.50885]}{\operatorname{arcosh}(0.3\pi/0.2\pi)} = 3.19767$$

取整数得 $N = 4$。验算表明，通带内满足技术指标，在阻带截止频率 $\Omega_T = 0.3\pi$ 处的幅度响应衰减为 $20\lg|H_a(j0.3\pi)| = -21.5834$ dB，超过了指标要求。

（2）求滤波器的极点

$$\alpha = 0.50885^{-1} + \sqrt{0.50885^{-2}+1} = 4.170226$$

$$a = \tfrac{1}{2}(\alpha^{1/N} - \alpha^{-1/N}) = 0.3646235, \quad b = \tfrac{1}{2}(\alpha^{1/N} + \alpha^{-1/N}) = 1.0644015$$

因此得到

$$a\Omega_c = 0.2291\,,\quad b\Omega_c = 0.6688$$

将 $a\Omega_c$ 和 $b\Omega_c$ 的值代入式（7.26），求得 s 平面左半平面的共轭极点对为

$$-0.0877 \pm j0.6177\,,\ -0.2117 \pm j0.2558$$

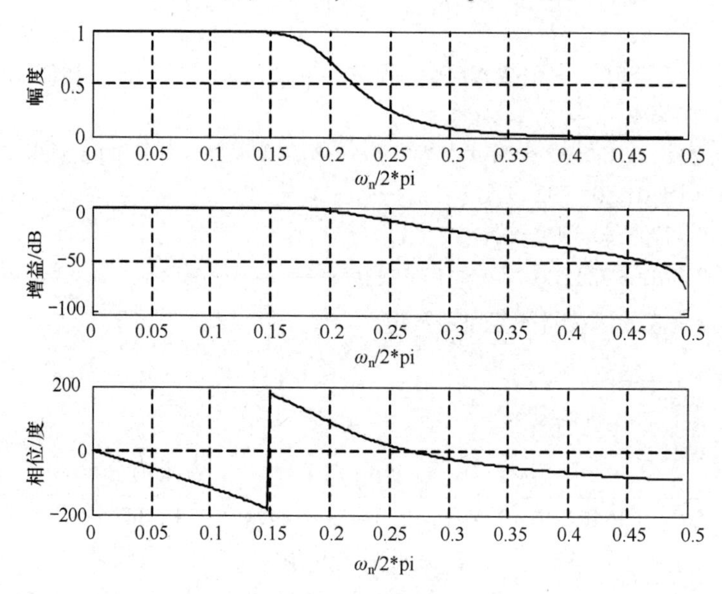

图 7.28 例 7.4 图

（3）由左半平面极点构成 $H_a(s)$

利用式（7.29）可得到滤波器的传递函数为

$$H_a(s) = \frac{B}{(s^2 + 0.1753s + 0.3894)(s^2 + 0.4234s + 0.1103)}$$

系数 B 由 $s = 0$ 时滤波器的幅度响应确定。由于 N 为偶数，所以 $|H_a(0)| = 1/\sqrt{1+\varepsilon^2}$，由此可以得到 $B = 0.03828$。

（4）采用冲激响应不变法将 $H_a(s)$ 转换成 $H(z)$

将 $H_a(s)$ 表示成部分分式，并采用冲激响应不变法将 $H_a(s)$ 转换为 $H(z)$，得

$$H(z) = \frac{0.08327 + 0.02339z^{-1}}{1 - 1.5658z^{-1} + 0.6549z^{-2}} - \frac{0.08327 + 0.0245z^{-1}}{1 - 1.4934z^{-1} + 0.8392z^{-2}}$$

将 $z = e^{j\omega}$ 代入上式，得到滤波器的幅度响应和相位响应，如图 7.29 所示。值得注意的是，由于有混叠现象，阻带边缘 $\omega_T = 0.3\pi$ 处的衰减要比模拟滤波器稍差一些。然而，在模拟滤波器设计中，由于 N 要换成整数，从而使得 ω_T 处的衰减比指标规定的大，所以设计的数字滤波器的衰减仍然能够满足技术指标的要求。

【例 7.6】 试调用 buttord 函数设计一个低通巴特沃斯数字滤波器，要求通带截止频率 $\omega_P = 30\text{Hz}$，阻带截止频率 $\omega_S = 35\text{Hz}$，通带衰减不大于 $R_P = 0.5\text{dB}$，阻带衰减不小于 $R_S = 40\text{dB}$，采样频率 $f_s = 100\text{Hz}$。

解： 该巴特沃斯滤波器设计的 MATLAB 程序如下：

```
wp=30;ws=35;Fs=100;rp=0.5;rs=40;
[n,Wn]=buttord(wp/(Fs/2),ws/(Fs/2),rp,rs,'z');  %调用 buttord 函数
[num,den]=butter(n,Wn);
```

```
[H,W]=freqz(num,den);
plot(W*Fs/(2*pi),abs(H));grid;
xlabel('频率/Hz');
ylabel('幅值');
```

运行程序得到的巴特沃斯滤波器的幅频响应如图 7.30 所示。

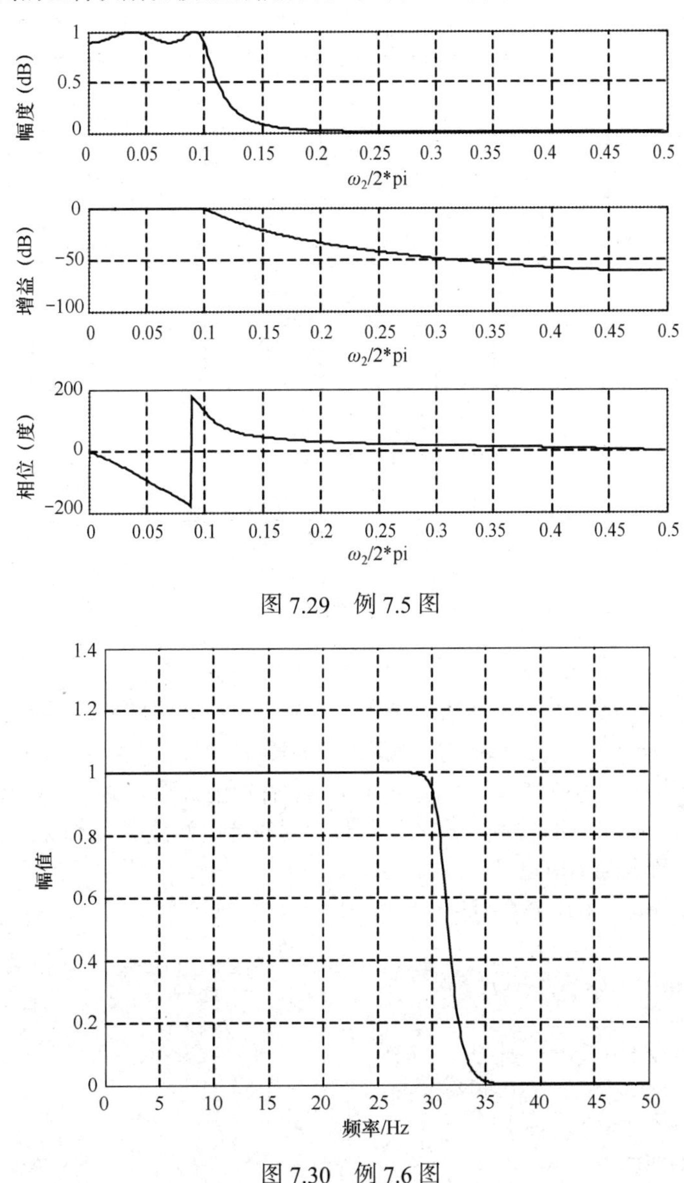

图 7.29　例 7.5 图

图 7.30　例 7.6 图

【例 7.7】 试设计一个数字带通滤波器，要求在 100～200Hz 通带内纹波不大于 3dB，通带两边各 50Hz 外是阻带，衰减不小于 40dB，采样频率为 1000Hz。

解： 由于切比雪夫 I 型滤波器为通带纹波控制器，切比雪夫 II 型滤波器为阻带纹波控制器，所以选择前者设计该数字带通滤波器，编写的 MATLAB 程序如下：

```
Wp=[100 200]/500;Ws=[100-50 200+50]/500;
Rp=3;Rs=40;
[N,Wn]=cheb1ord(Wp,Ws,Rp,Rs);            %调用 cheb1ord 函数
```

```
[b,a]=cheby1(N,Rp,Wn);
freqz(b,a,512,1000);
title('Chebyshev Type I Bandpass Fitler')
axis([0,500,-80,0]);
```

运行程序得到的带通滤波器的幅频响应和相频响应如图 7.31 所示。

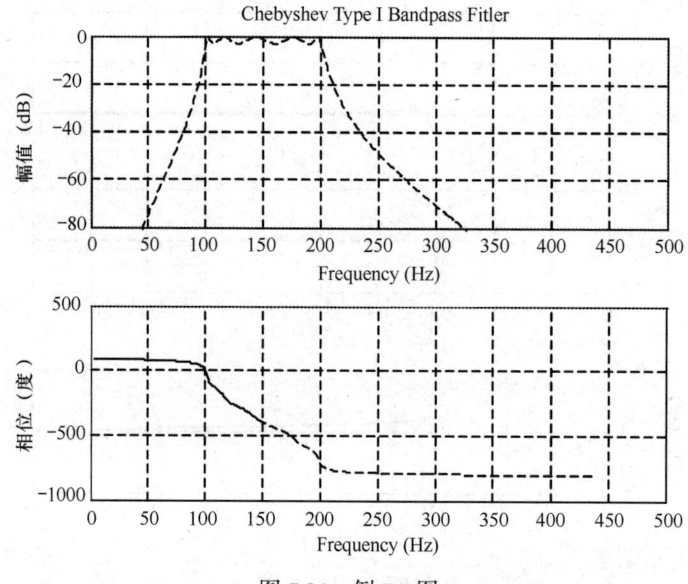

图 7.31 例 7.7 图

【例 7.8】已知模拟信号 $x_a(t)=5\sin(200\pi t)+2\cos(300\pi t)$。现有一个处理系统按如下步骤对 $x_a(t)$ 进行处理，即 $x_a(t)\to \mathrm{A/D}\to H(z)\to \mathrm{D/A}\to y_a(t)$，且采样频率为 1000Hz。试设计一个最小阶数的 IIR 数字滤波器，以小于 1dB 的衰减通过 150Hz 的分量，以至少 40dB 的衰减抑制 100Hz 的分量。滤波器应有单调的通带和等纹波的阻带，求有理函数形式的系统函数，画出幅度响应（dB）；试产生上述信号 $x_a(t)$ 的 150 个样本，通过上述设计的滤波器得到输出序列，内插此系列得到 $y_a(t)$，并画出输入和输出信号的波形。

解： 由题意用频率变换法设计切比雪夫 II 型数字高通滤波器，编写的 MATLAB 程序如下：

```
fp=150;fr=100;fs=1000;
wp=2*pi*fp/fs;wr=2*pi*fr/fs;
Ap=1;Ar=40;
[N,wn]=cheb2ord(wp/pi,wr/pi,Ap,Ar);
[b,a]=cheby2(N,Ar,wn,'high');
[C,B,A]=dir2cas(b,a);
[db,mag,pha,w]=freqz_m(b,a);
Subplot(411);plot(w/pi,db);title('幅度响应(dB)');axis([0,1,-50,7]);grid on;
n=0:149;t=n/fs;
x=5*sin(2*pi*fr*t)+2*cos(2*pi*fp*t);
subplot(412);plot(t,x);axis([0,0.15,-7,7]);title('输入信号');grid on;
y=filter(b,a,x);
subplot(413);stem(y,'.');title('输出序列');grid on;
ya=y*sinc(fs*(ones(length(n),1)*t-(n/fs)'*ones(1,length(t))));
subplot(414);plot(t,ya);axis([0,0.15,-2,2]);title('输出波形');grid on;
```

运行程序得到系统函数的有理函数系数如下所示，所求的响应波形如图 7.32 所示。

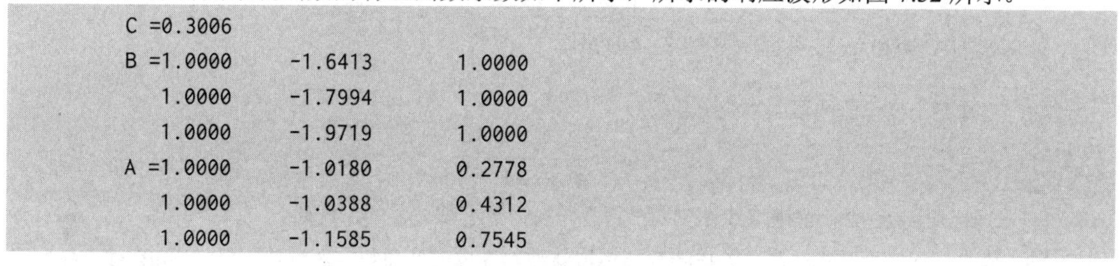

```
C =0.3006
B =1.0000    -1.6413    1.0000
   1.0000    -1.7994    1.0000
   1.0000    -1.9719    1.0000
A =1.0000    -1.0180    0.2778
   1.0000    -1.0388    0.4312
   1.0000    -1.1585    0.7545
```

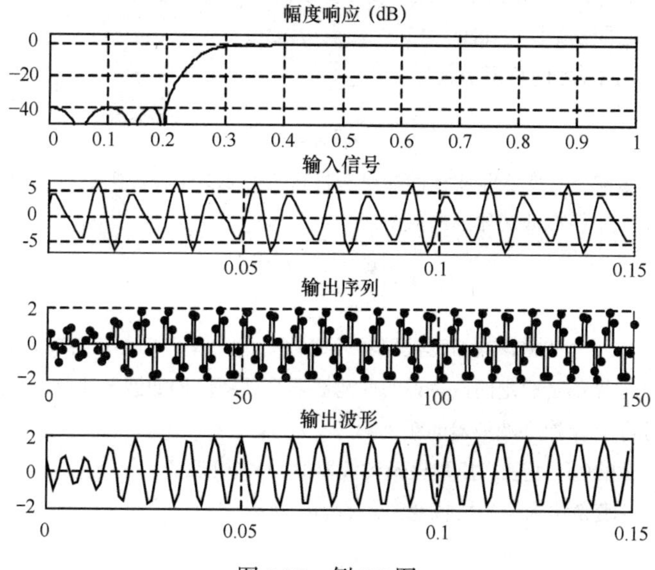

图 7.32　例 7.8 图

所求的系统函数为

$$H(z)=\frac{0.2942(1-1.6284z^{-1}+z^{-2})(1-1.7919z^{-1}+z^{-2})(1-1.9708z^{-1}+z^{-2})}{(1-1.0032z^{-1}+0.2706z^{-2})(1-1.0213z^{-1}+0.4255z^{-2})(1-1.1373z^{-1}+0.7517z^{-2})}$$

由图 7.23 可见，输出信号抑制了输入信号的 100Hz 分量，基本上是 150Hz 的余弦信号，达到了信号处理的目的。

IIR 数字滤波器例题
教学视频

习题

7.1　试导出三阶巴特沃斯低通滤波器的系统函数，设 $\Omega_c = 2\text{rad/s}$ 。

7.2　试导出二阶切比雪夫滤波器的系统函数，已知通带纹波为 1dB，归一化截止频率为 $\Omega_c = 1\text{rad/s}$ 。

7.3　已知某个模拟系统的传递函数为

$$H_a(s)=\frac{s+a}{(s+a)^2+b^2}$$

试根据该系统求满足下列两个条件的离散系统的系统函数 $H(z)$ 。

（1）冲激不变条件，即

$$h(n)=h_a(nT)$$

（2）阶跃不变条件，即

$$s(n) = s_{\mathrm{a}}(nT)$$

式中，$s(n) = \sum_{k=-\infty}^{n} h(k)$，$s_{\mathrm{a}}(t) = \int_{-\infty}^{t} h_{\mathrm{a}}(\tau)\mathrm{d}\tau$ 。

7.4 已知某个模拟滤波器的系统函数为

$$H_{\mathrm{a}}(s) = \frac{1}{s^2 + s + 1}$$

采样周期 $T = 2$，试用双线性变换法将它转换为数字滤波器的系统函数 $H(z)$ 。

7.5 要求用双线性变换法从二阶巴特沃斯模拟滤波器导出一低通数字滤波器，已知 3dB 截止频率为 100Hz，系统采样频率为 1kHz。

7.6 已知某个模拟滤波器的传递函数为

$$H_{\mathrm{a}}(s) = \frac{3s + 2}{2s^2 + 3s + 1}$$

试分别用冲激响应不变法和双线性变换法将它转换成数字滤波器的系统函数 $H(z)$，设 $T = 0.5$ 。

7.7 设 $h_{\mathrm{a}}(t)$ 表示某个模拟滤波器的冲激响应：

$$h_{\mathrm{a}}(t) = \begin{cases} \mathrm{e}^{-0.9t}, & t \geq 0 \\ 0, & t < 0 \end{cases}$$

试用冲激响应不变法将该模拟滤波器转换成数字滤波器。若把 T 当做参量，证明 T 为任何正值时，数字滤波器都是稳定的，并说明此滤波器是近似低通滤波器还是近似高通滤波器。

7.8 图 P7.8 显示了一个数字滤波器的频率响应。

（1）试用冲激响应不变法求原型模拟滤波器的频率响应。

（2）用双线性变换法求原型模拟滤波器的频率响应。

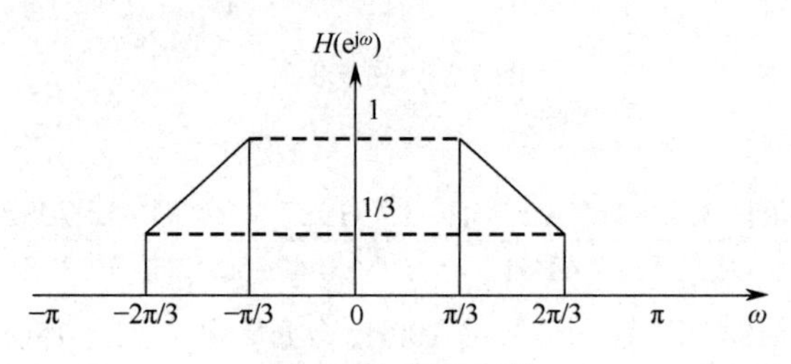

图 P7.8 题 7.8 图

7.9 用冲激响应不变法设计一个满足以下指标的巴特沃斯数字低通滤波器：幅度响应在通带截止频率 $\omega_{\mathrm{P}} = 0.2613\pi$ 处的衰减不大于 0.75 dB，在阻带截止频率 $\omega_{\mathrm{T}} = 0.4018\pi$ 处的衰减不小于 20dB。

7.10 使用双线性变换法设计一个满足以下指标的巴特沃斯数字低通滤波器。假定取样频率 $f_{\mathrm{s}} = 10\,\mathrm{kHz}$，在通带截止频率 $f_{\mathrm{P}} = 1\,\mathrm{kHz}$ 处的衰减不大于 1.8dB，在阻带截止频率 $f_{\mathrm{T}} = 1.5\,\mathrm{kHz}$ 处的衰减不小于 12dB。

7.11 使用双线性变换法设计一个切比雪夫数字低通滤波器，各指标与题 7.10 中的相同。

7.12 使用双线性变换法设计一个切比雪夫数字高通滤波器。指标要求：取样频率 $f_{\mathrm{s}} = 2.4\,\mathrm{kHz}$，在通带截止频率 $f_{\mathrm{P}} = 160\,\mathrm{kHz}$ 处的衰减不大于 3dB，在阻带截止频率 $f_{\mathrm{T}} = 40\,\mathrm{kHz}$ 处的衰减不小于 48dB。

7.13 已知一阶全通系统的系统函数为

$$H(z) = \frac{z^{-1} - a}{1 - az^{-1}}$$

（1）写出它的两种不同形式的差分方程。

（2）画出直接 II 型结构的信号流图。

（3）根据差分方程画出只有一个支路乘以 a 的结构的信号流图。

（4）现有一个二阶全通系统由下列系统函数定义：

$$H(z)=\frac{z^{-1}-a}{1-az^{-1}}\cdot\frac{z^{-1}-b}{1-bz^{-1}}$$

试用（3）中得到的两个一阶全通系统的级联结构实现该二阶全通系统，只允许使用 3 个延迟器，并画出信号流图。

7.14 任何一个非最小相位系统均可表示成一个最小相位系统与一个全通系统的级联，即

$$H(z)=H_{\min}(z)H_{\rm ap}(z)$$

式中 $H_{\rm ap}(z)$ 是稳定的因果全通滤波器，$H_{\min}(z)$ 是最小相位系统，且

$$\varPhi(\omega)=\arg[H(\mathrm{e}^{\mathrm{j}\omega})]，\varPhi_{\min}(\omega)=\arg[H_{\min}(\mathrm{e}^{\mathrm{j}\omega})]$$

试证明对于所有 ω，有

$$-\frac{\mathrm{d}\varPhi(\omega)}{\mathrm{d}\omega}>\frac{\mathrm{d}\varPhi_{\min}(\omega)}{\mathrm{d}\omega}$$

此不等式说明，最小相位系统具有最小的群延迟，所以也是最小时延系统。

7.15 假设某模拟滤波器是一个低通滤波器，又已知

$$H(z)=H_{\rm a}\left(\frac{z+1}{z-1}\right)$$

试判定数字滤波器的通带中心频率位于以下哪个频率位置：(a) $\omega=0$（低通）；(b) $\omega=\pi$（高通）；(c)除 0 或 π 外的某一频率（带通）。

7.16 试用 MATLAB 编程设计实现习题 7.9 和习题 7.10 的巴特沃斯数字低通滤波器。

7.17 试用 MATLAB 编程设计习题 7.12 的切比雪夫数字高通滤波器。

第 8 章　有限长冲激响应滤波器的设计方法

无限长冲激响应（IIR）数字滤波器的设计方法利用了模拟滤波器设计的研究成果，设计方法简单有效，能得到较好的幅度特性。但是在 IIR 数字滤波器的设计中只考虑了幅度特性，而没有考虑相位特性，所设计的滤波器一般是非线性相位的。若需要线性相位，则要采用全通网络进行相位校正，而这会使得滤波器的设计变得复杂，成本增加，这也是它的主要缺点。有限长冲激响应（FIR）数字滤波器在保证幅度特性满足技术要求的同时，很容易实现严格的线性相位特性；FIR 滤波器的单位冲激响应是有限长的，因此滤波器一定是稳定的；而且只要经过一定的延迟，任何非因果有限长序列都能变成因果有限长序列，因而总能用因果系统来实现；最后，FIR 滤波器由于单位冲激响应是有限长的，可以用快速傅里叶变换（FFT）算法来实现，从而可大大提高运算效率。FIR 滤波器的主要缺点是，必须用很长的冲激响应滤波器才能很好地逼近锐截止的滤波器，这意味着需要很大的运算量，因而要取得很好的衰减特性，FIR 滤波器系统函数的阶次要比 IIR 滤波器的高。

从以上讨论可以看出，设计者最感兴趣的是具有线性相位的 FIR 滤波器。对非线性相位的 FIR 滤波器，一般可以用 IIR 滤波器来代替。对于同样的幅度特性，IIR 滤波器所需的阶次要比 FIR 滤波器的阶次低得多。

FIR 滤波器的设计方法与 IIR 滤波器的设计方法有很大的不同，它不能利用模拟滤波器的设计方法。FIR 滤波器的设计任务是选择有限长的单位冲激响应，使传递函数满足技术要求。FIR 滤波器的设计方法主要有窗函数法、频率采样法和等纹波逼近法三种。本章首先讨论线性相位 FIR 滤波器的特点，然后重点分析 FIR 滤波器的窗函数设计法，最后简要讨论频率采样设计法。

8.1　线性相位 FIR 滤波器的特点

FIR 系统的最大特点之一是能够实现严格的线性相位。本书在 6.3 节中讨论了线性相位 FIR 滤波器的网络结构，本节详细讨论线性相位 FIR 滤波器的线性相位条件及其特点。

FIR 滤波器的单位冲激响应 $h(n)$ 是有限长的（$0 \le n \le N-1$），其 Z 变换为

$$H(z) = \sum_{n=0}^{N-1} h(n) z^{-n} \tag{8.1}$$

显然，$H(z)$ 是 z^{-1} 的 $N-1$ 阶多项式，在有限 z 平面（$0<|z|<\infty$）有 $N-1$ 个零点，有 $N-1$ 阶极点全部位于 z 平面的原点 $z=0$ 处。

8.1.1　线性相位条件

$h(n)$ 的频率响应 $H(\mathrm{e}^{\mathrm{j}\omega})$ 可表示为

$$H(\mathrm{e}^{\mathrm{j}\omega}) = \sum_{n=0}^{N-1} h(n) \mathrm{e}^{-\mathrm{j}\omega n} \tag{8.2}$$

当 $h(n)$ 为实序列时，可将 $H(\mathrm{e}^{\mathrm{j}\omega})$ 表示成

$$H(\mathrm{e}^{\mathrm{j}\omega}) = \pm\left|H(\mathrm{e}^{\mathrm{j}\omega})\right| \mathrm{e}^{\mathrm{j}\theta(\omega)} = H(\omega)\mathrm{e}^{\mathrm{j}\theta(\omega)} \tag{8.3}$$

式中，$\left|H(\mathrm{e}^{\mathrm{j}\omega})\right|$ 是真正的幅度响应，而实函数 $H(\omega)$ 称为幅度函数，$\theta(\omega)$ 称为相位函数。有两类准确的线性相位，要求分别满足

$$\theta(\omega) = -\tau\omega \tag{8.4a}$$

$$\theta(\omega) = \beta - \tau\omega \tag{8.4b}$$

式中，τ 和 β 均为常数，表示相位是通过坐标原点 $\omega = 0$ 或 $\theta(0) = \beta$ 的斜直线，二者的群延迟都是常数 $\tau = -\mathrm{d}\theta(\omega)/\mathrm{d}\omega$。一般将满足式（8.4a）的相位称为第一类线性相位，将满足式（8.4b）的相位称为第二类线性相位。

将式（8.4a）和式（8.4b）分别代入式（8.3），并考虑式（8.2），可得

$$H(\mathrm{e}^{\mathrm{j}\omega}) = \sum_{n=0}^{N-1} h(n)\mathrm{e}^{-\mathrm{j}\omega n} = \pm\left|H(\mathrm{e}^{\mathrm{j}\omega})\right|\mathrm{e}^{-\mathrm{j}\omega n} \tag{8.5}$$

$$H(\mathrm{e}^{\mathrm{j}\omega}) = \sum_{n=0}^{N-1} h(n)\mathrm{e}^{-\mathrm{j}\omega n} = \pm\left|H(\mathrm{e}^{-\mathrm{j}\omega})\right|\mathrm{e}^{-\mathrm{j}(\tau\omega-\beta)} \tag{8.6}$$

令式（8.5）两端的实部和虚部分别相等，可得到对应式（8.4a）的第一类线性相位必须要求

$$\pm\left|H(\mathrm{e}^{-\mathrm{j}\omega})\right|\cos(\omega\tau) = \sum_{n=0}^{N-1} h(n)\cos(\omega n)$$

$$\pm\left|H(\mathrm{e}^{-\mathrm{j}\omega})\right|\sin(\omega\tau) = \sum_{n=0}^{N-1} h(n)\sin(\omega n)$$

两式相除，可得

$$\tan(\omega\tau) = \frac{\sin(\omega\tau)}{\cos(\omega\tau)} = \frac{\sum_{n=0}^{N-1} h(n)\sin(\omega n)}{\sum_{n=0}^{N-1} h(n)\cos(\omega n)}$$

因而有

$$\sum_{n=0}^{N-1} h(n)\sin(\omega\tau)\cos(\omega n) - \sum_{n=0}^{N-1} h(n)\cos(\omega\tau)\sin(\omega n) = 0$$

即有

$$\sum_{n=0}^{N-1} h(n)\sin[(\tau - n)\omega] = 0 \tag{8.7}$$

要使式（8.7）成立，必须满足

$$\tau = (N-1)/2 \tag{8.8}$$

$$h(n) = h(N-1-n) \tag{8.9}$$

式（8.9）是 FIR 滤波器具有式（8.4a）的线性相位的充分必要条件，它要求单位冲激响应的 $h(n)$ 序列以 $n = (N-1)/2$ 为偶对称中心，此时延迟 τ 等于 $h(n)$ 长度 $N-1$ 的一半，即 $\tau = (N-1)/2$ 个采样周期。N 为奇数时，延迟为整数；N 为偶数时，延迟为整数加半个采样周期。无论 N 是奇数还是偶数，$h(n)$ 都应满足关于 $n = (N-1)/2$ 轴偶对称的条件。

对满足式（8.4b）的第二类线性相位，将式（8.6）做同样的推导可知，必须要求

$$\sum_{n=0}^{N-1} h(n)\sin[(\tau - n)\omega - \beta_0] = 0 \tag{8.10}$$

要使上式成立，必须满足

$$\tau = (N-1)/2 \tag{8.11}$$

$$\beta = \pm\pi/2 \tag{8.12}$$

$$h(n) = -h(N-1-n) \tag{8.13}$$

式(8.13)是 FIR 滤波器具有式(8.4b)的线性相位的充分必要条件，它要求单位冲激响应序列 $h(n)$ 以 $n=(N-1)/2$ 为奇对称中心。此时延迟 $\tau=(N-1)/2$ 个采样周期，在 $h(n)$ 的这种奇对称情况下，满足 $h\left(\frac{N-1}{2}\right)=-h\left(\frac{N-1}{2}\right)$，因而 $h\left(\frac{N-1}{2}\right)=0$。这种线性相位情况和前一种的不同之处是，除产生线性相位外，还有 $\pm\pi/2$ 的固定相移。

由于 $h(n)$ 存在上述偶对称和奇对称两种情况，而 $h(n)$ 的点数 N 又有奇数、偶数两种情况，因此 $h(n)$ 可以有 4 种类型，如图 8.1 和图 8.2 所示，分别对应于 4 种线性相位 FIR 数字滤波器。

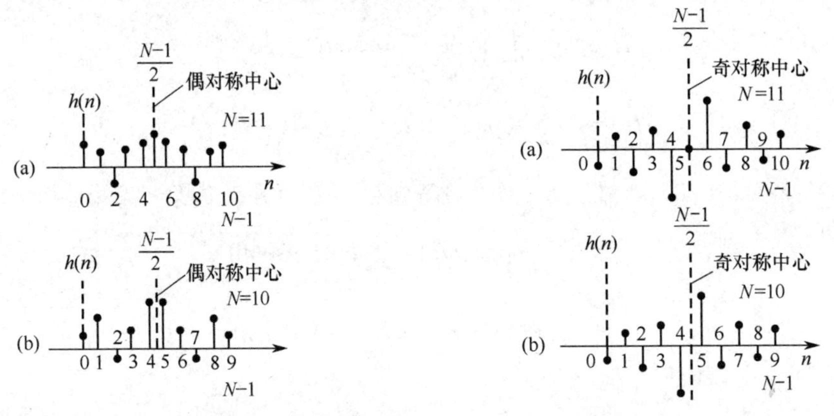

图 8.1　$h(n)$ 偶对称：(a)N 为奇数；(b)N 为偶数　　图 8.2　$h(n)$ 奇对称：(a)N 为奇数；(b)N 为偶数

8.1.2　线性相位 FIR 滤波器的频率响应特点

在下面的讨论中，将按式（8.3）把频率响应表示成

$$H(e^{j\omega}) = H(\omega)e^{j\theta(\omega)} \tag{8.14}$$

式中，$H(\omega)$ 是幅度函数，它是一个纯实数，可以包括正值和负值，即 $H(\omega)=\pm\left|H(e^{j\omega})\right|$；$\theta(\omega)$ 是相位函数。

前面已经分析过，线性相位 FIR 滤波器的冲激响应应该满足式（8.9）和式（8.13），即

$$h(n) = \pm h(N-1-n)$$

因而系统函数可表示为

$$\begin{aligned} H(z) &= \sum_{n=0}^{N-1} h(n)z^{-n} = \sum_{n=0}^{N-1} \pm h(N-1-n)z^{-n} \\ &= \sum_{n=0}^{N-1} \pm h(m)z^{-(N-1-m)} = \pm z^{-(N-1)}\sum_{n=0}^{N-1} h(m)z^{m} \end{aligned}$$

即

$$H(z) = \pm z^{-(N-1)}H(z^{-1}) \tag{8.15}$$

进一步写成

$$\begin{aligned} H(z) &= \tfrac{1}{2}\left[H(z) \pm z^{-(N-1)}H(z^{-1})\right] = \tfrac{1}{2}\sum_{n=0}^{N-1} h(n)\left[z^{-n} \pm z^{-(N-1)}z^{n}\right] \\ &= z^{-\left(\frac{N-1}{2}\right)}\sum_{n=0}^{N-1} h(n)\left[\frac{z^{\left(\frac{N-1}{2}-n\right)} \pm z^{-\left(\frac{N-1}{2}-n\right)}}{2}\right] \end{aligned} \tag{8.16}$$

式中，方括号内有“±”号。取“+”号时，$h(n)$满足$h(n)=h(N-1-n)$，为偶对称；取“−”号时，$h(n)$满足$h(n)=-h(N-1-n)$，为奇对称。下面对应这两种情况分别讨论它们的频率响应。

（1）$h(n)$偶对称

由式（8.16）可知，频率响应为

$$H(\mathrm{e}^{\mathrm{j}\omega})=H(z)|_{z=\mathrm{e}^{\mathrm{j}\omega}}=\mathrm{e}^{-\mathrm{j}\left(\frac{N-1}{2}\right)\omega}\sum_{n=0}^{N-1}h(n)\cos\left[\left(\tfrac{N-1}{2}-n\right)\omega\right] \tag{8.17}$$

将此式与式（8.14）对比，可得幅度函数为

$$H(\omega)=\sum_{n=0}^{N-1}h(n)\cos\left[\left(\tfrac{N-1}{2}-n\right)\omega\right] \tag{8.18}$$

相位函数为

$$\theta(\omega)=-\left(\tfrac{N-1}{2}\right)\omega \tag{8.19}$$

幅度函数$H(\omega)$可为正值或负值，相位函数$\theta(\omega)$是严格的线性相位，如图 8.3 所示。可以看出，$h(n)$关于$n=(N-1)/2$偶对称时，FIR 滤波器是具有准确线性相位的滤波器；同时表明滤波器有$(N-1)/2$个采样的延迟，它等于单位冲激响应$h(n)$的长度的一半。

（2）$h(n)$奇对称

此时，由式（8.16）可知，频率响应为

$$\begin{aligned}H(\mathrm{e}^{\mathrm{j}\omega})&=H(z)|_{z=\mathrm{e}^{\mathrm{j}\omega}}\\&=\mathrm{j}\mathrm{e}^{-\mathrm{j}\left(\frac{N-1}{2}\right)\omega}\sum_{n=0}^{N-1}h(n)\sin\left[\left(\tfrac{N-1}{2}-n\right)\omega\right]\\&=\mathrm{e}^{-\mathrm{j}\left(\frac{N-1}{2}\right)\omega+\mathrm{j}\frac{\pi}{2}}\sum_{n=0}^{N-1}h(n)\sin\left[\left(\tfrac{N-1}{2}-n\right)\omega\right]\end{aligned} \tag{8.20}$$

将此式与式（8.14）比较，可得幅度函数为

$$H(\omega)=\sum_{n=0}^{N-1}h(n)\sin\left[\left(\tfrac{N-1}{2}-n\right)\omega\right] \tag{8.21}$$

相位函数为

$$\theta(\omega)=-\left(\tfrac{N-1}{2}\right)\omega+\pi/2 \tag{8.22}$$

幅度函数可正可负，相位函数既是线性相位的，又包括$\pi/2$的相移。如图 8.4 所示，可以看出不仅有$(N-1)/2$个采样间隔的延迟，而且还产生一个 90°的相移。这种使所有频率的相移皆为 90°的网络，称为 90°移相器，或称正交变换网络，它和理想低通滤波器、理想微分器一样，有着极重要的理论和实际意义。

图 8.3　$h(n)$偶对称时的线性相位特性　　图 8.4　$h(n)$奇对称时 90° 相移的线性相位特性

因而$h(n)$关于$n=(N-1)/2$奇对称时，FIR 滤波器是一个具有准确线性相位的理想正交变换网络。

8.1.3 幅度函数的特点

下面分成4种情况分别讨论 $H(\omega)$ 的特点。

情况1　$h(n)$ 偶对称，N 为奇数

从 $h(n)$ 偶对称的幅度函数式（8.18）

$$H(\omega)=\sum_{n=0}^{N-1}h(n)\cos\left[\left(\tfrac{N-1}{2}-n\right)\omega\right]$$

看出，$h(n)$ 关于 $(N-1)/2$ 偶对称，满足 $h(n)=h(N-1-n)$，$\cos\left[\left(\tfrac{N-1}{2}-n\right)\omega\right]$ 也关于 $(N-1)/2$ 偶对称，满足

$$\cos\left[\left(\tfrac{N-1}{2}-n\right)\omega\right]=\cos\left[\left(n-\tfrac{N-1}{2}\right)\omega\right]=\cos\left\{\omega\left[\tfrac{N-1}{2}-(N-1-n)\right]\right\}$$

因而，整个 Σ 内各项之间满足第 n 项与第 $N-1-n$ 项是相等的。因此，可以把两两相等的项合并，即 $n=0$ 项与 $n=N-1$ 项合并，$n=1$ 项与 $n=N-2$ 项合并，等等。由于 N 是奇数，故余下中间一项 $n=(N-1)/2$，其余各项组合后共有 $(N-1)/2$ 项，于是幅度函数可表示成

$$\begin{aligned}H(\omega)&=h\left(\tfrac{N-1}{2}\right)+\sum_{n=0}^{(N-3)/2}2h(n)\cos\left[\left(\tfrac{N-1}{2}-n\right)\omega\right]\\&=h\left(\tfrac{N-1}{2}\right)+\sum_{m=1}^{(N-1)/2}2h\left(\tfrac{N-1}{2}-m\right)\cos(m\omega)\end{aligned}$$

即

$$H(\omega)=\sum_{n=0}^{(N-1)/2}a(n)\cos(\omega n) \tag{8.23}$$

$$a(0)=h\left(\tfrac{N-1}{2}\right)$$

$$a(n)=2h\left(\tfrac{N-1}{2}-n\right),\ n=1,2,\cdots,\tfrac{N-1}{2} \tag{8.24}$$

由此看出，$h(n)$ 偶对称且 N 为奇数时，由于 $\cos(n\omega)$ 关于 $\omega=0,\pi,2\pi$ 皆偶对称，所以幅度函数 $H(\omega)$ 关于 $\omega=0,\pi,2\pi$ 也偶对称。

情况2　$h(n)$ 偶对称，N 为偶数

与 $h(n)$ 偶对称、N 为奇数情况的讨论相同，不同点仅在于 N 是偶数，所以式（8.18）中没有单独的项，皆可两两合并为 $N/2$ 项，即

$$H(\omega)=\sum_{n=0}^{N/2-1}2h(n)\cos\left[\omega\left(\tfrac{N-1}{2}-n\right)\right]=\sum_{m=1}^{N/2}2h\left(\tfrac{N}{2}-m\right)\cos\left[\omega\left(m-\tfrac{1}{2}\right)\right]$$

它可表示为

$$H(\omega)=\sum_{n=1}^{N/2}b(n)\cos\left[\omega\left(n-\tfrac{1}{2}\right)\right] \tag{8.25}$$

式中，

$$b(n)=2h\left(\tfrac{N}{2}-n\right),\ n=1,2,\cdots,\tfrac{N}{2} \tag{8.26}$$

由此看出，当 $h(n)$ 偶对称且 N 为偶数时，$H(\omega)$ 有以下特点：

（1）$\omega=\pi$ 时，$\cos\left[\omega\left(m-\tfrac{1}{2}\right)\right]=\cos\left[\pi\left(n-\tfrac{1}{2}\right)\right]=0$，故 $H(\pi)=0$，即 $H(z)$ 在 $z=-1$ 处必然有一个零点。

（2）由于 $\cos\left[\omega\left(m-\tfrac{1}{2}\right)\right]$ 关于 $\omega=\pi$ 奇对称，所以 $H(\omega)$ 关于 $\omega=\pi$ 奇对称，关于 $\omega=0,2\pi$ 偶

对称。

（3）若一个滤波器在 $\omega=\pi$ 时 $H(\omega)$ 不为零（如高通滤波器或带阻滤波器），则不能采用这种滤波器模型。

情况 3　$h(n)$ 奇对称，N 为奇数

由 $h(n)$ 奇对称的幅度函数式（8.21）

$$H(\omega)=\sum_{n=0}^{N-1}h(n)\sin\left[\omega\left(\tfrac{N-1}{2}-n\right)\right]$$

看出，由于 $h(n)=-h(N-1-n)$，有 $h\left(\frac{N-1}{2}\right)=-h\left(N-1-\frac{N-1}{2}\right)=-h\left(\frac{N-1}{2}\right)$，所以 $h\left(\frac{N-1}{2}\right)=0$，即中间项 $h\left(\frac{N-1}{2}\right)$ 一定为零。

$h(n)$ 是奇对称的，而 $\sin\left[\left(\frac{N-1}{2}-n\right)\omega\right]$ 也是奇对称的，即

$$\sin\left[\left(\tfrac{N-1}{2}-n\right)\omega\right]=-\sin\left[-\left(\tfrac{N-1}{2}-n\right)\omega\right]=-\sin\left\{\left[\tfrac{N-1}{2}-(N-1-n)\right]\omega\right\}$$

这样，对式（8.21）中两项相乘的结果，Σ 中的第 n 项与第 $N-1-n$ 项的数值是相等的，可将两两相等的项合并，合并后共有 $(N-1)/2$ 项，可得

$$H(\omega)=\sum_{n=0}^{(N-3)/2}2h(n)\sin\left[\omega\left(\tfrac{N-1}{2}-n\right)\right]=\sum_{m=1}^{(N-1)/2}2h\left(\tfrac{N-1}{2}-m\right)\sin(\omega m)$$

它可表示为

$$H(\omega)=\sum_{n=1}^{(N-1)/2}c(n)\sin(\omega n) \tag{8.27}$$

式中，

$$c(n)=2h\left(\tfrac{N-1}{2}-n\right),\ n=1,2,\cdots,\tfrac{N-1}{2} \tag{8.28}$$

由此看出，当 $h(n)$ 奇对称且 N 为奇数时，$H(\omega)$ 有以下特点：

（1）由于 $\sin(n\omega)$ 在 $\omega=0,\pi,2\pi$ 处都为零，所以 $H(\omega)$ 在 $\omega=0,\pi,2\pi$ 处必为零，即 $H(z)$ 在 $z=\pm1$ 处都为零。

（2）由于 $\sin(n\omega)$ 关于 $\omega=0,\pi,2\pi$ 奇对称，所以 $H(\omega)$ 关于 $\omega=0,\pi,2\pi$ 也奇对称。

情况 4　$h(n)$ 奇对称，N 为偶数

此时与情况 3 是一样的，但两两合并后共有 $N/2$ 项，因而有

$$H(\omega)=\sum_{n=0}^{N/2}2h(n)\sin\left[\omega\left(\tfrac{N-1}{2}-n\right)\right]=\sum_{m=1}^{N/2}2h\left(\tfrac{N}{2}-m\right)\sin\left[\omega\left(m-\tfrac{1}{2}\right)\right]$$

它可表示为

$$H(\omega)=\sum_{n=1}^{N/2}d(n)\sin\left[\omega\left(n-\tfrac{1}{2}\right)\right] \tag{8.29}$$

式中，

$$d(n)=2h\left(\tfrac{N}{2}-n\right),\ n=1,2,\cdots,\tfrac{N}{2} \tag{8.30}$$

由此看出，当 $h(n)$ 奇对称且 N 为偶数时，$H(\omega)$ 有以下特点：

（1）由于 $\sin\left[\omega\left(n-\frac{1}{2}\right)\right]$ 在 $\omega=0,2\pi$ 处为零，所以 $H(\omega)$ 在 $\omega=0,2\pi$ 处也为零，即 $H(z)$ 在 $z=1$ 处为零点。

（2）由于 $\sin\left[\omega\left(n-\frac{1}{2}\right)\right]$ 关于 $\omega=0,2\pi$ 奇对称，关于 $\omega=\pi$ 偶对称，所以 $H(\omega)$ 关于 $\omega=0,2\pi$ 奇

对称，关于 $\omega=\pi$ 偶对称。

情况 3 和情况 4 的线性相位 FIR 滤波器适合在微分器及 90° 移相器（希尔伯特变换器）中应用。

由式（8.19）和式（8.22）可得任何一种线性相位 FIR 滤波器的群延迟均为

$$\tau(\mathrm{e}^{\mathrm{j}\omega})=-\frac{\mathrm{d}\theta}{\mathrm{d}\omega}=\frac{N-1}{2} \tag{8.31}$$

可以看出，当 N 为奇数时，滤波器的群延迟为整数个采样间隔；当 N 为偶数时，滤波器的群延迟为整数个采样间隔加上1/2 个采样间隔。

表 8.1 归纳了这 4 种线性相位 FIR 滤波器的基本特性，具体实现见例 8.3。

表 8.1 4 种线性相位 FIR 滤波器的基本特性

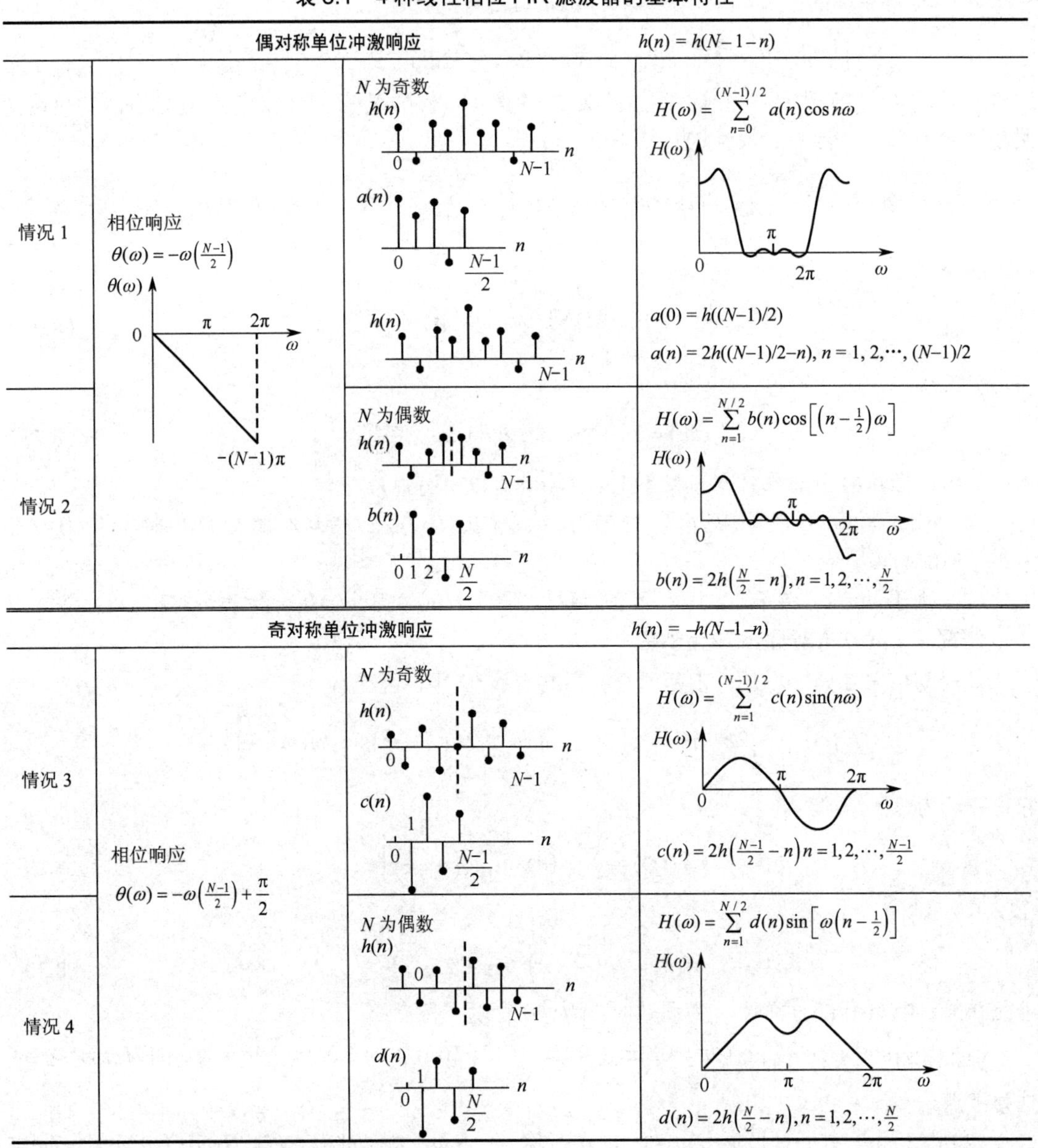

	偶对称单位冲激响应		$h(n)=h(N-1-n)$
情况 1	相位响应 $\theta(\omega)=-\omega\left(\frac{N-1}{2}\right)$	N 为奇数	$H(\omega)=\sum_{n=0}^{(N-1)/2}a(n)\cos n\omega$ $a(0)=h((N-1)/2)$ $a(n)=2h((N-1)/2-n),\ n=1,2,\cdots,(N-1)/2$
情况 2		N 为偶数	$H(\omega)=\sum_{n=1}^{N/2}b(n)\cos\left[\left(n-\frac{1}{2}\right)\omega\right]$ $b(n)=2h\left(\frac{N}{2}-n\right),n=1,2,\cdots,\frac{N}{2}$
	奇对称单位冲激响应		$h(n)=-h(N-1-n)$
情况 3	相位响应 $\theta(\omega)=-\omega\left(\frac{N-1}{2}\right)+\frac{\pi}{2}$	N 为奇数	$H(\omega)=\sum_{n=1}^{(N-1)/2}c(n)\sin(n\omega)$ $c(n)=2h\left(\frac{N-1}{2}-n\right)n=1,2,\cdots,\frac{N-1}{2}$
情况 4		N 为偶数	$H(\omega)=\sum_{n=1}^{N/2}d(n)\sin\left[\omega\left(n-\frac{1}{2}\right)\right]$ $d(n)=2h\left(\frac{N}{2}-n\right),n=1,2,\cdots,\frac{N}{2}$

8.1.4　零点位置

由于 $h(n)$ 是有限长序列的 Z 变换，因此 $H(z)$ 和 $H(z^{-1})$ 都是 z（或 z^{-1}）的多项式。

由式（8.15）可知，$H(z)$ 和 $H(z^{-1})$ 两者只差 $N-1$ 个采样的延迟及 ±1 的乘因子，其他完全相同。关于线性相位 FIR 滤波器的零点位置分析如下：

（1）若 $z=z_i$ 是 $H(z)$ 的零点，即 $H(z_i)=0$，则 $z=1/z_i=z_i^{-1}$ 也一定是 $H(z)$ 的零点，因为由式（8.15）可知 $H(z_i^{-1})=\pm z_i^{N-1}H(z_i)=0$。

（2）由于 $h(n)$ 是实数，所以 $H(z)$ 的零点必然是以共轭对存在的，因此 $z=z_i^*$ 及 $z=(z_i^{-1})^*=1/z_i^*$ 也一定是 $H(z)$ 的零点。

综合（1）和（2）两点可知，线性相位 FIR 数字滤波器的零点必是互为倒数的共轭对，或者说是共轭镜像的。此时有以下 4 种情况：

① 零点 z_i 既不在实轴上，又不在单位圆上，即 $z_i=r_i\mathrm{e}^{\mathrm{j}\theta_i}, r_i\neq 1, \theta_i\neq 0$。零点是两组互为倒数的共轭对，如图 8.5(a)所示，因此它们的基本因子为

$$\begin{aligned}H_i(z)&=\left(1-z^{-1}r_i\mathrm{e}^{\mathrm{j}\theta_i}\right)\left(1-z^{-1}r_i\mathrm{e}^{-\mathrm{j}\theta_i}\right)\left(1-z^{-1}\tfrac{1}{r_i}\mathrm{e}^{\mathrm{j}\theta_i}\right)\left(1-z^{-1}\tfrac{1}{r_i}\mathrm{e}^{-\mathrm{j}\theta_i}\right)\\&=1-2\left(\tfrac{r_i^2+1}{r_i}\right)(\cos\theta_i)z^{-1}+\left(r_i^2+\tfrac{1}{r_i}+4\cos\theta_i\right)z^{-2}-2\left(\tfrac{r_i^2+1}{r_i}\right)(\cos\theta_i)z^{-3}+z^{-4}\\&=1+az^{-1}+bz^{-2}+az^{-3}+z^{-4}\end{aligned}\tag{8.32}$$

式中，$a=-2\left(\frac{r_i^2+1}{r_i}\right)(\cos\theta_i)$，$b=r_i^2+\frac{1}{r_i}+4\cos\theta_i$。

若化成两个实系数二阶多项式（把共轭对因子相乘），则可表示为

$$H_i(z)=\tfrac{1}{r_i^2}\left[1-2r_i(\cos\theta_i)z^{-1}+r_i^2z^{-2}\right]\left[r_i^2-2r_i(\cos\theta_i)z^{-1}+z^{-2}\right]\tag{8.33}$$

式（8.32）可用线性相位 FIR 滤波器的直接型级联结构来实现，如图 8.6 所示，图中取 $N=5, \tau=\frac{N-1}{2}=2$。

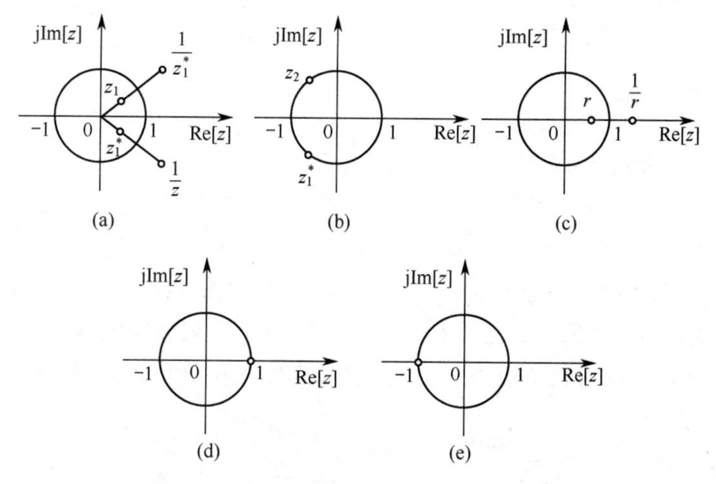

图 8.5　线性相位 FIR 滤波器的零点位置图

② 零点 z_i 在单位圆上，但不在实轴上，即 $r_i=1, \theta_i\neq 0$ 或 π。此时零点的共轭值就是它的倒数，这种零点情况如图 8.5(b)所示，它们的基本因子为

$$H_i(z)=\left(1-z^{-1}\mathrm{e}^{\mathrm{j}\theta_i}\right)\left(1-z^{-1}\mathrm{e}^{-\mathrm{j}\theta_i}\right)=1-2r(\cos\theta_i)z^{-1}+z^{-2}\tag{8.34}$$

此时，$N=3,\tau=\frac{N-1}{2}$。

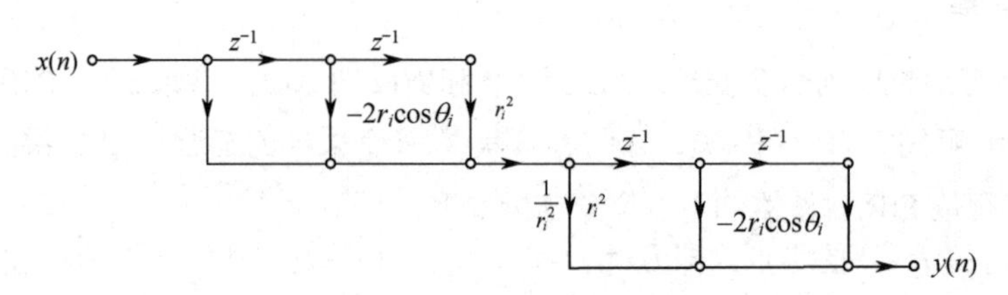

图 8.6 线性相位 FIR 滤波器的直接型级联结构

③ 零点 z_i 在实轴上，但不在单位圆上，即 $r_i\neq 1,\theta_i=0$ 或 π。此时零点是实数，它没有复共轭部分，只有倒数，倒数也在实轴上。这种零点情况如图 8.5(c)所示，它们的基本因子为

$$H_i(z)=\left(1\pm r_i z^{-1}\right)\left(1\pm \frac{1}{r_i}z^{-1}\right)=1\pm\left(r_i+\frac{1}{r_i}\right)z^{-1}+z^{-2} \tag{8.35}$$

式中，"+"号相当于 $\theta_i=\pi$，零点在负实轴上；"−"号相当于 $\theta_i=0$，零点在正实轴上。此时 $N=3,\tau=\frac{N-1}{2}$。

④ 零点 z_i 在实轴上也在单位圆上，即 $r_i=1,\theta_i=0$ 或 π。这时零点只有两种可能的情况，即 $z_i=1$ 或 $z_i=-1$，分别如图 8.5(d)、图 8.5(e)所示。这时零点既是自己的复共轭，又是倒数，其基本因子为

$$H_i(z)=1\pm z^{-1} \tag{8.36}$$

式中"+"号表示零点在 $z=-1$ 处，"−"号表示零点在 $z=1$ 处。此时 $N=2,\tau=\frac{N-1}{2}=\frac{1}{2}$，即有半个采样的延迟。

结合前面对幅度响应的讨论可知，对于 $h(n)$ 偶对称、N 为偶数的第二种线性相位滤波器，$H(\pi)=0$，因此必有单根 $z=-1$，即包含有图 8.5(e)所示的第 5 类零点；对于 $h(n)$ 奇对称、N 为偶数的第四种情况，$H(0)=0$，因此必有单根 $z=1$，即包含有图 8.5(d)所示的第 4 类零点；而对于 $h(n)$ 奇对称、N 为奇数的第三种情况，$H(0)=H(\pi)=0$，因此必在 $z=1$ 及 $z=-1$ 处均有零点。

了解了线性相位 FIR 滤波器的各种特性，便可根据实际需要选择合适类型的 FIR 滤波器，再遵循相关的约束条件进行设计。

8.2 利用窗函数法设计 FIR 滤波器

8.2.1 设计原理

窗函数设计法也称傅里叶级数法。FIR 滤波器的设计问题，就是要使得设计的 FIR 滤波器的频率响应 $H(\mathrm{e}^{\mathrm{j}\omega})$ 逼近所要求的理想滤波器频率响应 $H_{\mathrm{d}}(\mathrm{e}^{\mathrm{j}\omega})$。从单位采样响应序列来看，就是使设计的滤波器的 $h(n)$ 逼近理想滤波器单位采样响应 $h_{\mathrm{d}}(n)$。由第 2 章的分析可知

$$H_{\mathrm{d}}(\mathrm{e}^{\mathrm{j}\omega})=\sum_{n=-\infty}^{\infty}h_{\mathrm{d}}(n)\mathrm{e}^{-\mathrm{j}\omega n} \tag{8.37}$$

$$h_{\mathrm{d}}(n)=\frac{1}{2\pi}\int_{-\pi}^{\pi}H_{\mathrm{d}}(\mathrm{e}^{\mathrm{j}\omega})\mathrm{e}^{\mathrm{j}\omega n}\mathrm{d}\omega \tag{8.38}$$

由于理想选频滤波器的频率响应 $H_{\mathrm{d}}(\mathrm{e}^{\mathrm{j}\omega})$ 是逐段恒定的，且在频带边界有不连续点，因此 $h_{\mathrm{d}}(n)$ 一定是无限长的序列，且是非因果的，因此不能采用式（8.37）来设计所要求的 FIR 滤波器。实际中要设计的 FIR 滤波器，其 $h(n)$ 必然是有限长的，且是因果可实现的，所以要用有限长的 $h(n)$ 来

逼近无限长的 $h_d(n)$，最有效的方法是截断 $h_d(n)$，或者说用一个有限长度的窗口函数序列 $w(n)$ 来截取 $h_d(n)$，即

$$h(n)=w(n)h_d(n) \tag{8.39}$$

因此窗函数序列的形状及长度的选择就非常关键。

首先，以一个截止频率为 ω_c 的线性相位理想矩形幅度特性的低通滤波器为例来加以讨论。设低通特性的群延迟为 α，即

$$H_d(e^{j\omega})=\begin{cases}e^{-j\omega\alpha}, & -\omega_c\le\omega\le\omega_c\\ 0, & \omega_c<\omega\le\pi,-\pi<\omega<-\omega_1\end{cases} \tag{8.40}$$

此式表明，在通带 $|\omega|\le\omega_c$ 范围内，$H_d(e^{j\omega})$ 的幅度是均匀的，其值为 1，相位是 $-\omega\alpha$。利用式（8.38）可得

$$h_d(n)=\frac{1}{2\pi}\int_{-\omega_c}^{\omega_c}e^{-j\omega\alpha}e^{j\omega n}d\omega=\frac{\omega_c}{\pi}\frac{\sin[\omega_c(n-\alpha)]}{\omega_c(n-\alpha)} \tag{8.41}$$

序列 $h_d(n)$ 如图 8.7 所示，它是中心点在 α 的偶对称无限长非因果序列。要得到有限长的 $h(n)$，一种最简单的办法就是取矩形窗 $R_N(n)$，如图 8.7 所示，即式（8.39）中，

$$w(n)=R_N(n)$$

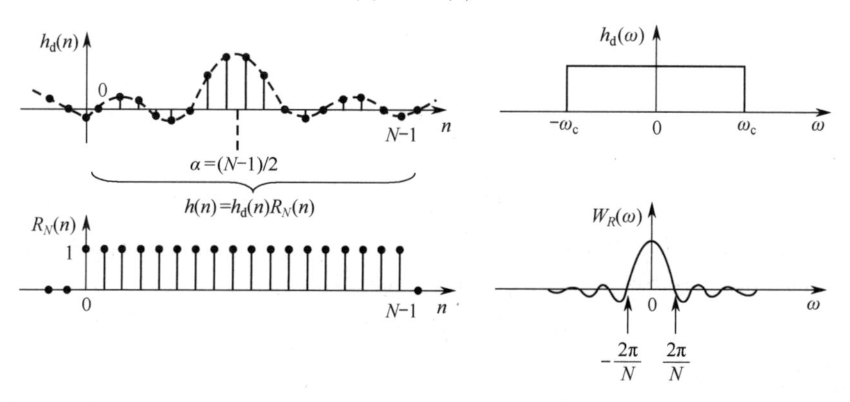

图 8.7　理想矩形幅频特性的 $h_d(n)$ 和 $H_d(\omega)$ 及矩形窗函数序列的 $w(n)=R_N(n)$ 和 $W_R(\omega)$

按照线性相位滤波器的约束条件，$h(n)$ 必须是偶对称的，且对称中心应为序列长度的一半 $(N-1)/2$，因而必须使 $\alpha=(N-1)/2$，所以有

$$\begin{cases}h(n)=h_d(n)w(n)=\begin{cases}h_d(n), & 0\le n\le N-1\\ 0, & 其他\end{cases}\\ \alpha=\dfrac{N-1}{2}\end{cases} \tag{8.42}$$

将式（8.41）代入式（8.42），可得

$$h(n)=\begin{cases}\dfrac{\omega_c}{\pi}\dfrac{\sin\left[\omega_c\left(n-\frac{N-1}{2}\right)\right]}{\omega_c\left(n-\frac{N-1}{2}\right)}, & 0\le n\le N-1\\ 0, & 其他\end{cases} \tag{8.43}$$

显然，此时 $h(n)$ 一定满足 $h(n)=h(N-1-n)$ 这一线性相位特性的条件。图 8.7 画出了 $h_d(n)$，$w(n)=R_N(n)$ 及它们的傅里叶变换的幅度图形。

8.2.2 加窗处理产生的影响

下面求 $h(n)$ 的傅里叶变换，即找出待求 FIR 滤波器的频率特性，以便能看出加窗处理对频率响应的影响。

按照复卷积公式，时域的相乘［见式（8.39）］是频域的周期性卷积，即

$$H(e^{j\omega})=\frac{1}{2\pi}\int_{-\pi}^{\pi}H_d(e^{j\theta})W(e^{j(\omega-\theta)})d\theta \tag{8.44}$$

因而 $H(e^{j\omega})$ 逼近 $H_d(e^{j\omega})$ 的好坏，完全取决于窗函数的频率特性 $W(e^{j\omega})$。

窗函数 $w(n)$ 的频率特性 $W(e^{j\omega})$ 为

$$W(e^{j\omega})=\sum_{n=0}^{N-1}w(n)e^{-j\omega n} \tag{8.45}$$

对矩形窗函数 $R_N(n)$，有

$$W_R(e^{j\omega})=\sum_{n=0}^{N-1}e^{-j\omega n}=e^{-j\omega\left(\frac{N-1}{2}\right)}\frac{\sin\left(\frac{\omega N}{2}\right)}{\sin\left(\frac{\omega}{2}\right)} \tag{8.46}$$

也可表示成幅度函数与相位函数，即

$$W_R(e^{j\omega})=W_R(\omega)e^{-j\left(\frac{N-1}{2}\right)\omega} \tag{8.47}$$

式中，

$$W_R(\omega)=\frac{\sin\left(\frac{\omega N}{2}\right)}{\sin\left(\frac{\omega}{2}\right)} \tag{8.48}$$

$W_R(e^{j\omega})$ 就是在第 3 章中讨论过的频域采样内插函数（仅差一个常数因子 $1/N$），其幅度函数 $W_R(\omega)$ 在 $\omega=\pm 2\pi/N$ 之内为一个主瓣，两侧形成许多衰减振荡的旁瓣，如图 8.7 所示。

若将理想频率响应也写成式（8.47）的形式，即

$$H_d(e^{j\omega})=H_d(\omega)e^{-j\left(\frac{N-1}{2}\right)\omega} \tag{8.49}$$

则其幅度函数为

$$H_d(\omega)=\begin{cases}1, & |\omega|\le\omega_c\\ 0, & \omega_c<|\omega|\end{cases} \tag{8.50}$$

将式（8.47）和式（8.49）代入频域复卷积关系式（8.44）中，可得 FIR 滤波器的频率响应 $H(e^{j\omega})$ 为

$$\begin{aligned}H(e^{j\omega})&=\frac{1}{2\pi}\int_{-\pi}^{\pi}H_d(\theta)e^{-j\left(\frac{N-1}{2}\right)\theta}W_R(\omega-\theta)e^{-j\left(\frac{N-1}{2}\right)(\omega-\theta)}d\theta\\&=e^{-j\left(\frac{N-1}{2}\right)\omega}\cdot\frac{1}{2\pi}\int_{-\pi}^{\pi}H_d(\theta)W_R(\omega-\theta)d\theta\end{aligned} \tag{8.51}$$

显然，这个频率响应也是线性相位的。

同样，令

$$H(e^{j\omega})=H(\omega)e^{-j\left(\frac{N-1}{2}\right)\omega} \tag{8.52}$$

则实际求得的 FIR 数字滤波器的幅度函数 $H(\omega)$ 为

$$H(\omega)=\frac{1}{2\pi}\int_{-\pi}^{\pi}H_d(\theta)W_R(\omega-\theta)d\theta \tag{8.53}$$

由此可见，对实际 FIR 滤波器频率响应的幅度函数 $H(\omega)$ 有影响的是窗函数频率响应的幅度函数 $W_R(\omega)$。

式（8.53）的卷积过程可用图 8.8 来说明，在分析过程中只要考察几个特殊的频率点，就可以得出 $H(\omega)$ 的一般情况。此时特别要注意卷积过程给 $H(\omega)$ 造成的起伏现象。

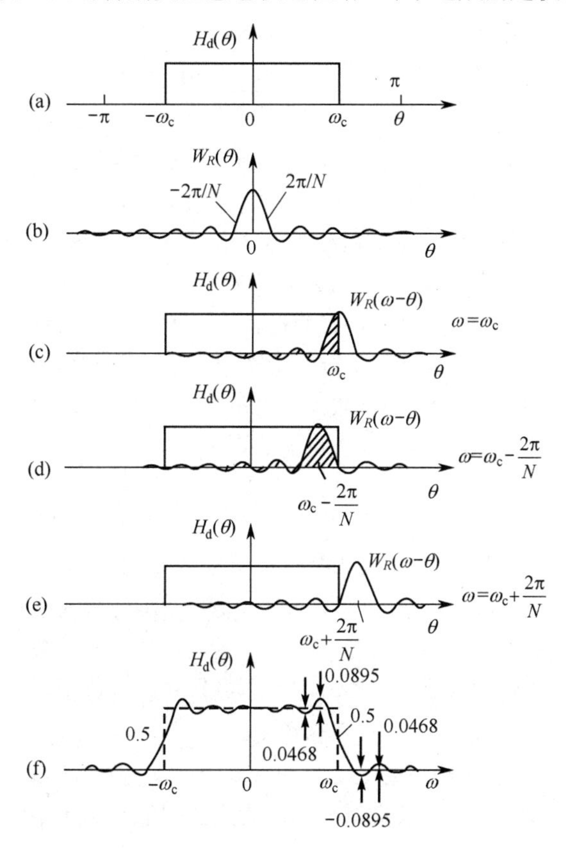

图 8.8　矩形窗的卷积过程

（1）$\omega = 0$ 时，零频率处的响应值 $H(0)$ 应该是图 8.8(a)与(b)中两个函数乘积的积分，即 $W_R(\omega)$ 从 $\theta = -\omega_c$ 到 $\theta = \omega_c$ 的积分面积。由于一般情况下都满足 ω_c 远大于 $2\pi/N$，所以 $H(0)$ 可以近似地视为 θ 从 $-\pi$ 到 π 的 $W_R(\theta)$ 的全部积分面积。

（2）$\omega = \omega_c$ 时，$H_d(\theta)$ 正好与 $W_R(\omega-\theta)$ 的一半重叠，如图 8.8(c)所示，因此 $H(\omega_c)/H(0) = 0.5$。

（3）$\omega = \omega_c - 2\pi/N$ 时，$W_R(\omega-\theta)$ 的全部主瓣在 $H_d(\theta)$ 的通带 $|\omega| \le \omega_c$ 内，如图 8.8(d)所示，因此卷积结果有最大值，即 $H(\omega_c - 2\pi/N)$ 为最大值，频率响应出现正肩峰。

（4）$\omega = \omega_c + 2\pi/N$ 时，$W_R(\omega-\theta)$ 的全部主瓣都在 $H_d(\theta)$ 的通带外，如图 8.8(e)所示，而通带内旁瓣负的面积大于正的面积，因而卷积结果达到最负值，出现负的肩峰。

（5）$\omega > \omega_c + 2\pi/N$ 时，随着 ω 的增加，$W_R(\omega-\theta)$ 左边旁瓣的起伏部分将扫过通带，卷积值也将随 $W_R(\omega-\theta)$ 的旁瓣在通带内面积的变化而变化，所以 $H(\omega)$ 将围绕着零值波动。当 ω 由 $\omega_c - 2\pi/N$ 向通带内减小时，$W_R(\omega-\theta)$ 的右旁瓣进入 $H_d(\omega)$ 的通带，右旁瓣的起伏造成 $H(\omega)$ 值将围绕 $H(0)$ 值摆动。卷积得到的 $H(\omega)$ 如图 8.8(f)所示。

综上所述，加窗处理对理想矩形频率响应产生以下几点影响：

① 加窗处理使理想频率特性在不连续点处的边沿加宽，形成一个过渡带，过渡带的宽度等于窗的频率响应 $W_R(\omega)$ 的主瓣宽度 $\Delta\omega = 4\pi/N$。注意，这里所指的过渡带是两个肩峰之间的宽度，与滤波器的真正过渡带是有区别的，即滤波器的过渡带比这个数值（$4\pi/N$）要小。

② 在截止频率ω_c两边$\omega=\omega_c \pm 2\pi/N$的地方（即过渡带的两边），$H(\omega)$出现最大的肩峰值，肩峰的两侧形成起伏振荡，其振荡幅度取决于旁瓣的相对幅度，而振荡的多少取决于旁瓣的多少。

③ 增大截取长度N，在主瓣附近的窗的频率响应为

$$W_R(\omega)=\frac{\sin\left(N\omega/2\right)}{\sin\left(\omega/2\right)}\approx\frac{\sin\left(N\omega/2\right)}{\omega/2}=N\frac{\sin x}{x} \tag{8.54}$$

吉布斯效应动画

式中，$x=N\omega/2$。可见，改变N，只能改变窗函数频谱的主瓣宽度、改变ω坐标的比例及改变$W_R(\omega)$的绝对值大小，但不能改变主瓣与旁瓣的相对比例（当然，N太小会影响旁瓣的相对值），这个相对比例是由$\sin x/x$决定的，或者说只由窗函数的形状决定。因此，当截取长度N增加时，只会减小过渡带宽$4\pi/N$，而不会改变肩峰的相对值。例如，在矩形窗情况下，最大相对肩峰值为8.95%，N增加时，$2\pi/N$减小，因此起伏振荡变密，而最大肩峰总是8.95%，这种现象称为吉布斯（Gibbs）效应。由此可见，窗函数频谱的肩峰值的大小，会影响$H(\omega)$的通带的平稳和阻带的衰减，对滤波器的性能影响很大。

8.2.3 各种窗函数

窗函数设计法教学视频

矩形窗截断导致肩峰为8.95%，因此阻带最小衰减为$20\lg(8.95\%)=-21\text{dB}$，这个衰减量在工程上常常是不够的。为了加大阻带衰减，只能改善窗函数的形状。从式（8.53）的频域周期卷积公式看出，只有当窗谱逼近冲激函数时，也就是绝大部分能量集中在频谱中点时，$H(\omega)$才会逼近$H_d(\omega)$。这相当于窗的宽度为无穷长，等于不加窗口截断，没有实际意义。

从以上讨论可看出，一般希望窗函数满足两项要求：① 窗谱主瓣要尽可能地窄，以获得较陡的过渡带；② 尽量减少窗谱的最大旁瓣的相对幅度，即能量尽量集中于主瓣，使得肩峰和纹波减小，增大阻带的衰减。但是从式（8.54）的分析可知，这两项要求是不能同时得到满足的，往往是增加主瓣宽度以换取对旁瓣的抑制。因此，选用不同形状的窗函数都是为了得到平坦的通带幅度响应和较小的阻带纹波（即加大阻带衰减）。因此对所选用的窗函数而言，其频谱旁瓣电平要较小，主瓣就会加宽。也就是说，窗函数在边沿处（$n=0$和$n=N-1$附近）比矩形窗变化要平滑而缓慢，以减小由陡峭的边缘所引起的旁瓣分量，使阻带衰减增大。但窗谱的主瓣宽度却要比矩形窗的宽，导致滤波器幅度函数过渡带的加宽。

图 8.9 给出了设计 FIR 滤波器时常用的几种窗函数，下面讨论它们的定义式、频谱函数及相互间的比较。

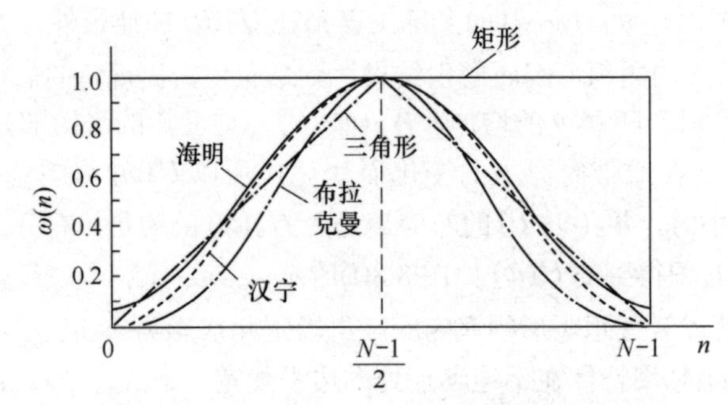

图 8.9 设计 FIR 滤波器时常用的几种窗函数

1．矩形窗

本节前面讨论过，现总结如下：

$$w(n)=R_N(n)$$

$$W_R(\mathrm{e}^{\mathrm{j}\omega})=W_R(\omega)\mathrm{e}^{-\mathrm{j}\left(\frac{N-1}{2}\right)\omega}$$

$$W_R(\omega)=\frac{\sin(N\omega/2)}{\sin(\omega/2)}$$

2．巴特利特（Bartlett）窗（三角形窗）

$$w(n)=\begin{cases}\frac{2n}{N-1},\ 0\le n\le\frac{N-1}{2}\\ 2-\frac{2n}{N-1},\ \frac{N-1}{2}<n\le N-1\end{cases}\tag{8.55}$$

巴特利特窗的频谱函数为

$$W(\mathrm{e}^{\mathrm{j}\omega})=\frac{2}{N-1}\left(\frac{\sin\left[\left(\frac{N-1}{4}\right)\omega\right]}{\sin\left(\frac{\omega}{2}\right)}\right)^2\mathrm{e}^{-\mathrm{j}\left(\frac{N-1}{2}\right)\omega}\approx\frac{2}{N}\left(\frac{\sin\left(\frac{N\omega}{4}\right)}{\sin\left(\frac{\omega}{2}\right)}\right)^2\mathrm{e}^{-\mathrm{j}\left(\frac{N-1}{2}\right)\omega}\tag{8.56}$$

式中，“≈”在 $N\gg1$ 时成立；此时，窗谱主瓣宽度为 $8\pi/N$ 。

3．汉宁（Hanning）窗（升余弦窗）

$$w(n)=\tfrac{1}{2}\left[1-\cos\left(\tfrac{2\pi n}{N-1}\right)\right]R_N(n)\tag{8.57}$$

利用傅里叶变换的调制特性，由式（8.57）可得出汉宁窗的频谱函数为

$$\begin{aligned}W(\mathrm{e}^{\mathrm{j}\omega})&=\mathrm{DTFT}[w(n)]\\&=\left\{0.5W_R(\omega)+0.25\left[W_R\left(\omega-\tfrac{2\pi}{N-1}\right)+W_R\left(\omega+\tfrac{2\pi}{N-1}\right)\right]\right\}\mathrm{e}^{-\mathrm{j}\left(\frac{N-1}{2}\right)\omega}\\&=W(\omega)\mathrm{e}^{-\mathrm{j}\left(\frac{N-1}{2}\right)\omega}\end{aligned}\tag{8.58}$$

式中，$W_R(\omega)$ 为矩形窗的频谱函数：

$$W_R(\mathrm{e}^{\mathrm{j}\omega})=W_R(\omega)\mathrm{e}^{-\mathrm{j}\left(\frac{N-1}{2}\right)\omega}$$

当 $N\gg1$ 时，式（8.58）可近似为

$$W(\omega)\approx0.5W_R(\omega)+0.25\left[W_R\left(\omega-\tfrac{2\pi}{N}\right)+W_R\left(\omega+\tfrac{2\pi}{N}\right)\right]\tag{8.59}$$

这三部分之和使旁瓣互相抵消，能量更加集中在主瓣，如图 8.10 所示，但代价是主瓣宽度要比矩形窗的主瓣宽度增加一倍，即 $8\pi/N$ 。

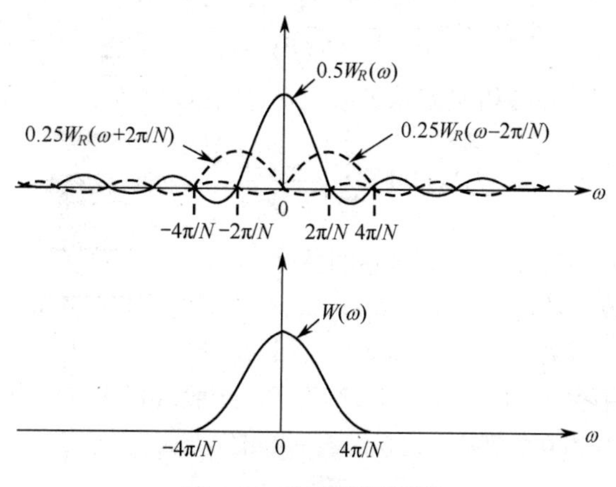

图 8.10　汉宁窗的频谱

4．海明（Hamming）窗

海明窗又称改进的升余弦窗。对升余弦窗加以改进，可以得到旁瓣更小的效果，窗函数为

$$w(n)=\left[0.54-0.46\cos\left(\frac{2\pi}{N-1}\right)\right]R_N(n) \tag{8.60}$$

其频率响应的幅度函数为

$$\begin{aligned}W(\omega)&=0.54W_R(\omega)+0.23\left[W_R\left(\omega-\frac{2\pi}{N-1}\right)+W_R\left(\omega+\frac{2\pi}{N-1}\right)\right]\\&\approx 0.54W_R(\omega)+0.23\left[W_R\left(\omega-\frac{2\pi}{N}\right)+W_R\left(\omega+\frac{2\pi}{N}\right)\right]\end{aligned} \tag{8.61}$$

其结果可将99.963%的能量集中在窗谱的主瓣内，与汉宁窗相比，主瓣宽度同为$8\pi/N$，但旁瓣幅度更小，旁瓣峰值小于主瓣峰值的1%。

5．布莱克曼（Blackman）窗

布莱克曼窗又称二阶升余弦窗。为了更进一步抑制旁瓣，可再加上余弦的二次谐波分量，得到布莱克曼窗

$$w(n)=\left[0.42-0.5\cos\left(\frac{2\pi n}{N-1}\right)+0.08\cos\left(\frac{4\pi n}{N-1}\right)\right]R_N(n) \tag{8.62}$$

其频谱的幅度函数为

$$\begin{aligned}W(\omega)=&0.42W_R(\omega)+0.25\left[W_R\left(\omega-\frac{2\pi}{N-1}\right)+W_R\left(\omega+\frac{2\pi}{N-1}\right)\right]+\\&0.04\left[W_R\left(\omega-\frac{4\pi}{N-1}\right)+W_R\left(\omega+\frac{4\pi}{N-1}\right)\right]\end{aligned} \tag{8.63}$$

此时主瓣宽度为矩形窗谱主瓣宽度的3倍，即$\frac{12\pi}{N}$。

图8.11给出了这五种窗函数取$N=51$的频谱。可以看出，随着窗形状的变化，旁瓣衰减加大，但主瓣宽度也相应地加宽了。

图8.12是利用这五种窗函数设计的FIR线性相位低通数字滤波器频率特性。窗函数的长度$N=51$，理想低通滤波器的截止频率$\omega_c=0.5\pi$。从图中可以看出，用矩形窗函数设计的滤波器的过渡带最窄，但阻带衰减最差，仅为−21dB左右；而用布莱克曼窗设计的滤波器的阻带衰减最好，可达−74 dB，但过渡带最宽，约为矩形窗的3倍。

6．凯泽（Kaiser）窗

凯泽窗是一种适应性较强的窗，其窗函数的表达式为

$$w(n)=\frac{I_0\left[\beta\sqrt{1-\left(1-\frac{2n}{N-1}\right)^2}\right]}{I_0(\beta)} \tag{8.64}$$

式中，$I_0(x)$是第一类变形修正零阶贝塞尔函数，它可以用以下的级数来计算：

$$I_0(x)=1+\sum_{k=1}^{\infty}\left[\frac{(x/2)^k}{k}\right]^2 \tag{8.65}$$

在实际使用中，级数取15～25就可达到足够的精度。

凯泽窗是一族窗函数。β是一个可调参数，它可以同时调整主瓣宽度与旁瓣电平，β越大，$w(n)$窗越窄，而频谱的旁瓣越小，但主瓣宽度也相应增加。因而改变β值就可对主瓣宽度与旁瓣衰减进行选择，凯泽窗函数的曲线如图8.13所示。一般选择$4<\beta<9$，这相当于旁瓣幅度与主瓣幅度的比值由3.1%变为0.047%（−30 dB～−67dB）。

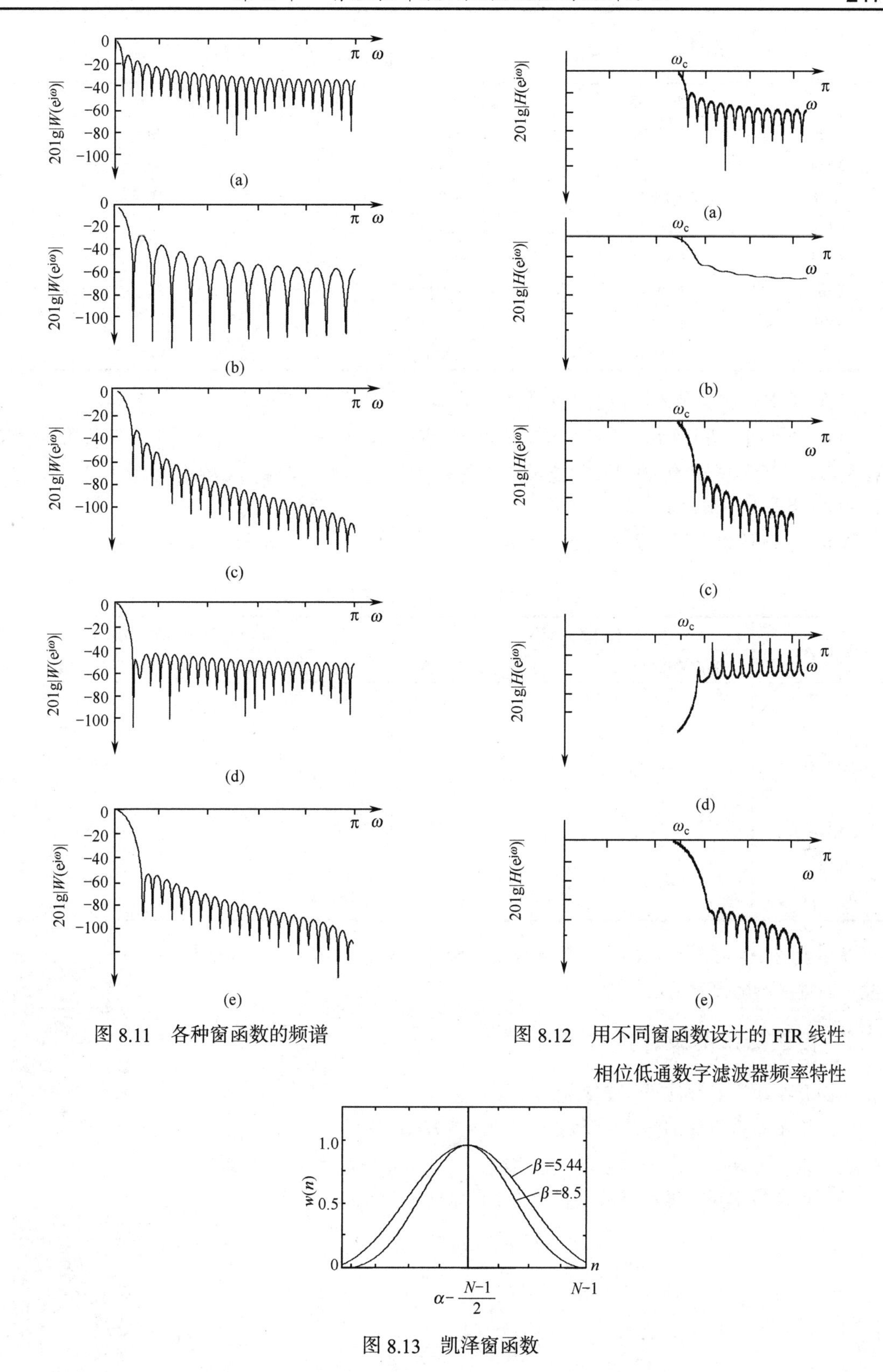

图 8.11　各种窗函数的频谱

图 8.12　用不同窗函数设计的 FIR 线性相位低通数字滤波器频率特性

图 8.13　凯泽窗函数

凯泽窗在不同 β 值下的性能归纳在表 8.2 中。

表 8.2　凯泽窗在不同 β 值下的性能

β	过 渡 带	通带纹波/dB	阻带最小衰减/dB
2.120	3.00π/N	±0.27	–30
3.384	4.46π/N	±0.0868	–40
4.538	5.86π/N	±0.0274	–50
5.658	8.24π/N	±0.00868	–60
6.764	8.64π/N	±0.00275	–70
8.865	10.0π/N	±0.000868	–80
8.960	11.4π/N	±0.000275	–90
10.056	12.8π/N	±0.000087	–100

当 $\beta=0$ 时，相当于矩形窗，因为 $I_0(0)=1$，所以 $h(n)=1,0\le n\le N-1$。

当 $\beta=5.44$ 时，相当于海明窗，但凯泽窗旁瓣频谱收敛得更快。海明窗除 0.037% 的能量外，都在主瓣内，而凯泽窗除 0.012% 的能量外都在主瓣内，因此能量在主瓣中更加集中。

当 $\beta=8.5$ 时，相当于布莱克曼窗。

表 8.3 归纳了以上讨论的六种窗函数的主要性能，供设计 FIR 滤波器时参考。

表 8.3　六种窗函数的主要性能

窗 函 数	窗谱性能指标		加窗后滤波器性能指标	
	旁瓣峰值幅度/dB	主瓣宽度/(2π/N)	过渡带宽Δω/(2π/N)	最小阻带衰减/dB
矩形窗	–13	2	0.9	–21
三角形窗	–25	4	2.1	–25
汉宁窗	–31	4	3.1	–44
海明窗	–41	4	3.3	–53
布莱克曼窗	–57	6	5.5	–74
凯泽窗（$\beta=8.865$）	–57		5	–80

从以上讨论可以看出，最小阻带衰减仅由窗形状决定，不受 N 的影响；而过渡带的宽度则随窗宽的增加而减小。

信号加窗效果图动画

8.2.4　窗函数法的设计步骤

下面介绍用窗函数法设计 FIR 滤波器的主要步骤。

（1）给出希望设计的滤波器的频率响应函数 $H_{\mathrm{d}}(\mathrm{e}^{\mathrm{j}\omega})$。

（2）根据允许的过渡带宽度及阻带衰减，初步选定窗函数及其长度 N。

（3）根据技术要求确定待求滤波器的单位采样响应 $h_{\mathrm{d}}(n)$：

$$h_{\mathrm{d}}(n)=\frac{1}{2\pi}\int_{-\pi}^{\pi}H_{\mathrm{d}}(\mathrm{e}^{\mathrm{j}\omega})\mathrm{e}^{\mathrm{j}\omega n}\mathrm{d}\omega \tag{8.66a}$$

或

$$h_{\mathrm{d}}(n)=\frac{1}{2\pi}\int_{0}^{2\pi}H_{\mathrm{d}}(\mathrm{e}^{\mathrm{j}\omega})\mathrm{e}^{\mathrm{j}\omega n}\mathrm{d}\omega \tag{8.66b}$$

各种窗函数介绍教学视频

（4）将 $h_{\mathrm{d}}(n)$ 与窗函数相乘得 FIR 数字滤波器的单位采样响应 $h(n)$：

$$h(n)=h_{\mathrm{d}}(n)w(n) \tag{8.67}$$

（5）按如下方法计算 FIR 数字滤波器的频率响应，并验证是否达到所要求的技术指标：

$$H(\mathrm{e}^{\mathrm{j}\omega})=\frac{1}{2\pi}H_{\mathrm{d}}(\mathrm{e}^{\mathrm{j}\omega})*W(\mathrm{e}^{\mathrm{j}\omega}) \tag{8.68}$$

或

$$H(\mathrm{e}^{\mathrm{j}\omega})=\sum_{n=0}^{N-1}h(n)\mathrm{e}^{-\mathrm{j}\omega n} \tag{8.69}$$

由 $H(\mathrm{e}^{\mathrm{j}\omega})$ 计算幅度响应 $H(\omega)$ 和相位响应 $\varphi(\omega)$。计算式（8.69）时可用 FFT 算法。若 $H(\mathrm{e}^{\mathrm{j}\omega})$ 或 $\varphi(\omega)$ 不满足要求，则可根据具体情况重复步骤（2）、（3）、（4）、（5），直到满足技术要求。

8.2.5　窗函数法计算中的主要问题

在实际设计中，有许多具体问题需要处理。第一个问题是当 $H_{\mathrm{d}}(\mathrm{e}^{\mathrm{j}\omega})$ 较复杂或者不能用封闭公式 $H_{\mathrm{d}}(\mathrm{e}^{\mathrm{j}\omega})$ 表示时，计算式（8.66）中 $h_{\mathrm{d}}(n)$ 的积分非常困难，解决办法是用求和来代替积分。可以对 $H_{\mathrm{d}}(\mathrm{e}^{\mathrm{j}\omega})$ 从 $\omega=0$ 到 $\omega=2\pi$ 采样 M 点，采样值为 $H_{\mathrm{d}}(\mathrm{e}^{\mathrm{j}\frac{2\pi}{M}k})$，$k=0,1,2,\cdots,M-1$，并用 $2\pi/M$ 代替式（8.66）中的 $\mathrm{d}\omega$，则式（8.66）可近似写成

$$h_M(n)=\frac{1}{M}\sum_{k=0}^{M-1}H_{\mathrm{d}}(\mathrm{e}^{\mathrm{j}\frac{2\pi}{M}k})\mathrm{e}^{\mathrm{j}\frac{2\pi}{M}kn} \tag{8.70}$$

根据频率采样定理，$h_M(n)$ 与 $h_{\mathrm{d}}(n)$ 应满足如下关系：

$$h_M(n)=\sum_{r=-\infty}^{\infty}h_{\mathrm{d}}(n+rM) \tag{8.71}$$

因此，若 M 选得较大（一般 $M\gg N$），则可以保证在窗口范围内 $h_M(n)$ 能很好地逼近 $h_{\mathrm{d}}(n)$。实际计算式（8.70）时，可以用 $H_{\mathrm{d}}(\mathrm{e}^{\mathrm{j}\omega})$ 的 M 点采样值进行 M 点 IDFT（IFFT）得到 $h_{\mathrm{d}}(n)$。

第二个问题是很难准确控制滤波器的通带边缘。这一问题一般采用多次设计来解决。如图 8.14 所示，理想低通滤波器的截止频率为 ω_{c}，由于窗函数主瓣的作用产生过渡带，出现了通带截止频率 ω_1 和阻带截止频率 ω_2。在 ω_1 和 ω_2 处的衰减是否满足通带和阻带的要求是不一定的。为了得到满意的结果，不得不假设不同的 ω_{c} 进行多次设计。

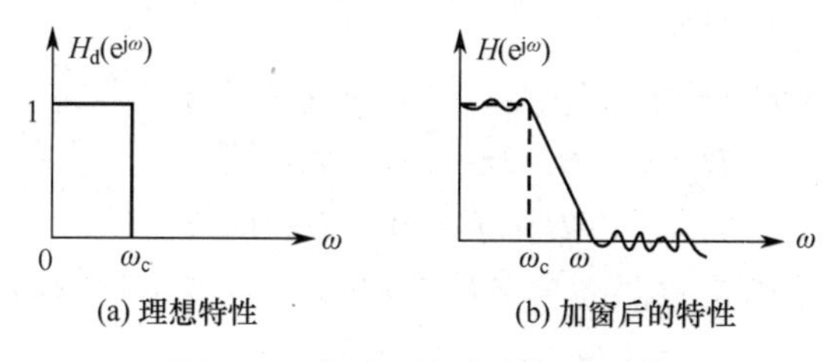

图 8.14　加窗对频率特性的畸变

第三个问题是需要确定窗函数的形状和窗序列的点数 N。这一困难可利用计算机采用累试法加以解决，以满足给定的频率响应要求。

总之，窗函数设计法的优点是简单，有闭合形式的公式可循，因而很实用；缺点是通带、阻带的截止频率不易控制。

窗函数设计法是从时域出发的一种设计法，但一般技术指标是在频域给出的。因此，下面介绍的频率采样设计法更为直接，尤其对于 $H_{\mathrm{d}}(\mathrm{e}^{\mathrm{j}\omega})$ 公式较复杂或 $H_{\mathrm{d}}(\mathrm{e}^{\mathrm{j}\omega})$ 不能用封闭公式表示而

用一些离散值表示时，频率采样设计法更为方便、有效。

8.3　利用频率采样法设计 FIR 滤波器

本节主要讨论频率采样设计法的设计原理、线性相位条件、误差逼近及其改进措施。

8.3.1　设计原理

假设待设计的滤波器的传递函数为 $H_{\rm d}(e^{j\omega})$，对它在 $\omega=0$ 到 2π 之间等间隔采样 N 点，得到 $H_{\rm d}(k)$ 为

$$H_{\rm d}(k)=H_{\rm d}(e^{j\omega})\Big|_{\omega=\frac{2\pi}{N}k},\ k=0,1,2,\cdots,N-1 \tag{8.72}$$

再对 N 点 $H_{\rm d}(k)$ 进行 IDFT，得到 $h(n)$ 为

$$h(n)=\frac{1}{N}\sum_{k=0}^{N-1}H_{\rm d}(k)e^{j\frac{2\pi}{N}kn},\ n=0,1,2,\cdots,N-1 \tag{8.73}$$

式中，$h(n)$ 作为所设计的滤波器的单位采样响应，其系统函数 $H(z)$ 为

$$H(z)=\sum_{n=0}^{N-1}h(n)z^{-n} \tag{8.74}$$

以上是用频率采样法设计滤波器的基本原理。另外在第 3 章学习了频域采样定理，曾得到利用频域采样值恢复原信号的 Z 变换公式，并由此公式得到的插值公式可重写如下：

$$H(z)=\frac{1-z^{-N}}{N}\sum_{k=0}^{N-1}\frac{H_{\rm d}(k)}{1-e^{j\frac{2\pi}{N}k}z^{-1}} \tag{8.75}$$

此式就是直接利用频率采样值 $H_{\rm d}(k)$ 形成滤波器的系统函数。式（8.74）和式（8.75）都属于利用频率采样法设计的滤波器，它们分别对应不同的网络结构，式（8.74）适合 FIR 直接型网络结构，式（8.75）适合频率采样结构。

8.3.2　用频率采样法设计线性相位滤波器的条件

FIR 滤波器具有线性相位的条件是 $h(n)$ 为实序列，且满足 $h(n)=\pm h(N-n-1)$。在此基础上可推导出其传递函数应满足的条件是

$$H_{\rm d}(e^{j\omega})=H_{\rm g}(\omega)e^{j\theta(\omega)},\ \theta(\omega)=-\frac{N-1}{2}\omega \tag{8.76}$$

$$H_{\rm g}(\omega)=H_{\rm g}(2\pi-\omega),\quad N\text{为奇数} \tag{8.77}$$

$$H_{\rm g}(\omega)=-H_{\rm g}(2\pi-\omega),\quad N\text{为偶数} \tag{8.78}$$

在 $\omega=0\sim2\pi$ 之间等间隔采样 N 点，$\omega_k=\frac{2\pi}{N}k,\ k=0,1,2,\cdots,N-1$。将 $\omega=\omega_k$ 代入式（8.75）至式（8.78），并写成 k 的函数，可得

$$H_{\rm d}(k)=H_{\rm g}(k)e^{j\theta(k)} \tag{8.79}$$

$$\theta(k)=-\frac{N-1}{2}\frac{2\pi}{N}k=-\frac{N-1}{N}\pi k \tag{8.80}$$

$$H_{\rm g}(k)=H_{\rm g}(N-k),\quad k\text{为奇数} \tag{8.81}$$

$$H_{\rm g}(k)=-H_{\rm g}(N-k),\quad k\text{为偶数} \tag{8.82}$$

式（8.79）至式（8.82）就是频率采样值满足线性相位的条件。式（8.81）和式（8.82）说明 N 为奇数时，$H_{\rm g}(k)$ 关于 $N/2$ 偶对称；N 为偶数时，$H_{\rm g}(k)$ 关于 $N/2$ 奇对称，且 $H_{\rm g}(N/2)=0$。

假设用理想低通滤波器作为所希望设计的滤波器，截止频率为 $\omega_{\rm c}$，采样点数取 N，$H_{\rm g}(k)$ 和

$\theta(k)$ 将用下面的公式计算。

N 为奇数时，

$$\begin{cases} H_{\mathrm{g}}(k)=H_{\mathrm{g}}(N-k)=1,\ k=0,1,2,\cdots,k_{\mathrm{c}} \\ H_{\mathrm{g}}(k)=0,\ k=k_{\mathrm{c}}+1,\ k_{\mathrm{c}}+2,\cdots,N-k_{\mathrm{c}}-1 \\ \theta(k)=-\frac{N-1}{N}\pi k,\ k=0,1,2,\cdots,N-1 \end{cases} \tag{8.83}$$

N 为偶数时，

$$\begin{cases} H_{\mathrm{g}}(k)=1,\quad k=0,1,2,\cdots,k_{\mathrm{c}} \\ H_{\mathrm{g}}(k)=0,\quad k=k_{\mathrm{c}}+1,k_{\mathrm{c}}+2,\cdots,N-k_{\mathrm{c}}-1 \\ H_{\mathrm{g}}(N-k)=-1,\quad k=0,1,2,\cdots,k_{\mathrm{c}} \\ \theta(k)=-\frac{N-1}{N}\pi k,k=0,1,2,\cdots,N-1 \end{cases} \tag{8.84}$$

上面的公式中，k_{c} 是小于等于 $\omega_{\mathrm{c}}N/(2\pi)$ 的最大整数。另外，对于高通和带阻滤波器，N 只能取奇数。

8.3.3　逼近误差及其改进措施

如果待设计的滤波器为 $H_{\mathrm{d}}(\mathrm{e}^{\mathrm{j}\omega})$，对应的单位采样响应为

$$h_{\mathrm{d}}(n)=\frac{1}{2\pi}\int_{-\pi}^{\pi}H_{\mathrm{d}}(\mathrm{e}^{\mathrm{j}\omega})\mathrm{e}^{\mathrm{j}\omega n}\mathrm{d}\omega \tag{8.85}$$

那么由频域采样定理知道，在频域的 0～2π 之间等间隔地采样 N 点，利用 IDFT 得到的 $h(n)$ 应是 $h_{\mathrm{d}}(n)$ 以 N 为周期延拓后乘以 $R_N(n)$，即

$$h(n)=\sum_{r=-\infty}^{\infty}h_{\mathrm{d}}(n+rN)R_N(n) \tag{8.86}$$

如果 $H_{\mathrm{d}}(\mathrm{e}^{\mathrm{j}\omega})$ 有间断点，那么相应的单位采样响应 $h_{\mathrm{d}}(n)$ 应是无限长的。这样，由于时域混叠，导致设计的 $h(n)$ 和 $h_{\mathrm{d}}(n)$ 存在偏差。为此，希望在频域的采样点数 N 加大。N 越大，设计的滤波器越逼近待设计的滤波器 $H_{\mathrm{d}}(\mathrm{e}^{\mathrm{j}\omega})$。

上面从时域方面分析了设计误差来源，下面从频域方面分析。采样定理表明，频域等间隔采样的 $H(k)$，经过 IDFT 得到 $h(n)$，其 Z 变换 $H(z)$ 和 $H(k)$ 的关系为

$$H(z)=\frac{1-z^{-N}}{N}\sum_{k=0}^{N-1}\frac{H(k)}{1-\mathrm{e}^{\mathrm{j}\frac{2\pi}{N}k}z^{-1}} \tag{8.87}$$

将 $z=\mathrm{e}^{\mathrm{j}\omega}$ 代入上式，得到

$$H(\mathrm{e}^{\mathrm{j}\omega})=\sum_{k=0}^{N-1}H(k)\varPhi\left(\omega-\tfrac{2\pi}{N}k\right) \tag{8.88}$$

式中，

$$\varPhi(\omega)=\frac{1}{N}\frac{\sin(\omega N/2)}{\sin(\omega/2)}\mathrm{e}^{-\mathrm{j}\omega\frac{N-1}{2}} \tag{8.89}$$

上式表明，在采样点 $\omega=2\pi k/N$，$k=0,1,2,\cdots,N-1$，$\varPhi(\omega-2\pi k/N)=1$，因此采样点处的 $H(\mathrm{e}^{\mathrm{j}\omega_k})\big|_{\omega_k=2\pi k/N}$ 与 $H(k)$ 相等，逼近误差为 0。在采样点之间，$H(\mathrm{e}^{\mathrm{j}\omega})$ 由有限项的 $H(k)\ \varPhi(\omega-2\pi k/N)$ 之和形成，其误差和 $H_{\mathrm{d}}(\mathrm{e}^{\mathrm{j}\omega})$ 特性的平滑程度有关，特性越平滑的区域，误差越小；特性曲线的间断点处，误差最大。表现形式为间断点用倾斜线取代，且间断点附近形成振荡特性，使阻带衰减减小，往往不能满足技术要求。当然，增加 N，可以减小逼近误差，但间断点附

近的误差仍然最大，且 N 太大会增大滤波器的复杂性与成本。

提高阻带衰减最有效的方法是在频率响应间断点附近的区间内插一个或几个过渡采样点，使不连续点变成缓慢过渡，如图 8.15 所示。这样，虽然加大了过渡带，但明显增大了阻带衰减。

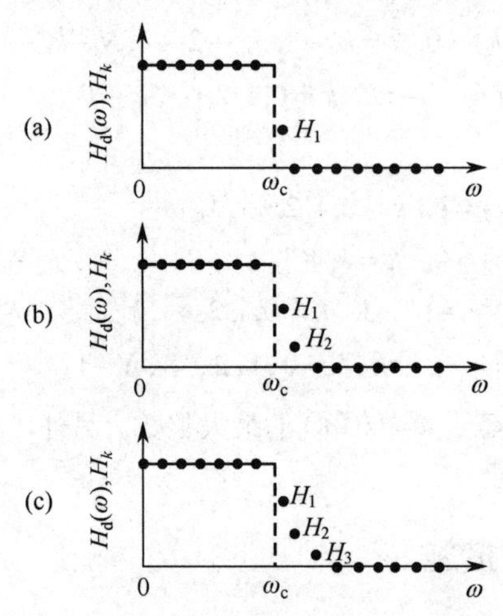

图 8.15　理想低通滤波器增加过渡点

频率采样法设计滤波器最大的优点是直接从频域进行设计，比较直观，也适合于设计具有任意幅度特性的滤波器；但边界频率不易控制，增加采样点数 N 对确定边界频率有好处，但 N 加大会增加滤波器的成本。因此，它适合于窄带滤波器的设计。

利用窗函数法_频率采样法设计 FIR 滤波器动画

8.4　IIR 与 FIR 数字滤波器的比较

前面讨论了 IIR 和 FIR 两种滤波器的基本网络结构和设计方法，本节简单比较这两种滤波器在性能、结构、设计及应用方面的特性。

频率采样法设计 MATLAB 教学视频

从性能上说，IIR 滤波器传递函数的极点可位于单位圆内的任何地方，因此可用较低的阶数获得高的选择性，所用的存储单元少，因而经济效率高；但是这个高效率是以相位的非线性为代价的，即选择性越好，相位非线性越严重。相反，FIR 滤波器可以得到严格的线性相位，然而由于 FIR 滤波器传递函数的极点固定在原点，所以只能用较高的阶数达到较高的选择性。对于同样的滤波器设计指标，FIR 滤波器所要求的阶数要比 IIR 滤波器高 5～10 倍，造成成本较高，信号延迟也较大；对于相同的选择性和相同的线性要求，IIR 滤波器必须加全通网络进行相位校正，而这同样要大大增加滤波器的阶数和复杂性。

从结构上看，IIR 滤波器必须采用递归结构，极点位置必须在单位圆内，否则系统将不稳定；另外，在这种结构中，由于运算过程中对序列的舍入处理，这种有限字长效应有时会引起寄生振荡。相反，FIR 滤波主要采用非递归结构，不论是在理论上还是在实际的有限精度运算中都不存在稳定性问题，运算误差也较小。此外，FIR 滤波器可以采用快速傅里叶变换算法，在相同阶数的条件下，运算速度可以快得多。

从设计工具上看，IIR 滤波器可以借助于模拟滤波器的设计成果，因此一般都有有效的封闭形式的设计公式可供准确计算，计算工作量较小，对计算工具的要求不高。FIR 滤波器设计则一般没有封闭形式的设计公式，窗函数法虽然仅对窗函数可以给出计算公式，但计算通带和阻带衰减等仍无显式表达式；一般情况下，FIR 滤波器的设计只有计算程序可循，因此对计算工具要求较高。

从应用范围看，IIR 滤波器虽然设计简单，但主要是用于设计具有分段常数特性的滤波器，如低通、高通、带通及带阻等滤波器，即往往脱离不了模拟滤波器的原型。而 FIR 滤波器要灵活得多，尤其能适应某些特殊的应用，如构成微分器或积分器，或用于巴特沃斯、切比雪夫等逼近不可能达到预定指标的情况，例如，由于某些原因要求三角形幅度响应或一些更复杂的幅频率响应，因而具有更广泛的适应性。

从上面的简单比较可以看到 IIR 与 FIR 滤波器各有所长，所以在实际应用时应该从多方面考虑来加以选择。例如，从使用要求看，在对相位要求不敏感的场合，如语音通信等，选用 IIR 较为合适，这样可以充分发挥其经济和高效的特点；而对于图像信号处理和数据传输等以波形携带信息的系统，则对线性相位要求较高，因此采用 FIR 滤波器较好。当然，在实际应用中选择滤波器时应考虑性能、经济、设计复杂性等多方面的因素。

8.5　FIR 数字滤波器设计综合举例与 MATLAB 实现

【例 8.1】 已知线性相位 FIR 滤波器的部分零点为 $z_1 = 2, z_2 = \mathrm{j}0.5, z_3 = \mathrm{j}$。

（1）试确定该滤波器的其他零点。

（2）设 $h(0)=1$，求该滤波器的系统函数 $H(z)$。

解：（1）根据 FIR 滤波器的零点复数必共轭成对分布的特点，可得

$$z_4 = z_2^* = -\mathrm{j}0.5,\ z_5 = z_3^* = -\mathrm{j}$$

且每个零点的倒数亦为零点，故有

$$z_6 = \frac{1}{z_1} = 0.5, z_7 = \frac{1}{z_2} = -\mathrm{j}2,\ z_8 = \frac{1}{z_3} = -\mathrm{j} = z_5,\ z_9 = \frac{1}{z_4} = \mathrm{j}2,\ z_{10} = \frac{1}{z_5} = \mathrm{j} = z_3$$

而实际有 8 个零点，它们分别为 $2, 0.5,\ \pm\mathrm{j}0.5, \pm\mathrm{j}, \pm\mathrm{j}2$。

（2）设系统函数 $H(z)$ 为 $H(z) = A\prod_{K=1}^{8}(1-z^{-1}z_k)$，由 $h(0)=1$ 可得 $A=1$。所以

$$H(z) = 1-2.5z^{-1}+6.25z^{-2}+13.15z^{-3}+10.5z^{-4}+13.15z^{-5}+6.25z^{-6}-2.5z^{-7}+z^{-8}$$

【例 8.2】 分别画出长度为 9 的矩形窗、汉宁窗、海明窗和布莱克曼窗的时域波形的幅频特性（dB）曲线；对照 8.2 节的原理分析，观察它们的各种参数的差别。

解： 编写窗函数的时域波形的 MATLAB 程序如下：

```
clear all; clc;
for n=0:8
 RN(n+1)=1;
end
for n=0:8
  whn(n+1)=0.5*(1-cos((pi*n)/4))* RN(n+1);
  whm(n+1)=(0.54-0.46*cos((pi*n)/4))* RN(n+1);
  wb(n+1)=(0.42-0.5*cos((pi*n)/4))+0.08*cos(pi*n/2)* RN(n+1);
end
n=0:8;
```

```
subplot(221),stem(n, RN(n+1),'.');grid;
title('(a)矩形窗');
subplot(222),stem(n, whn(n+1),'.');grid;
title('(b)汉宁窗');
subplot(223),stem(n, whm(n+1),'.');grid;
title('(c)海明窗');
subplot(224),stem(n, whm(n+1),'.');grid;
title('(d)布莱克曼窗');
```

运行上述程序得到 4 种窗函数的时域波形如图 8.16 所示。

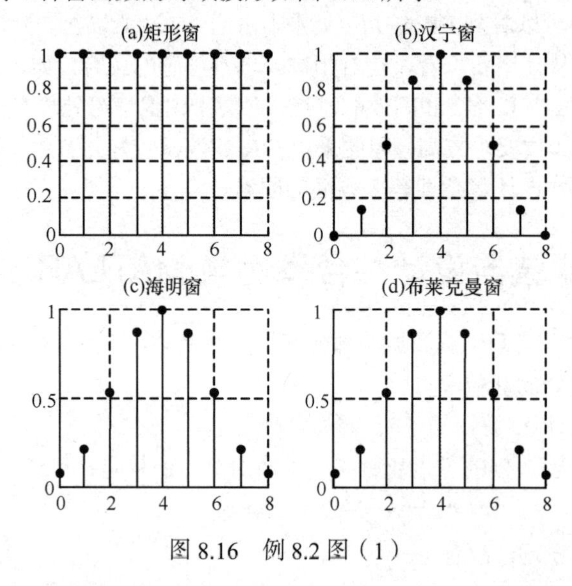

图 8.16 例 8.2 图（1）

编写窗函数的幅频特性的 MATLAB 程序如下：

```
clear all; clc;
for n=0:8
 RN(n+1)=1;
end
fh=fft(RN,1024);
fh=20*log10(abs(fh));
wk=0:1023;
wk=2*wk/1024;
subplot(221),plot(wk,fh);grid on;
title('(a)矩形窗');
for n=0:8
    whm(n+1)=(0.54-0.46*cos((pi*n)/4))* RN(n+1);
end
fh=fft(whm,1024);
fh=20*log10(abs(fh));
wk=0:1023;
wk=2*wk/1024;
subplot(222),plot(wk,fh);grid on;
title('(b)汉宁窗');
```

```
for n=0:8
    whn(n+1)=0.5*(1-cos((pi*n)/4))* RN(n+1);
end
fh=fft(whn,1024);
fh=20*log10(abs(fh));
wk=0:1023;
wk=2*wk/1024;
subplot(223),plot(wk,fh);grid on;
title('(c)海明窗');
for n=0:8
    wb1(n+1)=(0.42-0.5*cos((pi*n)/4))+0.08*cos(pi*n/2)* RN(n+1);
end
fh=fft(wb1,1024);
fh=20*log10(abs(fh));
wk=0:1023;
wk=2*wk/1024;
subplot(224),plot(wk,fh);grid on;
title('(d)布莱克曼窗');
```

运行上述程序得到 4 种窗函数的幅频特性曲线如图 8.17 所示。

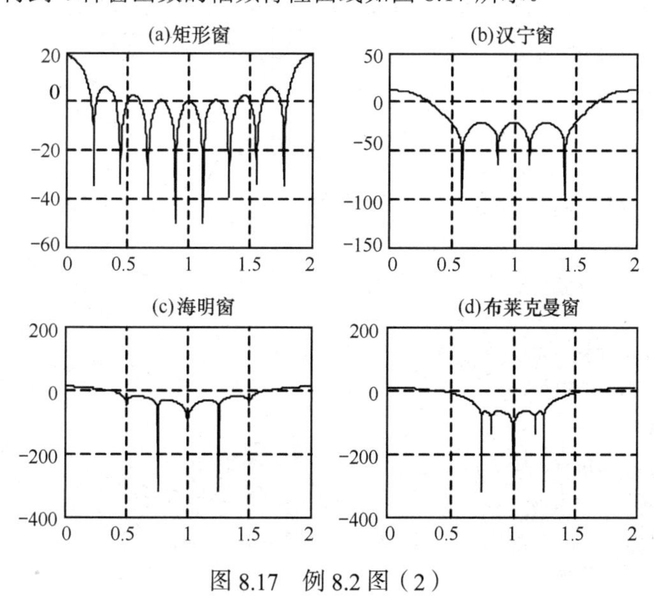

图 8.17　例 8.2 图（2）

【例 8.3】 试根据 8.1.3 节的理论分析，利用 MATLAB 分别讨论 4 种情况下线性相位 FIR 滤波器的单位冲激响应、幅度响应和零极点分布。

解：（1）N 为奇数、$h(n)$ 偶对称的情况。设 $h(n)=\{-4, 2, -1, -2, 5, 6, 5, -2, -1, 2, -4\}$，编写的 MATLAB 程序如下：

```
h=[-4,2,-1,-2,5,6,5,-2,-1,2,-4];
M=length(h);
n=0:M-1;
[Hr,w,a,L]=hr_type1(h);
subplot(221);stem(n,h,'.');grid on;title('1 型单位冲激响应 h(n)');
```

```
subplot(222);plot(w/pi, Hr);grid on;title('1型振幅响应H(w)');
subplot(223);stem(0: L,a,'.');grid on;title('a(n)系数');
subplot(224);zplane(h,1,'.');grid on;title('零极点分布');
```

运行上述程序得到如图 8.18 所示的结果。由于 $N=11$，$h(n)$ 偶对称，故振幅响应 $H(\omega)$ 关于 $\omega=0,\pi,2\pi$ 偶对称。在 z 平面上有 10 个零点，这些零点有一定的对称性；在原点有一个 10 重极点。

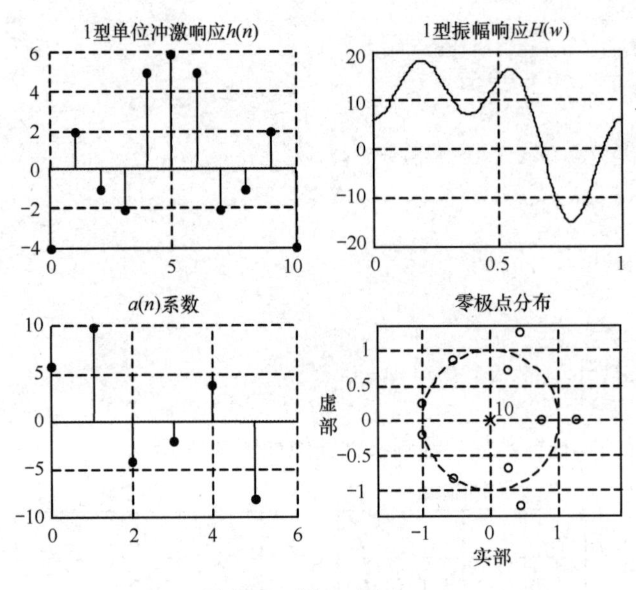

图 8.18 例 8.3 图（1）

（2）N 为偶数、$h(n)$ 偶对称的情况。设 $h(n)=\{-4, 1, -1, -2, 5, 6, 6, 5, -2, -1, 1, -4\}$，编写的 MATLAB 程序如下：

```
h=[-4,1,-1,-2,5,6,6,5,-2,-1,1,-4];
M=length(h);
n=0:M-1;
[Hr,w,b,L]=hr_type2(h);
subplot(221);stem(n,h,'.');grid on;title('2型单位冲激响应h(n)');
subplot(222);plot(w/pi, Hr);grid on;title('2型振幅响应H(w)');
subplot(223);stem(1: L,b,'.');grid on;title('b(n)系数');
subplot(224); zplane (h,1,'.');grid on;title('零极点分布');
```

运行上述程序得到的结果如图 8.19 所示。由于 $N=12$，$h(n)$ 偶对称，故振幅响应 $H(\omega)$ 关于 $\omega=\pi$ 奇对称。在 z 平面上有 11 个零点，这些零点有一定的对称性；在原点有一个 11 重极点。

（3）N 为奇数、$h(n)$ 奇对称的情况。设 $h(n)=\{-4, 1, -1, -2, 5, 0, -5, 2, 1, -1, -4\}$，编写的 MATLAB 程序如下：

```
h=[-4,1,-1,-2,5,0,-5, 2, 1,-1,-4];
M=length(h);
n=0:M-1;
[Hr,w,c,L]=hr_type3(h);
subplot(221);stem(n,h,'.'); axis([0,10,-6,6]);grid on;title('3型单位冲激响应h(n)');
subplot(222);plot(w/pi,Hr);grid on;title('3型振幅响应H(w)');
subplot(223);stem(0:L,c,'.');grid on;title('c(n)系数');
```

```
subplot(224);zplane(h,1,'.');grid on;title('零极点分布');
```

运行上述程序得到的结果如图 8.20 所示。由于 N=11，$h(n)$奇对称，故振幅响应 $H(\omega)$关于 $\omega=0,\pi,2\pi$ 奇对称。在 z 平面上有 10 个零点，这些零点有一定的对称性；在原点有一个 10 重极点。

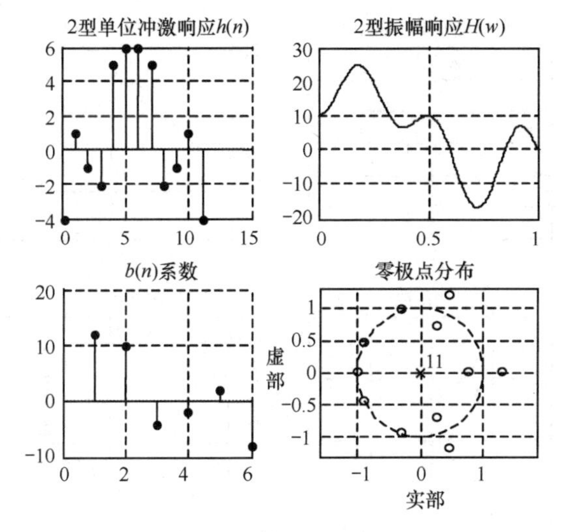

图 8.19　例 8.3 图（2）

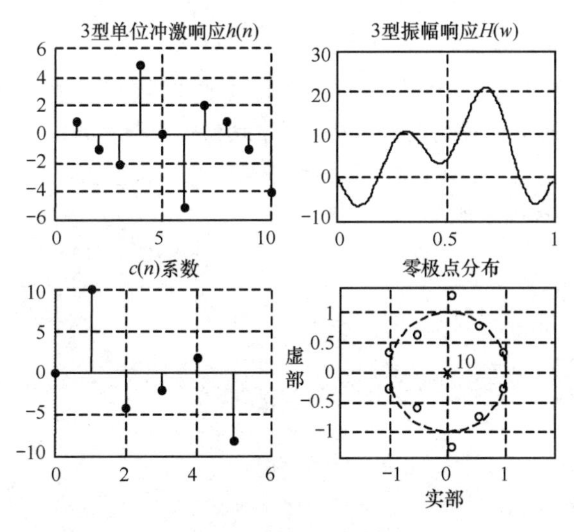

图 8.20　例 8.3 图（3）

（4）N 为偶数、$h(n)$ 奇对称的情况。设 $h(n)=\{-4, 1, -1, -2, 5, 0, -5, 2, 1, -1, -4\}$，编写的 MATLAB 程序如下：

```
h=[-4,1,-1,-2,5,0,-5, 2, 1,-1, -4];
M=length(h);
n=0:M-1;
[Hr,w,d,L]=hr_type4(h);
subplot(221);stem(n,h,'.'); axis([0,10,-6,6]);grid on;title('4 型单位冲激响应 h(n)');
subplot(222);plot(w/pi, Hr);grid on;title('4 型振幅响应 H(w)');
subplot(223);stem(1: L,d,'.');grid on;title('d(n)系数');
subplot(224); zplane (h,1,'.');grid on;title('零极点分布');
```

运行上述程序得到的结果如图8.21所示。由于$N=12$，$h(n)$奇对称，故振幅响应$H(\omega)$关于$\omega=0,2\pi$奇对称，关于$\omega=\pi$偶对称。在z平面上有11个零点，这些零点有一定的对称性；在原点有一个11重极点。

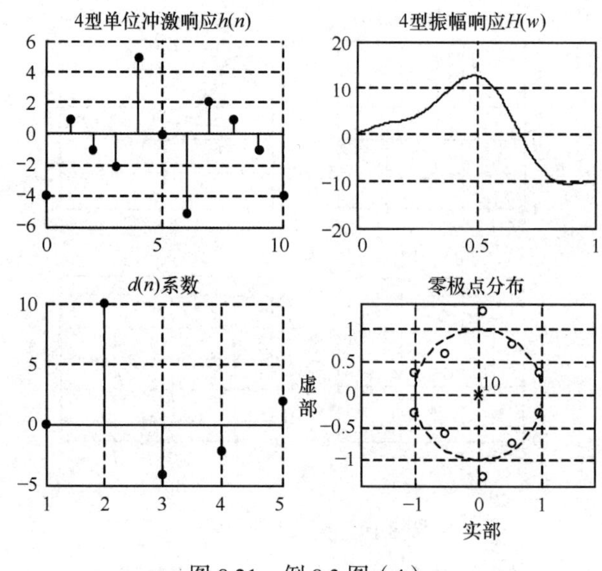

图8.21　例8.3图（4）

【例8.4】 用窗函数法设计一个线性相位FIR低通滤波器，通带截止频率为$\omega_P=0.5\pi$，阻带截止频率为$\omega_S=0.6\pi$，通带衰减不大于3dB，阻带衰减不低于40dB。

解： 为了满足线性相位的要求，窗函数必须是对称的。本题分别采用海宁窗和布莱克曼窗进行设计，编写的MATLAB程序如下：

```
wp=0.5*pi;
ws=0.6*pi;
wdel=ws-wp;
wn=(0.5+0.6)*pi/2;
N1=ceil(8*pi/wdel);                    %海宁窗函数长度
N2= ceil(12*pi/wdel);                  %布莱克曼窗长度
window1=hanning(N1+1);                 %海宁窗
window2=blackman(N2+1);                %布莱克曼窗
window3= hanning (2*N1+1);
b1=fir1(N1,wn/pi, window1);
b2=fir1(N2,wn/pi, window2);
b3=fir1(2*N1,wn/pi, window3);
figure(1)
freqz(b1)
figure(2)
freqz(b2)
figure(3)
freqz(b3)
```

运行上述程序得到如图8.22所示的结果，其中图8.22(a)为采用海宁窗设计的FIR滤波器，图8.22(b)为采用布莱克曼窗设计的FIR滤波器，图8.22(c)为采用布莱克曼窗设计的FIR滤波器，阶数是原最低阶数的 2 倍。加窗后使得 $H_d(e^{j\theta})$ 在截止频率的间断点处变成了连续曲线，出现了过渡带，其宽度为窗函数的主瓣宽度，且使得幅频特性出现了波动。增加窗函数的长度能够减小过渡带宽，但不能减小波动程度，为此必须选用合适的窗函数。

【例 8.5】 利用频率采样法设计线性相位低通滤波器，要求截止频率 $\omega_c = \pi/2\,\text{rad}$，采样点数 $N = 33$，选用条件 $h(n) = h(N-1-n)$。

解： 用理想低通作为逼近滤波器。由式（8.83）得

$$H_g(k) = H_g(33-k) = 1,\ k = 0,1,2,\cdots,8$$

$$H_g(k) = 0,\ k = 9,10,\cdots,23,24$$

$$\theta(k) = -\tfrac{32}{33}\pi k,\ k = 0,1,2,\cdots,32$$

对理想低通幅度特性的采样情况如图 8.23 所示。

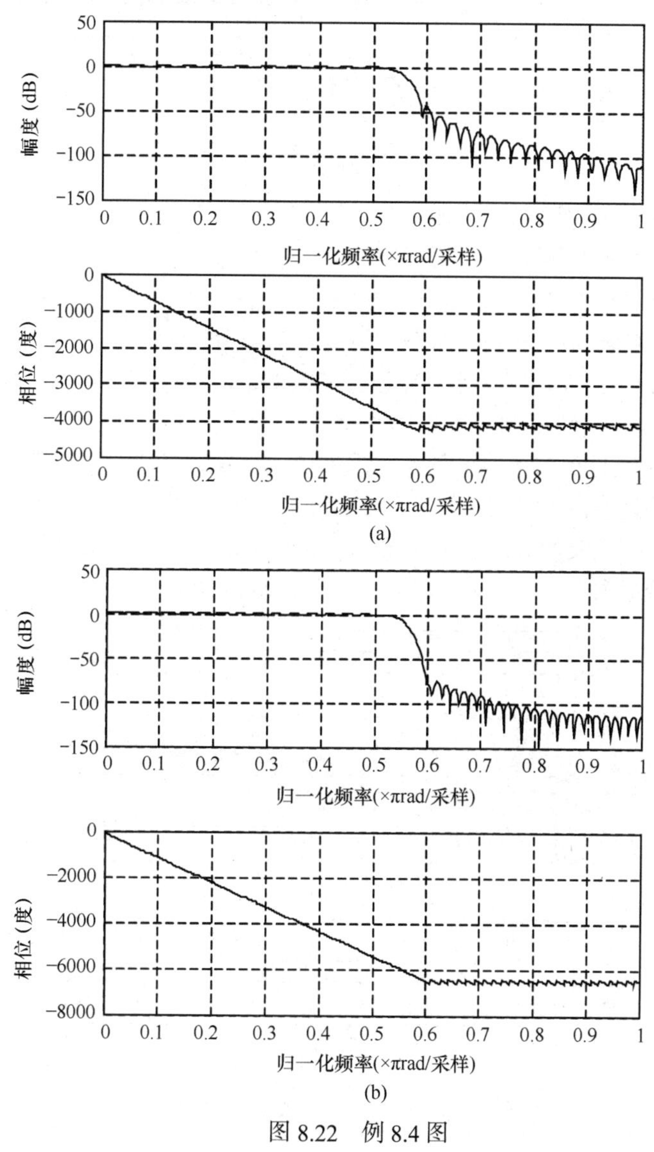

图 8.22　例 8.4 图

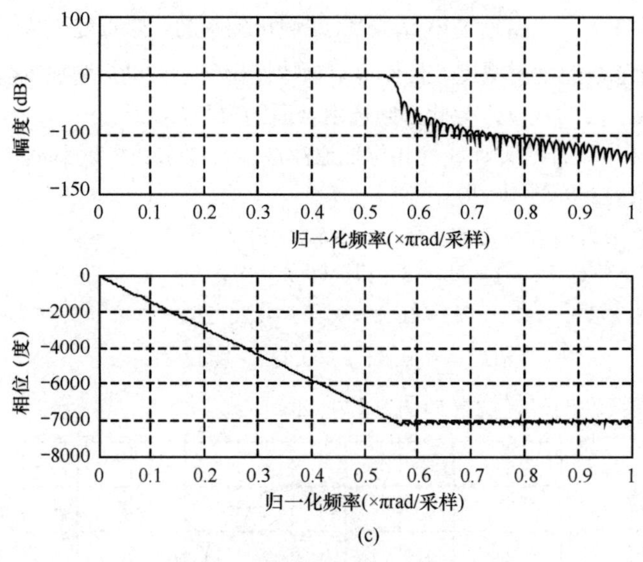

(c)

图 8.22　例 8.4 图（续）

将采样得到的 $H_{\mathrm{d}}(k)=H_{\mathrm{g}}(k)\mathrm{e}^{\mathrm{j}\theta(k)}$ 求 IDFT，得到 $h(n)$，计算其频率响应，其幅度特性如图 8.24(a)所示。该图表明，从 $16\pi/33$ 到 $18\pi/33$ 之间增加了一个过渡带，阻带最小衰减略小于 20dB。为加大阻带衰减，增加一个过渡点 $H_1=0.5$，得到的滤波器的幅度特性如图 8.24(b)所示，过渡带加宽了 1 倍，但阻带最小衰减加大到约 30dB。因此，这种用加宽过渡带换取阻带衰减的方法是很有效的。$H_1=0.3904$ 时，幅度特性如图 8.24(c)所示，阻带最小衰减可达 40dB。此例说明过渡点的取值不同也会影响阻带衰减，可以借助于计算机进行过渡带优化设计，通过过渡点取值的改变使最小阻带衰减最大。

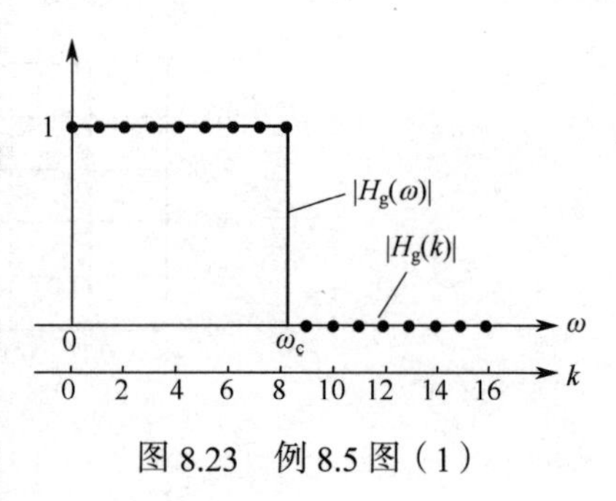

图 8.23　例 8.5 图（1）

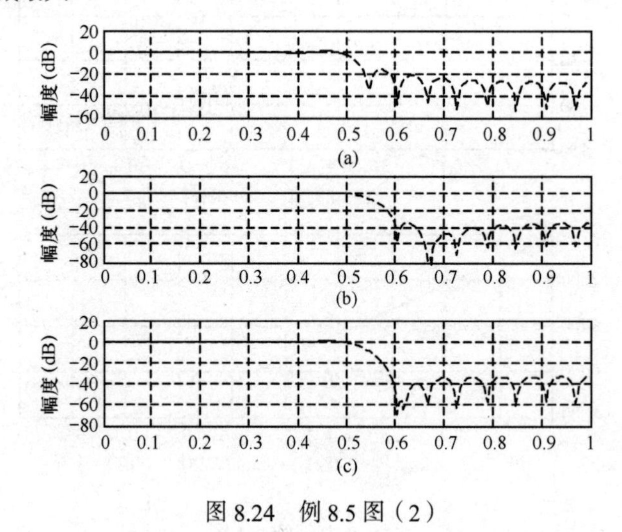

图 8.24　例 8.5 图（2）

如果将该例中的 N 加大到 $N=65$，采用两个过渡点，那么可保持过渡带和原例的过渡带相同，但两个过渡点的取值通过过渡带优化设计为 $H_1=0.5886$ 和 $H_2=0.1065$。此时，得到的滤波器的幅度特性如图 8.25 所示，图中表明阻带最小衰减超过 60dB。虽然此例中的过渡带没有增加，但阶次 N 增加了近一倍，运算量加大了。

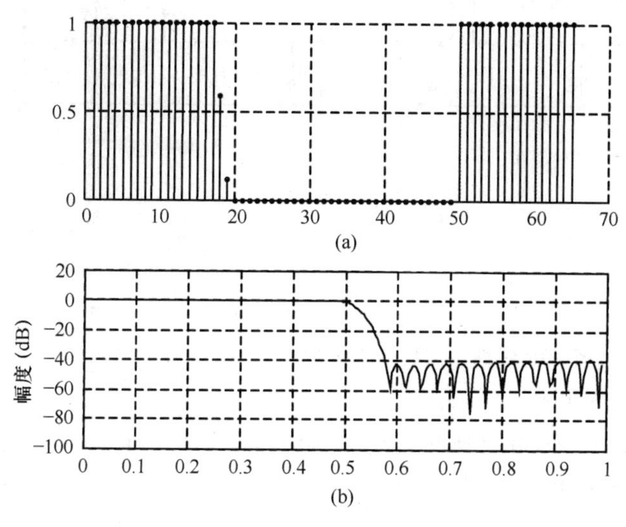

图 8.25　例 8.5 图（3）

【例 8.6】 设计一个简单的 FIR 滤波器（只有零点，极点只能出现在原点），要求抑制 60Hz 的正弦干扰信号，被干扰的信号是一个 200Hz 的有用正弦信号。试确定该滤波器的系统函数，并计算输入信号为 $x_a(t)=\sin(400\pi t)+\sin(120\pi t)$ 时该滤波器的输出。设滤波器的采样频率为 $f_s=1.6\text{kHz}$。

解： 先将模拟信号经过采样转化为序列，表达式为

$$x(n)=x_a(t)|_{t=nT}=\sin(400\pi n/f_s)+\sin(120\pi n/f_s)$$

即有

$$x(n)=\sin(0.25\pi n)+\sin(0.075\pi n)$$

序列的两个频率分别为 0.25π 和 0.075π。为了滤除 60Hz（数字频率为 0.075π）的干扰频率，可在单位圆上设置两个共轭零点，位置在 0.075π 处，对应的系统函数为

$$H(z)=K(1-\mathrm{e}^{\mathrm{j}0.075\pi}z^{-1})(1-\mathrm{e}^{-\mathrm{j}0.075\pi}z^{-1})=K(1-2\cos(0.075)z^{-1}+z^{-2})$$

为了保证 $z=-1$ 处的幅度为 1，选择 $K=1/3.9447$。相应的差分方程为

$$y(n)=K\left[x(n)-1.9447x(n-1)+x(n-2)\right]$$

当 $x(n)=\sin(0.25\pi n)+\sin(0.75\pi n)$ 时，求解 $y(n)$ 的 MATLAB 程序如下：

```
n=0:30;
xn=sin(0.25*pi*n);
B=[1,-2*cos(0.075*pi),1];
A=1;K=1/3.947;              %差分方程系数
yn=K*filter(B,A,xn);
n=0:length(xn)-1;
subplot(321);stem(n,xn,'.');line([0,30],[0,0])
title('(a)输入 x(n)');xlabel('n');ylabel('x(n)')
n=0:length(yn)-1;
subplot(325);stem(n,yn,'.');line([0,30],[0,0])
title('(b)输出 y(n)');xlabel('n');ylabel('y(n)')
```

运行该程序得到输入 $x(n)$ 和输出 $y(n)$ 的波形如图 8.26 所示。

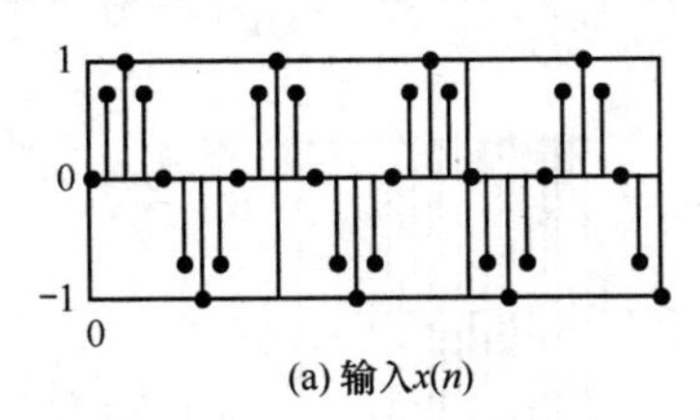

(a) 输入$x(n)$

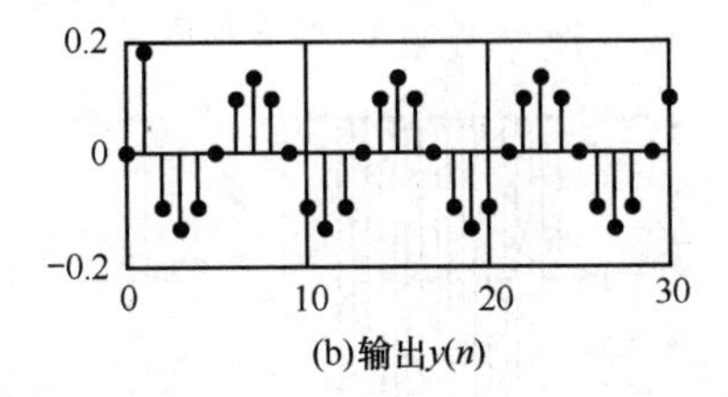

(b) 输出$y(n)$

图 8.26　例 8.6 图

FIR 数字滤波器设计举例视频

窗函数与线性相位 FIR 数字滤波器教学视频

习题

8.1　用矩形窗设计一个 FIR 线性相位数字低通滤波器，已知 $\omega_c = 0.5\pi, N = 21$。求出 $h(n)$ 并画出 $20\lg\left|H(e^{j\omega})\right|$ 的曲线。

8.2　用三角形窗设计一个 FIR 线性相位数字低通滤波器，已知 $\omega_c = 0.5\pi, N = 51$。求出 $h(n)$ 并画出 $20\lg\left|H(e^{j\omega})\right|$ 的曲线。

8.3　用汉宁窗设计一个 FIR 线性相位数字高通滤波器：

$$H_d(e^{j\omega}) = \begin{cases} e^{-j(\omega-\pi)\alpha}, & \pi - \omega_c \le \omega \le \pi \\ 0, & 0 \le \omega < \pi - \omega_c \end{cases}$$

设 $\omega_c = 0.5\pi, N = 51$。试求出 $h(n)$ 的表达式，确定 α 与 N 的关系，并画出 $20\lg\left|H(e^{j\omega})\right|$ 的曲线。

8.4　用海明窗设计一个 FIR 线性相位数字带通滤波器：

$$H_d(e^{j\omega}) = \begin{cases} e^{-j\pi n}, & \omega_0 - \omega_c \le \omega \le \omega_0 + \omega_c \\ 0, & 0 \le \omega < \omega_0 - \omega_c, \quad \omega_0 + \omega_c < \omega \le \pi \end{cases}$$

设 $\omega_c = 0.2\pi, \omega_0 = 0.5\pi, N = 51$。试求出 $h(n)$ 的表达式，并画出 $20\lg\left|H(e^{j\omega})\right|$ 的曲线。

8.5　用布莱克曼窗设计一个 FIR 线性相位 90° 相移的数字带通滤波器：

$$H_d(e^{j\omega}) = \begin{cases} je^{-j\pi n}, & \omega_0 - \omega_c \le \omega \le \omega_0 + \omega_c \\ 0, & 0 \le \omega < \omega_0 - \omega_c, \quad \omega_0 + \omega_c < \omega \le \pi \end{cases}$$

设 $\omega_c = 0.2\pi, \omega_0 = 0.6\pi, N = 51$。试求出 $h(n)$ 的表达式，并画出 $20\lg\left|H(e^{j\omega})\right|$ 的曲线。

8.6　用凯泽窗设计一个 FIR 线性相位数字低通滤波器，若输入参数为低通截止频率 ω_c、冲激响应长度 N 及凯泽窗系数 β，求出 $h(n)$ 并画出 $20\lg\left|H(e^{j\omega})\right|$ 的曲线。

8.7　试选择合适的窗函数及 N 来设计一个线性相位数字低通滤波器：

$$H_d(e^{j\omega}) = \begin{cases} e^{-j\omega\alpha}, & 0 \le \omega \le \omega_c \\ 0, & \omega_c \le \omega \le \pi \end{cases}$$

要求滤波器的最小阻带衰减为 −45dB，过渡带宽度为 $\frac{8}{51}\pi$。

（1）设 $\omega_c = 0.5\pi$，求出 $h(n)$ 并画出 $20\lg\left|H(e^{j\omega})\right|$ 的曲线。

（2）保留原有轨迹，画出用满足所给条件的其他几种窗函数设计的 $20\lg\left|H(e^{j\omega})\right|$ 的曲线。

8.8　已知图 P8.8(a)中的 $h_1(n)$ 是一个偶对称序列，且 $N = 8$；图 P8.8(b)中的 $h_2(n)$ 是 $h_1(n)$ 的 4 点循环（圆周）移位后得到的序列，即

$$h_2(n) = h_1((4-n))_8 \cdot R_8(n)$$

（1）求出 $h_1(n)$ 的 DFT 与 $h_2(n)$ 的 DFT 之间的关系，即确定 $\left|H_1(k)\right|$ 与 $\left|H_2(k)\right|$ 及相位 $\theta_1(k)$ 与 $\theta_2(k)$

之间的关系。

（2）由 $h_1(n)$ 和 $h_2(n)$ 可以构成两个 FIR 数字滤波器，试问它们是否是线性相位的？时延为多少？

（3）这两个滤波器的性能是否相同？为什么？若不同，谁优谁劣？

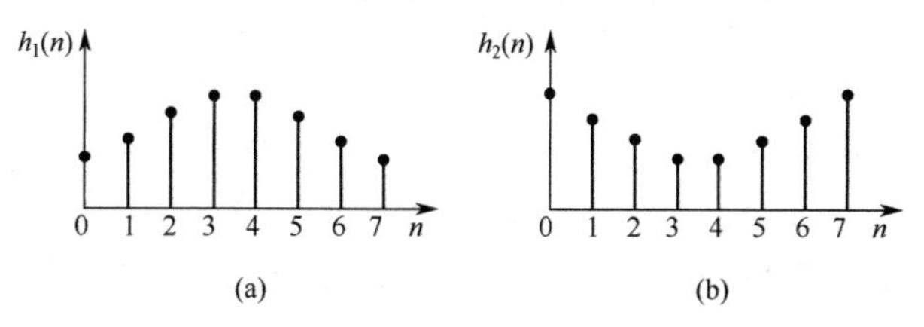

图 P8.8　题 8.8 图

8.9　一个离散时间系统的系统函数为

$$H(z)=(1-0.85\mathrm{e}^{\mathrm{j}0.2\pi}z^{-1})(1-0.85\mathrm{e}^{-\mathrm{j}0.2\pi}z^{-1})(1-1.5\mathrm{e}^{\mathrm{j}0.3\pi}z^{-1})(1-1.5\mathrm{e}^{-\mathrm{j}0.3\pi}z^{-1})(1-0.7z^{-1})(1-1.2z^{-1})$$

若移动其零点可得到新的系统，但必须满足下列两个条件：① 新系统和 $H(z)$ 具有相同的幅频率响应；② 新系统的单位冲激响应仍为实数，并且其长度和原系统一样。试问：

（1）可得几个不同的系统？

（2）哪个是最小相位的？哪个是最大相位的？

8.10 一个线性相位带通滤波器的频率响应为

$$H_{\mathrm{BP}}(\mathrm{e}^{\mathrm{j}\omega})=H_{\mathrm{BP}}(\omega)\mathrm{e}^{\mathrm{j}\varphi(\omega)}$$

（1）试证明一个线性相位带阻滤波器可表示成

$$H_{\mathrm{BR}}(\mathrm{e}^{\mathrm{j}\omega})=\left[1-H_{\mathrm{BP}}(\omega)\right]\cdot\mathrm{e}^{\mathrm{j}\varphi(\omega)},\quad 0\le\omega\le\pi$$

（2）试用带通滤波器的单位冲激响应 $h_{\mathrm{BP}}(n)$ 来表示带阻滤波器的单位冲激响应 $h_{\mathrm{BR}}(n)$。

8.11 试证明当 FIR 数字滤波器的单位冲激响应 $h(n)$ 具有反对称性质，即 $h(n)=-h(N-1-n)$ 时，其相位具有分段线性的性质，即

$$\varphi(\omega)=-\tfrac{N-1}{2}\omega+\tfrac{\pi}{2}$$

且当 N 为奇数时，滤波器的幅度响应为

$$H(\omega)=\sum_{n=1}^{(N-1)/2}c(n)\sin(\omega n)$$

其中，$c(n)=2h\left(\tfrac{N-1}{2}-n\right)$，$n=1,2,\cdots,\tfrac{N-1}{2}$。

8.12 若一个最小相位 FIR 系统的单位冲激响应为 $h_{\min}(n), n=0,1,2,\cdots,N-1$，另一个 FIR 系统的单位冲激响应 $h(n)$ 为

$$h(n)=h_{\min}(N-1-n),\quad n=0,1,2,\cdots,N-1$$

试证明：

（1）系统 $h(n)$ 与系统 $h_{\min}(n)$ 具有相同的幅频率响应。

（2）系统 $h(n)$ 是最大相位延迟系统。

8.13 试用 MATLAB 编程设计实现习题 8.1 和习题 8.2 的 FIR 线性相位数字低通滤波器。

8.14 试用 MATLAB 编程设计实现习题 8.5 的 FIR 线性相位 90° 相移的数字带通滤波器。

8.15 选择合适的窗函数及 N，试用 MATLAB 编程设计实现习题 8.7 的 FIR 线性相位数字低通滤波器，并分析、比较相应的结果。

第 9 章　多采样率数字信号处理

在前面各章节讨论的离散时间信号与系统，都把采样频率 f_s 视为一个固定值，即系统对所有信号的采样都是相同的。但在实际应用系统中，有时要求系统的工作频率是变化的，这就会遇到采样频率转换的问题，这样的系统称为多采样率数字信号处理系统。多采样率数字信号处理在数字语音系统、数字视频系统、通信系统等中有着广泛的应用。例如，在数字电视中既要传输语音信号，又要传输图像信号，这两种信号的频率很不相同，采样频率也自然不同，系统必然要工作在多采样频率状态。又如，在数字电话中，同时要传输语音、传真甚至视频信号，几种信号的带宽相差很大，所以系统也应具备多采样频率功能，并能根据传输的要求进行频率转换。近年来，多采样率数字信号处理已成为数字信号处理领域中极其重要的研究内容之一。

实现采样频率转换的一个直接思想是，首先把用采样频率 f_{s1} 采样得到的数字信号 $x(n)$ 通过 D/A 转换变成模拟信号 $x_a(t)$，然后将模拟信号 $x_a(t)$ 用采样频率 f_{s2} 通过 A/D 转换变成数字信号。由于存在量化误差和失真，所以易引入信号损伤，进而影响信号处理的精度。因此，在实际应用中，频率转换是直接在数字域中进行的。采样频率的转换有抽取（decimation）和插值（interpolation）两种，前者通过去掉冗余数据来实现采样频率的降低，后者通过增加数据来实现采样频率的提高。本章讨论抽取和内插的基本原理与实现方法。

9.1　信号的整数倍抽取

信号的抽取是实现频率降低的方法。在第 2 章讨论过，当采样频率大于信号最高频率的 2 倍时，不会产生混叠失真。显然，当采样频率远高于信号的最高频率时，采样后的信号就会有冗余数据。此时，通过信号的抽取来降低采样频率，同样不会产生混叠失真。抽取可以是整数倍抽取，也可以是有理数因子抽取，这里仅讨论按 D 整数倍进行抽取，用符号 $\boxed{\downarrow D}$ 表示采样频率变换为原来的 $1/D$。

9.1.1　信号整数倍抽取的时域描述

设 $x_a(t)$ 是一个连续时间信号，以采样频率 f_{s1} 对其采样得到离散时间信号 $x(n)$，即

$$x(n) = x_a(nT_1) \tag{9.1}$$

式中，$T_1 = 1/f_{s1}$ 为采样周期。若希望将采样频率降低为 f_{s2}，且 $f_{s2} = f_{s1}/D$，则需要对 $x(n)$ 每隔 $D-1$ 个点抽取一个值，去掉两个抽取点之间的 $D-1$ 个值，得到新离散时间信号 $x_d(n)$，即

$$x_d(n) = x(nD) \tag{9.2}$$

上述过程可以用图 9.1 所示的系统框图表示。

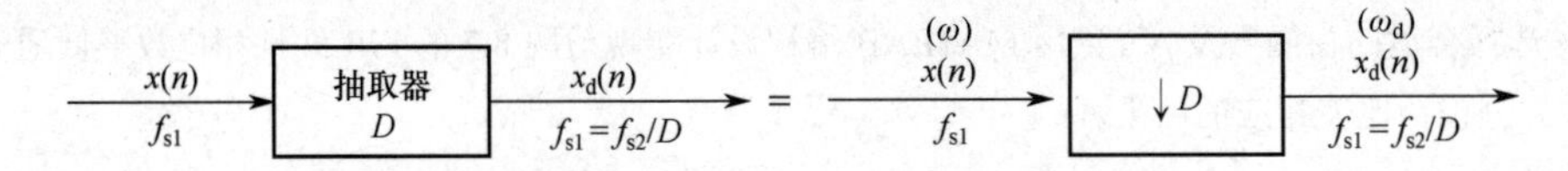

图 9.1　D 整数倍抽取的系统框图

如果原序列 $x(n)$ 如图 9.2(a)所示，那么当 $D=4$ 时得到的序列 $x_{\mathrm{d}}(n)$ 如图 9.2(b)所示。此时采样频率 $f_{s1}=f_{s2}D$，采样周期 $T_1=T_2/D$，显然经过 D 整数倍抽取后，序列 $x_{\mathrm{d}}(n)$ 的采样频率是原序列 $x(n)$ 的采样频率的 $1/D$。

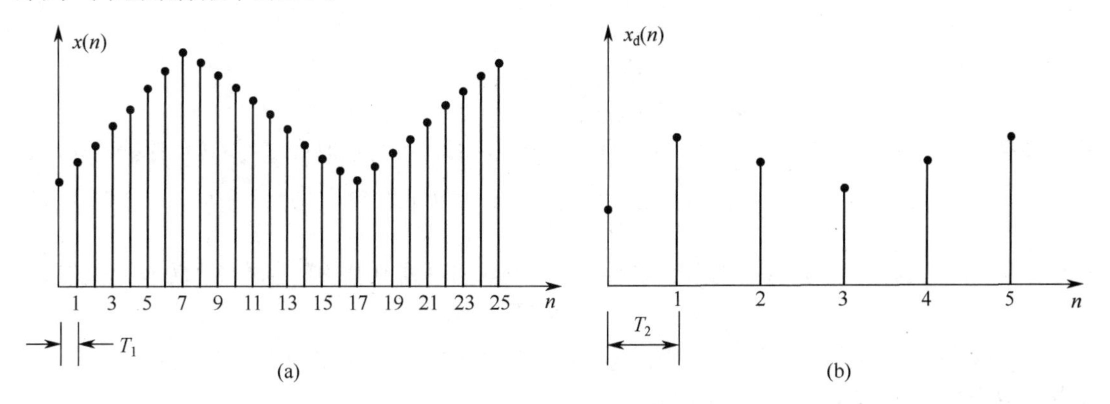

图 9.2　序列 $x(n)$ 的 D 整倍时域抽取示意图

9.1.2　信号整数倍抽取的频域解释

信号整数倍抽取效果动画

式（9.2）可以写成如下形式：

$$x_{\mathrm{d}}(n)=x(n)\delta_D(n) \tag{9.3}$$

式中，$\delta_D(n)=\sum_{l=-\infty}^{\infty}\delta(n-lD)$ 为周期单位冲激序列，当且仅当 n 为 D 的整数倍时，$\delta_D(n)$ 的值为 1，n 为其他值时为零。频率转换后该序列的 Z 变换为

$$X_{\mathrm{d}}(z)=\sum_{n=-\infty}^{\infty}x_{\mathrm{d}}(n)z^{-n}=\sum_{n=-\infty}^{\infty}x(Dn)z^{-n} \tag{9.4}$$

将式（9.3）代入上式并结合 $\delta_D(n)$ 的性质可得

$$X_{\mathrm{d}}(z)=\sum_{n\text{为}D\text{的整数倍}}x(n)\delta_D(n)z^{-n}=\sum_{n=-\infty}^{\infty}x(n)\delta_D(n)z^{-n/D} \tag{9.5}$$

将周期单位冲激序列 $\delta_D(n)$ 展开为离散傅里叶级数，有

$$\delta_D(n)=\frac{1}{D}\sum_{n=0}^{D-1}\Delta_D(k)W_D^{-kn} \tag{9.6}$$

式中，$W_D=\mathrm{e}^{-\mathrm{j}2\pi/D}$，$\Delta_D(k)$ 为其离散傅里叶级数的系数，且有

$$\begin{aligned}\Delta_D(k)&=\sum_{n=0}^{D-1}\delta_D(n)\mathrm{e}^{-\mathrm{j}2\pi kn/D}\\&=\sum_{n=0}^{D-1}\sum_{l=-\infty}^{\infty}\delta(n-lD)\mathrm{e}^{-\mathrm{j}2\pi kn/D}\\&=\sum_{n=0}^{D-1}\delta(n)\mathrm{e}^{-\mathrm{j}2\pi kn/D}=1\end{aligned} \tag{9.7}$$

将式（9.6）、式（9.7）代入式（9.5），有

$$
\begin{aligned}
X_{\mathrm{d}}(z) &= \frac{1}{D}\sum_{n=-\infty}^{\infty}\sum_{k=0}^{D-1} x(n)W_D^{-kn}z^{-n/D} \\
&= \frac{1}{D}\sum_{k=0}^{D-1}\sum_{n=-\infty}^{\infty} x(n)(W_D^{k}z^{1/D})^{-n} \\
&= \frac{1}{D}\sum_{k=0}^{D-1} X(z^{1/D}W_D^{k})
\end{aligned} \tag{9.8}
$$

由 Z 变换与傅里叶变换的关系，令 $z=\mathrm{e}^{\mathrm{j}\omega_{\mathrm{d}}}$ 并代入式（9.8），可得抽取后序列 $x_{\mathrm{d}}(n)$ 的频谱为

$$
X_{\mathrm{d}}(\mathrm{e}^{\mathrm{j}\omega_{\mathrm{d}}}) = \frac{1}{D}\sum_{k=0}^{D-1} X\left[\mathrm{e}^{\mathrm{j}(\omega_{\mathrm{d}}-2\pi k)/D}\right] \tag{9.9}
$$

式中，ω_{d} 为抽取后的序列 $x_{\mathrm{d}}(n)$ 的数字域频率。抽取前的序列 $x(n)$ 的数字域频率为 ω，显然有

$$
\omega_{\mathrm{d}} = 2\pi f T_2 = 2\pi f D T_1 = D\omega \tag{9.10}
$$

从式（9.9）可以看出，抽取后序列的频率是抽取前序列的频谱首先做频率的 D 整数倍扩展，然后按 $2\pi/D$ 的整数倍移位后叠加而成的。

由采样定理可知，只要 $x(n)$ 的频谱不发生混叠，如图 9.3(c)所示，就可由 $x(n)$ 完全恢复 $x_{\mathrm{a}}(t)$。显然，当抽取后的序列 $x_{\mathrm{d}}(n)$ 的频谱不发生混叠时，如图 9.3(e)所示，同样也可以由 $x_{\mathrm{d}}(n)$ 完全恢复 $x_{\mathrm{a}}(t)$。我们知道，$x(n)$ 的频谱是以 2π 为周期的，由于序列 $x_{\mathrm{d}}(n)$ 的频谱是序列 $x(n)$ 扩展了 D 整数倍的频谱，所以只有当 $x(n)$ 是限带的，并且满足

$$
X(\mathrm{e}^{\mathrm{j}\omega}) = 0, \qquad \pi/D < |\omega| < \pi \tag{9.11}
$$

抽取后的序列 $x_{\mathrm{d}}(n)$ 的频谱才不会发生混叠。不满足上述条件时，$x_{\mathrm{d}}(n)$ 的频谱必然发生混叠，进而由 $x_{\mathrm{d}}(n)$ 无法完全恢复 $x_{\mathrm{a}}(t)$。此时，通常采取的措施是增加抗混叠滤波器。

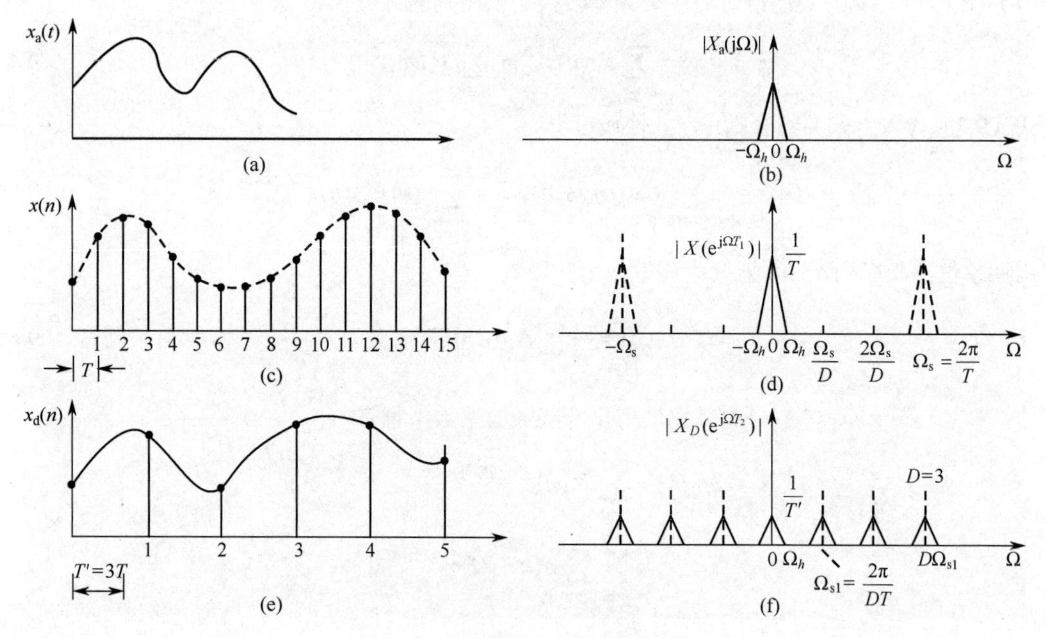

图 9.3　抽取前后序列的频谱变化

9.1.3　抗混叠滤波器

由前面的分析可知，在做 D 整数倍抽取时，为了避免频谱的混叠失真，必须使抽取前的序列是带限的，且满足式（9.11）。通常，首先对 $x(n)$ 做抗混叠低通滤波，使抽取前的序列的频带

限制在$|\omega| \le \pi/D$，然后做D整数倍抽取，就不会产生混叠失真。这一过程如图 9.4 所示。

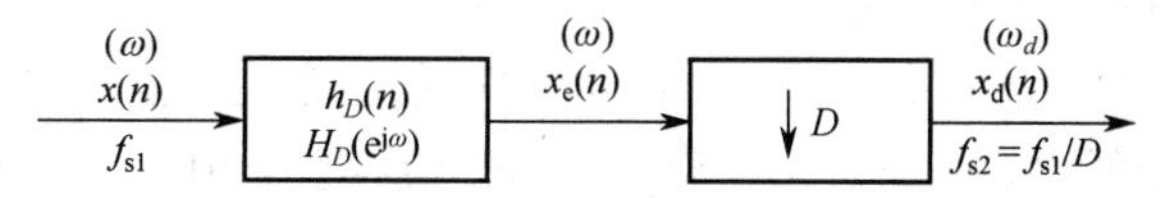

图 9.4　抗混叠D整数倍抽取运算框图

图 9.4 中的抗混叠低通滤波器具有理想低通滤波器的特性，其频率响应可表示为

$$H_D(\mathrm{e}^{\mathrm{j}\omega})=\begin{cases}1, & 0\le|\omega|\le\pi/D\\ 0, & \pi/D\le|\omega|\le\pi\end{cases} \tag{9.12}$$

序列$x(n)$经抗混叠滤波器后，输出序列$x_{\mathrm{e}}(n)$，有

$$x_{\mathrm{e}}(n)=x(n)*h_D(n)=\sum_{m=-\infty}^{\infty}x(m)h_D(n-m) \tag{9.13}$$

由式（9.8）可知

$$X_{\mathrm{d}}(z)=\frac{1}{D}\sum_{k=0}^{D-1}X_{\mathrm{e}}(z^{1/D}W_D^k) \tag{9.14}$$

若抗混叠滤波器$h_D(n)$的Z变换为$H_D(z)$，则序列$x_{\mathrm{e}}(n)$的Z变换为

$$X_{\mathrm{e}}(z)=X(z)H_D(z) \tag{9.15}$$

将式（9.15）代入式（9.14），有

$$X_{\mathrm{d}}(z)=\frac{1}{D}\sum_{k=0}^{D-1}X(z^{1/D}W_D^k)H_D(z^{1/D}W_D^k) \tag{9.16}$$

令$z=\mathrm{e}^{\mathrm{j}\omega_{\mathrm{d}}}$并代入式（9.16），可得抽取后的序列的频谱为

$$X_{\mathrm{d}}(\mathrm{e}^{\mathrm{j}\omega_{\mathrm{d}}})=\frac{1}{D}\sum_{k=0}^{D-1}X(\mathrm{e}^{\mathrm{j}(\omega_{\mathrm{d}}-2\pi k)/D})H_D(\mathrm{e}^{\mathrm{j}(\omega_{\mathrm{d}}-2\pi k)/D}) \tag{9.17}$$

式中，ω_{d}为抽取后的序列$x_{\mathrm{d}}(n)$的数字域频率，序列$x(n)$和$x_{\mathrm{e}}(n)$的数字域频率为ω，且有$\omega_{\mathrm{d}}=D\omega$。从式（9.17）可以看出，$x_{\mathrm{d}}(n)$的频谱是由$D$个$x(n)$频谱的延拓分量与抗混叠滤波器$h_D(n)$的延拓分量相乘后叠加而成的。若$H_D(\mathrm{e}^{\mathrm{j}\omega})$的特性与理想低通滤波器非常逼近，则式(9.17)中只存在$k=0$这一项，其余$k\ne0$的各项都被滤除。此时，$H_D(\mathrm{e}^{\mathrm{j}\omega})=1$，$|\omega|\le\pi/D$，式（9.17）可近似为

$$X_{\mathrm{d}}(\mathrm{e}^{\mathrm{j}\omega_{\mathrm{d}}})=\tfrac{1}{D}H(\mathrm{e}^{\mathrm{j}\omega_{\mathrm{d}}/D})X(\mathrm{e}^{\mathrm{j}\omega_{\mathrm{d}}/D})\approx\tfrac{1}{D}X(\mathrm{e}^{\mathrm{j}\omega_{\mathrm{d}}/D}),\ |\omega_{\mathrm{d}}\le\pi| \tag{9.18}$$

9.2　信号的整数倍插值

信号的插值是提高频率的方法，其思路是首先把用采样频率f_{s1}采样得到的数字信号$x(n)$通过 D/A 转换变成模拟信号$x_{\mathrm{a}}(t)$，然后用提高的频率f_{s2}将模拟信号$x_{\mathrm{a}}(t)$通过 A/D 转换变成数字信号。然而，因为易引入信号损伤，实际应用中通常不加以采用。这里只讨论直接在数字域进行插值来提高采样频率的方法，并用符号$\boxed{\uparrow I}$表示采样频率变换为原来的I倍。

9.2.1　信号整数倍内插的时域描述

信号的I整数倍内插就是在已知序列$x(n)$的两个相邻点之间插入$I-1$个新序列的值，得到插值后的序列$x_I(n)$。若原序列$x(n)$的采样周期为T_1，则插值后的序列$x_I(n)$的采样周期为

$T_2 = T_1/I$，采样频率 $f_{s2} = 1/T_2 = If_{s1}$。由于插入的 $I-1$ 个序列值是未知的，因此如何由已知序列 $x(n)$ 求出这 $I-1$ 个值就是问题的关键。

I 整数倍内插的原理图如图 9.5 所示，首先在 $x(n)$ 的两个相邻值之间插入 $I-1$ 个零值，得到序列 $x_e(n)$，然后用一个低通滤波器进行平滑处理，输出序列 $x_I(n)$。两个相邻值之间插入 $I-1$ 个零值，称为“零值内插”，其目的是扩展采样频率；平滑滤波器的作用是求出内插点上相应的采样值。图 9.6 给出了 I 整数倍内插的过程。

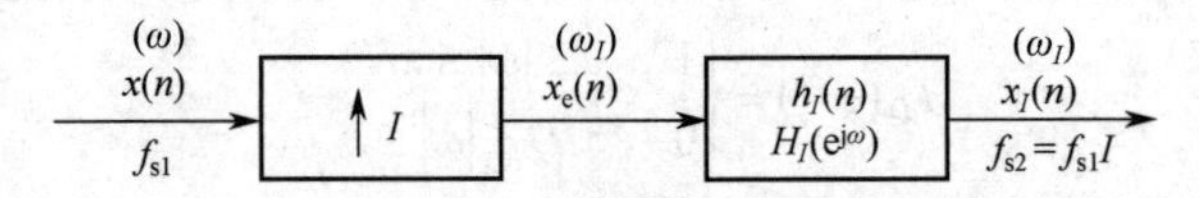

图 9.5　I 整数倍内插的原理图

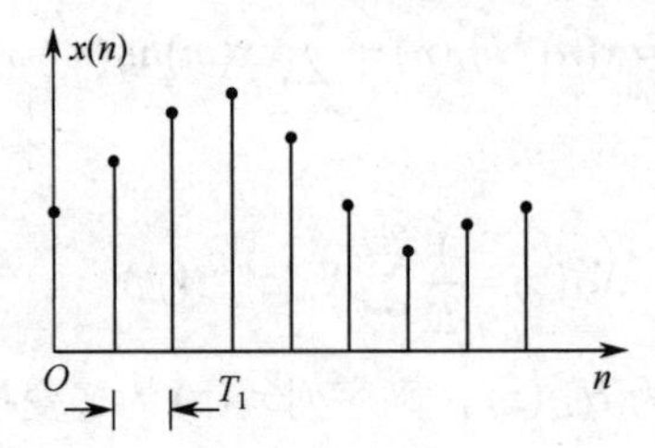

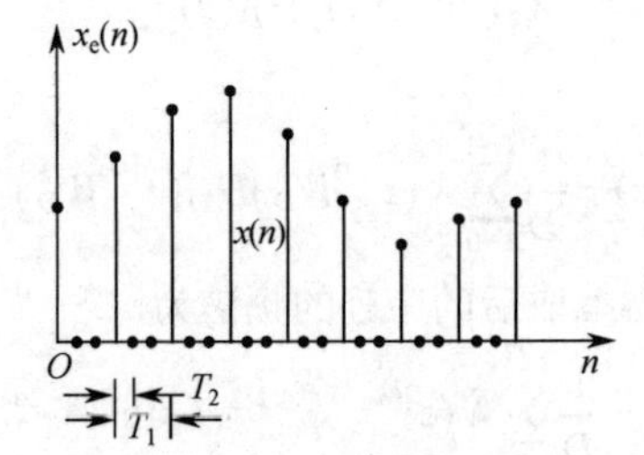

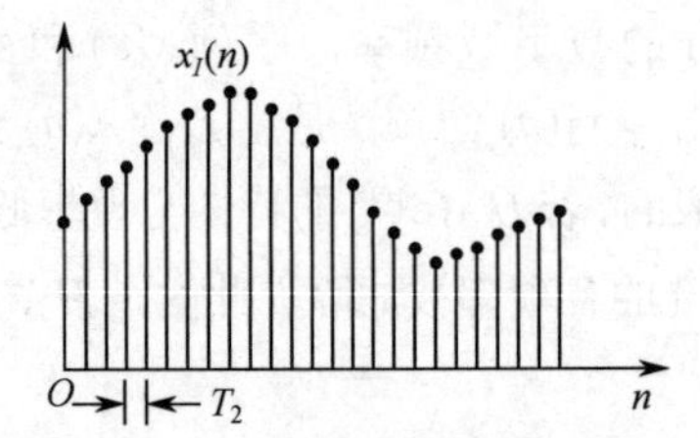

图 9.6　I 整数倍内插的过程

序列 $x(n)$ 经 I 整数倍零值内插得序列 $x_e(n)$，两者时域下的关系可表示为

$$x_e(n) = \begin{cases} x(n/I), & n = 0, \pm I, \pm 2I, \cdots \\ 0, & \text{其他} \end{cases} \tag{9.19}$$

$x_e(n)$ 经平滑滤波后，输出序列 $x_I(n)$，显然有

$$x_I(n) = x_e(n) * h_I(n) = \sum_{m=-\infty}^{\infty} x_e(m) h_I(n-m) \tag{9.20}$$

将式（9.19）代入式（9.20），得

$$x_I(n) = \sum_{m=-\infty}^{\infty} x(m/I) h_I(n-m)\Big|_{m/I\text{为整数}} = \sum_{r=-\infty}^{\infty} x(r) h(n-rI) \tag{9.21}$$

9.2.2　信号整数倍内插的频域解释

下面从频域分析 I 整数倍内插的本质，即找出序列 $x(n)$、$x_e(n)$ 和 $x_I(n)$ 的频谱之间的关系，因为只有确定了它们的频率之间的关系，才能对低通滤波器提出相应的技术要求。零插值后序列 $x_e(n)$ 的 Z 变换为

$$\begin{aligned}X_e(z) &= \sum_{n=-\infty}^{\infty} x_e(n)z^{-n} = \sum_{n=I\text{的整数倍}} x(n/I)z^{-n} \\ &= \sum_{m=-\infty}^{\infty} x(m)z^{-mI} = X(z^I)\end{aligned} \tag{9.22}$$

令 $z = \mathrm{e}^{\mathrm{j}\omega_I}$ 并代入，可得零插值后序列 $x_e(n)$ 与原序列 $x(n)$ 频谱之间的关系为

$$X_e(\mathrm{e}^{\mathrm{j}\omega_I}) = X(\mathrm{e}^{\mathrm{j}I\omega_I}) \tag{9.23}$$

式（9.23）表明 I 整数倍零值内插后，序列 $x_e(n)$ 的频谱由原序列 $x(n)$ 的频谱压缩 I 倍后得到。原序列 $x(n)$ 的频谱 $X(\mathrm{e}^{\mathrm{j}\omega})$ 的周期为 2π，零值内插后序列 $x_e(n)$ 的频谱 $X_e(\mathrm{e}^{\mathrm{j}\omega_I})$ 的周期为 $2\pi/I$。图 9.7 给出了 $I=3$ 时插值过程各序列频谱的关系图。

从图 9.7 中可以看出，$X_e(\mathrm{e}^{\mathrm{j}\omega_I})$ 和 $X(\mathrm{e}^{\mathrm{j}\omega})$ 的形状是一样的，$X_e(\mathrm{e}^{\mathrm{j}\omega_I})$ 和 $X(\mathrm{e}^{\mathrm{j}\omega})$ 的不同是，在每个 2π 周期内不仅包含基带频率分量，即 $|\omega_I| \le \pi/I$ 的有用频率分量，而且还包含 $I-1$ 个中心频率在 $\pm 2\pi/I, 4\pi/I, \cdots, \pm(I-1)2\pi/I$ 的镜像频率分量。因此，要消除这些不需要的镜像频率分量，就要增加一个低通滤波器 $h_I(n)$ 对 $x_e(n)$ 进行处理。在时域上这种处理表现为平滑作用，即在 $x_e(n)$ 的零值点上恢复插值。满足上述要求的低通滤波器在频域下应有如下形式：

$$H_I(\mathrm{e}^{\mathrm{j}\omega_I}) = \begin{cases} I, & |\omega_I| \le \pi/I \\ 0, & \text{其他} \end{cases} \tag{9.24}$$

式（9.24）表明在通带内低通滤波器的增益应该为 I，这可由以下的推导证实。

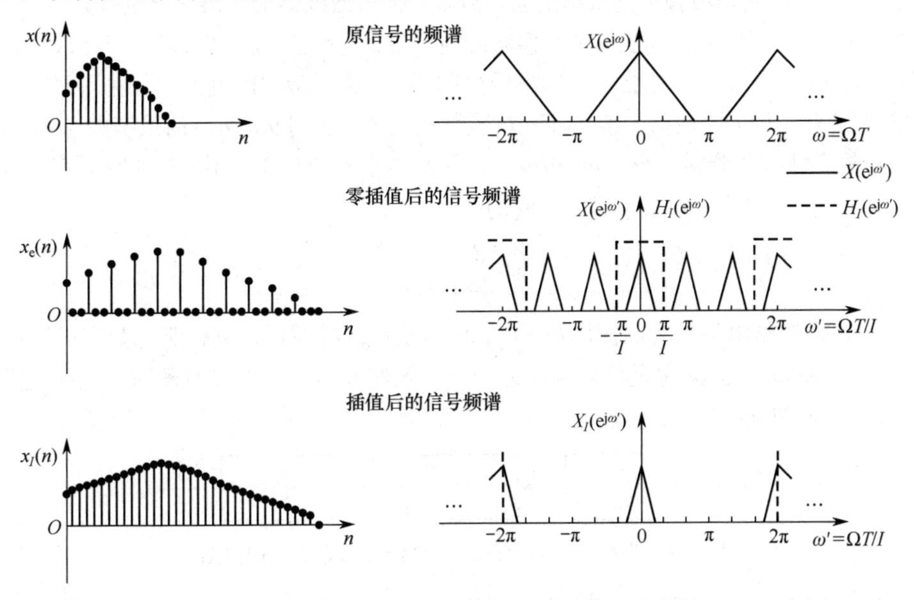

图 9.7　$I=3$ 时插值过程各序列频谱的关系图

滤波器的输出序列 $x_I(n)$ 和原序列 $x(n)$ 在频域中的关系为

$$X_I(\mathrm{e}^{\mathrm{j}\omega_I}) = H_I(\mathrm{e}^{\mathrm{j}\omega_I})X_e(\mathrm{e}^{\mathrm{j}\omega_I}) = H_I(\mathrm{e}^{\mathrm{j}\omega_I})X(\mathrm{e}^{\mathrm{j}\omega_I}) \tag{9.25}$$

若通带内低通滤波器的增益为 R，则有

$$X_I(\mathrm{e}^{\mathrm{j}\omega_I})=\begin{cases}RX(\mathrm{e}^{\mathrm{j}\omega_I}), & |\omega_I|\le\pi/I\\ 0, & 其他\end{cases} \tag{9.26}$$

在时域中，显然应有 $x_I(0)=x(0)$，由序列的傅里叶反变换可知

$$\begin{aligned}x_I(0)&=\frac{1}{2\pi}\int_{-\pi}^{\pi}X_I(\mathrm{e}^{\mathrm{j}\omega_I})\mathrm{e}^{\mathrm{j}\omega_I\cdot 0}\mathrm{d}\omega_I=\frac{1}{2\pi}\int_{-\pi}^{\pi}RX(\mathrm{e}^{\mathrm{j}\omega_I})\mathrm{d}\omega_I\\&=\frac{R}{2\pi I}\int_{-\pi}^{\pi}X(\mathrm{e}^{\mathrm{j}\omega_I})\mathrm{d}\omega_I=\tfrac{R}{I}x(0)\end{aligned} \tag{9.27}$$

所以有 $R=I$，即要使得低通滤波器的输出序列恢复内插前的信号，其增益必须为 I，这样才能确保在 $n=0,\pm I,\pm 2I,\cdots$ 时，输入序列 $x_I(n)=x(n/I)$。

9.3 按有理因子 *I/D* 的采样率转换

前面两节讨论了降低采样频率的 D 整数倍抽取及提高采样频率的 I 整数倍插值。在此基础上，本节讨论按有理因子 I/D 的采样率转换的原理。显然，这样的系统可以由 D 整数倍抽取和 I 整数倍插值级联而成，原理如图 9.8 所示。

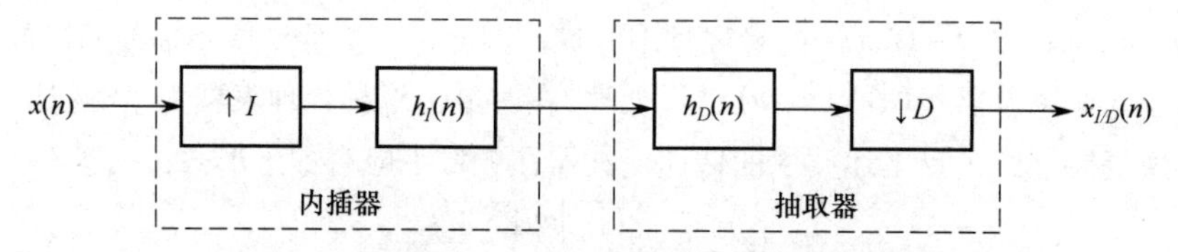

图 9.8 按有理因子 I/D 的采样率转换的原理图

该过程首先对序列 $x(n)$ 按 I 整数倍插值，然后对插值滤波器的输出序列进行 D 整数倍抽取，达到按有理因子 I/D 采样率转换的目的。在实际应用中，应先进行插值，后进行抽取。这是因为先抽取会减少 $x(n)$ 的数据，可能会造成频率成分的损失，为了最大限度地保留输入序列的频率成分，合理的做法是先做 I 整数倍插值，后做 D 整数倍抽取。在图 9.8 所示的系统中，$x(n)$、$x_I(n)$ 和 $x_{I/D}(n)$ 的数字域频率分别为 ω、ω_I 和 $\omega_{I/D}$，因此整个系统有 3 个不同的采样频率，是一个多速率数字系统。由前两节可知三个频率之间的关系为

$$\begin{cases}\omega_I=I\omega\\ \omega_{I/D}=\tfrac{I}{D}\omega\end{cases} \tag{9.28}$$

滤波器 $h_I(n)$ 的作用是平滑插值，$h_D(n)$ 的作用是抗混叠滤波，它们都是数字低通滤波器，且工作在同一频率 ω_I，因此完全可以合成为一个等效滤波器 $h(n)$。按有理因子 I/D 采样率转换的等效原理框图如图 9.9 所示。

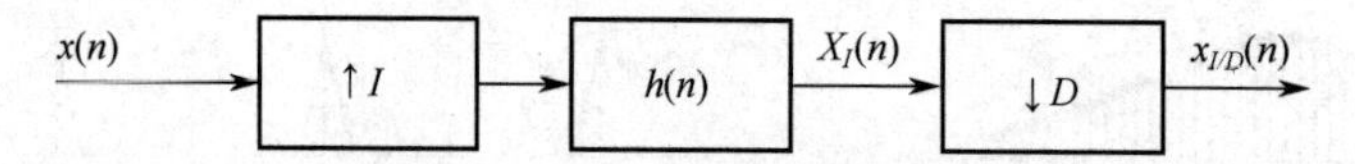

图 9.9 按有理因子 I/D 采样率转换的等效原理框图

按有理因子 I/D 采样率转换系统的低通滤波器 $h(n)$，其频率特性为

$$H(\mathrm{e}^{\mathrm{j}\omega_I})=\begin{cases}I, & |\omega_I|\le\min\left(\tfrac{\pi}{I},\tfrac{\pi}{D}\right)\\ 0, & 其他\end{cases} \tag{9.29}$$

由于 $h_I(n)$ 和 $h_D(n)$ 均为理想低通滤波器，因此 $h(n)$ 也应为理想低通滤波器，且其截止频率为 $h_I(n)$ 和 $h_D(n)$ 的截止频率中的小者，其增益与插值滤波器 $h_I(n)$ 的增益相同。

下面讨论 I/D 采样率转换系统的输入序列和输出序列在时域和频域中的关系。由式（9.21）可知，插值后的输出 $x_I(n)$ 为

$$x_I(n)=\sum_{r=-\infty}^{\infty}x(r)h(n-rI) \tag{9.30}$$

由式（9.2）得抽取后序列 $x_{I/D}(n)$ 与 $x_I(n)$ 的关系为

$$x_{I/D}(n)=x_I(nD) \tag{9.31}$$

因此，系统输入 $x(n)$ 与输出 $x_{I/D}(n)$ 在时域中的关系为

$$x_{I/D}(n)=\sum_{r=-\infty}^{\infty}x(r)h(Dn-rI) \tag{9.32}$$

在频域下，插值后输出 $x_I(n)$ 的频谱为

$$X_I(\mathrm{e}^{\mathrm{j}\omega_I})=H(\mathrm{e}^{\mathrm{j}\omega_I})X(\mathrm{e}^{\mathrm{j}\omega_I I}) \tag{9.33}$$

由式（9.9）可知，抽取后序列 $x_{I/D}(n)$ 的频谱与插值后输出 $x_I(n)$ 的频谱之间的关系为

$$X_{I/D}(\mathrm{e}^{\mathrm{j}\omega_{I/D}})=\frac{1}{D}\sum_{k=0}^{D-1}X_I\left[\mathrm{e}^{\mathrm{j}(\omega_{I/D}-2\pi k)/D}\right] \tag{9.34}$$

系统输入 $x(n)$ 与输出 $x_{I/D}(n)$ 在频域中的关系为

$$X_{I/D}(\mathrm{e}^{\mathrm{j}\omega_{I/D}})=\frac{1}{D}\sum_{k=0}^{D-1}X\left[\mathrm{e}^{\mathrm{j}(\omega_{I/D}-2\pi k)/D}\right]H\left[\mathrm{e}^{\mathrm{j}(\omega_{I/D}-2\pi k)/D}\right] \tag{9.35}$$

若 $H(\mathrm{e}^{\mathrm{j}\omega})$ 的特性与理想低通滤波器非常逼近，则式（9.35）中只存在 $k=0$ 这一项，其余 $k\neq 0$ 的项都被滤除。此时，$H(\mathrm{e}^{\mathrm{j}\omega})=I$，$|\omega_I|\leq\min\left(\frac{\pi}{I},\frac{\pi}{D}\right)$，式（9.17）可近似为

$$X_{I/D}(\mathrm{e}^{\mathrm{j}\omega_{\mathrm{d}}})\approx\begin{cases}\frac{I}{D}X\left[\mathrm{e}^{\mathrm{j}(\omega_{I/D}I/D)}\right], & |\omega_{I/D}|\leq\min\left(\frac{D}{I}\pi,\pi\right)\\ 0, & \text{其他}\end{cases} \tag{9.36}$$

9.4 采样频率转换滤波器的实现

在抽取和插值系统中，要用到抗混叠和平滑滤波器。由式（9.13）和式（9.21）可知，实现时可采用因果稳定的 FIR 滤波器。之所以采用 FIR 滤波器，是因为从理论上讲 FIR 滤波器永远稳定，具有严格的线性相位，可用 FFT 算法快速实现。更重要的是，在抽取和插值系统中，利用 FIR 滤波器可以得到高效的结构。滤波器的运算量主要体现在乘法和加法运算上，高效结构就是要讨论如何合理安排抽取和插值在系统中的位置，以最大限度地减少乘法和加法运算的次数，达到运算的高效率。本节分别介绍 FIR 滤器的高效结构、分相结构和多级结构。

9.4.1 直接型 FIR 滤波器结构

1. *D* 整数倍抽取系统的 FIR 结构

对于图 9.1 所示的 D 整数倍抽取系统，将抗混叠滤波器的输出与输入序列之间的关系重写为

$$x_{\mathrm{e}}(n)=x(n)*h_D(n)=\sum_{m=-\infty}^{\infty}x(n-m)h_D(m) \tag{9.37}$$

若滤波器的长度为 N，则其系统函数为

$$H(z)=\sum_{n=0}^{N-1}h(n)z^{-n} \tag{9.38}$$

由式（9.37）和式（9.38）易得系统的实现流图如图 9.10(a)所示。

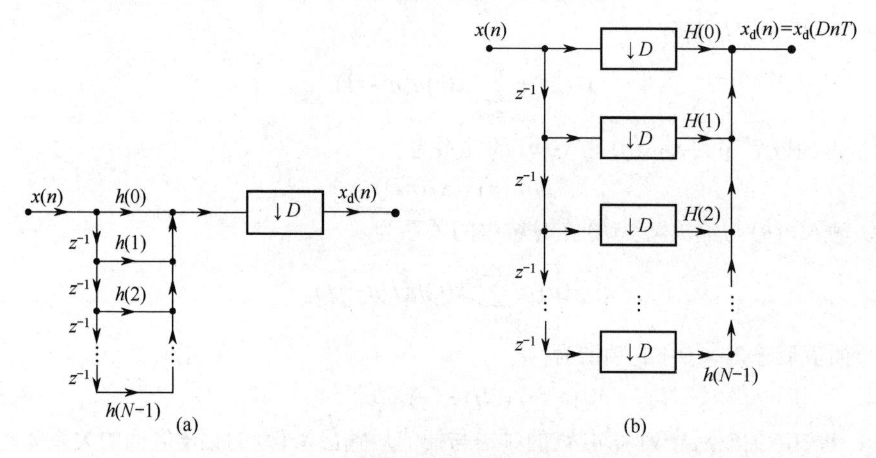

图 9.10　D 整数倍抽取系统的实现流图

图 9.10(a)所示的结构直观、简单，运算关系明确，但缺点是进入系统的每个采样值都要与滤波器的各支路系数相乘，因此 FIR 滤波器工作在高采样速率下。而滤波器的输出序列 $x_e(n)$ 的每 D 个值中，只有一个被抽取，$D-1$ 个被舍去，所以做了许多无用的乘法运算，运算的效率较低。

D 整数倍抽取系统的高效结构的基本思想是，将抽取运算 $\boxed{\downarrow D}$ 由滤波器的输出端移至每条支路的乘法器之前，得到如图 9.10(b)所示的结构图。下面分析图 9.10(a)和图 9.10(b)是等效的。

由式（9.2）和式（9.37）可知，图 9.10(a)中系统的输入和输出之间的关系为

$$x_d(n)=\sum_{m=0}^{N-1}h_d(m)x(Dn-m) \tag{9.39}$$

图 9.10(b)中每隔 D 时刻，各支路上所有的采样器全部开通，输入序列的一组延迟采样值 $x(Dn),x(Dn-1),x(Dn-2),\cdots,x(Dn-N+1)$ 同时进入滤波器的各运算支路进行乘法运算，再通过加法器得到此时输入序列的一个值：

$$x_d(n)=\sum_{m=0}^{N-1}h_d(m)x(Dn-m) \tag{9.40}$$

由于式（9.39）和式（9.40）完全相同，因此图 9.10(a)和图 9.10(b)是等效的。由于图 9.10(b)中每隔 D 时刻先进行抽取后进行乘法运算，因此图 9.10(a)中需要在 T 时间内完成的运算量，在图 9.10(b)中只需要在 DT 时间内完成即可，也就是说，在相同的时间内，图 9.10(b)中乘法的运算量只是图 9.10(a)中乘法运算量的 $1/D$，所以是一种高效的运算结构。

需要指出的是，图 9.10(b)和图 9.10(a)同样是先滤波后抽取，因为进入各支路乘法器的信号仍然在延迟链之后，即各支路的值仍然是序列的一组延迟样值，而不是进行 D 整数倍抽取后的值。这种运算结构的实质是通过对采样器的前置，实现对在 D 整数倍采样中舍弃的值不做运算，从而提高运算效率。

通常需要设计 FIR 滤波器线性相位结构，由于线性相位结构的对称性，滤波器的乘法运算进一步减少一半。D 整数倍抽取的线性相位结构如图 9.11 所示。

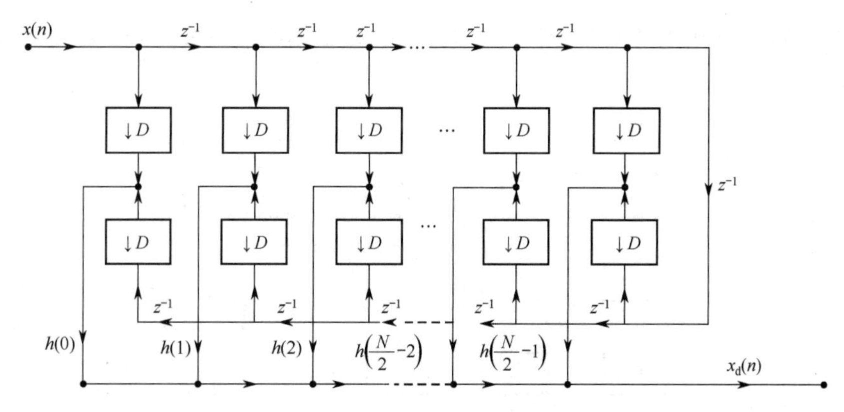

图 9.11　D 整数倍抽取的线性相位结构

2. I 整数倍插值系统的 FIR 结构

与 D 整数倍抽取系统类似，可以根据图 9.5 画出 I 整数倍插值系统的 FIR 结构，如图 9.12 所示。在该算法结构中，由于是先进行插值运算，滤波器的乘法运算同样工作在高速率下，是一种低效率的运算结构。

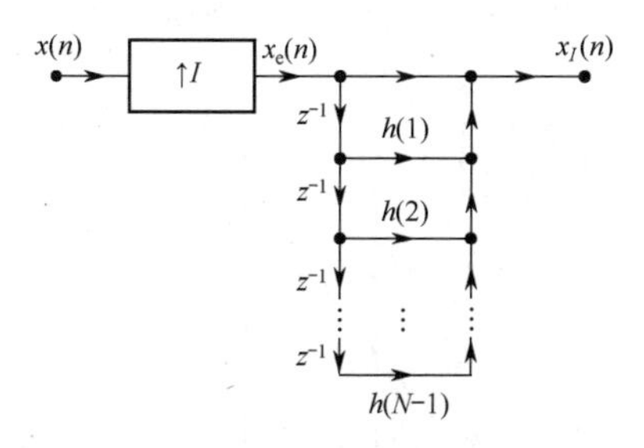

图 9.12　I 整数倍插值系统的 FIR 结构

那么如何得到 I 整数倍插值系统的 FIR 高效结构呢？能不能直接将 $\uparrow I$ 运算放到滤波器各支路乘法运算之后呢？显然是不可以的，因为如果直接将 $\uparrow I$ 置于各支路乘法运算之后，那么就会变成先滤波后插值。根据第 6 章讨论的转置定理，可以首先对图 9.12 中的滤波器部分进行转置得到如图 9.13 所示的转置结构，然后将 $\uparrow I$ 运算置入转置结构中各支路乘法器之后，如图 9.14 所示。在图 9.14 所示的结构中，插值运算在乘法运算之后，乘法运算工作在低速度之下，因此是一种高效结构。由于插值器仍然在延迟链之前，所以是先插值后滤波，运算结果与图 9.12 是等价的。

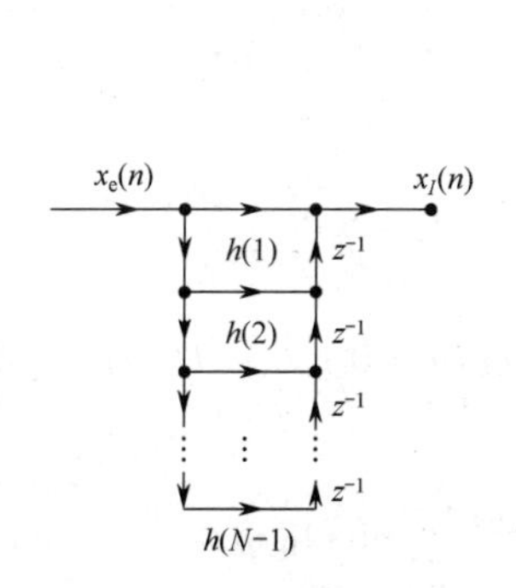

图 9.13　FIR 的转置结构

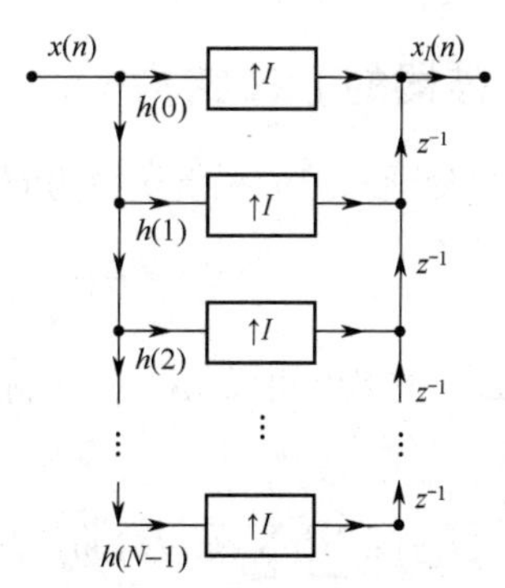

图 9.14　I 整数倍插值系统的 FIR 高效结构

当滤波器满足线性相位条件时，同样可以画出 I 整数倍插值系统的 FIR 线性相位结构，如图 9.15 所示。

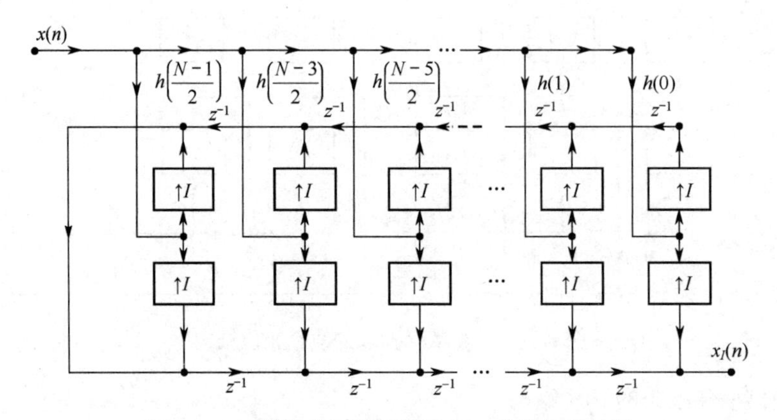

图 9.15 I 整数倍插值系统的 FIR 线性相位结构

3．按有理因子 I/D 的采样率转换系统的 FIR 结构

由图 9.8 所示的按有理因子 I/D 的采率转换系统原理图，可以画出其 FIR 结构，如图 9.16 所示。

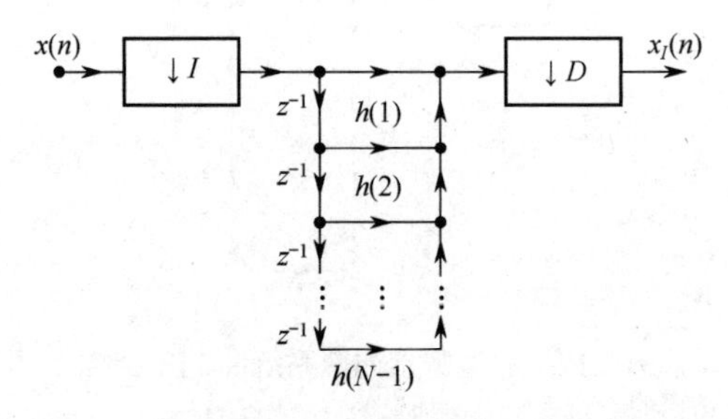

图 9.16 按有理因子 I/D 采样率转换的 FIR 结构

设计按有理因子 I/D 的采率转换系统的高效结构的基本思想是，使 FIR 滤波器尽可能运算在低速率状态下。当插值倍数 $I>D$ 时，输出序列的采样频率大于输入序列的采样频率，此时可将图 9.16 中的插值器和滤波器部分用图 9.14 中 I 整数倍插值系统的 FIR 高效结构代替。当插值倍数 $D>I$ 时，输出序列的采样频率小于输入序列的采样频率，此时可将图 9.16 中的抽取器和滤波器部分用图 9.10(b)中 D 整数倍抽取系统的 FIR 高效结构代替。如果是线性相位，那么可用图 9.11 和图 9.15 的线性相位结构代替。

9.4.2 多相滤波器的 FIR 结构

设多速率信号处理系统的系统函数为 $H(z)$，有

$$H(z)=\sum_{n=-\infty}^{\infty}h(n)z^{-n} \tag{9.41}$$

对于给定的整数 D，整数 n 可以写成 D 进制数 $n=rD+m$ $(m=0,1,2,\cdots,D-1)$。于是，式（9.41）可写为如下形式：

$$H(z)=\sum_{m=0}^{M-1}\sum_{r=-\infty}^{\infty}h(rD+m)z^{-(rD+m)}=\sum_{m=0}^{D-1}z^{-m}\sum_{r=-\infty}^{\infty}h(rD+m)z^{-rD} \tag{9.42}$$

令

$$G_m(z)=\sum_{r=-\infty}^{\infty}h(rD+m)z^{-r},\ m=0,1,\cdots,D-1 \tag{9.43}$$

有

$$H(z)=\sum_{m=0}^{D-1}z^{-m}G_m(z^D) \tag{9.44}$$

式（9.44）被称为系统函数的多相分解，$G_m(z)$ 称为相分量。若令 $R_m(z)=G_{D-1-m}(z)$，$m=0,1,2,\cdots,D-1$，则可得系统函数的多相分解的另一种表达形式：

$$H(z)=\sum_{m=0}^{D-1}z^{-(D-1-m)}R_m(z^D) \tag{9.45}$$

式（9.44）表明，系统可以由置于延迟链上的 D 个相分量 $G_m(z)$ 并联而成。因此按 D 整数倍抽取系统的 FIR 结构图如图 9.17(a)所示。同样，可以将抽取器置于每个支路 $G_m(z)$ 之前，得到如图 9.17(b)所示的多相 FIR 高效结构。如果滤波器的长度为 N，多相分量的长度为 N_m，那么每个多相分量需要的乘法次数为 N_m，系统所需的乘法次数为 $N_mD=N$。这和图 9.10(b)所示的 D 整数倍抽取 FIR 结构的乘法运算量完全相同。

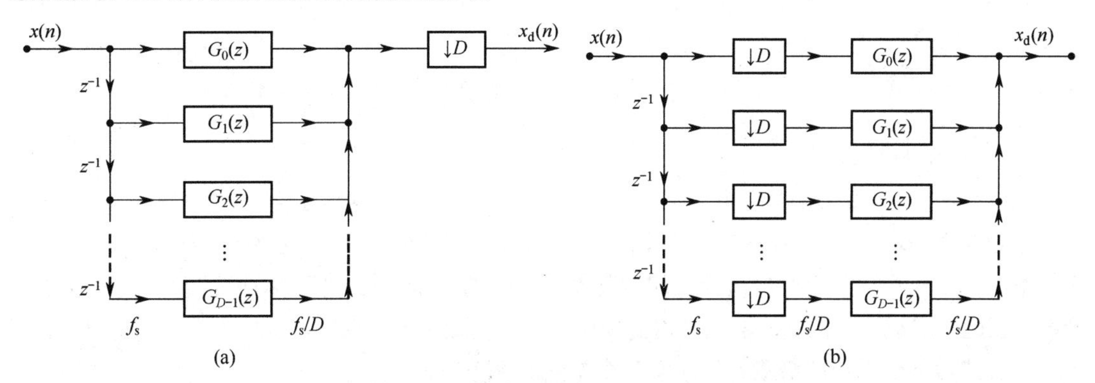

图 9.17　按 D 整数倍抽取系统的多相结构图

由式（9.45）可得到插值系统的算法结构如图 9.18(a)所示，同样也可以将插值运算置于每个支部的相分量后面，得到其等价的多相 FIR 高效结构，如图 9.18(b)所示。

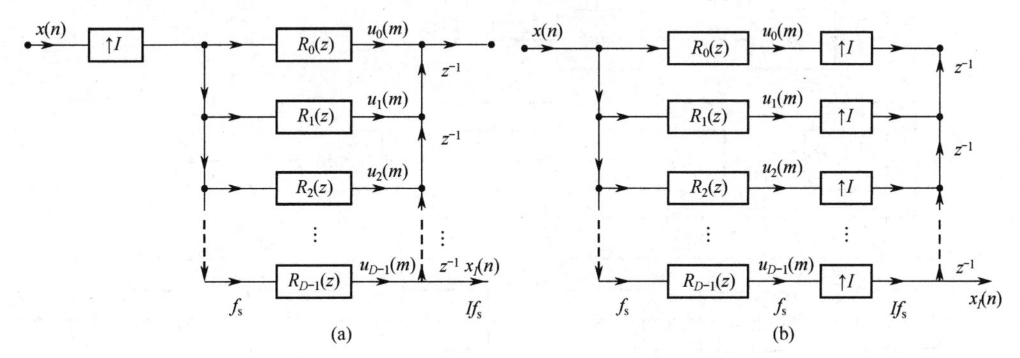

图 9.18　按 I 整数倍插值系统的多相结构图

9.4.3　变换采样率的多级实现

多速率采样系统可以用多级级联实现。若系统的抽取倍数 D 可分解为 K 个整数的乘积，即

$$D = \prod_{i=1}^{K} D_i \tag{9.46}$$

则按 D 整数倍抽取的系统可以分解为 K 个子系统的级联，如图 9.19 所示。

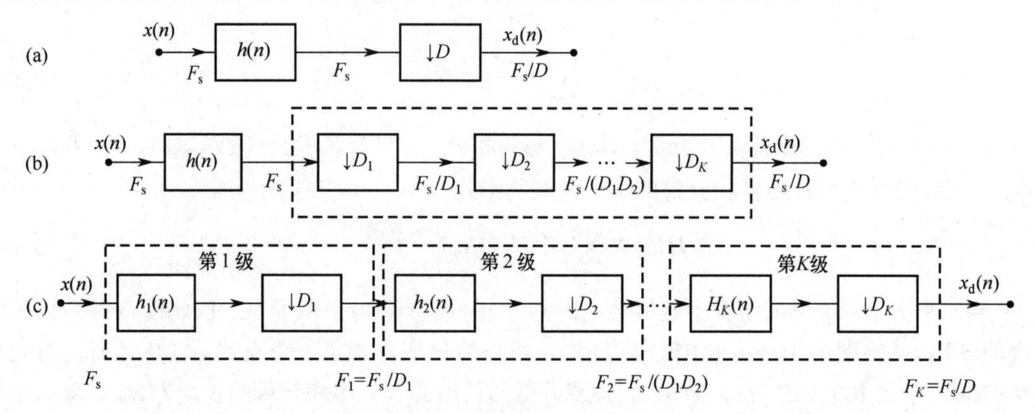

图 9.19　按 D 整数倍抽取系统的多级实现

在图 9.19 中，抽取器 D 被分解成 K 个抽取器 D_i，在每个抽取器之前设置一个抗混叠滤波器 $h_i(n)$。这样，一个 D 整数倍抽取的系统就被分解成 K 个整数倍抽取子系统，且每个子系统的抽取倍数不一定相同。在该结构中，第 i 级输出序列与输入序列的采样频率的关系为

$$f_i = \frac{f_{i-1}}{D_i}, \qquad i = 1, 2, \cdots, K \tag{9.47}$$

由 9.1 节可知，按 D 整数倍抽取系统的截止频率为 π/D，于是多级系统中第 i 级子系统 $h_i(n)$ 的截止频率为 π/D_j。由于 $D_j < D$，所以每个子系统 $h_i(n)$ 的截止频率应高于单级系统 $h(n)$ 的截止频率，因此各子系统 $h_i(n)$ 的过渡带的宽度大于 $h(n)$ 的过渡带的宽度，$h_i(n)$ 的阶数低于 $h(n)$ 的阶数。因此，多级系统的滤波器设计得到简化，有效地减少了延迟器，降低了系统的运算量。

同样，若插值系统的倍数 I 分解为 K 个整数的乘积，即

$$I = \prod_{i=1}^{K} I_i \tag{9.48}$$

则按 I 整数倍抽取的系统可以分解为 K 个子系统的级联，如图 9.20 所示。

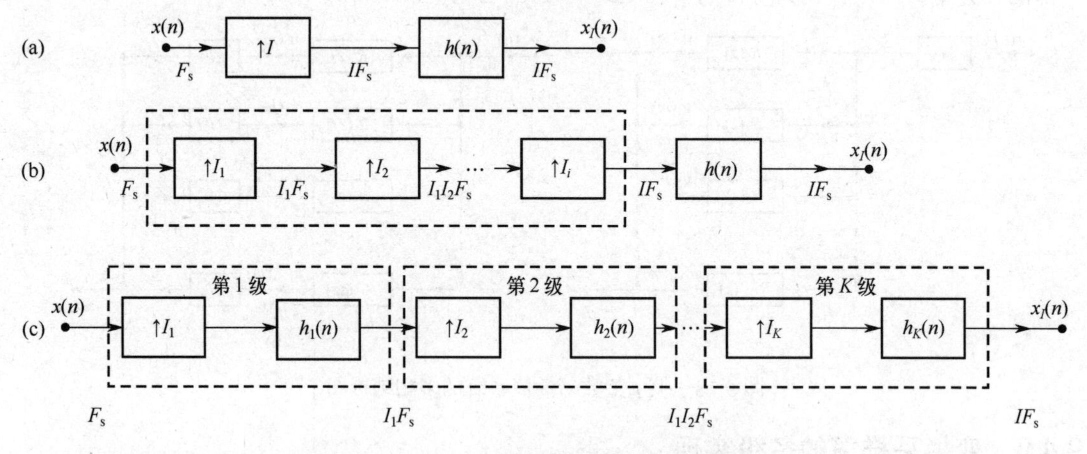

图 9.20　按 D 整数倍抽取系统的多级实现

在图 9.20 中，插值器 I 被分解成 K 个抽取器 I_i，在每个插值器之后设置一个平滑器 $h_i(n)$，以消除在该级产生的镜像频谱。

9.5　多采样率数字信号处理综合举例与 MATLAB 实现

【例 9.1】 已知序列 $x(n)$ 的频谱 $X(\mathrm{e}^{\mathrm{j}\omega})$ 如图 9.21(a)所示，画出 $D=3$ 整数倍抽取后序列 $x_{\mathrm{d}}(n)$ 的频谱 $X_{\mathrm{d}}(\mathrm{e}^{\mathrm{j}\omega_{\mathrm{d}}})$。

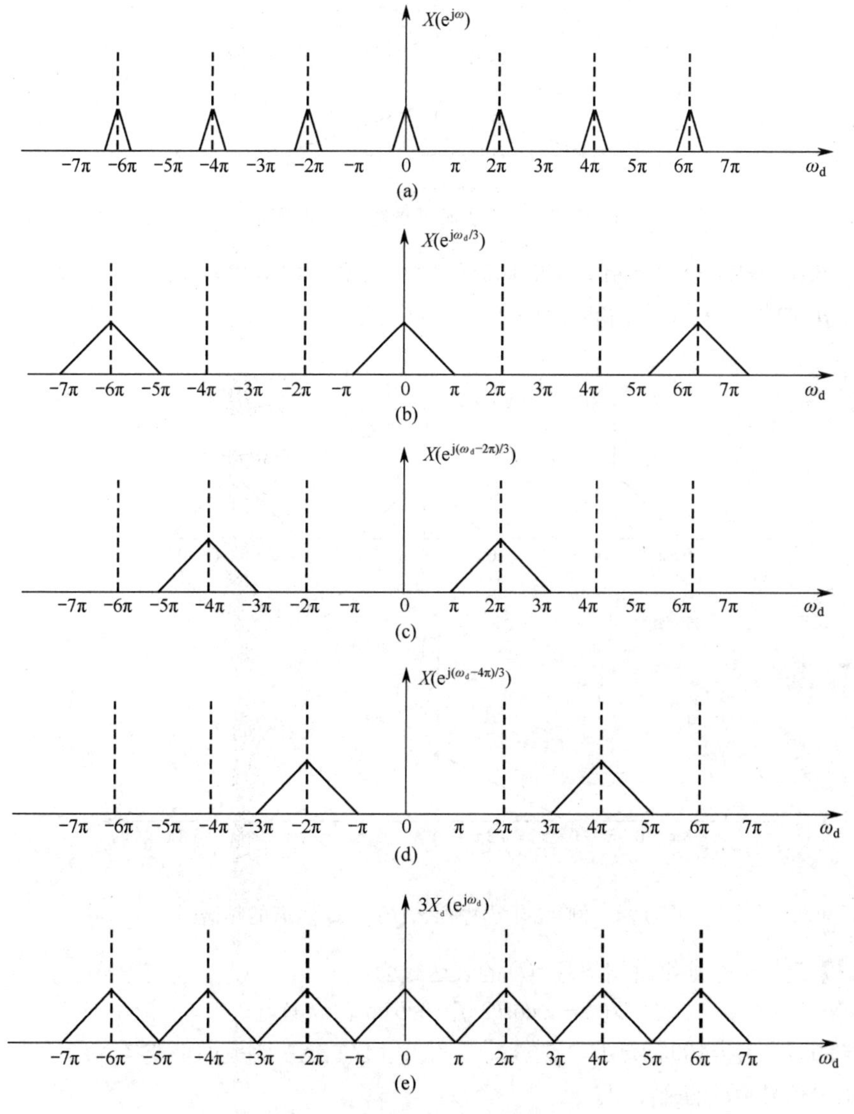

图 9.21　例 9.1 各信号频谱图

解： 由式（9.9）知抽取后序列的频谱是抽取前序列频谱先做频率的 D 倍扩展，后按 $2\pi/D$ 的整数倍移位后叠加而成的。$X(\mathrm{e}^{\mathrm{j}\omega})$ 展宽 3 倍后的频谱 $X(\mathrm{e}^{\mathrm{j}\omega_{\mathrm{d}}})$ 如图 9.21(b)所示，移位后的频谱 $X(\mathrm{e}^{\mathrm{j}(\omega_{\mathrm{d}}-2\pi)/3})$ 和 $X(\mathrm{e}^{\mathrm{j}(\omega_{\mathrm{d}}-4\pi)/3})$ 分别如图 9.21(c)和图 9.21(d)所示。三者相加后乘以 1/3 即得 $X_{\mathrm{d}}(\mathrm{e}^{\mathrm{j}\omega_{\mathrm{d}}})$，$3X_{\mathrm{d}}(\mathrm{e}^{\mathrm{j}\omega_{\mathrm{d}}})$ 的频谱如图 9.21(e)所示。

【例 9.2】已知一个多采样系统的框图如图 9.22 所示。

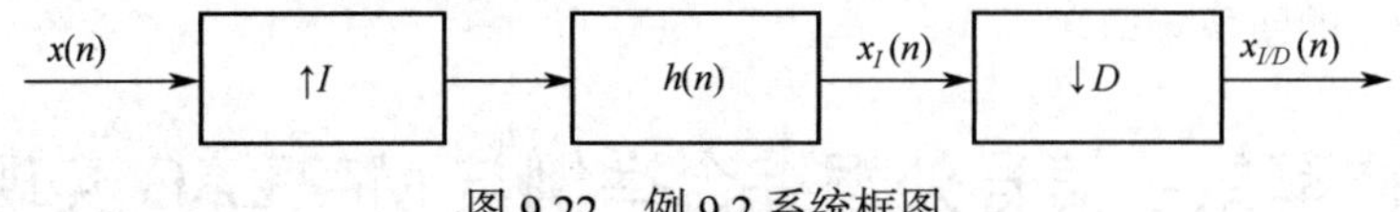

图 9.22 例 9.2 系统框图

输出序列 $x(n)$ 的采样频率为 2kHz，且其频谱如图 9.23 所示。若希望输入序列 $x_{I/D}(n)$ 的采样频率为 3kHz，试确定系统的插值倍数 I 和抽取倍数 D，并画出输出序列的频谱图。

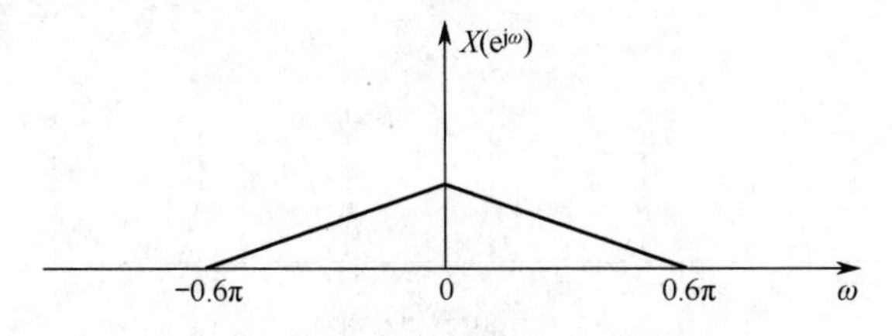

图 9.23 例 9.2 输出序列 $x(n)$ 的频谱

解：由 3kHz/2kHz = 3/2 可知，可取插值倍数 $I=3$ 和抽取倍数 $D=2$，于是按 $I=3$ 插值后得到的序列 $x_I(n)$ 的频谱 $X_I(\mathrm{e}^{\mathrm{j}\omega_I})$ 和输出序列 $x_{I/D}(n)$ 的频谱 $X_{I/D}(\mathrm{e}^{\mathrm{j}\omega_{I/D}})$ 如图 9.24 所示。

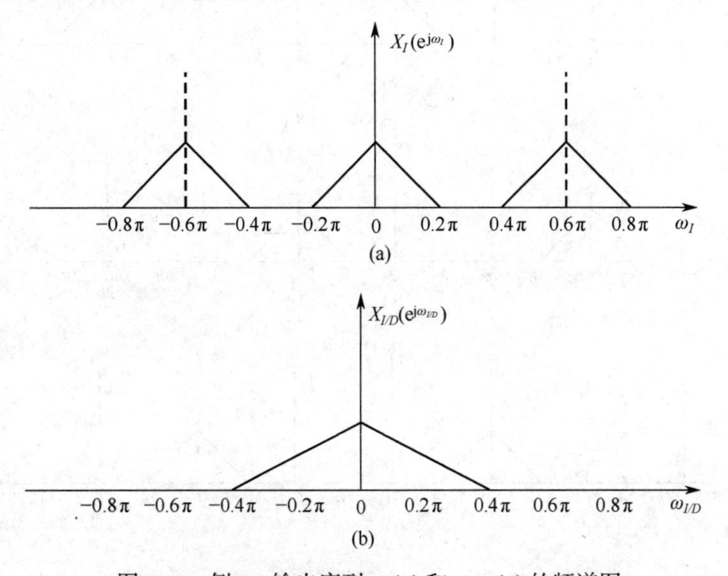

图 9.24 例 9.2 输出序列 $x_I(n)$ 和 $x_{I/D}(n)$ 的频谱图

【例 9.3】已知一个连续时间信号 $x(t)$ 的表达式为

$$x(t)=A\cos(2\pi f_1 t)+B\cos(2\pi f_2 t)$$

式中，$f_1=50\ \text{Hz}, f_2=100\ \text{Hz}, A=1.5, B=1$。试用 MATLAB 完成如下变换。

（1）画出信号 $x(t)$ 的采样图。

（2）按 4 整数倍对信号进行插值运算，并画出插值后的信号图。

（3）对插值后的信号进行 4 整数倍抽取，画出抽取后的信号图。

解：在 MATLAB 环境下，可以直接利用函数 interp 完成插值运算，程序如下。程序运行结果如图 9.25 所示。

```
Fs=1000;                                         %采样频率
```

```
A=1.5;
B=1;
f1=50;                                          %信号频率
f2=100;
t=0:1/Fs:1                                      %时间
x=A*cos(2*pi*f1*t)+B*cos(2*pi*f2*t);            %给定信号
y=interp(x,4);                                  %按 4 整数倍插值
subplot(221);
stem(x(1:25),'.');                              %画出输入信号
xlabel('时间,nT');
ylabel('输入信号');
grid on;
subplot(222);
stem(y(1:100),'.');                             %画出插值信号
xlabel('时间,4nT');
ylabel('输出插值信号');
grid on;
y1=decimate(y,4);                               %按 4 整数倍抽取
subplot(212);
stem(y1(1:25),'.');                             %画出抽取信号
xlabel('时间,nT');
ylabel('输出抽取信号');
grid on;
```

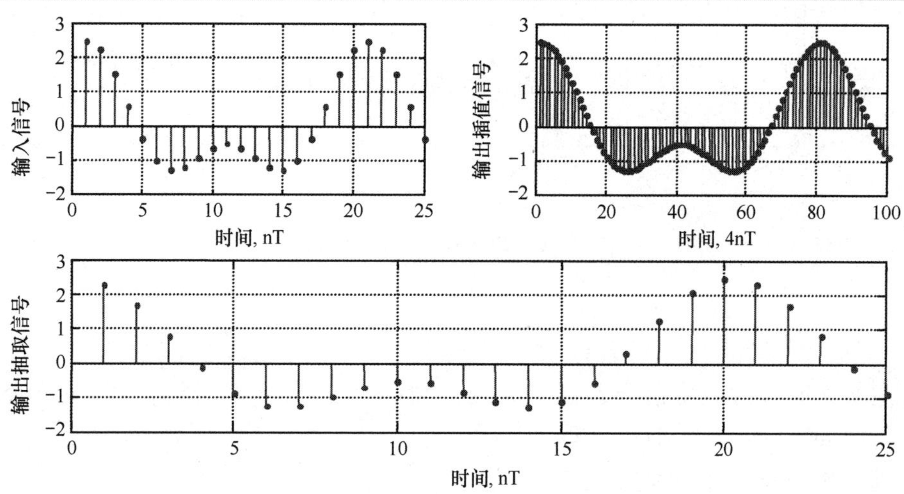

图 9.25　例 9.3 程序运行结果

【例 9.4】 已知 $x(n)=1.5\cos(0.3\pi n)$，用 MATLAB 对 $x(n)$ 按有理因子 3/5 进行采样速率转换。

解： 在 MATLAB 环境下，可以直接利用函数 resample 完成按有理因子频率转换，程序如下。程序运行结果如图 9.26 所示。

```
n=0:24;
x=1.5*cos(0.3*pi*n);                            %给定信号
[y,h]=resample(x,3,5);                          %x(n)按有理因子 3/5 进行采样速率转换
figure(1);
stem(n,x);                                      %画出输入信号
```

```
xlabel('时间,n');
ylabel('输入信号');
ny=0:length(y)-1;
figure(2);
stem(ny,y);                                     %画出插值信号
xlabel('时间,n');
ylabel('输出变换信号');
w=(0:511)*2/512;
H=20*log10(abs(fft(h,512)));
figure(3);
plot(w,H);
grid on
xlabel('频率');
ylabel('幅值');
```

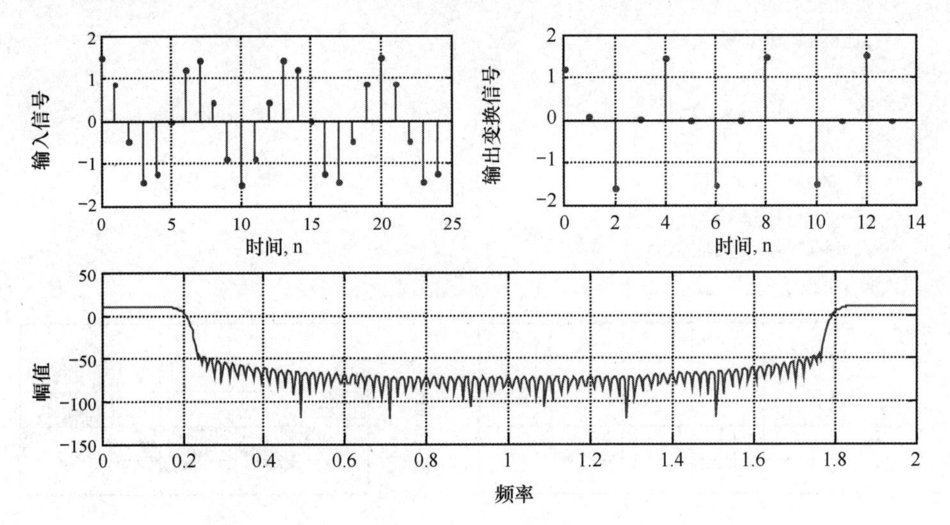

图 9.26　例 9.4 程序运行结果

习题

9.1　已知序列 $x(n)=0.5^n u(n)$。（1）求序列 $x(n)$ 的傅里叶变换 $X(\mathrm{e}^{\mathrm{j}\omega})$；（2）对序列 $x(n)$ 按 $D=3$ 整数倍抽取得序列 $x_{\mathrm{d}}(n)$，试求序列 $x_{\mathrm{d}}(n)$ 的傅里叶变换 $X_D(\mathrm{e}^{\mathrm{j}\omega})$。

9.2　设序列 $x(n)$ 的频谱如图 P9.2 所示。

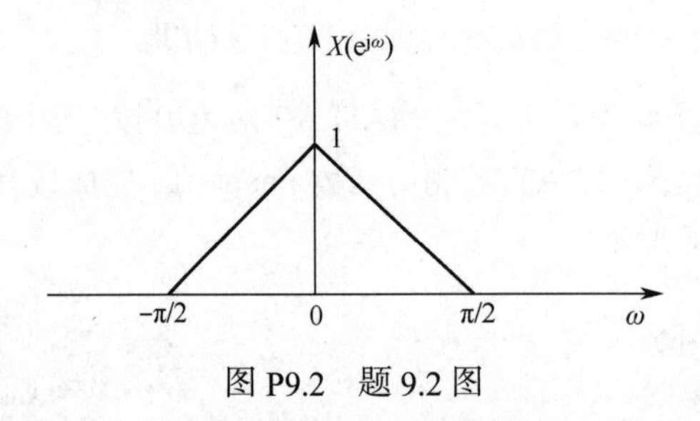

图 P9.2　题 9.2 图

（1）若按 $I=3$ 整数倍内插（不滤波）后得到序列 $x_I(n)$，试求 $x_I(n)$ 的频谱 $X_I(\mathrm{e}^{\mathrm{j}\omega})$。

（2）若将 $x(n)$ 先按 D 整数倍抽取得到序列 $x_{\mathrm{d}}(n)$，再按 I 整数倍插值得到序列 $x_I(n)$，试推导 $X(\mathrm{e}^{\mathrm{j}\omega})$ 和 $X_I(\mathrm{e}^{\mathrm{j}\omega})$ 的关系。

9.3　已知用有理数 I/D 做采样频率转换的两个系统如图 P9.3 所示。

（1）写出 $X_{I/D_1}(z), X_{I/D_2}(z), X_{I/D_1}(\mathrm{e}^{\mathrm{j}\omega}), X_{I/D_2}(\mathrm{e}^{\mathrm{j}\omega})$ 的表达式。

（2）若 $I=D$，则是否有 $x_{I/D_1}(n)=x_{I/D_2}(n)$？请说明理由。

（3）若 $I\neq D$，则在什么条件下有 $x_{I/D_1}(n)=x_{I/D_2}(n)$？说明理由。

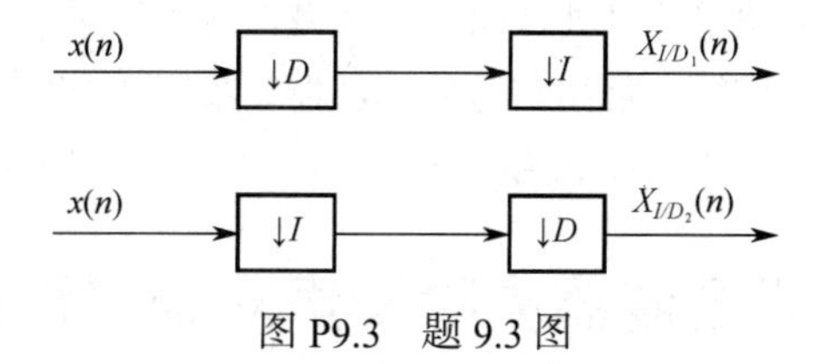

图 P9.3　题 9.3 图

9.4　设计一个按因子 $I=5$ 频率采样的插值器，要求平滑滤波器的通带最大衰减为 0.1dB，阻带最小衰减为 30dB，过渡带宽度不大于 $\pi/20$。设计 FIR 滤波器的系数 $h(n)$，并求出多相滤波器实现结构中的 5 个多相滤波器系数。

9.5　对 $x(n)$ 进行冲激串采样，得到

$$y(n)=\sum_{m=-\infty}^{\infty}x(n)\delta(n-mN)$$

若 $X(\mathrm{e}^{\mathrm{j}\omega})=0$，$\frac{3\pi}{7}\leq\omega\leq\pi$，试确定采样 $x(n)$ 时保证不发生混叠的最大采样间隔 N。

9.6　已知序列 $x(n)=a^n u(n)$，$|a|<1$。

（1）求序列 $x(n)$ 的频谱函数 $X(\mathrm{e}^{\mathrm{j}\omega})$。

（2）按 $D=2$ 整数倍对序列 $x(n)$ 抽取得到序列 $x_{\mathrm{d}}(n)$，试求 $x_{\mathrm{d}}(n)$ 的频谱函数 $X_D(\mathrm{e}^{\mathrm{j}\omega})$。

（3）证明 $x_{\mathrm{d}}(n)$ 的频谱函数是 $x(2n)$ 的频谱函数。

9.7　按整数倍 I 内插原理图如图 P9.7(a)所示，图中，$f_{\mathrm{s1}}=200\mathrm{Hz}$，$f_{\mathrm{s2}}=1\mathrm{kHz}$，输入序列 $x(n)$ 的频谱如图 P9.7(b)所示。确定内插因子 I，并画出图 P9.7(a)中理想低通滤波器 $h(n)$ 的频率响应特性曲线及序列 $x_{\mathrm{e}}(n)$ 和 $x_I(n)$ 的频谱特性曲线。

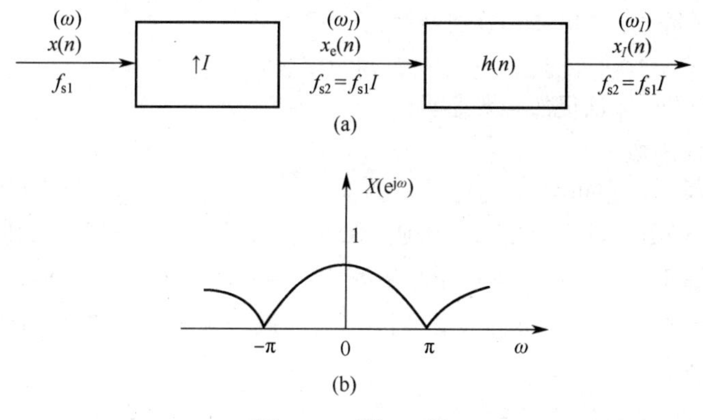

图 P9.7　题 9.7 图

9.8　已知线性相位 FIR 抽取滤波器的阶数为 14，试画出 3 倍抽取滤波系统的多相结构图。

9.9　用 MATLAB 编程计算习题 9.6。

第 10 章　数字信号处理的工程应用

数字信号处理技术包括频谱分析、信号滤波、信号估计等，工程中常将这些技术相结合来解决实际问题。本章将介绍 5 个数字信号处理的工程案例，具体包括在地震波信号处理中基于巴特沃斯滤波器去除噪声、在信道均衡中使用自适应滤波器、数字变声器、脑电信号处理与肌电信号处理。这些案例分别运用了不同的数字信号处理技术，达到了工程应用的目的。

10.1　设计巴特沃斯滤波器去除噪声对地震波的干扰

由于地震采集环境和采集仪器对地震波的测量存在干扰，采集到的地震波形数据中通常包含很多噪声信号，严重影响了对地震信号的分析。针对地震波中噪声对其的干扰情况，工程应用中需要设计合适的滤波器滤除噪声，以便对地震信号进行更加精确的分析和处理。在本节中，我们根据搜集到的数字地震记录资料，以一定的采样频率进行采样，采用傅里叶分析得到受到噪声干扰的地震波的频谱图，进而获取干扰信号的频率范围，从干扰信号的特性确定设计滤波器的性能指标。采用 MATLAB 工具箱求出滤波器的系统函数，绘制其频谱图。然后用该滤波器对受干扰信号进行滤波，绘制去噪后信号在时域、频域中的波形，并与原信号比较，观察去噪效果。

10.1.1　MATLAB 的主要函数介绍

（1）读取数据函数

```
load('filename.txt');
```

说明：此为 load 函数的调用方式，括号内用单引号写出所调用文档的完整路径。

（2）绘制频域波形函数

```
semilogx(a,b);
```

说明：x 轴取对数，y 轴仍然是普通坐标。

```
semilogy(a,b);
```

说明：y 轴取对数，x 轴仍然是普通坐标。

（3）滤波器设计函数

```
[b,a] = butter(n,Wn,'ftype');
```

说明：butter 函数可以设计低通、带通、高通和带阻数字滤波器，其特性可以使通带内的幅度响应最大限度地平坦，但会损失截止频率处的下降斜度，使幅度响应衰减较慢。'ftype'缺省时，为低通或带通滤波器；'ftype'=high 时，可设计截止频率为 Wn 的高通滤波器；ftype=stop 时，可设计带阻滤波器。

```
[n,Wn] = buttord(Wp,Ws,Rp,Rs);
```

说明：buttord 函数可以在给定滤波器性能的情况下，选择巴特沃斯数字滤波器的最小阶数，其中 Wp 和 Ws 分别是通带和阻带的截止频率，Rp 和 Rs 分别是通带和阻带区的纹波系数与衰减系数。

（4）滤波函数

```
Y = filter(B,A,X);
```

说明：输入 X 为滤波前的序列，输出 Y 为滤波后的序列，B、A 提供滤波器系数，B 为分子，A 为分母。

10.1.2　地震波信号处理

读取地震波信号，并求其离散傅里叶变换，地震波时域与频域波形如图 10.1 所示。可以观察到，长周期地震信号中包含了很多毛刺，叠加了高频干扰噪声，影响了对地震波数据的分析；并且从图中可以看出，高频干扰集中在 1000～1500Hz 范围内。因此，可以通过设计符合该地震波测量系统的低通滤波器将高频干扰滤除。由第 7 章介绍的 IIR 滤波器设计方法可知，选取 Wp = 400Hz，Ws = 600Hz，Rp = 1dB，Rs = 25dB 设计一巴特沃斯低通滤波器，可以达到性能要求。

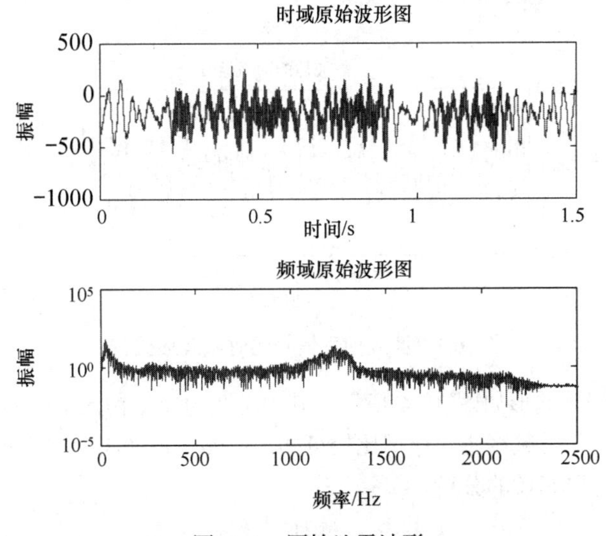

图 10.1　原始地震波形

由 4 个参数得到模拟滤波器的参数，用 MATLAB 中提供的函数得到阶数 N 和临界频率 W，其频率响应函数的振幅波形图和相位波形如图 10.2 所示。可以看出，低于边界通带频率即 400Hz 的信号可以通过，高于阻带起始频率 600Hz 的信号不能通过，通带纹波为 1dB，阻带衰减为 25dB。

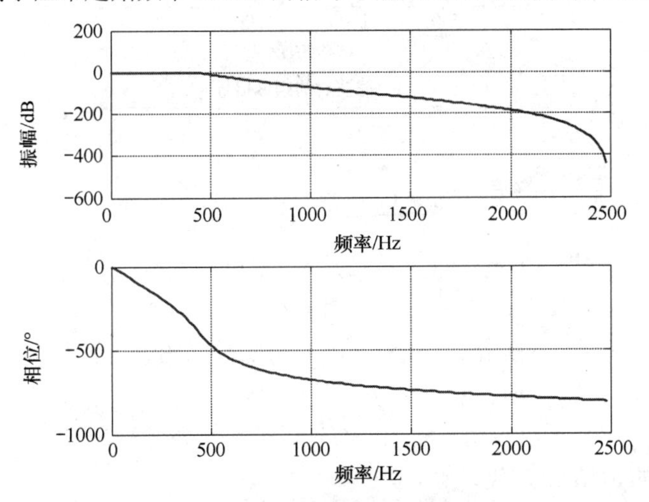

图 10.2　低通滤波器频率响应

采用设计好的滤波器对原始地震波信号进行处理，其结果如图 10.3 所示，其中上图为原始输入信号，下图为经过低通滤波器滤波后的输出信号。通过比较可知，滤波前的信号混入了很多杂波，对地震波数据产生了严重干扰；滤波后，基本上去除了高频干扰，可以清晰地获得每一点的数据。

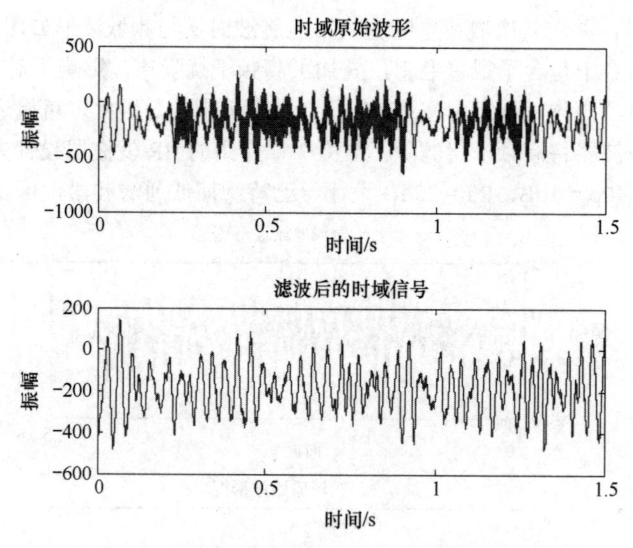

图 10.3 滤波前后信号的时域波形比较

滤波前后信号的频域波形如图 10.4 所示，其中上图为原始输入信号的频域图，下图为经低通滤波器滤波后的输出信号频域图。通过比较可知，1000～1500Hz 的高频噪声完全去除，从而能够对地震波数据进行更有效的分析。

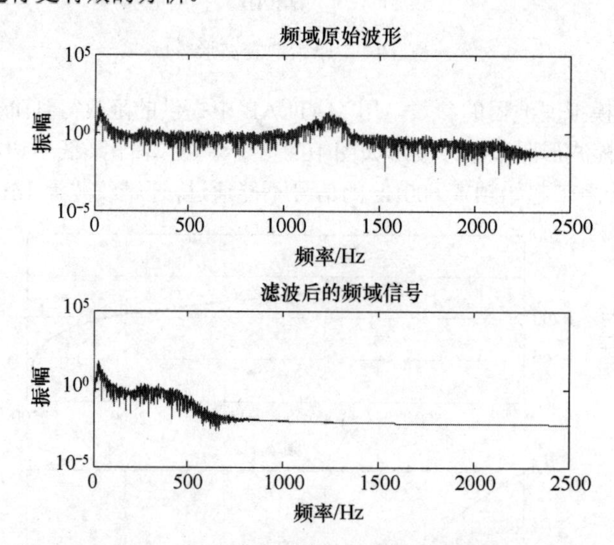

图 10.4 滤波前后信号的频域波形比较

10.1.3 代码

地震信号滤波的 MATLAB 代码如下：

```
%ear1
load ('C:\Users\Administrator\Desktop\ '); %调入数据文件
```

```
Xt=earth; %得到原始信号序列
Fs=5000; %采样率为 5kHz
subplot(2,1,1);
N=length(Xt); n=0:N-1; t=n/Fs;
plot(t,Xt); %画出时域中的原始波形图
xlabel('时间/s'),title('时域原始波形图'); %时域图的 x 轴坐标标识
ylabel('振幅'); %时域图的 y 轴坐标标识
Xf=fft(Xt); %对原始波形数据进行快速傅里叶变换
subplot(2,1,2); %频域坐标方框图
mag=abs(Xf); %得到信号序列傅里叶变换后的振幅
semilogy([0:N-1]/(N/Fs),mag*2/N); %画出频域中的 FFT 波形图（y 轴为对数坐标）
xlabel('频率/Hz'),title('频域原始波形图'); %频域图的 x 轴坐标标识
ylabel('振幅'); %频域图的 y 轴坐标标识
xlim([0 Fs/2]); %频率轴只画出奈奎斯特频率之前的频率成分
%ear2
Fcp=400;Fcs=600;   %设置边界频率为 400Hz, 600Hz
load ('C:\Users\Administrator\Desktop\earth.txt'); %调入数据文件
Xt=earth; %原始波形数据
Fs=5000; %采样频率 5kHz
NL=length(Xt);
Wp=Fcp*2/Fs;Ws=Fcs*2/Fs; %将通带临界频率 Fcp 和阻带临界频率 Fcs 转换为归一化频率
Rp=1;Rs=25; %通带衰减和阻带衰减
Nn=128; %绘频谱图所用点数
[N,Wn]=buttord(Wp,Ws,Rp,Rs);  %求滤波器的最小阶数和临界频率（归一化频率）
[b,a]=butter(N,Wn);  %求巴特沃斯数字滤波器传递函数的分子 b 和分母 a
figure(1); %图形(1)
[H,f]=freqz(b,a,Nn,Fs); %滤波器特性图
subplot(2,1,1),plot(f,20*log10(abs(H)));
xlabel('频率/Hz');ylabel('振幅/dB');grid on;
subplot(2,1,2),plot(f,180/pi*unwrap(angle(H)))
xlabel('频率/Hz');ylabel('相位/^o');grid on;
n=0:length(Xt)-1; t=n/Fs; %转换为时间序列
figure(2); %图形(2)
subplot(2,1,1),plot(t,Xt);title('时域原始波形'); %绘制输入信号
xlabel('时间/s');ylabel('振幅'); %坐标轴标识
Yt=filter(b,a,Xt); %对输入信号进行滤波
subplot(2,1,2),plot(t,Yt),title('滤波后的时域信号');%绘制输出信号
xlabel('时间/s');ylabel('振幅'); %坐标轴标识
figure(3); %图形(3)
Xf=fft(Xt); %对原始波形数据进行快速傅里叶变换
subplot(2,1,1); %频域坐标方框图
mag=abs(Xf); %得到信号序列傅里叶变换后的振幅
semilogy([0:NL-1]/(NL/Fs),mag*2/NL); %画出频域中的 FFT 波形图(y 轴为对数坐标)
xlabel('频率/Hz'),title('频域原始波形'); %频域图的 x 轴坐标标识
```

```
ylabel('振幅'); %频域图的y轴坐标标识
xlim([0 Fs/2]); %频率轴只画出奈奎斯特频率之前的频率成分
Yf=fft(Yt); %对原始波形数据进行快速傅里叶变换
subplot(2,1,2); %频域坐标方框图
mag=abs(Yf); %得到信号序列傅里叶变换后的振幅
semilogy([0:NL-1]/(NL/Fs),mag*2/NL); %画出频域中的FFT波形图（y轴为对数坐标）
xlabel('频率/Hz'),title('滤波后的频域信号'); %频域图的x轴坐标标识
ylabel('振幅'); %频域图的y轴坐标标识
xlim([0 Fs/2]); %频率轴只画出奈奎斯特频率之前的频率成分
```

10.2 自适应滤波器用于信道均衡

10.2.1 基本原理

在无线通信信道高速率传输数据时，码间干扰对系统来说是一个主要障碍。为了克服码间干扰引起的数据失真，在通信系统中使用信道均衡器。均衡器的原理是通过自适应滤波器来恢复原始信号，去除码间干扰的影响，从而提高数据传输的可靠性。

自适应滤波器用来纠正存在加性白噪声的信道的畸变，其系统原理如图 10.5 所示。随机噪声发生器（1）产生用来探测信道的测试信号序列 $x(n)$，随机噪声发生器（2）产生干扰信道的白噪声。根据通过信道及滤波器后的信号和测试信号 $x(n)$ 的延迟信号（期望信号）之间的差 $e(n)$ 来改变自适应滤波器的抽头系数 W，通过训练学习，达到对信道特性进行补偿的目的。当误差稳定且满足收敛条件时，系统进入跟踪模式，可以进行正常的通信传输。

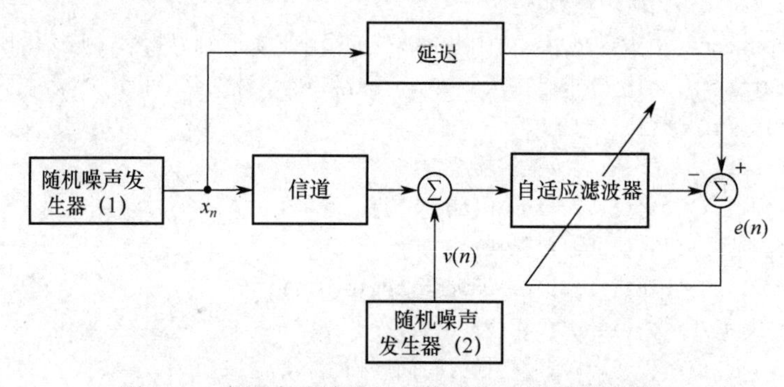

图 10.5　自适应滤波器用于信道均衡的系统原理图

使用 MATLAB 对自适应滤波器在信道均衡方面的应用进行仿真，其中自适应滤波器基于线性横向结构及 LMS 算法，系统模型为自适应反滤波模型。考虑到在仿真过程中信道不存在延迟现象，故在以下仿真中，逆模型系统的输入信号不经延迟直接用做自适应滤波器的参考信号。

10.2.2 系统仿真

为能直观体现出自适应滤波器在信道均衡方面的应用效果，以下两个仿真过程分别从波形图和星座图的角度进行仿真。

1. 正弦信号输入仿真

以正弦信号作为逆模型系统的输入信号，该正弦信号亦为自适应滤波器的参考信号，对该信

号进行采样频率为 Fs=1000Hz 的 1000 次采样；设置信道参数为 h=[-0.005, 0.009, -0.024,0.854, -0.218, 0.049, -0.0323]，以信噪比 SNR=10 向经过信道的信号加入高斯白噪声。自适应滤波器抽头数 L=30，步长因子 u=0.0001 和 0.0006，权系数初值 w=zeros(1,L)。

仿真实验得到的结果如图 10.6 和图 10.7 所示，其中上层图形为自适应滤波器输入信号波形图，即正弦信号经过信道且加噪后的信号波形图；中层图形为自适应滤波器输出信号与参考信号波形对比图；下层图形为收敛速度曲线图，即误差平方的曲线图。

（1）设置步长因子 u=0.0001

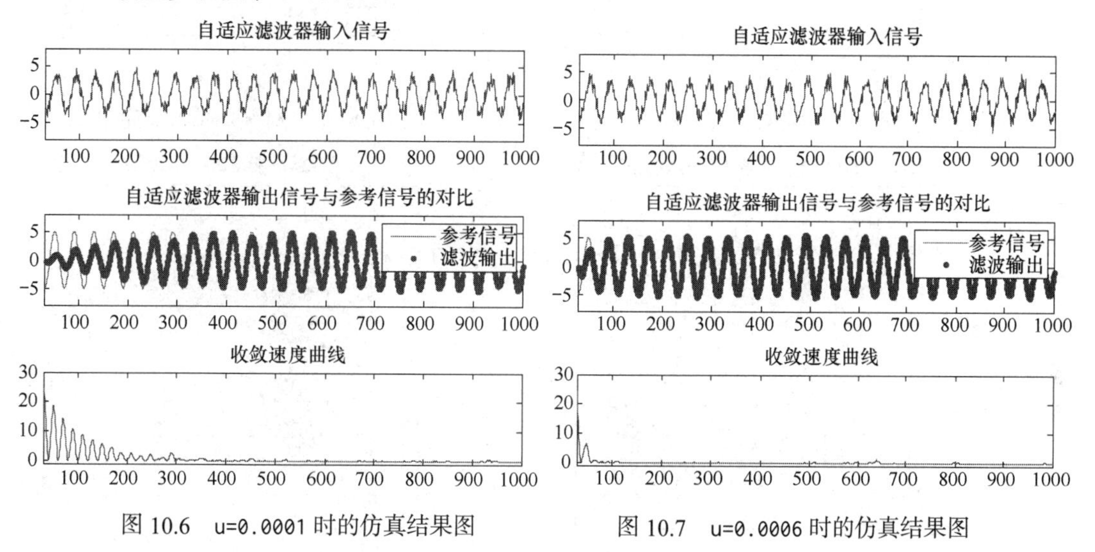

图 10.6　u=0.0001 时的仿真结果图　　图 10.7　u=0.0006 时的仿真结果图

（2）设置步长因子 u=0.0006

从实验结果来看，经过足够多次的权系数更新后，自适应滤波器最终能够使系统的输出与参考信号有良好的逼近关系，并且对比步长因子 u=0.0001 和 u=0.0006 的滤波器输出信号波形与收敛速度曲线可以明显看出，在允许的范围之内，增大步长因子令收敛速度加快，使滤波输出更快地拟合参考信号。

2. 调制信号输入仿真

以 4QAM 调制信号作为逆模型系统的输入信号，该调制信号亦为自适应滤波器的参考信号。该调制信号由一个长度为 1000 的随机四进制序列经 4QAM 调制而得；设置信道参数为 h=[1 0.3 -0.3 0.1 -0.1]，以信噪比 SNR=15 向经过信道的信号加入高斯白噪声。自适应滤波器抽头数 L=10，设置步长因子分别为 u=0.05，u=0.01 和 u=0.001，以兼顾收敛速度与逼近效果，权系数实部初值为 wr=zeros(1,L)，权系数虚部初值为 wi=zeros(1,L)。

MATLAB 中使用 qammod 函数对整数序列进行 QAM 调制，所得为复序列，其实部对应同相分量即星座图横轴，其虚部对应正交分量即星座图纵轴，分别对复序列的实部和虚部进行 LMS 算法处理。此外，为了能够使收敛速度曲线更具一般性，考虑进行 m=100 次独立实验，求得均方误差（mse）用以度量收敛速度。

仿真实验得到结果如图 10.8 到图 10.11 所示，其中图 10.8 为均方误差曲线图，即收敛速度曲线图；图 10.9 为 4QAM 调制信号星座图，即参考信号星座图；图 10.10 为自适应滤波器输入信号星座图；图 10.11 为自适应滤波器输出信号星座图。

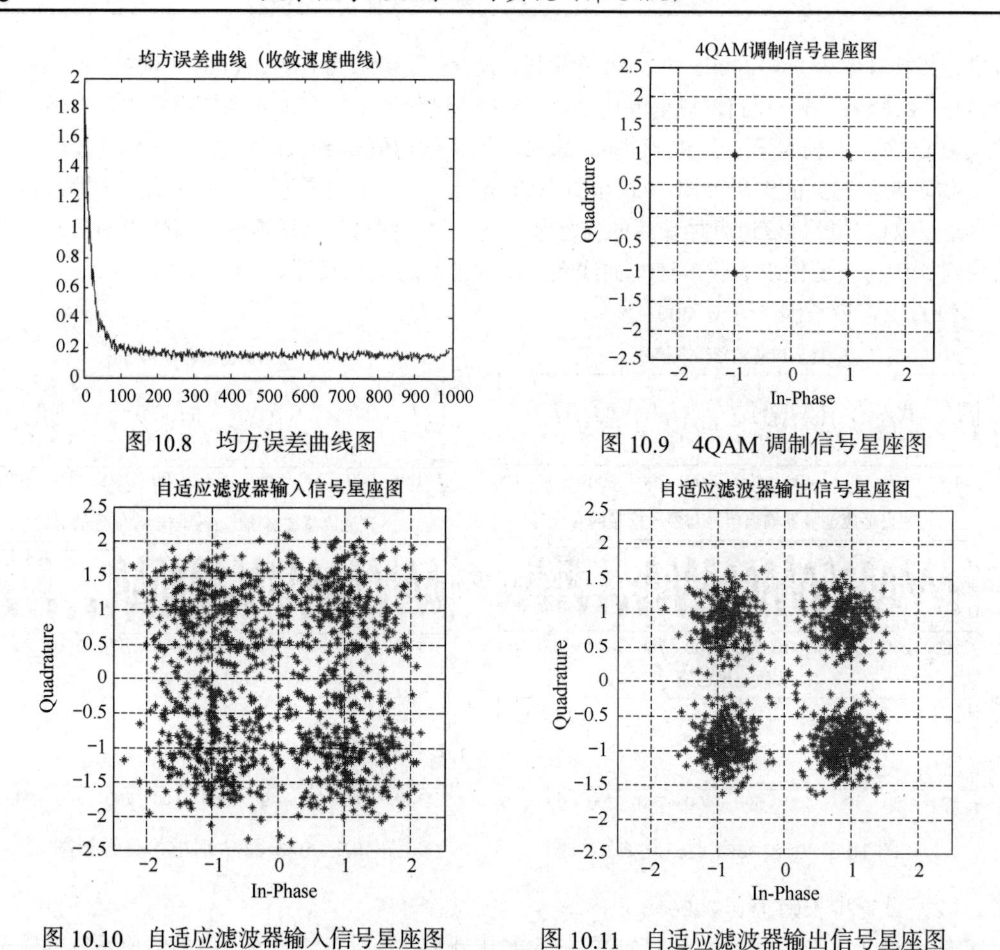

图 10.8　均方误差曲线图

图 10.9　4QAM 调制信号星座图

图 10.10　自适应滤波器输入信号星座图

图 10.11　自适应滤波器输出信号星座图

对比图 10.9 和图 10.11 可以发现，滤波器输出信号对应的信号点主要集中于标准 4QAM 调制信号所在的 4 个信号点周围，但在(0, 0)信号点附近也有若干点分布，这是由于权系数初值设置为 0，使得滤波输出信号中最初的信号点靠近(0, 0)点。观察均方误差曲线发现，自适应滤波器输出的前 100 个值与参考值之间存在较大的误差，在绘图时调整输出信号的显示范围，从第 300 个值开始绘制，得调整后的输出信号星座图如图 10.12 所示。

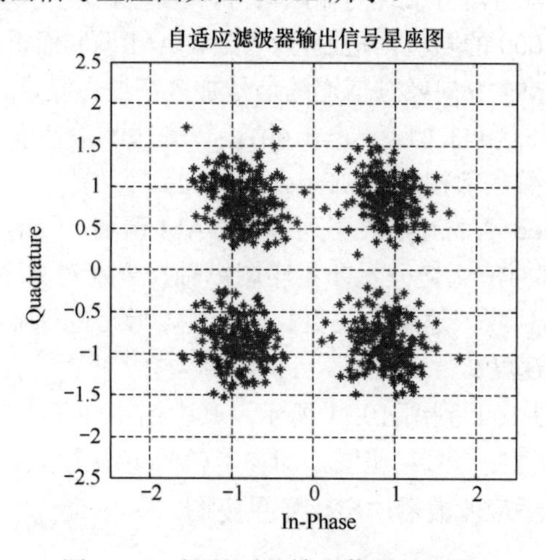

图 10.12　调整后的输出信号星座图

由仿真实验结果可以看出，自适应滤波器输出信号较其输入信号而言，更加集中于参考信号即 4QAM 调制信号所在的 4 个信号点周围，由此可以看出自适应滤波器对信道特性具有良好的改善作用。

10.3　数字变声器

10.3.1　变声原理

变声器是通过改变音频的音色、音调将变声后的音频输出的系统。变声器分为硬件变声器和软件变声器，基本原理都是通过改变输入声音的频率，进而改变声音的音色、音调，使输出声音在听觉上与原声音不同。

人的发声过程可视为声门源输送的气流经过由声道、口、鼻腔组成的一个信号处理系统。人类语音可分为有声语音和无声语音，前者使由声带振动激励的脉冲信号经过声腔调制成不同的音，它是人类语言中元音的基础，声带振动的频率称为基频，跟说话人的性别特征有关。

说话人的个性化音色还和语音的另外一个声学参数——共振峰频率的分布有关。共振峰是指在声音的频谱中能量相对集中的一些区域，共振峰不但是音质的决定因素，而且反映了声道（共振腔）的物理特征。声音在经过共振腔时，受到腔体的滤波作用，使得频域中不同频率的能量重新分配，一部分因为共振腔的共振作用得到强化，另一部分则受到衰减。由于能量分布不均匀，能量大的部分犹如山峰一般，所以称为共振峰。

设计变音系统时，主要考虑基频和共振峰频率的变化。例如，当基频伸展时，共振峰频率同时伸展，此时可由男声变成女声，由女声变成童声；当基频收缩时，共振峰频率同时收缩，可由童声变女声，由女声变男声。为了获得自然度、真实感较好的变声效果，基频和共振峰频率通常必须各自独立地伸缩变化。共振峰频率的改变是基于重采样实现的，这同时引发了基频的变化，为了保证基频变化和共振峰频率变化互不相关，在基频移动时必须考虑抵消重采样带来的偏移。理论上，只要基频检测足够精确，就可以保证基频改变和共振峰频率改变间的互不相关。在实际应用中，直接利用 FFT 变换得到原声音的频谱，对频谱进行滤波，就能达到一定的变音效果。

10.3.2　实现方法

1. 语音信号的采集

实现变声的第一步是采集音频信号。采集方法是用计算机的声卡直接采集，首先利用计算机自带的软件录音并保存为.WAV 格式，然后调用 MATLAB 中的 `audioread()`函数读出语音信号，输出 `x` 是一个 `n*m` 矩阵，其中长度 `n` 为采样点数，且系统默认的采样信号为双声道，所以 `m` 为 2；输出 `fs` 为采样频率，即计算机的固有采样频率 44100Hz。

2. 语音信号的频谱分析

语音信号的分析是语音信号处理的前提和基础，只有分析出可表示语音信号本质特征的参数，才能利用这些参数高效地进行语音通信、语音合成和语音识别等处理。而且，语音合成的音质好坏、语音识别率的高低，都取决于对语音信号分析的准确性和精确性。

根据所分析出的参数的性质的不同，可将语音信号分析分为时域分析和频域分析。时域分析方法具有简单、计算量小等优势，但语音信号最重要的感知特性反映在功率谱中，而相位变化只起很小的作用，所以相对于时域分析来说频域分析更为重要。

在 MATLAB 的信号处理工具箱中，函数 fft 和 ifft 用于快速傅里叶变换和反变换。函数 fft 用于序列的快速傅里叶变换，其调用格式为 X=fft(x)，其中 x 是序列，X 是 x 的 FFT 且和 x 的长度相同。函数 fft 的另一种调用格式为 X=fft(x,N)，其中 x 和 X 的含义同前，N 为正整数。函数执行 N 点 FFT，若 x 为向量且长度小于 N，则函数将 x 补零至长度 N；若向量 x 的长度大于 N，则函数截断 x 使其长度为 N。再利用 abs()函数及相关的画图函数就可画出语音信号的幅频特性图，如图 10.13 所示。

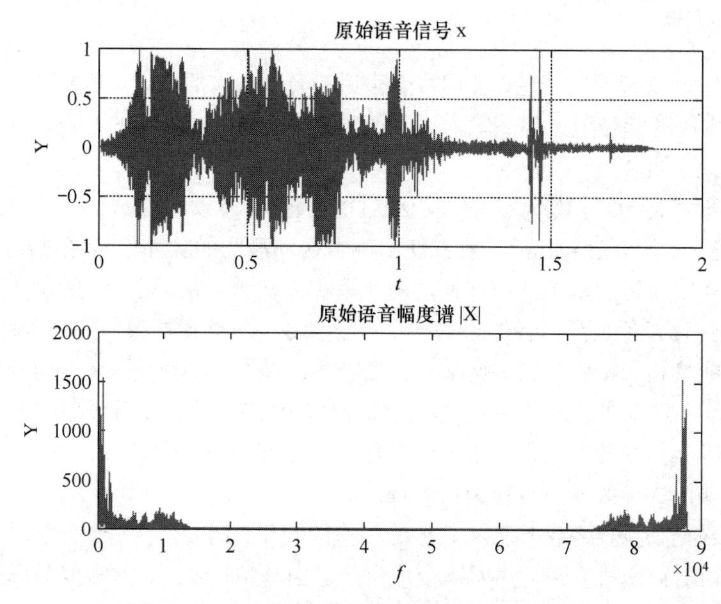

图 10.13 原始语音信号的时域图和幅频特性图

从图中可以看出，在时域内语音信号具有“短时性”的特点，即在总体上语音信号的特征是随时间而变化的，但在一段较短的时间间隔内语音信号保持平稳。在浊音段表现出周期信号的特征，在清音段表现出随机噪声的特征；在频域内，语音信号的能量主要集中在低频段内。

3．使用傅里叶反变换恢复语音信号

利用 MATLAB 自带的快速傅里叶反变换函数 ifft 求出 X 的反变换，并与原始信号进行对比。图 10.14 显示了傅里叶反变换恢复的语音信号与原始信号对比图，图 10.15 显示了低通滤波器的频率响应幅度谱。

从图中可以看出，傅里叶反变换恢复的语音信号和原始语音信号基本相同，所以傅里叶变换及反变换处理不会对语音信号产生较大的失真。

4．语音信号的滤波处理

由第 7 章可知，利用双线性变换设计巴特沃斯数字低通滤波器时，首先要设计满足指标要求的模拟滤波器的传递函数 $H_a(s)$，然后由 $H_a(s)$ 通过双线性变换得到所要设计的 IIR 滤波器的系统函数 $H(z)$。如果给定的指标为数字滤波器的指标，那么首先要转换成模拟滤波器的技术指标，这里主要是边界频率 Wp 和 Ws 的转换，而对指标 ap 和 as 不做变化。边界频率的转换关系为 $\Omega = 2/T\tan(\omega/2)$ 。接着，按照模拟低通滤波器的技术指标，根据相应设计公式求出滤波器的阶数 N 和 3dB 截止频率 Ω_c；根据阶数 N 查巴特沃斯归一化低通滤波器参数表，得到归一化传输函数 $H_a(p)$；最后，将 $p=s/\Omega_c$ 代入 $H_a(p)$ 去归一化，得到实际的模拟滤波器传输函数 $H_a(s)$。之后，

通过双线性变换法转换公式 $s = 2/T((1-1/z)/(1+1/z))$ 得到所要设计的 IIR 滤波器的系统函数 $H(z)$。

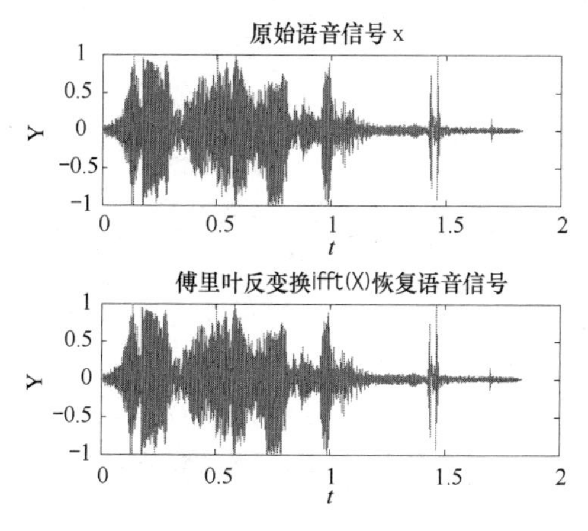

图 10.14　傅里叶反变换恢复的语音信号与原始信号对比图

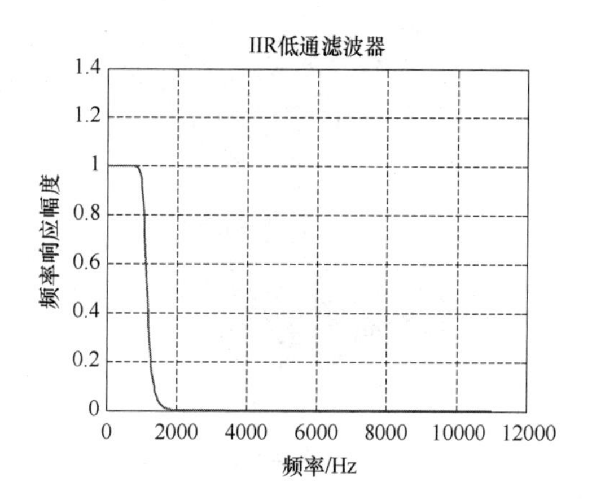

图 10.15　低通滤波器的频率响应幅度谱

MATLAB 信号处理工具箱为低通模拟巴特沃斯滤波器的产生提供了函数 buttap，其调用格式为[z,p,k]=buttap(N)，其中 z 表示零点，p 表示极点，k 表示增益，N 表示阶数。

滤波前后语音信号时域波形对比如图 10.16 所示，滤波前后语音信号频谱对比如图 10.17 所示，其通带截止频率为 1000Hz，阻带截止频率为 2000Hz，从图中可以看出其过渡带较陡且单调下降，在通带内其曲线平滑，幅度值几乎保持不变，满足设计要求。

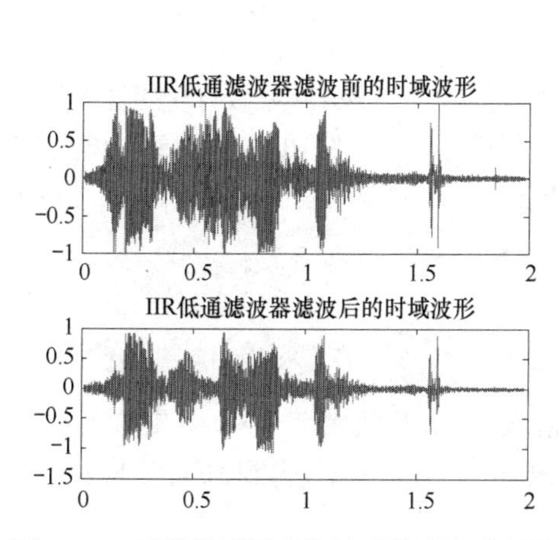

图 10.16　滤波前后语音信号时域波形对比图

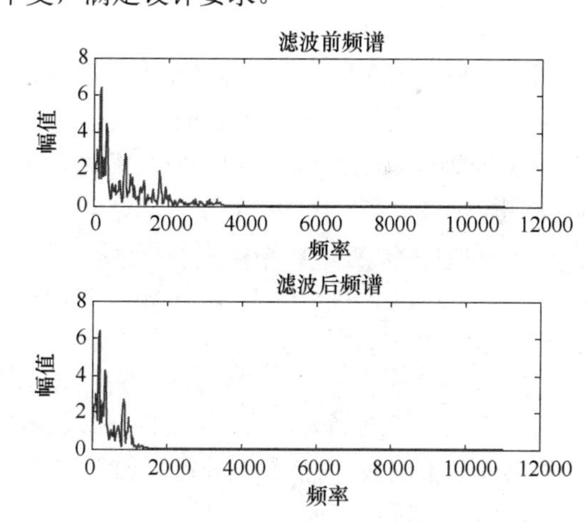

图 10.17　滤波前后语音信号频谱对比图

可以看出滤波后信号时域波形发生了变化，杂波成分被滤除。信号经过低通滤波器处理后，保留了有效的频率成分，在一定程度上去除了高频干扰信号。经过滤波处理后的语音信号播放效果较好，说明此滤波器没有过多地滤除频谱中的有效成分。

5. 语音信号的变换

（1）男声变童声前后信号波形及其幅度谱对比

由于男声的语音基频及共振峰频率较低，而童声的语音基频及共振峰频率较高，所以当基频伸展，共振峰频率也同时伸展时，可由男声变成童声。图 10.18 显示了男声变童声前后信号的时域波形，图10.19显示了男声变童声前后信号的频域波形。MATLAB代码如下：

```
xaa=fft(x);
N=50;
pa=[0.1*xaa(1:N),2.5*xaa(N:60000)];
y2=3*real(ifft(pa));
sound(y2,fs);
```

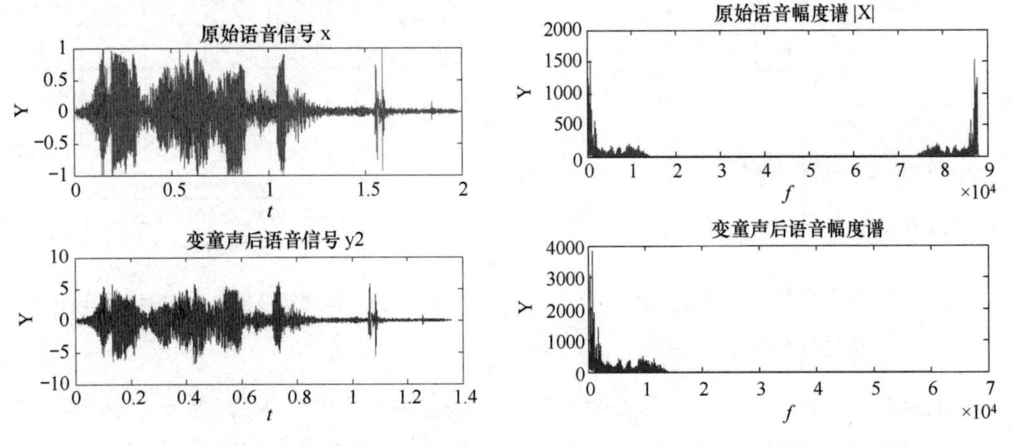

图10.18 男声变童声前后信号的时域波形　　图10.19 男声变童声前后信号的频域波形

可以看出男声变童声后，语音信号的时域波形被压缩，总体形状无太大变化。改变信号的基频可以实现男声到童声的变调。如图10.19所示，零频率附近的幅度被削弱，而对应于[50,15000]频点部分的幅度得到加强。

（2）男声变老人声前后信号波形及其幅度谱对比

男性的语音基频及共振峰频率较低，而老人的语音基频及共振峰频率较青年男性来说更低，所以当基频收缩，共振峰频率也同时收缩时，可由男声变老人声。图10.20显示了男声变老人声前后信号的时域波形，图10.21显示了男声变老人声前后信号的频域波形。MATLAB代码如下：

```
xbb=fft(x);
pa=[2.5*xbb(1:88000),2.5*xbb(1:35000)];
y3=3*real(ifft(pa));
sound(y3,fs);
```

可以看出男声变老人声后，语音的时域波形被展宽，总体形状变化不大。男声变老人声后声音的高频成分被削弱，而低频成分得到加强。[0,15000]频点对应的信号得到加强，[15000,45000]频点对应的信号则被削弱。

6. 仿真结果分析

通过对信号频谱进行傅里叶反变换后恢复语音信号，可以看出傅里叶反变换恢复的语音信号和原始语音信号完全相同，即傅里叶变换不会对信号造成影响。语音信号经过低通滤波器处理后，保留了有效的频率成分，一定程度上去除了高频干扰信号。通过滤波后绘制的信号波形及语音播放可以看出，通过低通滤波器后，噪声等无用信号被滤波器滤除，语音不受影响。 改变信号的基频可以实现语音的变声。变声前后，音频的时域波形存在压缩和扩展，但信号的波形基本不变，而信号的频域波形则发生较大变动。男声变童声后信号的频谱被搬到较高的频带上，零频率附近部分被抑制；男声变老人声后，声音的高频成分被削弱，而低频成分得到加强。男声变老人声也可以通过语音变速实现，变速不变调。

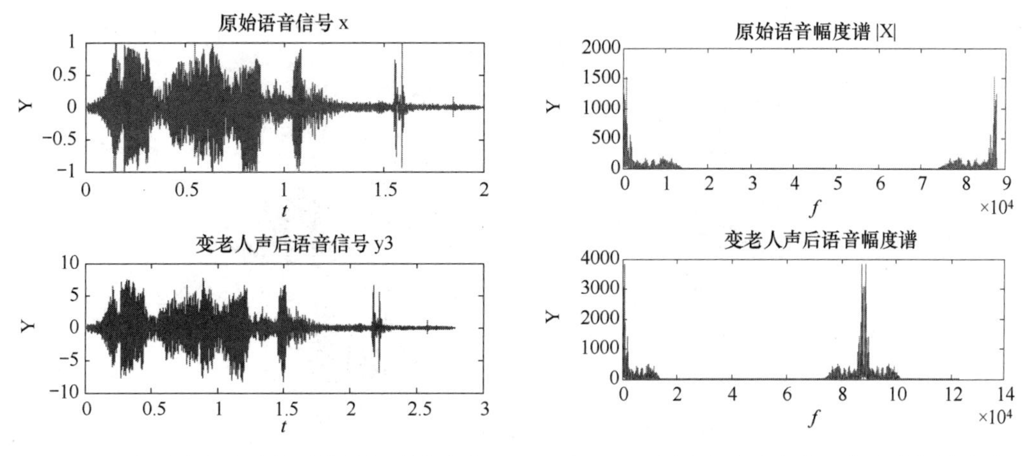

图 10.20 男声变老人声前后信号的时域波形　　图 10.21 男声变老人声前后信号的频域波形

10.4 面向脑机接口的运动意图识别

10.4.1 运动意图识别原理

脑机接口（Brain Computer Interface，BCI）技术不需要依赖肌肉与大脑外周神经的组成，就能通过大脑思维与外界通信或控制外部设备。通过该技术，人们不需要语言或肢体动作，仅通过脑电信号（Electroencephalograph，EEG）就能表达自己的意图，从而控制外部设备。将脑机接口技术应用于脑卒中患者的肢体运动功能康复中，可以激发患者的主动运动意愿，极大地改善康复疗效。目前在医疗检测与康复、军事交通和娱乐生活等方面也有广泛应用。

根据采集脑电信号方式的不同，脑机接口分为侵入式脑机接口、部分侵入式脑机接口和非侵入式脑机接口三类。侵入式和部分侵入式脑机接口要通过手术来放置芯片，具有一定的临床风险，而非侵入式脑机接口只需要在头皮上放置一组电极就能采集脑电信号。相比于另外两种方式的问题，这种方式更简单，伤害更小，因而采用率更高。图 10.22 所示为组成脑机接口系统的基本元素。

脑电信号的选择是脑机接口研究中的首要问题。不同的思维活动会产生不同的脑电信号。在没有躯体运动的情况下，根据记忆在思维中排练特定动作的动态过程称为运动想象（Motor Imagery，MI）。运动想象脑电信号因为其非侵入式、易于采集和高时辨率的特点，被人们广泛研究。常用的几种运动想象动作为左手、右手、双脚和舌头的运动。受试者在接收外界刺激后或在产生动作意识和执行运动想象任务之间，大脑神经系统的电活动会发生相应的改变。我们可以通过一定的手段检测出神经电活动的变化，并把它作为动作即将发生的特征信号。通过对该信号进行特征提取和分类识别，分辨出引发脑电变化的动作意图，再通过计算机传输和外部驱动设备，把人的动作意图转化为实际动作。

由于脑电信号是微伏电信号，十分微弱，眼电、肌电、心电、工频等干扰会混入脑电信号，从而产生各种伪迹，使运动想象脑电信号的分类正确率有所降低。此外，现有研究显示，增加运动想象任务也会进一步降低运动想象任务的分类正确率。然而在实际的脑机接口应用中，至少需要三个指令来表达操作者停止、前进或后退的意图。因此，研究多类运动想象的分类十分重要。

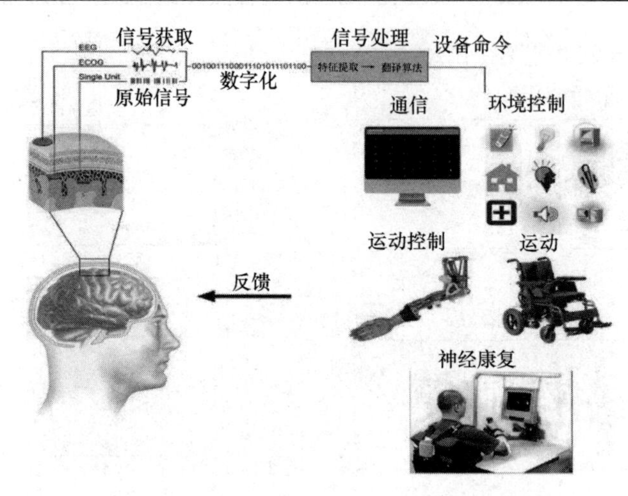

图 10.22 组成脑机接口系统的基本元素

在 BCI 系统中，如何正确将运动想象任务分类，并将其转化为外部指令十分关键。处理脑电信号主要有三个阶段：脑电信号预处理、特征提取和分类。BCI 系统中的脑电信号处理流程如图 10.23 所示。在数据预处理阶段，需要对脑电信号进行滤波，去除眼电、心电等生物信号干扰，同时保留重要信息。得到信噪比较高的脑电信号后，再进行后续的特征提取与分类步骤。这里主要讲述脑电信号的预处理过程。

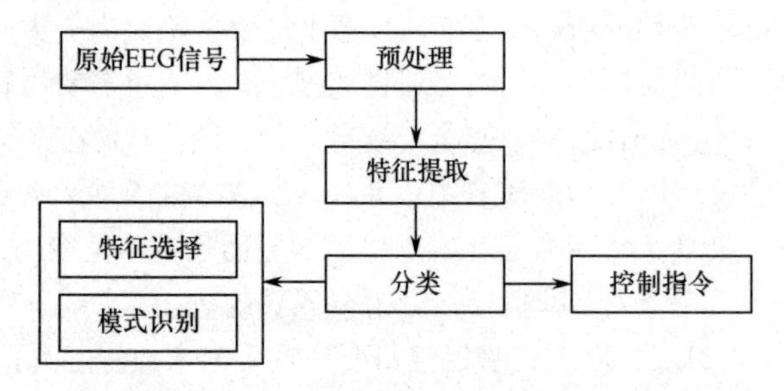

图 10.23 BCI 系统中的脑电信号处理流程

人体的脑电信号是一种低频而且很微弱的电信号，因此在采集信号的过程中要通过脑电放大器放大后才能进行显示及存储。受试者在戴着涂有导电膏的脑电采集帽进行运动想象的过程中，脑电信号经过采样与放大，再通过模/数转换变成计算机能够识别处理的信号数据。但是该信号中存在着各种伪迹与干扰，既包括由于受试者本身器官的活动产生的眼电、肌电、心电等生理电方面的伪迹信号，又包括外界环境存在的工频干扰和无线网络干扰，这些因素使得在头皮上采集到的脑电信号是具有很多噪声的，放大后这些干扰因素会严重影响脑电信号的分析结果。因此，BCI 系统首先需要对原始脑电信号数据进行预处理操作，以去除伪迹信号及干扰。

10.4.2 实现方法

1. 脑机接口系统

基于运动想象脑电信号的 BCI 系统包括信号采集、人机交互和信号处理界面三个模块。信号采集模块首先对原始脑电信号进行放大、滤波及存储，然后通过套接字通信将脑电数据发送到 BCI 系统中。接下来人机交互界面调用信号处理模块对接收到的数据进行处理。信号处理模块主要由 MATLAB 中的信号处理算法实现，目的是将脑电数据转换为相应的控制指令，并将处理结果反馈给人机交互界面。人机交互界面中主要包括用户信息存储、实验流程控制、视觉提示及控制指令结果输出等内容。BCI 系统的整体结构如图 10.24 所示。

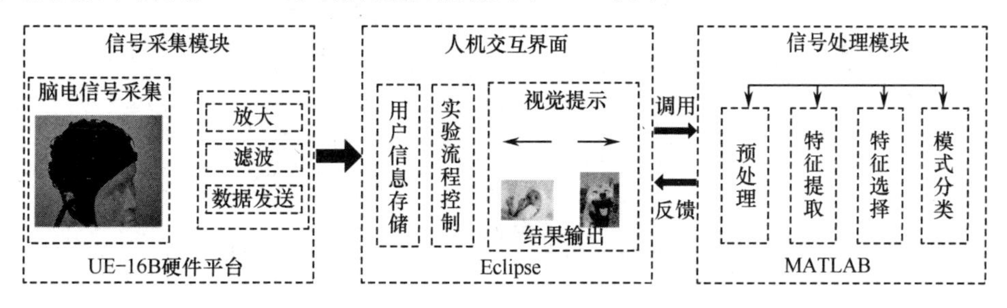

图 10.24　BCI 系统的整体结构

2．脑电信号的采集

脑电信号采集的硬件部分需要脑电采集帽及配套的脑电放大器，如图 10.25 所示。实验时为了避免外界环境的干扰，尽量挑选一个较为安静且光线较暗的实验环境，让受试者在放松的状态下坐在一把舒适的软椅上，避免肌肉紧张。受试者需要根据屏幕上的提示图片进行相应的运动想象任务。脑电采集系统采集到的脑电数据是以.txt 格式进行存储的，在 MATLAB 中使用 `load()` 函数读取脑电信号，输出一个 `1*m` 矩阵，需要将数据转换成“采样点数*通道数”的格式。脑电帽上采集信号的电极数即为通道数，采样点数根据采集频率及采集的时间进行计算。

图 10.25　脑电采集帽与脑电放大器

3．脑电信号的频谱分析

脑电信号中包含了大量的生理与病理信息，是进行神经系统疾病和症状，特别是癫痫病诊断的主要依据。但是，脑电信号的非平稳性和背景噪声等都很强，因此脑电信号的分析与处理一直是非常吸引人但又极其困难的研究课题。研究脑电信号在时域、频域等方面所具有的特征能够帮助我们初步了解脑电信号中包含的信息。利用 MATLAB 中的 `fft` 函数对信号进行快速傅里叶变换即可得到信号的频谱图。图 10.26 所示为原始脑电信号的时域波形图和频谱图。

由于原始脑电信号十分微弱，所以要先经过放大器的放大再输出信号。从图中可以看出，原始脑电信号的时域波形的波动很不规律，而各个通道的信号之间差异也很小。在频域中可以看出，运动想象脑电信号的能量主要集中在低频范围内，但是同时分布在整个频段范围内，所以在预处理中要提取特定频段的脑电信号进行分析。

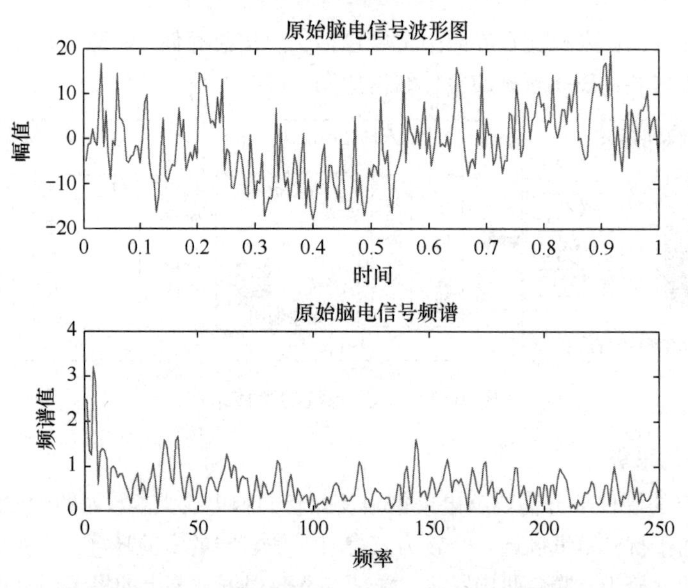

图 10.26 原始脑电信号的时域波形图和频谱图

4. 脑电信号的预处理分析

多年来，学者们发现在运动想象的过程中，大脑皮层中主要感觉运动区域的神经元活动会发生相应改变，而这些神经元活动主要引起μ节律（8～13Hz）和β节律（14～30Hz）脑电信号的幅度变化及频谱振荡，因此主要研究 8～30Hz 频段内的脑电信号。

目前在预处理中广泛应用的方法有基于时频特征的数字滤波器。首先利用巴特沃斯带通滤波器对采集的脑电信号进行滤波。该滤波器实现的频率响应曲线在通带内十分平坦，而且在阻带几乎可以降到最低，在过渡阶段的响应曲线平滑，线性良好。滤波器的频率特性随着阶数逐渐升高而越接近理想状态。

在MATLAB的信号处理工具箱中可以先调用butter()函数求巴特沃斯滤波器的传递函数系数，其调用格式为[b,a]=butter(n,Wn)，其中 n 为滤波器的阶数，Wn 为滤波器的截止频率。通过设置不同的 Wn 可以设计低通、高通、带通及带阻巴特沃斯滤波器。考虑滤波效果及计算量，本次设计的滤波器的阶数 n 为 4，根据运动想象脑电信号的特点设置截止频率为 8～30Hz，于是 Wn=[8 30]/(Fs/2)，其中 Fs 为采样频率。得到滤波器系数后再使用 filter()函数对信号进行滤波，其调用格式为 y=filter(b,a,x)，其中 b 和 a 即为求取的滤波器系数，x 为输入信号。最后利用相关的画图函数绘制滤波后信号的波形。图 10.27 和图 10.28 所示分别为滤波前后信号的时域波形图和频谱图。MATLAB 代码如下：

```
Fs=256;
n=4;
Wn=[8 30]/(Fs1/2);
[filter_b, filter_a]=butter(n,Wn);
EEGData_f=filter(filter_b, filter_a, EEGData);
```

从图中可以看出，原始脑电信号的时域波形波动十分剧烈，频率分布范围很广并且存在一定的高频分量，说明原始信号中存在较多的外界干扰信号。而经过滤波后，脑电信号的波动更加规律且幅值降低，信号的无规则突变减少，可见原始信号的高频部分被滤除且噪声减少。

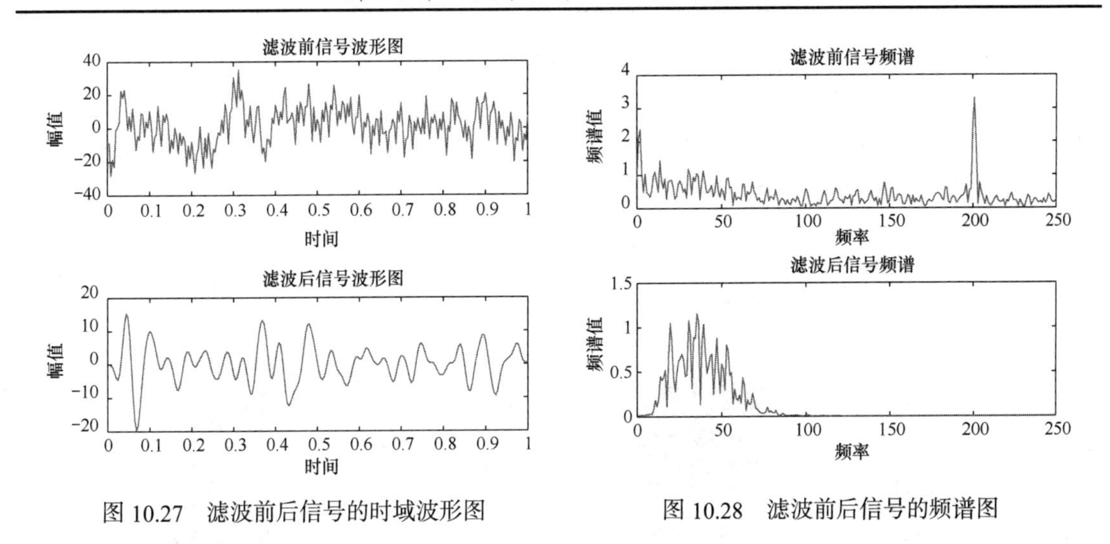

图 10.27　滤波前后信号的时域波形图　　图 10.28　滤波前后信号的频谱图

5. 仿真结果分析

首先对原始脑电信号进行傅里叶变换，然后观察其频谱图，可以看出，脑电信号主要均匀地集中在低频段内，但也会存在少量的高频分量，所以在对脑电信号进行预处理时，首先要对脑电信号进行带通滤波，取有效频段内的脑电信号进行分析，从而尽可能地去除伪迹信号及外界的干扰。通过观察滤波前后脑电信号的时域波形与频谱图可以看出，滤波后的脑电信号的起伏明显变得平缓，整体幅值也有所降低，而信号的频谱则限定在设定的低频范围内。BCI 系统对原始脑电信号进行预处理后，尽可能地去除了外界干扰噪音，得到了信噪比较高的信号数据，进而获得了较好的分类效果。

10.5　肌电控制人机交互的运动意图识别

10.5.1　目的及原理

目前，全球面临着日益严峻的老龄化社会现状。老龄化过程中最为明显的生理现象就是肢体灵活性的下降，对老年人的生活造成了不同程度的负面影响。肢体行动不便不仅会给个人生理、心理带来负担，而且会对社会、国家的经济发展造成阻碍。因此，如何安全、智能地实现家庭、社区养老，是全社会关注的焦点之一。

为了辅助行动受限的老年人恢复自主生活能力，假肢、矫形器和康复机器人等智能康复辅助设备受到越来越多的关注。智能辅助设备主要依靠生机电一体化技术，通过获取人体的生理信息来捕捉人体运动意图，进而控制智能设备，实现智能安全的人机交互（Human Machine Interaction，HMI），辅助人体行动或加强运动能力。常用于生物/机械人机接口的生理信号有脑电信号（Electroencephalogram，EEG）、外周神经源和表面肌电信号（surface ElectroMyoGraphy，sEMG）等，其中，sEMG 蕴含的信息丰富，采集技术成熟且为无创采集，依靠肌电信号为智能康复辅助设备提供控制指令，相比于其他依靠按键或语音控制的控制设备，具有更良好的控制本能性。因而 sEMG 在 HMI 中得到了极为广泛的应用。图 10.29 显示了肌电控制人机交互示意图。

要实现肌电控制人机交互，最关键的步骤是准确识别出人体的运动意图。目前，基于 sEMG 的运动意图识别主要分为两大类：离散动作模态分类和连续运动量估计。离散动作模态分类通常是采集人体在完成不同动作时相关肌肉的 sEMG 信号，对其进行预处理、特征提取，并采用分类器进行动作的模态分类，分类的结果将作为康复辅助设备的控制指令，使得设备按照预定的轨迹运动。连续运动量估计通常利用骨骼肌模型和回归模型两种方法建立 sEMG 信号与人体运动量（如关节角度、角速度、角加速度、关节力/力矩）之间的非线性关系，从而实现运动量的估计，估计结果可作为康复辅助设备控制的参考输入。

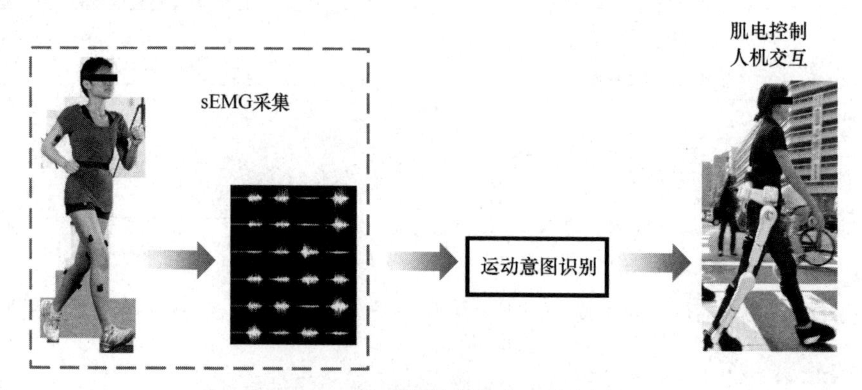

图 10.29　肌电控制人机交互示意图

尽管就目前而言，离散动作模态分类的研究相比于连续运动量估计更为成熟，但前者对于智能康复设备的控制只能提供一种“开/关”式的控制信号，设备的各项运行参数（如速度、轨迹等）都是预先设定的，对于非理想的突发情况（如未知动作的出现）是无法考虑完全的，并且这些预设动作的转换之间存在一定的“模糊期”，导致智能康复辅助设备的控制是非柔顺且低安全性的。因此，为了实现更为类人、自然柔顺且安全的控制，连续运动估计成为全球众多学者研究的焦点之一。

下面以离散动作模态识别为例加以说明，其信号处理流程大致可由图 10.30 表示。

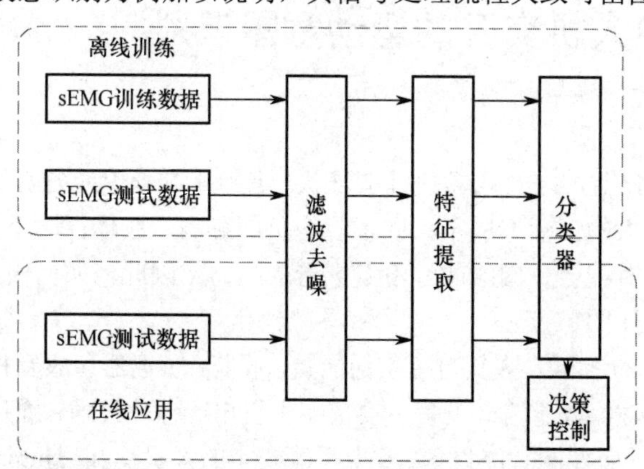

图 10.30　离散动作模态识别的信号处理流程

这里主要探讨肌电控制人机交互的运动意图识别中，表面肌电信号的采集及预处理阶段的滤波去噪相关内容。

10.5.2　实现方法

1．表面肌电信号的采集

肌电信号由神经系统激发并传输到相关肌肉，能直接反映人体生理运动信息的运动单元相关电位在时间和空间上的叠加。依据采集方式是否为侵入式，肌电信号可分为针极肌电信号和表面肌电信号两种，这里主要讨论表面肌电信号。表面肌电信号的采集方案如图 10.31 所示。目前市面上已有多家技术成熟的商业化 sEMG 采集设备，例如英国 Biometrics 公司的 DataLOG 蓝牙数据采集仪、美国 Delsys 公司的 Trigno 无线表面肌电采集及分析系统（见图 10.32）、美国 Noraxon 公司的 TeleMyo 无线表面肌电测试仪等。

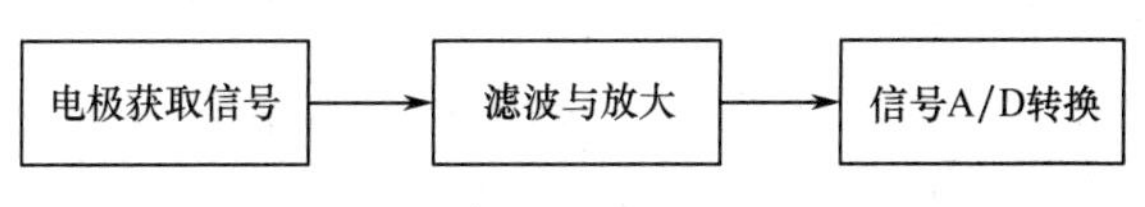

图 10.31　表面肌电信号的采集方案

为了准确识别人体运动意图，不仅需要后期的信号处理，采集的 sEMG 信号质量还应当尽可能高，这需要合理选择适当的肌肉组织。选取时，应主要考虑以下三个因素：

（1）肌肉形态应足够宽大，方便确定肌肉具体位置及粘贴电极片。

（2）肌肉功能应与关节运动对应，这样采集到的数据才具有被分析的意义。

（3）肌肉应尽量位于表层，以降低与邻近组织产生的表面肌电信号之间的干扰。

结合肌肉选取原则和人体解剖学原理，便可指定肌电信号的采集方案。以膝关节屈/伸自由度的运动分析为例，可选取屈运动信号源为股二头肌，伸运动信号源为股外侧肌。无线肌电传感器通过形状定制的双面胶粘贴到肌肉对应位置的皮肤表面，粘贴时要注意将电极置于肌腹位置，并与肌梭平行。Trigno 无线肌电传感设备不需要设置参考电极，如使用其他需要参考电极的采集设备，应将参考电极置于肌肉纤维量相对较少的位置，例如肘关节或踝关节处。图 10.33 所示为膝关节屈伸运动相关 sEMG 信号采集示意图。图 10.34 所示为使用采样频率 2000Hz 采集到的 10s 原始 sEMG 信号。观察图 10.34 发现，即使是在无运动的时间段，1 通道股直肌也存在明显的噪声，且两个通道都存在基线漂移。

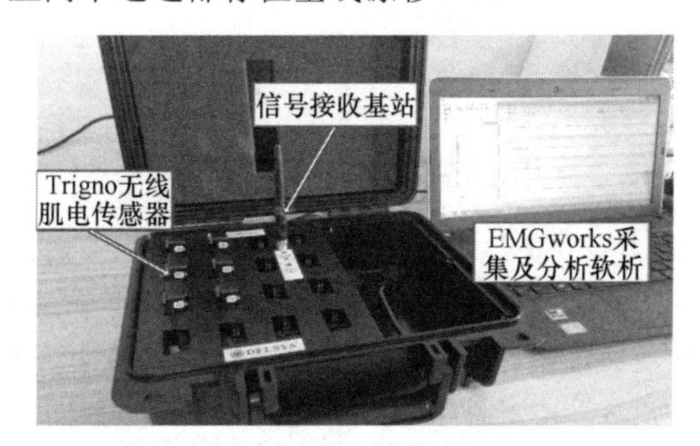

图 10.32　Delsys 公司的 Trigno 无线表面肌电采集及分析系统

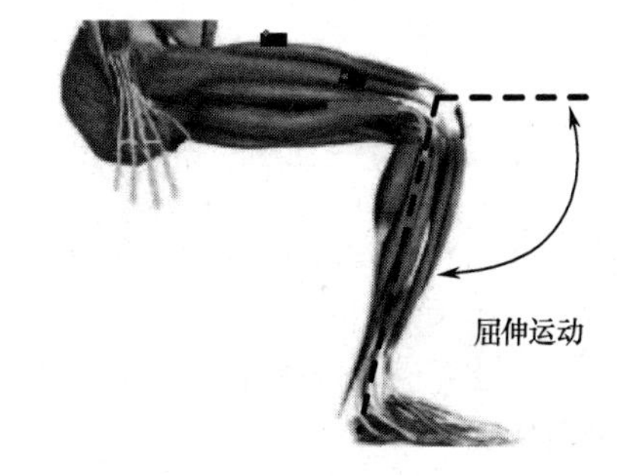

图 10.33　膝关节屈伸运动相关 sEMG 信号采集示意图

2．表面肌电信号的频谱分析

表面肌电信号是一种极为微弱的毫伏级生物电信号，其有效的频段范围通常是 10～500Hz，其信号具有极强的非线性和非平稳性。由于表面肌电信号幅值小，易被各类噪声如人体内部组织的噪声、电子设备中的固有噪声和环境噪声等淹没。利用 MATLAB 信号处理工具箱的 `fft` 函数得到采集到的原始 sEMG 信号的频谱图如图 10.35 所示。由图 10.35 可知，除了信号的有效频段，其余频段也存在较强的干扰，尤其是在 0～10Hz 频段。

这些低频噪声产生的原因通常是由于肌电采集设备自身的硬件结构或运动过程中肢体表面肌电电极的移动造成。噪声会对后期的分类和回归产生较大的负面影响，因此，在预处理阶段需要对表面肌电信号进行滤波去噪处理。

3．表面肌电信号的滤波处理

由于观察图 10.35 可知，信号的噪声主要集中在低频部分，因此本小节设计切比雪夫 I 型数字高通滤波器来滤除低频噪声。在表面肌电信号处理中，通常截止频率设计在 5～30Hz 范围内，在本次应用中通带截止频率为 $f_p = 25\,\text{Hz}$，阻带截止频率为 $f_s = 15\text{Hz}$，通带纹波为 $r_p = 1\text{dB}$，阻带纹波为 $r_s = 60\,\text{dB}$。利用双线性变换设计切比雪夫 I 型数字高通滤波器，首先要设计出满足指标要求的模拟滤波器的传递函数 $H(s)$，然后由 $H(s)$ 通过双线性变换得到所要设计的 IIR 滤波器的系统函数 $H(z)$。由于提供的指标是高通数字滤波器的指标，所以在设计模拟原型滤波器时需要将上述指标按照边界频率的转换关系及频率变换关系转化为低通模拟滤波器的技术指标。按照模拟低通滤波器的技术指标，根据相应设计公式求出滤波器的阶数 N 和 3dB 截止频率 Ω_c。根据阶数 N 查巴特沃斯归一化低通滤波器参数表，得到归一化传输函数 $G(p)$，然后将 $p = s/\Omega_c$ 代入 $G(p)$ 去归一化，得到实际的模拟滤波器传输函数 $H(s)$。之后，通过双线性变换法转换公式 $s = 2/T((1-1/z)/(1+1/z))$ 得到所要设计的 IIR 滤波器的系统函数 $H(z)$。

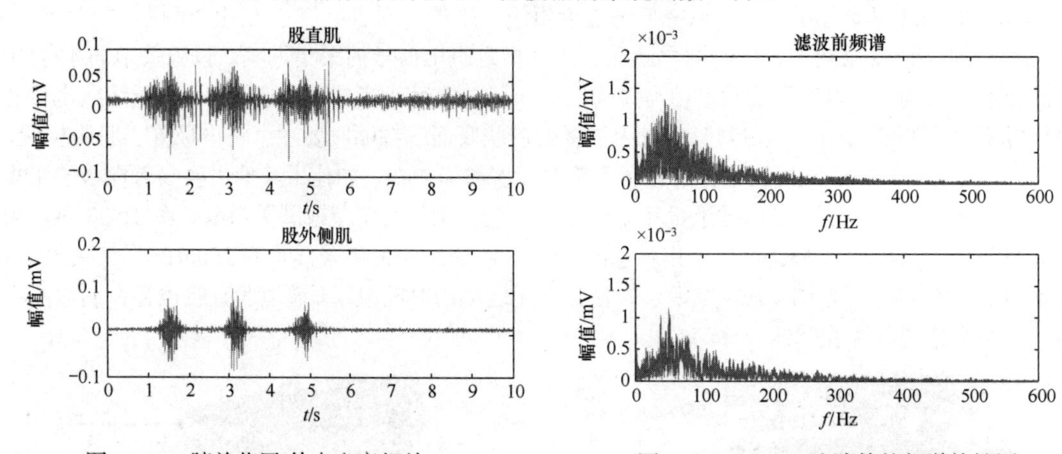

图 10.34　膝关节屈/伸自由度相关 sEMG　　　　图 10.35　sEMG 滤波前的频谱特性图

事实上，MATLAB 信号处理工具箱提供了切比雪夫 I 型数字滤波器的设计函数：

（1）cheb1ord

功能：计算满足一组滤波器设计规范所需的数字或模拟切比雪夫 I 型滤波器的最小阶数。

调用格式：

```
[n,Wp] = cheb1ord(Wp,Ws,Rp,Rs);
```

其中，输入参数 Wp 为通带截止频率，Ws 为阻带截止频率，两个量都在范围 0～1 内，Rp 为通带纹波，Rs 为阻带纹波。

（2）cheby1

功能：设计切比雪夫 I 型数字滤波器，返回具有归一化通带截止频率 Wp 和通带纹波 Rp 的 n 阶低通数字切比雪夫 I 型滤波器的传递函数系数。

调用格式：

```
[b,a] = cheby1(n,Rp,Wp,ftype);
```

其中，ftype 指定设计滤波器的种类。

（3）filter

功能：一维数字滤波器。

调用格式：

```
y = filter(b,a,x);
```

其中，b 和 a 是滤波器传递函数的系数，x 是待滤波的信号。

MATLAB 代码如下：

```
Fs=2000;
Wp=25/Fs*2;
Ws=15/Fs*2;
Rp=1;
Rs=60;
[N,Wn]=cheb1ord(Wp,Ws,Rp,Rs);
[B,A]=cheby1(N,Rp,Wn,'high');
freqz(B,A,256,Fs)
```

4．仿真结果分析

通过 MATLAB 仿真计算，符合上述指标要求的切比雪夫 I 型高通数字滤波器的最小阶数为 $N=8$，性能曲线如图 10.36 所示。观察图 10.36 中的幅频曲线可知，在大于 25Hz 的频段，衰减接近 0dB，即大于 25Hz 的信号成分几乎可无衰减地通过。当频率为 15Hz 时，衰减超过 60dB，满足设计要求。

将原始肌电信号通过得到的 8 阶切比雪夫 I 型高通滤波器，所得到的滤波后信号的时域波形如图 10.37 所示。对比滤波前后的信号，可发现原始信号的基线漂移得以消除。这是因为基线漂移是一种低频噪声，多由表面电极的微小位移产生，通过高通滤波器即可滤除。同时，信号的部分成分被消减，有效的信号成分得以保留。

滤波后的信号频谱如图 10.38 所示，可清楚观察到信号的低频成分已被滤除，同时 25Hz 以上频段的信号成分几乎没有变化，即保留了表面肌电信号的有效频段，这与设计目的是一致的。值得一提的是，要数值化地量化具体的去噪效果，还需要通过后续的分类或回归正确率来验证，这里不再赘述。

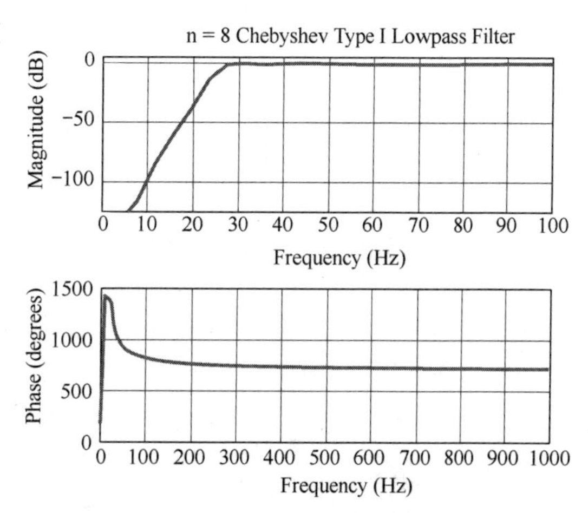

图 10.36　设计滤波器的幅频特性和相频特性

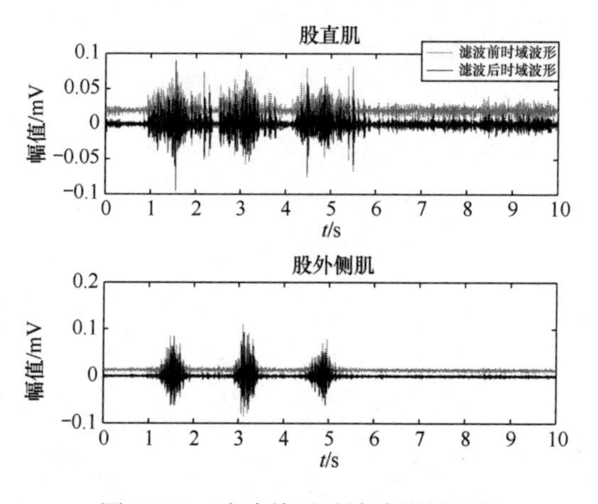

图 10.37　滤波前后时域波形对比图

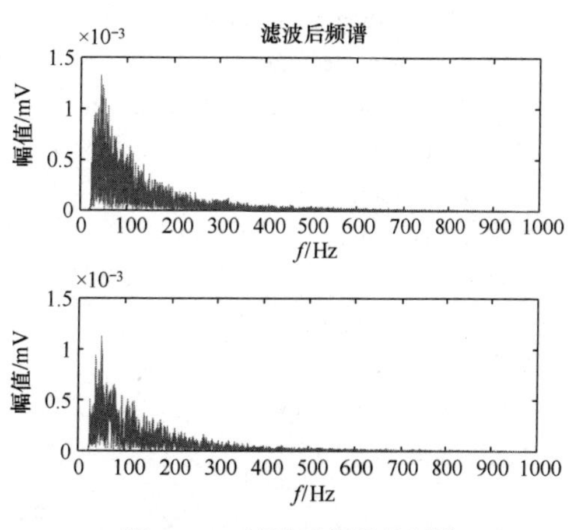

图 10.38　滤波后信号的频谱

汉英名词对照表

二画

二进制数　binary numbers
二维离散时间信号　two-dimensional discrete time signal
二维离散傅里叶变换　two-dimensional discrete Fourier transform

三画

三角形窗　triangular window

四画

双边序列　two-sided sequences
内插函数　interpolation function
无限冲激响应系统　infinite impulse response system
分解　decomposition
尺度（变换）特性　scaling property
双线性变换　bilinear transformation
切比雪夫滤波器　Chebyshev filters
切比雪夫多项式　Chebyshev polynomial
无失真传输　distortionless transmission
计算机辅助设计　computer-aided design

五画

左序列　left-sided sequences
右序列　right-sided sequences
可分序列　separable sequences
正弦序列　sinusoidal sequence
正交分量　orthogonal component
功率谱　power spectrum
功率谱估计　power spectrum estimation
过渡带　transition band
包络线　envelop
对称性　symmetry
对偶性　duality
齐次性　homogeneity
失真　distortion
可实现性　realizability

六画

冲激　impulse
冲激不变法　impulse invariance

自相关序列　autocorrelation sequence
同址计算　in-place computation
有效值　effective value
有理分式　rational fraction
有限时宽序列　finite-duration sequences
有限冲激响应系统　finite impulse response system
因果序列　causal sequence
因果系统　causal system
因果性　causality
共轭反对称序列　conjugate antisymmetric sequence
共轭对称序列　conjugate symmetric sequence
收敛区域　region of convergence (ROC)
吉布斯现象　Gibbs phenomenon
阱节点　sink nodes
阶跃不变法　step invariance procedure
全通滤波器　all-pass filter
网络结构　network structure
有限字长效应　finite word length effect
多采样率　diverse sampling rates

七画

时间平均　time average
时间抽取快速傅里叶变换算法　decimation-in-time FFT algorithms
时域　time domain
时域连续信号　continuous-time signals
时域离散信号　discrete-time signals
快速傅里叶变换　fast Fourier transition (FFT)
时间抽取快速傅里叶变换算法　decimation-in-time FFT algorithm
快速卷积　fast convolution
初值定理　initial value theorem
罗朗级数　Laurent series
均方值　mean-square value
均方误差　mean-square error
系统函数　system function
阻带　stop-band
角频率　angular frequency

八画

线性非移变系统　linear shift-invariant systems
线性非移变时域离散系统　linear shift-invariant discrete-time systems
线性卷积　linear convolution
线性相位滤波器　linear phase filter
定点　fixed-point
卷积 convolution

卷积和　convolution sum
舍入噪声　roundoff noise
转置定理　transposition theorem
拉普拉斯变换　Laplace Transform
奈奎斯特频率　Nyquist frequency
奈奎斯特间隔　Nyquist interval
帕塞瓦尔定理　Parseval’s theorem
奇函数　odd function
奇序列　odd sequence
周期序列　periodic sequence
周期卷积　periodic convolution
采样　sampling
抽取　decimation
采样定理　sampling theorem
采样率转换　sample rate conversion
单位样本序列　unit-sample sequence
单位阶跃序列　unit step sequence
单位冲激序列　unit impulse sequence
留数定理　residue theorem
极-零点图　pole-zero plots
集总平均　ensemble average
终值定理　final theorem
变换域　transform domain
实部　real part
典范形网络　canonic form networks
直接形网络　direct form networks

九画

差分方程　difference equation
差分算子　difference operator
柯西积分定理　Cauchy integral theorem
范数　norm
柯西留数定理　Cauchy residue theorem
复序列　complex sequence
复卷积定理　complex convolution theorem
指数序列　exponential sequence
相关序列　correlation sequence
相位谱　phase spectrum
信号流图表示　signal flow graph representation
重叠相加法　overlap-add method
重叠保留法　overlap-save method
浮点　floating-point
带通信号　band-pass signals
格型滤波器　lattice filter

十画

流图 flow-graph
圆周（循环）卷积 circular convolution
倒位序 bit-reserved order
通带宽度 width of band-pass
部分分式展开 partial fraction expansion

十一画

混叠 aliasing
常系数线性差分方程 Linear constant coefficient difference equations
离散随机信号 discrete random signals
离散傅里叶级数 discrete Fourier series (DFS)
离散傅里叶变换 discrete Fourier transform (DFT)
离散傅里叶反变换 inverse discrete Fourier transform (DFT)
离散时间傅里叶变换 discrete time Fourier Transform (DTFT)
偶序列 even sequence
偶函数 even function
理想低通滤波器 ideal low-pass filter
虚部 imaginary part

十二画

循环（圆周）卷积 circular convolution
最小相位条件 minimum-phase condition
最小相位滤波器 minimum-phase filter
傅里叶级数 Fourier series (FS)
傅里叶变换 Fourier transform (FT)
幅度谱 amplitude spectrum
量化 quantization
量化效应 quantization effect
内插 interpolation
窗函数 window function
等纹波近似 equipple approximations
椭圆滤波器 elliptic filters

十三画

频域 frequency domain
频谱 frequency spectrum, spectrum
频率采样 frequency-sampling
频率响应 frequency response
带宽 bandwidth
频移特性 frequency-shifting property
频率变换 frequency transformation
频率抽取快速傅里叶变换算法 decimation-in-frequency FFT algorithm
零-极点图 pole-zero plot (diagram)

群延迟　group delay
数字信号处理　digital signal processing
数字滤波器　digital filter
源节点　source nodes

十四画

模拟信号　analog signals
模拟系统　analog systems
模拟-数字变换　analog-digital transformation
模拟滤波器　analog filter
模拟-数字滤波器变换　analog-digital filter transformations
稳定性　stability
稳定系统　stable system
截尾　truncation
截止频率　cut-off frequency
谱估计　spectral estimation
蝶形计算　butterfly computation
蝶形流图　butterfly flow-graph

参 考 文 献

[1] Oppenheim A. V., Schafer R. W. *Digital Signal Processing*. Prentice-Hall, Inc., 1975．董士嘉等译．数字信号处理．北京：科学出版社，1980.

[2] Oppenheim A. V., Schafer R. W., Buck J. R. *Discrete-Time signal processing*. Prentice-Hall, Inc., 1999．刘树棠等译．离散数字信号处理．西安：西安交通大学出版社，2001.

[3] 姚天任，江太辉．数字信号处理（第二版）．武汉：华中理工大学出版社，2000.

[4] 姚天任，孙洪．现代数字信号处理．武汉：华中理工大学出版社，1999.

[5] 胡广书．数字信号处理：理论、算法与实现（第三版）．北京：清华大学出版社，2012.

[6] 郑君理等．信号与系统（第三版）．北京：高等教育出版社，2011.

[7] Emmanuel C. Ifeachor, Barrie W. Iervis. *Digital Signal Processing*: *A Practical Approach*, 2e. Publishing House of Electronics Industry, 2003.

[8] [美]Joyce Van de Vegte．候正信，王国安译．数字信号处理基础．北京：电子工业出版社，2003.

[9] 王世一．数字信号处理（修订版）．北京：北京理工大学出版社，2000.

[10] 高西全，丁玉美．数字信号处理（第四版）．西安：西安电子科技大学出版社，2016.

[11] 丁玉美，阔永红，高新波．数字信号处理：时域离散随机信号处理．西安：西安电子科技大学出版社，2002.

[12] 高西全，丁玉美，阔永红．数字信号处理：原理、实现与应用（第三版）．北京：电子工业出版社，2016.

[13] 陈后金．数字信号处理（第三版）．北京：高等教育出版社，2018.

[14] 程佩青．数字信号处理教程（第五版）．北京：清华大学出版社，2017.

[15] 史林，赵树杰．数字信号处理．北京：科学出版社，2007.

[16] 张立材，王民，高有堂．数字信号处理：原理、实现及应用．北京：人民邮电出版社，2011.

[17] 邹理和．数字信号处理（上册）．北京：国防工业出版社，1985.

[18] 应启珩，冯一云，窦维蓓．离散时间信号分析和处理．北京：清华大学出版社，2001.

[19] 俞卞章．数字信号处理（第二版）．西安：西北工业大学出版社，2002.

[20] 门爱东，杨波，全子一．数字信号处理．北京：人民邮电出版社，2003.

[21] 刘令普．数字信号处理．哈尔滨：哈尔滨工业大学出版社，2002.

[22] 冷建华，李萍，王良江．数字信号处理．北京：国防工业出版社，2002.

[23] 周素华．数字信号处理基础．北京：北京理工大学出版社，2017.

[24] 阙大顺，郭志强．数字信号处理学习指导与考研辅导．武汉：武汉理工大学出版社，2007.

[25] 顾福年，胡光锐．数字信号处理习题解答．北京：科学出版社，1983.

[26] 姚天任．数字信号处理学习指导与题解（第二版）．武汉：华中科技大学出版社，2005.

[27] Hayes, M. H. *Schaum's Outlines Digital Signal Processing*. Prentice-Hall, Inc., 1975．张建华等译．数字信号处理（学习指导系列）．北京：科学出版社，2002.

[28] 杨述斌，李勇全．数字信号处理实践教程．武汉：华中科技大学出版社，2007.

[29] 丁玉美，高西全．数字信号处理（第三版）学习指导．北京：西安电子科学大学出版社，2009.

[30] 程佩青．数字信号处理教程学习分析与解答．北京：清华大学出版社，2002.

[31] 俞卞章．数字信号处理：常见题型解析及模拟题．西安：西北工业大学出版社，2003.

[32] 邓立新，曹雪虹，张玲华．数字信号处理学习辅导及习题详解．北京：电子工业出版社，2003.
[33] 俞卞章．数字信号处理导教·导学·导考．西安：西北工业大学出版社，2002.
[34] 万建伟，王玲．信号处理仿真技术．长沙：国防科技大学出版社，2008.
[35] [美]Vinay K. Ingle, John G. Proakis．数字信号处理 '：应用 MATLAB．北京：科学出版社，2003.
[36] [美]维纳·思格尔，约韩·普罗克斯．刘树棠译．数字信号处理：使用 MATLAB（第二版）．西安：西安交通大学出版社，2008.
[37] 陈怀琛．数字信号处理教程：MATLAB 释疑与实现．北京：电子工业出版社，2004.
[38] 张圣勤．MATLAB 7.0 实用教程．北京：机械工业出版社，2006.
[39] 张雪英．数字语音处理及 MATLAB 仿真．北京：电子工业出版社，2007.
[40] 罗军辉．MATLAB 7.0 在数字信号处理中的应用．北京：机械工业出版社，2005.
[41] 刘卫国．MATLAB 程序设计与应用（第二版）．北京：高等教育出版社，2006.
[42] 何振亚．自适应均衡器结构及其算法．电信科学，1988, 26(1): 36-38.
[43] 戴忱，张萌，吴宁．一种用于 QAM 解调信号的 LMS 自适应均衡器．电子器件．2005, 12(1): 45-48
[44] [日]大崎顺彦．田琪译．地震动的谱分析入门．北京：地震出版社，2008.
[45] 冉启文，谭立英．小波变换与分数傅里叶变换理论及应用．北京：国防工业出版社，2002.
[46] 杨红，曹晖，白绍良．地震波局部时频特性对结构非线性的影响．土木工程学报，2001, 34(4): 78-82.
[47] [美]莱昂斯．张建华译．数字信号处理（第三版）．北京：电子工业出版社，2015.